信息安全技术丛书

实用化的签密技术

Practical Signcryption

〔英〕 Alexander W. Dent　Yuliang Zheng　著

韩益亮　张 薇　魏悦川　译

科学出版社

北 京

图字：01-2013-6660

内 容 简 介

签密是近年来公钥密码学领域一项令人瞩目的新技术。本书是关于签密技术的学术专著，由 Alexander W. Dent 和签密的发明人 Yuliang Zheng（郑玉良）教授合作撰写。全书共 12 章，分别由活跃在签密研究前沿的世界著名密码学家撰写，介绍了签密理论、技术，以及应用方面的最新进展，覆盖了签密在不同环境下的安全模型、在常用代数域中的代表性方案、在各种模型下可证明安全的结构和构造技术，以及签密的应用及实现。既从公钥密码学的理论角度进行深刻分析，也从系统安全的工程设计角度进行探讨。

本书可作为国内密码学和信息安全专业的研究生公钥密码学课程的教材或参考书，也可供从事密码学和信息安全领域工作的研究人员参考。

图书在版编目 (CIP) 数据

实用化的签密技术/(英)亚历山大(Alexander，W.D.)，郑玉良著；韩益亮，张薇，魏悦川译. —北京：科学出版社，2015.3
(信息安全技术丛书)
书名原文：Practical Signcryption
ISBN 978-7-03-043254-4

Ⅰ. ①实… Ⅱ. ①亚… ②郑… ③韩… ④张… ⑤魏… Ⅲ. ①密码-加密技术 Ⅳ. ①TN918.4

中国版本图书馆 CIP 数据核字(2015)第 023745 号

责任编辑：余 丁 赵艳春 / 责任校对：郭瑞芝
责任印制：赵 博 / 封面设计：迷底书装

科学出版社 出版
北京东黄城根北街 16 号
邮政编码：100717
http://www.sciencep.com

文林印刷厂 印刷

科学出版社发行 各地新华书店经销

*

2015 年 3 月第 一 版 开本：720×1 000 1/16
2015 年 3 月第一次印刷 印张：14 3/4
字数：278 000

定价：90.00 元

(如有印装质量问题，我社负责调换)

序

我很高兴能为《实用化的签密技术》的中文译本作序。

“事半功倍”是很多科学、技术和商业领域提高效益和产出的普适至理名言。签密技术正是中国古老成语“一举两得”的最好写照。它通过一个计算步骤完成数字签名和公钥加密两种功能，在显著缩短计算时间的同时也减少了密文的数据扩张。相比单独的加密和签名技术，签密技术在计算量和密文开销方面的优势，使其特别适用于资源受限环境中安全系统的开发，如低速 CPU 或者电池供电能力有限的场合。

本书汇集了多位国际前沿学者的卓越工作，他们的工作代表了全球签密研究的最前沿，主题涉及签密所特有的从安全模型到形式化分析和证明等一系列理论及技术。同时，本书也涉及一些其他重要问题，包括以不同的风格设计签密方案、用签密建立高效的安全系统等。我相信本书的中文版本，能够为国内学者研究开发新型的、灵巧的数据安全技术提供宝贵的参考资料。

非常感谢韩益亮博士、张薇博士和魏悦川博士的努力工作，他们承担了将本书译成中文这项艰巨而富有挑战的任务。我深信读者会和我一样喜欢本书的中文版。

Yuliang Zheng（郑玉良）

2014 年 4 月

序（英文版）

科学探索可以沿着许多不同方向进行，无论在技术性科学如“密码学”，还是在物理科学中都是如此。一个重要的科学研究方向就是发现新的概念、原语和方法；给出其定义及实现方式；提出并证明这些新发现的特征。在现代密码学领域，过去几十年来，人们一直致力于定义新的基本原语及其安全属性（自20世纪后期该领域诞生以来）。

一旦一个原语被定义，就会出现许多研究方向：第一个方向是给出定义该原语充分且必要的基本工具（数学假设和基本加密函数）；第二个方向是寻找更高效的实现方法，其中，效率用该原语的复杂度来衡量（如所需要的时间、消耗的空间、使用的消息、通信的轮数）；第三个方向是扩充基本原语的属性，对其进行修改以实现其他有趣的重要任务，或使其工作于既定环境之外的其他环境。然而，还存在第四个方向，就是寻找该原语可以发挥关键作用的系统需求及其应用（无论固有的，对应用程序功能上的增强，还是效率上的提升）。这个方向最终可以得到实际计算环境中使用的工作系统。值得注意的是，其他研究方向是已知的，如原语间的归约、将原语推广为一个超原语等。而一旦一个新的原语诞生，其研究进展往往是出乎意料和神秘莫测的。

现代密码的两大基石是公钥加密和数字签名，其实现方式分别是公钥密码系统和数字签名方案。公钥密码系统是一种隐藏机制。利用该系统可以使一方（发送方）给另一方（接收方）加密一则机密消息而无需共享初始密钥；仅要求接收方将其密钥的公开部分（加密密钥）公开，而将解密密钥保密。另外，数字签名是一个完整性机制，使一方可以发送带有签名标签的消息，从而可以验证消息的来源（即认证发送方身份）。其中仅要求发送方在初始化时公开其验证密钥，并对相应的签名密钥保密。

公钥密码系统和数字签名方案两个概念存在大量的变形。人们为其添加了许多属性，并透彻地研究了这些原语的定义及特征，以及高效的实现方式和变形。这些原语也作为重要的底层部件用于各种安全协议中，以确保计算和通信基础设施的安全。

由 Alexander W.Dent 和 Yuliang Zheng 撰写的《实用化的签密技术》一书，研究了一种称为“签密”的非常有趣的原语，由 Yuliang Zheng 最早提出。“签密”这一名称暗示了其含义：它结合了数字签名和公钥加密的功能。通常在科学研究中，当定义一个原语时，关于其结合性和互操作性的问题也相伴而生。通常，在计算机科学中，结合性的概念十分重要，因为复杂的结构需要进行分块式开发，所以模块化成为一个关键概念，它可以使系统分块开发，并将这些模块组合成一个完整的系统。结合的方式有很多，如可以将原语简单串联（即执行第一个，再执行第二个）。然而，即使是这样一种简单结合也为密码学研究带来了挑战，因为结合之后有可能不再保持单个组件的安全属性。

人们需要经常发送隐藏（只由目标接收方可读）且认证（验证来源是特定发信人）的消息时，为达成这个目标，就产生了签密。在众多的应用程序中，这种组合是很自然的。“签密”（签名与加密的简称）的最初动机是要提高效率，不仅是两个部分的顺序组合，还要更高效地完成两种操作（如要得到既含签名又经过加密的密文，它比对消息先加密、再签名所需的时间更短）。

上述设想一旦证明可行，就会产生一个新的密码学原语，而本书正是围绕签密原语在多个方面的发展来写作的。这些发展包括高效的构造、在各种模型下可证明安全的构造、在各种代数域中的高效方案、在各种环境中设计原语的新技术，以及对该原语的各种应用及实现。本书涵盖了所有这些领域，书中的各章由一直居于研究前沿的世界著名密码学家所撰写。作者的地域分布很广，也说明了当前密码学前沿性研究的全球性本质。

签密的故事告诉我们，“对自然的原语进行组合”在许多方面具有很强的研究和开发潜力，特别是与简单组合相比，这是一个降低复杂性的好机会。事实上，我是在签密出现几年之后才体会到这一点的。我和 Kartz 一起研究了私钥加密与消息认证码的组合（相当于“公钥密码”领域中“签密”在“对称密码”中的等价物）。这一原语现在称为“认证加密”，是签密概念所开创的新方法的另一种研究成果，许多团队都研究过这个原语，并发现了其大量应用场合。

《实用化的签密技术》一书可以作为签密研究现状的手册，同时还为研究这一问题的历史演进提供了方法。在一个更普遍的层面，本书可作为研究密码学原语的一个范本，从中观察密码学原语是如何孕育和研究的，以及它是如何从理论和数学阶段进展到实用阶段的（即成为系统并标准化）。换言之，本书有两个目的：①为学习签密提供了权威性的资料；②为学习密码界如何研究密码学原语提供了一个典型例子。事实上，本书以一种非常优雅的方式将密码学原语本身与上述两个目的相结合，对密码学领域做出了重要而及时的贡献。同时，我要祝贺 Alexander、Yuliang 和各章作者的特殊成就！

Moti Yung
纽约
2010 年 4 月

前言（英文版）

写这本书的最初想法，是因为相信“签密”是一种很有用的技术，并且已经得到了实际应用。令人时常感到奇怪的是，一些系统在实现时，常常使用复杂的模幂运算优化来达到很小的效率改进，而忽略了将保护机密性和完整性的操作组合成一个单一的签密操作，从而节省 50%的资源消耗。希望本书能说服研究人员、系统实现者以及标准化机构在工作中考虑使用高效的签密技术。

本书是一个长期的工程，我们要感谢所有的作者，感谢他们的努力和执着，也要感谢 Springer-Verlag 出版社的支持。

Yuliang Zheng 特别感谢 Hideki Imai 在编码调制方面的前沿工作，这直接启发他提出了“签密”。Yuliang 在澳大利亚 Monash 大学美丽的 Mornington 半岛校区期间，对“签密”的努力研究结出了硕果。他感激 Monash 的同事在签密初始发展阶段给予的鼎力支持。除了这本书各章的作者外，Yuliang 还要感谢那些研究工作没有纳入本书的研究人员。他们在签密技术的设计和分析方面，以及实际应用中的贡献也同样卓越。此外，Yuliang 还将他的谢意延伸到过去十年里，和 Charlotte 的 North Carolina 大学的同事所进行的多次讨论。最后，Yuliang 感谢他的妻子 Quinnie 和两个优秀的孩子持续的爱、支持和耐心。

Alexander W.Dent 特别感谢伦敦大学 Royal Holloway 学院信息安全组在写作、编辑这本书时给予的鼎力支持。还应申明本书的部分工作是 Alexander 在访问纽约大学计算机科学系和纽约市立大学研究生中心期间所完成的。感谢他们给予访问的机会。最后，感谢他的家人的鼎力支持，还有优秀的 Carrie。

部分章节的作者也要感谢他们所得到的帮助。包括：

（1）John Malone-Lee（第 6 章）感谢毛文波，他的想法得益于毛文波用 RSA 函数来设计签密的想法；

（2）Yevgeniy Dodis（第 8 章）感谢 Jee Hea An 和 Tal Rabin，为他们在签密方面的合作；

（3）Josef Pieprzyk（第 9 章）得到了澳大利亚研究委员会发现项目的支持（DP0663452 和 DP0987734）；

（4）Xavier Boyen（第 10 章）感谢 Paulo Barreto 对本章的草稿给予的有益反馈；

（5）Alexander W.Dent（第 11 章）感谢 Colin Boyd，他花了大量时间对该章进行了阅读和评述，所提出的建议对该章的内容有很大改进作用。

Alexander W.Dent
Yuliang Zheng
2010 年 5 月

目　录

第Ⅱ部分　签 密 方 案

第III部分　构 造 技 术

第Ⅳ部分　签密的扩展

第 1 章　引　言

Yuliang Zheng

1.1　签密的历史发展

1.1.1　编码调制

在一个典型的通信系统中，数据从发送者发出，在传输到既定的接收者之前要经过一系列变换。这些变换可能包括用来压缩数据或去除冗余信息的信源编码、确保检测非授权篡改的认证，阻止数据在路由过程中被非授权访问的加密、使接收者能够检测和纠正传输错误的纠错编码，最后是对在发送方和接收方之间的信道上传输的信号进行调制。一般情况下，通信信道不仅容易产生传输错误，而且还是不安全的。数据在到达接收方后，将以相反的顺序进行解码变换。图 1.1 描述了数据在信道中传输时所要进行的各种操作。注意认证在加密之前进行。反过来，也可以先加密再认证。

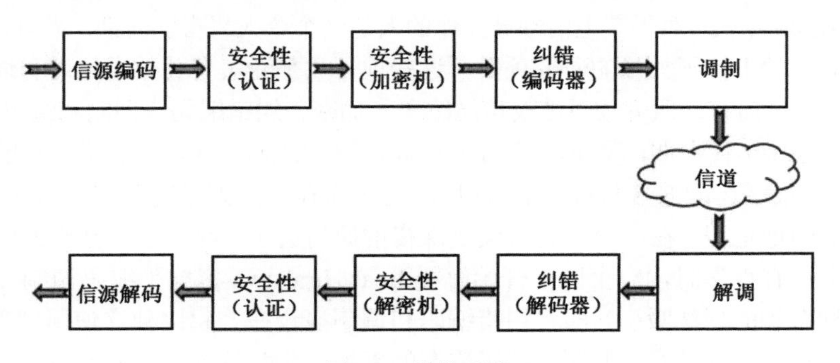

图 1.1　通信系统

作为数字通信工程的核心，纠错编码和调制技术从 20 世纪中叶就开始引起人们关注并对其进行研究。由于典型的通信信道只有有限的带宽，一个重要问题是如何使由纠错编码所导致的有效数据传输率的损失最小化。另一个重要问题是如何充分发挥多电平/相位调制带来的数据传输率增长的效益，而不加剧信号间的干扰。然而，尽管在第二次世界大战后伴随着数字通信的发展，出现了大量的纠错编码和调制技术，但历史上纠错和调制一直都是分开进行的。

20 世纪 70 年代，为了获得良好的性能，且不会带来带宽的膨胀或显著降低数据传输率，研究者着手寻求将纠错和调制相结合的技术。这些尝试中最成功的代表是Ungerboeck[190–193]，以及Imai和Hirakawa[97, 197]各自独立的工作。Ungerboeck的工作侧重于将网格编码或卷积码和多电平调制融为一体而不牺牲带宽效率。Imai和Hirakawa的目标相同，但使用了与Ungerboeck不同的方法，他们结合了分组纠错码和多电平调制。编码调制同时解决了两个看似互相矛盾的问题：①高的传输可靠性；②高的传输效率。这些混合技术，无论基于网格编码还是分组纠错码，都使得可靠且带宽高效的数据传输成为现实（图1.2）。

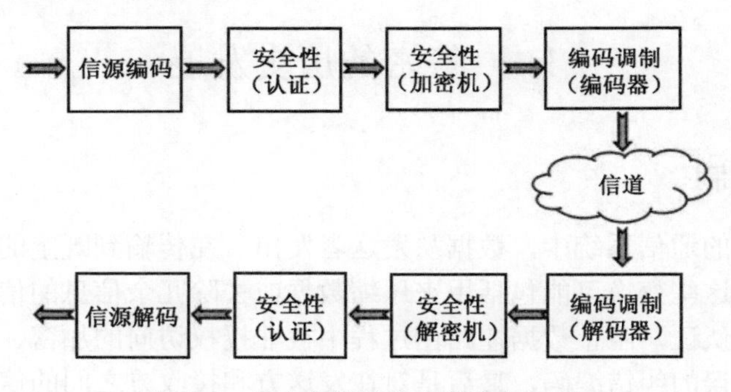

图1.2　带宽高效通信中的编码调制

1.1.2　对混合方法的思考

20世纪80年代，对于在电信领域工作的人是一个令人兴奋的时期。当时，Imai在日本横滨国立大学主持了大量的研究项目。这些项目几乎涵盖有关数据处理和通信的所有重要方面。具体而言，研究项目涉及信源编码、加密、纠错编码、调制和编码调制。

20世纪80年代中期，我加入了Imai的团队来完成研究生学习。虽然我的研究领域为密码学，但很幸运能够参与每周的研讨会，与工作在一系列不同研究项目的同学讨论。我至今仍清晰地记得，在一个一直持续到深夜的研讨会上，经过了一整天的研究和讨论后，当我觉得有点累时，一个同学开始解释Imai-Hirakawa多电平编码调制技术[97]。我立刻被一种奇妙的想法吸引，即将纠错编码和调制混合在一起比独立使用效果更好。在接下来的几年中，我对编码调制保持了浓厚的兴趣。觉得最迷人的不仅是技术背后的漂亮思想，还有该技术的逐步完善、标准化，并得到实际应用的惊人速度。

作为一个见证了编码调制技术的快速成熟及其在数字通信中应用的密码学研究者，我很自然地问自己："将两种密码学原语结合成一种比独立使用它们更高效的新事物是否可行"。这个问题在我研究生学习的剩余阶段一直伴随着我。数年后，我完成了博士学业并移居澳大利亚后发现很难彻底摆脱对这一问题的思索。

现代密码技术两个最重要的功能是确保数据的机密性和完整性。机密性可以采用加密算法来获得，而完整性可由认证技术提供。

加密算法可以分为两大类：私钥加密和公钥加密。同样地，认证技术也可分为私钥认证算法和公钥数字签名。当评估一个加密算法时，不仅需要考虑算法能够提供的安全强度或水平，同时还要考虑该算法在执行时所需要的计算时间，以及所产生的消息扩展。当两种加密算法提供了相似的安全级别时，计算时间和消息扩展成为其比较时关注的焦点。作为一项原则，通常认为具有较小计算时间和更短消息扩展的方案是更理想的。

私钥加密和私钥认证都非常快，消息扩展也很小，而公钥加密和数字签名通常需要大量的计算，如涉及大整数的幂，同时消息扩展与安全参数（如一个大合数或大有限域的规模）成正比。图1.3说明了对消息依次使用数字签名和公钥加密时的计算和消息扩展开销。

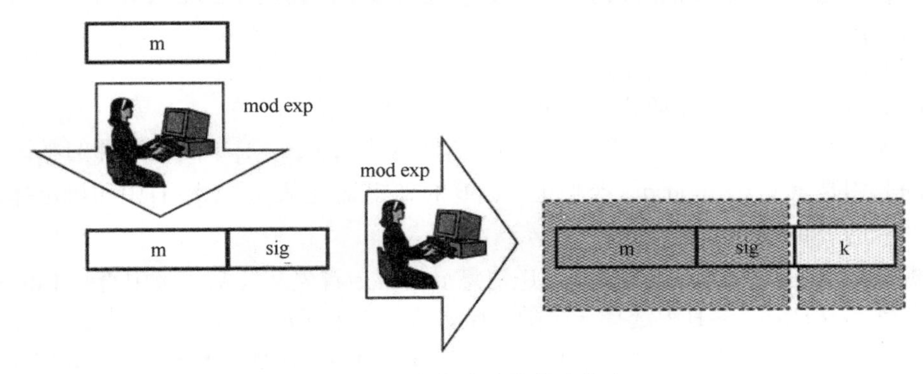

图1.3 公钥加密中的数字签名

我意识到，至少有两种组合在实践中是有意义的：

（1）私钥加密结合私钥认证；

（2）公钥加密结合数字签名。

我也意识到，将两个不同加密算法成功地结合，最重要的目标应该是，得到的结果相比独立使用两个原始算法，不仅能更快速地计算，也要有更短的消息扩展。

将目光锁定在第二类型的组合上，即公钥加密与数字签名的组合，原因如下。

（1）将来广泛使用电池供电的小型设备，如智能卡、智能电话、个人数字助理（PDA）、电子护照、电子钱包和其他类型的小工具，需要的新型公钥加密技术要求电池电量消耗尽可能少。

（2）在资源受限的环境中，如非接触无线识别令牌和无人值守的远程数据采集系统，需要使用不仅可以快速计算，而且引入数据扩展也最少的公钥加密算法。

（3）寻求组合的公钥加密解决方案似乎更具挑战性。

（4）我认为自己在对选择密文攻击[210, 211]“免疫”的公钥加密设计技术方面的经验，可以用于应对这个新挑战。这些“免疫”技术的本质是使用认证标签，尤其是那些由（有密钥控制的）单向散列算法产生的标签。在进行公钥加密之前，可以利用这些标签将非结构化的明文转换为高度结构化的明文。这种转换能够挫败在不知道相应明文的情况下试图创建一个新密文的选择密文攻击者。这些想法后来由其他研究人员阐述为“随机预言机”模型和明文可意识性，并构成了公钥密码可证明安全性的重要基础。

1.1.3 签密

在设定了将公钥加密与数字签名相结合的目标之后，我将待选算法限定到ElGamal 公钥加密和签名，尤其是那些安全性依赖大有限域的子群上离散对数困难性的算法，因为其具有出色的效率，并存在有效的椭圆曲线上实现的版本。

1. 子群上的ElGamal公钥加密和签名

我所感兴趣的ElGamal公钥加密和数字签名版本，使用了三个公开参数：

（1）p：大素数；

（2）q：$p-1$的一个素因子；

（3）g：$[1,\cdots,q-1]$中阶为$q \bmod p$的一个整数。

例如，有两个用户Alice和Bob，Alice拥有从$[1,\cdots,q-1]$中随机选择的私钥x_a，相应的公钥是$y_a = g^{x_a} \bmod p$。类似地，Bob的私钥x_b是从$[1,\cdots,q-1]$中随机选择的整数，对应的公钥是$y_b = g^{x_b} \bmod p$。

现假定Alice想安全地给Bob发送消息m。Alice首先从公钥目录中查找Bob的公钥y_b。然后从$[1,\cdots,q-1]$中选择一个随机整数x，并计算$t = y_b^x \bmod p$。然后，针对一个适当的私钥密码方案(E, D)，利用单向散列函数hash计算加密密钥k=hash(t)。最后，Alice将如下的一对数据作为m的密文发送给Bob。

$$\text{ElGamal加密：}(c_1, c_2) = [g^x \bmod p, E_k(m)]$$

式中，E为私钥密码方案中的加密算法。

当收到(c_1, c_2)后，Bob能够通过计算$k = \text{hash}(c_1^{x_b} \bmod p)$恢复$k$。然后利用$k$和同一私钥密码方案中的解密算法$D$解密$c_2$并获得$m$。

Alice对消息m的签名包括两个数：r和s，定义为

$$\text{ElGamal签名：}(r, s) = \{g^x \bmod p, [\text{hash}(m) - x_a r] / x \bmod (p-1)\}$$

式中，x为从$[1,\cdots,q-1]$]中随机选择的整数，hash 是一个合适的单向散列函数。Bob和其他任何人能够使用Alice的有效公钥y_a来验证其对消息m的签名的认证性。

针对原始ElGamal签名存在大量的变形和改进。最值得注意的包括NIST数字签名标准（digital signature standard，DSS）或称为数字签名算法（digital signature algorithm，DSA）[149]，以及Schnorr签名[173]。这两种签名技术定义为

$$\text{DSS}: (r, s) = \{(g^x \bmod p) \bmod q,\ [\text{hash}(m) + x_a r] / x \bmod q\}$$

$$\text{Schnorr}: (r, s) = [\text{hash}(g^x \bmod p, m), (x - x_a r) \bmod q]$$

通过对DSS进行变形作进一步缩短，可以得到两个更有意思的变形。这两个缩短版本称为SDSS1和SDSS2，定义为

$$\text{SDSS1}: (r, s) = [\text{hash}(g^x \bmod p, m), x / (r + x_a) \bmod q]$$

$$\text{SDSS2}: (r, s) = [\text{hash}(g^x \bmod p, m), x / (1 + x_a r) \bmod q]$$

2. 基本签密算法

仔细观察 ElGamal 加密和签名算法，会发现它们都包括如下元素

$$g^x \bmod p$$

这个值在两个算法中起着“临时密钥”的作用。一个有趣的问题是，“有没有可能将‘临时密钥’作为连接加密算法和签名算法的渠道”。

而且，还注意到 $g^x \bmod p$ 并没有显式地出现在任意一个上述四种 ElGamal 签名的变形中。但是，这个值又可以很容易地由签名验证者从签名中计算出来。所有这四种变形均具有比原始 ElGamal 签名更短的签名长度。这带来了另一个有趣的问题，那就是“是否有可能以这样一种方式结合 ElGamal 加密和签名，所得到的算法中不包含 $g^x \bmod p$”。

经过大量的试验和失败之后，1996 年冬天，在南方工作的我更加坚定了自己的想法。得到的结果是对 ElGamal 加密和签名的精密结合，称为“签密”，从而肯定地回答了上述两个问题。后面使用 SDSS1 来解释这种结合。在后面描述的签密技术中，使用 hash 表示一种单向散列算法，KH 表示一个有密钥控制的单向散列算法，(E, D) 表示一种私钥密码方案。

基本算法

发送者 Alice 对消息 m 签密

① 从 $[1, \cdots, q-1]$ 中随机、均匀地选择 x，令 $k = \text{hash}(y_b^x \bmod p)$，将 k 分成长度合适的 k_1 和 k_2。

② $\theta = E_{k_1}(m)$。

③ $r = \text{KH}_{k_2}(m)$。

④ $s = x/(r + x_a) \bmod q$。

输出 (θ, r, s) 为发送给 Bob 的签密文。

基本算法

接收者 Bob 对签密文 (θ, r, s) 的解签密

① 利用 r、s、g、p、y_a、x_b 通过计算 $k = \text{hash}[(y_a \cdot g^r)^{s \cdot x_b} \bmod p]$ 恢复出 k。

② 将 k 分成 k_1 和 k_2。

③ $m = D_{k_1}(\theta)$。

④ 只有当 $\text{KH}_{k_2}(m) = r$ 时，才输出 m，作为 Alice 发出的合法消息，否则拒绝接收。

尽管研究论文一年以后才发表于 1997 年的 Crypto[203,204]，但这个技术首先在 1996 年 10 月的专利申请[207]中进行了详细描述。

1.1.4 可证明安全签密

上面所讨论的基本签密算法发表之后，寻找对于算法的机密性和不可伪造性的

形式化证明成为下一个挑战。我很幸运，1999 年秋天，作为一名博士研究生，Ron Steinfeld 加入了我在 Monash 大学的实验室。Ron 接受了我的建议来寻找签密安全性的形式化证明。我们很快就意识到确定一个合适的签密安全模型是最重要的。1999 年底，我们朝这个方向迈出了第一步：形式化地证明了一个安全性基于因子分解的签密算法的不可伪造性。结果发表于 ISW2000[184]，而该签密算法的机密性证明成为一个公开问题。

2000 年初，迎来了 Joonsang Baek 加入我的实验室攻读博士研究生学位。Joonsang 来后不久，就和 Ron 还有我一起开始研究签密的安全性证明。我们的合作研究成果极为丰硕，构造了多用户环境中签密的强安全模型，并在该模型下对签密的不可伪造性和机密性给出了形式化证明[12, 13]。

独立于实验室的工作，An、Dodis 和 Rabin 在双用户环境中成功获得了对结合公钥加密和数字签名的一大类方案的安全性证明[10]。这些结果与多用户环境中的研究结果互为补充，向着可证明安全的签密方案的设计迈出了重要一步。

原始的签密算法为了从数学上严谨地证明安全性，需要进行一些优化[12, 13]。优化算法采用两个独立的单向散列算法 G 和 H，前者用于生成私钥加密算法的密钥，而后者则用于计算 r 的值。并且，Alice 和 Bob 的公钥都参与了 r 的散列计算，据此将密文绑定到 Alice 和 Bob，消除了不诚实的 Alice 或 Bob 滥用的可能性。

可证明安全的算法

发送者 Alice 对消息 m 签密

① 从 $[1,\cdots,q-1]$ 中随机、均匀地选择 x。

② $k = y_b^x \bmod p$。

③ $\tau = G(k)$。

④ $\theta = E_\tau(m)$。

⑤ $r = H(m, y_a, y_b, k)$。

⑥ 如果 $r + x_a = 0 (\bmod q)$，则返回到①，否则令 $s = x/(r + x_a) \bmod q$。

⑦ 输出 (θ, r, s) 作为发送给 Bob 的签密文。

可证明安全的算法

接收者 Bob 对签密文 (θ, r, s) 解签密

① $k = (y_a \cdot g^r)^{s \cdot x_b} \bmod p$。

② $\tau = G(k)$。

③ $m = D_\tau(\theta)$。

④ 仅当 $H(m, y_a, y_b, k) = r$ 时，输出 m，作为由 Alice 发出的合法消息，否则拒绝接收。

1.2 扩展、标准化及其未来的研究方向

至此，签密扩展到椭圆曲线[209]、整数分解[131, 184, 206]和对[122]。此外，研究人员已经设计了大量的具有其他属性的签密技术，如用于长消息的混合结构[37, 73]，第三方直接可验证的[15]、门限的[80]、盲化的[199]、以身份作为公钥的[51]、无证书的[16]、代理的[85]等。本书介绍签密的所有实用形式，如需进一步参考，读者可以直接访问“签密中心”（www.signcryption.org），它是一个包含了该领域最新进展的门户网站。

Jutla从不同方向研究了私钥加密与私钥消息认证的整合，提出了带认证的加密或认证加密[112]。

最近，签密在实际应用中的重要性得到了数据安全专家的认可。2007年以来，国际标准化组织的一个技术委员会（ISO/IEC JTC1/SC 27）已开发出签密技术的国际标准[102]。包含在该标准中的技术必须符合ISO的严格要求，特别是那些与安全性、性能和成熟度有关的要求。

最后，请读者注意图1.4，它描述了同时采用编码调制和签密的通信系统，以最小的开销不仅获得了通信的高效率和可靠性，而且获得了数据安全性。人们不禁会问，难道其他类型的混合仍然有可能吗？

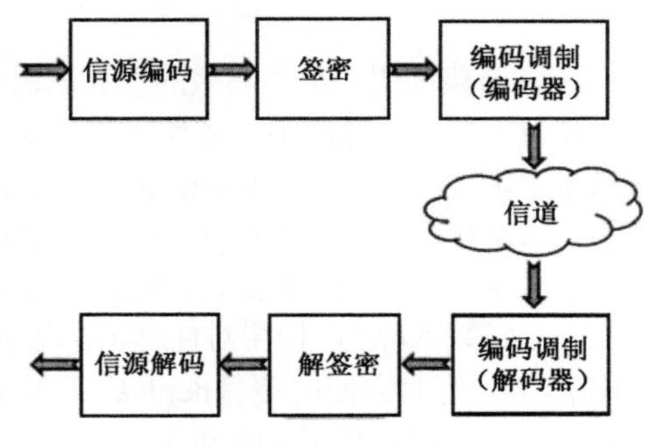

图1.4 通信系统中的签密

1.3 符号和安全性的概念

签密方案的发展紧随许多其他类型的密码方案，而且签密当中也用到了它们。本书不打算详细描述那些早期的系统，但是为了更好地解释签密方案的发展，有必要对其进行简单介绍。本节给出在本书整个剩余部分使用的符号和安全性概念。

1.3.1 算法和赋值

本书采用通用记号，用箭头表示赋值。如果f是一个函数，那么$y \leftarrow f(x)$表示将函数f关于x的函数值赋给变量y。类似地，如果A是一个确定型算法，那么$y \leftarrow A(x)$表示将算法A关于输入x运行得到的值赋给变量y。如果A访问了预言机O，则记作$y \leftarrow A^O(x)$。

对于一个概率型算法A，用$y \xleftarrow{R} A(x)$表示将算法A在使用一系列随机数时，关于输入x运行得到的值赋给变量y。如果希望指定A使用一个特定的随机数集合R，

则记为 $y \leftarrow A(x;R)$。此外，如果 S 是一个有限集，则用 $y \xleftarrow{R} S$ 表示将从 S 中均匀随机选择的值赋给 y。这使本书可以在算法中使用符号“=”来表示对两个变量的比较。

经常希望在给定了一系列定义于一组分布（$X,Y,Z,\cdots$）上的相关随机变量时，评估事件 S 发生的概率。这个概率记为

$$\Pr[S : X,Y,Z,\cdots] \tag{1.1}$$

于是有

$$\Pr[b=b' : b\,R\leftarrow\{0,1\}, b'R\leftarrow\{0,1\}] \tag{1.2}$$

表示当 b 和 b' 都从集合 $\{0,1\}$ 中随机均匀选取时，b 等于 b' 的概率。

于是有

$$\Pr[b=b' : b\,R\leftarrow\{0,1\}, b'R\leftarrow\{0,1\}]=1/2 \tag{1.3}$$

常常希望证明一个“高效的”算法只能以“小”概率攻破密码方案或解决一个数学难题。在讨论的所有算法中，都使用某个安全参数 k 进行参数定义。这里“高效的”算法是指概率多项式时间（probabilistic polynomial time，PPT）算法。一个概率算法 A 是多项式时间的，如果存在一个多项式 p，无论使用何种随机数，$A(x)$ 总能在 $p(k)$ 步内运行结束，如果一个概率关于安全参数是可忽略的，则称这个概率是“小”的。如果对所有的多项式 p，存在一个整数 $N(p)$，使得对任意 $k \geqslant N(p)$ 都有 $f(k) \leqslant 1/|p(k)|$，那么函数 f 在安全参数 k 下可忽略。有时会使用缩写 $\mathrm{negl}(k)$ 来表示一个可忽略函数，用符号 $f(x) \leqslant g(x)+\mathrm{negl}(k)$ 表示 $|f(k)-g(k)|$ 是可忽略函数。

最后，如果 x 和 y 都是比特串，那么 $|x|$ 指 x 的长度，$x\|y$ 表示 x 与 y 的级联。此外，(x,y) 是有序对 x 和 y 的二进制表示。

1.3.2 数字签名方案

第一个要介绍的密码原语是数字签名方案。数字签名方案是对一组数据提供源认证、数据完整性和不可否认性的公钥原语，是签密方案要实现的两个基本组件之一。

1. 附加数字签名方案

附加数字签名方案（简称数字签名方案）可以由三个多项式时间算法来描述（SigKeyGen，Sign，Verify）。

（1）密钥生成算法 SigKeyGen 是一个概率型算法，输入安全参数 1^k，输出密钥对 $(\mathrm{sk}^{\mathrm{sig}},\mathrm{pk}^{\mathrm{sig}})$，记作 $(\mathrm{sk}^{\mathrm{sig}},\mathrm{pk}^{\mathrm{sig}}) \xleftarrow{R} \mathrm{SigKeyGen}(1^k)$。私有的签名密钥 $\mathrm{sk}^{\mathrm{sig}}$ 是保密的。公开的验证密钥 $\mathrm{pk}^{\mathrm{sig}}$ 广泛地分发。

（2）签名算法 Sign 是一个概率型算法，输入消息 m 和私钥 $\mathrm{sk}^{\mathrm{sig}}$，输出签名 s，记作 $s \xleftarrow{R} \mathrm{Sign}(\mathrm{sk}^{\mathrm{sig}},m)$。

（3）验证算法 Verify 是一个确定型算法，以消息 m、签名 s 和公开的验证密钥 $\mathrm{pk}^{\mathrm{sig}}$ 为输入。输出成功符号 $\top$，表示签名是正确的，或者输出失败符号 $\perp$，表示签名是错误的。

要求对任意的密钥对 $(\mathrm{sk}^{\mathrm{sig}},\mathrm{pk}^{\mathrm{sig}}) \xleftarrow{R} \mathrm{SigKeyGen}(1^k)$ 和消息 m，当 $s \xleftarrow{R} \mathrm{Sign}(\mathrm{sk}^{\mathrm{sig}}, m)$ 时总有 $\mathrm{Verify}(\mathrm{pk}^{\mathrm{sig}}, m, s) = \top$。

附加签名方案产生的签名值，附加在发送者发往接收者的消息上。签名不体现消息的任何一部分，因此整个消息必须和签名一起发送。要强调的是，签名方案不提供机密性保护：虽然签名在设计时不体现消息的任何信息，但也不能保证攻击者不会从签名中确定有关消息的信息。

2. 具有消息恢复的数字签名

附加签名方案的一种替代方法是具有消息恢复的签名方案。具有消息恢复的签名方案可以从签名中恢复消息①。发送具有消息恢复的签名，通常比发送消息和附加签名的级联在带宽方面更高效。

具有消息恢复的签名方案的定义类似于附加数字签名方案，定义为多项式时间算法的三元组（SigKeyGen, Sign, Verify）。

（1）密钥生成算法 SigKeyGen 是概率型算法，输入安全参数 1^k，输出密钥对$(\mathrm{sk}^{\mathrm{sig}}, \mathrm{pk}^{\mathrm{sig}})$，记作 $(\mathrm{sk}^{\mathrm{sig}}, \mathrm{pk}^{\mathrm{sig}}) \xleftarrow{R} \mathrm{SigKeyGen}(1^k)$。私有的签名密钥 $\mathrm{sk}^{\mathrm{sig}}$ 是保密的，公开的验证密钥 $\mathrm{pk}^{\mathrm{sig}}$ 广泛地分发。

（2）签名算法 Sign 是概率型算法，输入消息 m 和私钥 $\mathrm{sk}^{\mathrm{sig}}$，输出签名 s，记作 $s \xleftarrow{R} \mathrm{Sign}(\mathrm{sk}^{\mathrm{sig}}, m)$。

（3）验证算法 Verify 是确定型算法，以签名 s 和公开的验证密钥 $\mathrm{pk}^{\mathrm{sig}}$ 为输入。输出消息 m 或表示签名正确的成功符号⊤，或表示签名不正确的失败符号⊥，记作 $m \leftarrow \mathrm{Verify}(\mathrm{pk}^{\mathrm{sig}}, s)$。

要求对任意密钥对 $(\mathrm{sk}^{\mathrm{sig}},\mathrm{pk}^{\mathrm{sig}}) \xleftarrow{R} \mathrm{SigKeyGen}(1^k)$ 和消息 m，当 $s \xleftarrow{R} \mathrm{Sign}(\mathrm{sk}^{\mathrm{sig}}, m)$ 时总有 $\mathrm{Verify}(\mathrm{pk}^{\mathrm{sig}}, s) = m$。

3. 安全性

Goldwasser 等[91]最先描述了签名方案的安全性需求。这里给出用附加签名方案表示的签名安全需求，与具有消息恢复的签名情况类似。在两种情况下，都要去计算高效的攻击者生成一则错误签名的概率上界。为了计算这个概率，描述一个在概率多项式时间攻击者和假想的挑战者之间进行的游戏。

（1）挑战者生成密钥对 $(\mathrm{sk}^{\mathrm{sig}},\mathrm{pk}^{\mathrm{sig}}) \xleftarrow{R} \mathrm{SigKeyGen}(1^k)$。

（2）攻击者运行 $A^O(1^k, \mathrm{pk}^{\mathrm{sig}})$。攻击者访问一个预言机 O（随后描述），输出一则消息 m^* 和签名 s^* 后运行结束。

---

① 从技术上讲，具有消息恢复的签名方案往往只允许从签名中恢复消息的一部分（有时也称为消息的可恢复部分），消息的剩余部分（有时也称为消息的不可恢复部分）与签名一起发送，这就是所谓的部分消息恢复。然而，通过将签名与消息的不可恢复部分级联，可将任意一种部分消息恢复的签名方案转化为完全消息恢复的签名方案。因此，本书只考虑完全消息恢复的签名方案。

攻击者访问预言机 O。该预言机的能力决定了攻击模型（attack model），即具体规定了实施攻击时攻击者所具备的能力。

（1）在选择消息攻击（chosen message attack，CMA）中，攻击者访问签名预言机，其输入为消息 m，输出是签名 $s \xleftarrow{R} \text{Sign}(\text{sk}^{\text{sig}}, m)$。选择消息攻击试图模仿使用签名方案的一般模式，其中攻击者可能通过某种有敌意的方式观察合法参与方产生的签名。

（2）在无消息攻击（no-message attack，NMA）中，预言机不作响应。这相当于攻击者没有预言可访问的攻击模型。

攻击者试图伪造签名。有两种方式来判定攻击者是否伪造成功。

（1）在存在性不可伪造（existential unforgeability，UF）游戏中，攻击者如果能够输出一对 (m^*, s^*)，满足 $\text{Verify}(\text{pk}^{\text{sig}}, m^*, s^*) = \top$，且攻击者从未向预言机询问过消息 m^* 的签名，则认为攻击成功。

（2）一个更强的概念是强存在性不可伪造（strong existential unforgeability，sUF）。攻击者如果能够输出一对 (m^*, s^*)，满足 $\text{Verify}(\text{pk}^{\text{sig}}, m^*, s^*) = \top$，且攻击者从未向预言机询问过消息 m^* 的签名，并从未得到过响应 s^*，则认为攻击者在强不可伪造游戏中成功。

两个游戏的不同之处在于，在存在性不可伪造性游戏中，攻击者试图对未签名过的消息伪造出签名。而在强存在性不可伪造性游戏中，攻击者试图要么对未签名过的消息伪造出签名，要么对之前签名过的消息伪造出新签名。

定义 1.1（安全的签名方案）　签名方案认为是GOAL-ATK安全的（其中，GOAL∈{UF, sUF}，ATK∈{NMA,CMA}），如果对所有概率多项式时间的攻击者，当访问ATK模型中定义的预言机时，在GOAL游戏中获胜的概率作为安全参数的函数，是可忽略的。

4. 适用于有限消息空间的弱安全性定义

目前已讨论了以任意消息 $m \in \{0,1\}^*$ 作为输入的签名方案，然而，对具有有限消息空间 M 的签名方案，要考虑弱化的安全性。对于有限消息空间，将定义新的攻击模型和成功标准。

定义成功标准时，要求攻击者对随机选择的消息 $m^* \xleftarrow{R} M$ 产生一则伪造的签名。这需要重新描述概率多项式时间的攻击者A所运行的攻击游戏。

（1）挑战者产生密钥对 $(\text{sk}^{\text{sig}}, \text{pk}^{\text{sig}}) \xleftarrow{R} \text{SigKeyGen}(1^k)$ 和消息 $m^* \xleftarrow{R} M$。

（2）攻击者运行 $A^O(1^k, \text{pk}^{\text{sig}}, m^*)$。攻击者访问预言机 O。输出签名 s^* 后攻击者终止运行。

对上述游戏定义两个成功标准。

（1）在全局不可伪造性（universally unforgeability，uUF）游戏中，如果 $\text{Verify}(\text{pk}^{\text{sig}}, m^*, s^*) = \top$，且攻击者从未向签名预言机询问过消息 m^* 时，则认为攻击成功。

（2）在强全局不可伪造性（strong universally unforgeability，suUF）游戏中，如果 $\text{Verify}(pk^{sig}, m^*, s^*) = \top$，且攻击者从未向签名预言机询问过消息 m^*，也没有收到过响应 s^* 时，则认为攻击成功。

显然，任何存在性不可伪造（强存在性不可伪造）的方案是全局不可伪造（强全局不可伪造）的。

定义攻击模型时，可以考虑一种场景，攻击者可以访问预言机 O，返回的是一则随机消息 $m \xleftarrow{R} M$ 和对该消息的签名 $s \xleftarrow{R} \text{Sign}(sk^{sig}, m)$，称为随机消息攻击（random message attack，RMA）。容易看出，这个攻击模型介于无消息攻击（NMA）和选择消息攻击（CMA）之间。

定义 1.2（安全的签名方案） 具有有限消息空间的签名方案是 GOAL-ATK 安全的（其中，GOAL∈{UF, sUF, uUF, suUF}，ATK∈{NMA, RMA, CMA}），对所有概率多项式时间的攻击者，在访问了 ATK 模型定义的预言机之后，赢得 GOAL 游戏的概率，作为安全参数的函数，都是可忽略的。

1.3.3 公钥加密

签密方案想要模拟的另一个密码学原语是公钥加密。尽管该原语不保证数据完整性，也不提供源认证，但它提供对消息机密性的保护。

1. 定义

公钥加密方案由三个多项式时间算法组成（EncKeyGen, Encrypt, Decrypt）。

（1）密钥生成算法 EncKeyGen 是概率型算法，输入安全参数 1^k，输出密钥对(sk^{enc}, pk^{enc})，记作 $(sk^{enc}, pk^{enc}) \xleftarrow{R} \text{EncKeyGen}(1^k)$。公开的加密密钥 pk^{enc} 广泛地分发，私密的解密密钥 sk^{enc} 要保密。公钥中还定义了消息空间 M 和密文空间 C。

（2）加密算法 Encrypt 是概率型算法，输入消息 $m \in M$ 和公钥 pk^{enc}，输出密文 $c \in C$，记作 $c \xleftarrow{R} \text{Encrypt}(pk^{enc}, m)$。

（3）解密算法 Decrypt 是确定型算法，输入密文 $c \in C$ 和私钥 sk^{enc}，输出消息 $m \in M$ 或失败符号⊥，记作 $m \leftarrow \text{Decrypt}(sk^{enc}, c)$。

方案的正确性要求对所有密钥对 $(pk^{enc}, sk^{enc}) \xleftarrow{R} \text{EncKeyGen}(1^k)$ 和消息 $m \in M$，当 $c \xleftarrow{R} \text{Encrypt}(pk^{enc}, m)$ 时，总有 $m \leftarrow \text{Decrypt}(sk^{enc}, c)$。

在某些情况下，基于一些公共参数而生成公/私钥对是有好处的，例如，对一个群的描述、该群的生成元、某些随机产生的群元素等。如果有这种需求，则可以假设存在一个初始化算法来输出公共参数 param。这个算法必须运行于可信任实体（相信这些实体能正确运行算法，安全地删除所有中间数据，并将运行结果公开）上。假设方案中其他算法都以公共参数作为一个隐性输入。

2. 安全性

安全的加密方案中，密文不会泄露当前明文的任何信息。对于加密方案的安全性，目前普遍接受的概念由不可区分性（indistinguishability，IND）游戏给出。在该游戏中，认为攻击者是一对概率多项式时间算法 $A=(A_1,A_2)$ 。对公钥加密方案，IND 游戏运行如下。

（1）挑战者生成密钥对 $(\text{sk}^{\text{enc}},\text{pk}^{\text{enc}})\xleftarrow{R}\text{EncKeyGen}(1^k)$ 。

（2）攻击者运行 $A_1^O(1^k,\text{pk}^{\text{enc}})$ 来生成一对等长明文 (m_0,m_1) 和状态信息 α 。

（3）挑战者随机选择一个比特 $b\xleftarrow{R}\{0,1\}$，计算挑战密文 $c^*\xleftarrow{R}\text{Encrypt}(\text{pk}^{\text{enc}},m_b)$ 。

（4）攻击者运行 $A_2^O(C^*,\alpha)$ 产生一个比特 b' 。

如果 $b=b'$，则攻击者在游戏中成功。攻击者的优势定义为

$$\text{Adv}_A^{\text{IND}}(k)=|\Pr[b=b']-1/2| \tag{1.4}$$

与签名方案一样，预言机定义了攻击模型中攻击者的能力。有以下两种情况。

（1）在选择密文攻击（chosen ciphertext attack，CCA2）中，攻击者访问一个解密预言机，其输入是密文 $c\in C$，输出是消息 $m\leftarrow\text{Decrypt}(\text{sk}^{\text{enc}},c)$ 。唯一的限制是不允许 A_2 向解密预言机询问挑战密文 c^* 。

（2）在选择明文攻击（chosen plaintext attack，CPA）中，该预言机不作出响应。同样，这等同于攻击者不访问任何预言机的攻击模型。

定义 1.3（安全的公钥加密方案） 公钥加密方案认为是 IND-ATK 安全的（其中 ATK$\in$\{CPA, CCA2\}），如果对所有概率多项式时间的攻击者，在访问 ATK 模型中定义的预言机时，赢得 IND 游戏的优势，作为安全参数的函数，都是可忽略的。

最后，给出一个有用的引理，有助于界定攻击者的优势。

引理 1.1 如果 A 是一个优势为 $\text{Adv}_A^{\text{IND}}$ 的攻击者，那么有

$$2\cdot\text{Adv}_A^{\text{IND}}=|\Pr[b'=0\mid b=0]-\Pr[b'=0\mid b=1]| \tag{1.5}$$

3. 适用于有限消息空间的弱安全性定义

与签名方案类似，如果已知加密方案的消息空间 M 是有限的，那么可以考虑弱化的安全性定义。特别是，可以考虑单向（one-way，OW）安全性。在该游戏中，认为攻击者是一个概率多项式时间算法 A。OW 攻击游戏如下。

（1）挑战者生成密钥对 $(\text{sk}^{\text{enc}},\text{pk}^{\text{enc}})\xleftarrow{R}\text{EncKeyGen}(1^k)$，消息 $m^*\xleftarrow{R}M$，和密文 $c^*\xleftarrow{R}\text{Encrypt}(\text{pk}^{\text{enc}},m^*)$ 。

（2）攻击者运行 $A(1^k,\text{pk}^{\text{enc}},c^*)$，输出消息 m。

如果 $m=m^*$，则称攻击者赢得了 OW-CPA 游戏。

定义 1.4（单向公钥加密方案） 公钥加密方案认为是 OW-CPA 安全的，对所有概率多项式时间的攻击者，赢得 OW-CPA 游戏的概率，作为安全参数的函数，都是可忽略的。

从概念上，单向（OW）安全性是比不可区分性（IND）更弱的安全性定义。事实上，一个消息空间为 $M=\{0,1\}^{l(k)}$ 的 IND-CPA 安全方案一定是 OW-CPA 安全的，其中 $l(k)$ 是安全参数 k 的多项式。

1.3.4 对称加密

签密是一个公钥原语，而在更大的原语中经常会将对称加密作为子程序。

1. 定义

对称加密方案是一对确定型算法 $(\mathrm{Enc},\mathrm{Dec})$。

（1）加密算法 Enc 输入一个对称密钥 K 和一则明文 $m\in M$，输出密文 $c\in C$，记作 $c\leftarrow \mathrm{Enc}_K(m)$。

（2）解密算法 Dec 输入一个对称密钥 K 和一则密文 $c\in C$，输出消息 $m\in M$ 或失败符号⊥，记作 $m\leftarrow \mathrm{Dec}_K(c)$。

方案的正确性要求对任意对称密钥 K，有 $m=\mathrm{Dec}_K[\mathrm{Enc}_K(m)]$。

2. 一次性安全

对称加密的安全需求和公钥加密类似。同样使用了不可区分性（indistinguishability, IND）的安全游戏，攻击者认为是一对概率多项式时间算法 (A_1,A_2)。一次性安全的定义描述如下。

（1）挑战者生成一个随机密钥 $K\xleftarrow{R}\{0,1\}^k$。

（2）攻击者运行 $A_1(1^k)$ 以产生一对等长的明文 (m_0,m_1) 和状态信息 α。

（3）挑战者随机选择一个比特 $b\xleftarrow{R}\{0,1\}$，计算一则挑战密文 $c^*\leftarrow \mathrm{Enc}_K(m_b)$。

（4）攻击者运行 $A_2^O(c^*,\alpha)$，产生一个比特 b'。

同样，如果 $b=b'$，则攻击者在游戏中获胜。其优势定义为

$$\mathrm{Adv}_A^{\mathrm{OT}}(k)=|\Pr[b=b=b']-1/2| \tag{1.6}$$

攻击模型的能力再次由预言机 O 来确定，而且也有两种可能的预言机。

（1）在选择密文攻击（CCA）中，攻击者拥有一个解密预言机，输入为密文 c，输出明文 $m\leftarrow \mathrm{Dec}_K(c)$。唯一的限制是攻击者不能向解密预言机询问挑战密文 c^*。

（2）在选择明文攻击（CPA）中，解密预言机不给出回应。相当于攻击者不能访问任何预言机的攻击模型。

注意到，即使在 CCA 攻击模型中，攻击者也只能在挑战密文发出后才可以访问预言机。

定义 1.5（安全的对称加密方案） 对称加密方案认为是 IND-ATK 安全的（其中 ATK∈{CPA,CCA}），对所有概率多项式时间的攻击者，在访问了 ATK 模型定义的预言机后赢得 IND 游戏的优势，作为安全参数的函数，都是可忽略的。

1.3.5 消息认证码

消息认证码（message authentication code，MAC）是使用秘密的对称密钥来对消息计算的校验和，其目的是向接收者保证消息的完整性和来源。在很多方面，其可看成数字签名的对称版本，即使在没有可信第三方时它也无法提供不可否认性。

消息认证码由一个确定型的消息认证码算法 MAC 来定义。该算法输入一个对称密钥 K 和一则消息 $m \in M$，输出一个长度固定的标签 tag。

消息认证码的安全需求与数字签名类似。攻击者被认为是运行在如下安全模型上的一个概率多项式时间算法。

（1）挑战者生成一个随机密钥 $K \xleftarrow{R} \{0,1\}^k$。

（2）攻击者运行 $A(1^k)$ 产生一则消息 m，一个消息认证码标签 tag。在执行过程中，允许消息认证码算法访问一个消息认证码预言机，该预言机的输入为消息 m，输出为 $\mathrm{MAC}_K(m)$。

如果 $\mathrm{MAC}_K(m) = \mathrm{tag}$，且攻击者从未向消息认证码预言机询问过 m，则认为其在游戏中获胜。

定义 1.6（安全的消息认证码算法） 一个消息认证码算法认为是安全的，对所有概率多项式时间的攻击者，将赢得如上游戏的优势，作为安全参数的函数是可忽略的。

第 I 部分

签密的安全模型

第 2 章　签密的安全性：双用户模型

Jee Hea An，Tal Rabin

2.1　简　　介

签密是一种用来在通信中同时提供机密性和完整性保护的密码学原语（参见第 1 章，其中详细描述了签密在通信架构中的角色）。它是一种公钥密码原语，可以看成对称密码中认证加密（authenticated encryption）的公钥版本，事实上，这两种原语从较高层次看具有很多相似点。签密最早由 Zheng[203, 204]提出，旨在满足“签名且加密的代价 << 签名的代价+加密的代价”。这个不等式有多种含义。

（1）签密方案应该比公钥加密和数字签名的简单组合计算效率更高。

（2）签密方案产生的签密文应该比公钥加密和数字签名的简单组合产生的密文更短。

（3）签密方案应该能提供比公钥加密和数字签名的简单组合更强的安全性保障，并且/或者提供更强大的功能。

当然，可以在想象中设计一个具有上述三种优势的方案；然而，在这样的方案尚不存在的情况下，根据签密应用的性质，这些优势中任何一个都是有用的。第 12 章将讨论签密在实际应用中可能的用途。

本章给出双用户场合（two-user setting）中签密安全性的形式化定义，并分析在公钥环境下结合普通签名和加密而构造的签密方案的安全性。签密的安全模型最早由 Steinfeld 和 Zheng[184]给出，但是，这项工作只给出了签密方案的完整性保护特性的安全模型。本章将在 An 等[10]的工作基础上给出更完整的分析。在公钥环境下定义签密的安全性比在对称环境[26,117]下更加复杂，这是由前者的非对称性质决定的。密钥的非对称性使认证性和保密性方面的概念都与对称环境不同，本章将介绍这两方面的问题。

公钥环境的第一个不同是签密的安全性需要在多用户场合中定义，这时需要解决关于用户身份的问题。相比之下，对称环境中的认证加密完全可以在更简单的双用户场合中定义。在公钥环境中，双用户场合也是有意义的，即使它不能提供所有的安全性保证。在（更简单的）双用户场合定义签名的安全性存在很多微妙的问题，因此在这样的背景下需要强调这些并非全无意义的细小问题。

公钥环境下的不对称性不仅使多用户和双用户环境有所不同，而且由攻击者所掌握的关于密钥的知识决定了其地位的不同。根据攻击者是外部的（即只知道公共信息的第三方）或者是内部的（即网络上的合法用户，发送方或者接收方，或者是知道发送方或者接收方密钥的用户）而给出签密安全性的两种定义。前者称为“外部安全”，后者称为“内部安全”。

本章将从保密性（即选择密文攻击下的不可区分性，IND-CCA2）和认证性（即选择明文攻击下的不可伪造性，sUF-CMA）两方面来定义内部安全性和外部安全性。然后分析利用以下三种方法将普通签名和加密相结合构成的签密方案的安全性：加密且签名（E&S）、先加密后签名（E*t*S）和先签名后加密（S*t*E）。在文献[26]和文献[117]中的对称环境下，注意到，无论在内部还是外部安全模型中，并行的 E&S 方法既不能提供弱 IND-CPA 安全的保密性，也不能提供强 sUF-CMA 安全的认证性（虽然能提供相对较弱的 UF-CMA 安全性）。

对于串行的 E*t*S 和 S*t*E 方式，考虑如下情况：与后一个操作相关的安全性（即 E*t*S 模式中的认证性和 S*t*E 模式中的保密性）和与前一个操作相关的安全性（即 E*t*S 模式中的保密性和 S*t*E 模式中的认证性）。可以看出，后一个操作的安全性在内部和外部安全模型中都保留下来，也就是说，E*t*S 模式继承了基本签名方案的认证性，S*t*E 模式继承了基本加密方案的保密性。然而，前一个操作的安全性能不能保留下来依赖于安全模型和安全强度。

在强内部安全模型下，尽管前一个操作的关于保密性和认证性的较弱安全性（如 IND-CPA、IND-gCCA2[10]和 UF-CMA 安全）保留下来，但最强的安全性（即 IND-CCA2 和 sUF-CMA 安全）并没有保留下来。另外，在较弱的外部安全模型下，只要后一个操作足够强，前一个操作的安全性甚至有可能放大，在对称环境中更是如此[9, 26, 117]。

2.2　双用户场合下签密的定义

签密的定义比对称环境中相应的加密认证定义更复杂。实际上，在对称环境中，只涉及一对特定的用户，他们满足：①共享一个密钥；②彼此信任；③“知道他们是谁”；④只关心如何防范“世界上的其他人”。相比之下，在公钥环境中，每个用户独立地发布其公钥，之后就可以向/从其他用户发送/接收消息。特别是：①每个用户要拥有一个明确的身份（与其公钥相关）；②每个签密文都要明确地包含（假定的）发送者 S 和接收者 R 的身份；③每个用户都要防范其他任何人。如前所述，签密方案完整的安全概念应该在多用户场合中定义。然而，双用户场合提供了重要的背景，所以后面将给出双用户场合的定义，作为对这一问题的简单介绍。第 3 章将给出完整的多用户安全模型。

2.2.1　双用户场合下的两个安全性概念

1. 定义

签密方案 Π 由五个算法组成，Π = (Setup, KeyGen_S, KeyGen_R, Signcrypt, Unsigncrypt)。

（1）初始化算法（有可能是随机型）Setup：以安全参数 1^k 为输入，输出签密方案中用到的所有公共参数 param。可能包括安全参数 1^k、群 **G** 的描述、该群的生成元 g、所选择的散列函数和对称加密方案等。

必须要指出的是，这个算法不能输出私钥。事实上，除了那些明确作为输出部分的值之外，这个算法不能泄露关于公共参数的任何信息。如果关于公共参数的额外信息泄露，那么方案的安全性可能受到威胁。例如，如果公共参数包括两个群元素 g 和 h，如果初始化算法泄露了 h 关于 g 的离散对数，则安全性就会受到影响。因此，所有用户必须相信初始化算法的运行是正确且安全的。

（2）随机化的发送方密钥生成算法 KeyGen_S：输入公共参数 param，输出一对密钥(sk_S, pk_S)，其中 sk_S 是保密的发送方签名密钥，pk_S 是公开的发送方验证密钥对(pk_S, pk_R)。记作 $(sk_S, pk_S) \xleftarrow{R} \text{KeyGen}_S(\text{param})$。

（3）随机化的接收方密钥生成算法 KeyGen_R：输入公共参数 param，输出一对密钥(sk_R, pk_R)，其中 sk_R 为要保密的接收方解密密钥，pk_R 是公开的接收方加密密钥，记作 $(sk_R, pk_R) \xleftarrow{R} \text{KeyGen}_R(\text{param})$。在一个完整的系统中，每个用户拥有两个密钥对：用户发送消息时使用一对(sk_S, pk_S)，接收消息时使用一对(sk_R, pk_R)。用户仅使用一对密钥(sk, pk)，同时用于发送和接收消息也是可能的，（这个问题将在 5.4 节深入讨论）但较简单地使用两对密钥的方案更适合目前的讨论。注意到，一直令 $pk = (pk_S, pk_R)$ 和 $sk = (sk_S, sk_R)$，从而使这种表述成为更一般情况的一个例子。

（4）随机化的签密（签名/加密）算法 Signcrypt：输入公共参数 param，发送方私钥 sk_S、接收方公钥 pk_R、消息空间 M 中的一条消息 m。在内部生成一些随机数并输出签密文 c，通常记作 $c \leftarrow \text{Signcrypt}(sk_S, pk_R, m)$ 或 $c \leftarrow \text{Signcrypt}(m)$（为简洁起见省略 param、$sk_S$ 和 pk_R）。

（5）确定性的解签密（验证/解密）算法 Unsigncrypt：输入公共参数 param、发送方公钥 pk_S、接收方私钥 sk_R，以及签密文 c。输出 $m \in M$，或者错误符号⊥，表示消息没有正确加密或签名。记作 $m \leftarrow \text{Unsigncrypt}(pk_S, sk_R, c)$ 或 $m \leftarrow \text{Unsigncrypt}(c)$（再次省略了公钥参数和密钥）。对任何 $m \in M$，要求 $\text{Unsigncrypt}[\text{Signcrypt}(m)] = m$。

2. 签密的安全性

将发送方 S 和接收方 R 固定。签密的安全目标是对通信数据提供认证性和保密性保护。在对称环境中，由于发送方和接收方共享相同的秘密密钥，所以唯一有意义的安全模型是将攻击者视为不知道秘密密钥的第三方或局外人。然而，在公钥环境中，发送方和接收方不共享相同的密钥，但每人都有自己的私钥。由于这种密钥的不对称性，不仅需要防范外部，也要防范作为系统合法用户的内部（即发送方或接收方，或是知道发送方私钥或接收方私钥的任何人）。于是，在公钥环境下，要增加一个额外的安全性概念，称为内部安全性。与内部安全相对应，称针对外部攻击者的安全性为外部安全性，这也是对称环境中需要考虑的安全性。

1）外部安全

本书对最强安全意义下的认证性（对应于数字签名方案中的UF-CMA和sUF-CMA）和保密性（对应于公钥加密方案中的IND-CCA2）作出定义，而相对较弱的安全性定义也更容易实现。假定攻击者A拥有公开信息(pk_S, pk_R)，还可以访问发送方和接收方预言机的功能。具体来说，就是其能够通过询问发送方以产生对任意一条消息m的签密文c，从而发起对发送方的选择消息攻击。换句话说，A可以访问签密预言机（signcryption oracle）。同样也能够通过发给接收方任意一则签密文并收到返回的消息m，从而发起针对接收方的选择密文攻击，即A可以访问解签密预言机（unsigncryption oracle）。注意，A不能自己去运行签密预言机或者解签密预言机，因为它缺少相应的私钥sk_S和sk_R。

为攻破签密方案的UF-CMA安全性，A必须制造出一条“新”消息m的有效签密文c(即解签密预言机不会返回符号⊥的签密文)，并且之前没有要求发送方签密该消息。(注意，A在产生签密文c时不需要“知道”m，尽管一直可以通过向解签密预言机询问c来计算m)。如果任何概率多项式时间的A在UF-CMA攻击中成功的概率是可忽略的，则称签密方案在UF-CMA意义上是外部安全的。为攻破签密方案的sUF-CMA安全性，A必须制造出一条之前未返回给发送方的有效签密文（注意，c的解签密输出m未必要“新”）。形式化地，考虑一个在假想的挑战者和概率多项式时间攻击者A之间运行的一个游戏。

（1）挑战者生成公共参数$\text{param} \xleftarrow{R} \text{Setup}(1^k)$，发送方密钥对$(sk_S, pk_S) \xleftarrow{R} \text{KeyGen}_S(\text{param})$，以及接收方密钥对$(sk_R, pk_R) \xleftarrow{R} \text{KeyGen}_R(\text{param})$。

（2）攻击者对输入(param, pk_S, pk_R)运行算法A。攻击者可以向签密预言机询问消息$m \in M$，以获得签密文$c \xleftarrow{R} \text{Signcrypt}(sk_S, pk_R, m)$。攻击者还可以向解签密预言机询问密文$c$以获得消息$m \leftarrow \text{Unsigncrypt}(pk_S, sk_R, c)$。攻击者输出密文$c$后终止。

攻击者在UF-CMA游戏中获胜的条件是：①$m \leftarrow \text{Unsigncrypt}(pk_S, sk_R, c)$满足$m \neq \perp$；②$m$从未提交给签密预言机。攻击者在sUF-CMA游戏中获胜的条件是：①$m \leftarrow \text{Unsigncrypt}(pk_S, sk_R, c)$满足$m \neq \perp$；②签密预言机从未返回过$c$。如果任何概率多项式攻击者A在(s)UF-CMA攻击中获胜的概率可忽略，则称签密方案在(s)UF-CMA意义上是外部安全（outsider secure）的。

为攻破签密方案的IND-CCA2安全性，A必须选择两条等长的消息m_0和m_1。其中之一随机地挑出来进行签密，相应的挑战签密文c^*被交给A，A要猜测是哪条消息签密。这里，禁止A向解签密预言机询问挑战密文c^*。形式化地，可以考虑如下的在挑战者和概率多项式时间的攻击算法$A = (A_1, A_2)$之间运行的游戏。

（1）挑战者生成公共参数$\text{param} \xleftarrow{R} \text{Setup}(1^k)$，发送方密钥对$(sk_S, pk_S) \xleftarrow{R} \text{KeyGen}_S(\text{param})$，接收方密钥对$(sk_R, pk_R) \xleftarrow{R} \text{KeyGen}_R(\text{param})$。

（2）攻击者对输入$(\text{param}, pk_S, pk_R)$运行$A_1$。攻击者可以向签密预言机询问消息$m \in M$，并获得签密文$c \xleftarrow{R} \text{Signcrypt}(sk_S, pk_R, m)$。攻击者也可以向解签密预言机询

问密文 c 以获得消息 $m \leftarrow \text{Unsigncrypt}(\text{pk}_\text{S}, \text{sk}_\text{R}, c)$。攻击者输出两条等长的消息 m_0, $m_1 \in M$ 和状态信息 α，然后终止。

（3）挑战者选择 $b \xleftarrow{R} \{0,1\}$，并计算挑战签密文 $c^* \xleftarrow{R} \text{Signcrypt}(\text{sk}_\text{S}, \text{pk}_\text{R}, m_b)$。

（4）攻击者对输入的挑战签密文 c^* 和状态信息 α 运行 A_2。除不能向解签密预言机询问签密文 c^* 之外，攻击者可能会和之前一样询问签密和解签密预言机。攻击者输出一个比特 b' 并终止。

如果 $b = b'$，则攻击者获胜，且其优势定义为 $\varepsilon = |\Pr[b = b'] - 1/2|$。

如果所有概率多项式时间的攻击者在 IND-CCA2 攻击中的优势是可忽略的，则称签密方案在 IND-CCA2 意义上是外部安全的。

2）内部安全性

除了将用户之一的私钥给攻击者外，内部安全性的概念与外部安全性类似。在(s)UF-CMA 游戏中，攻击者给定了接收方的私钥，表明攻击者是接收方，签密方案要阻止接收方伪造声称是来自发送方的签密文。这是实现不可否认性的必备条件。在 IND-CCA2 游戏中，攻击者给定了发送方的私钥，表明攻击者是发送方，签密方案要阻止发送方解密以前发给接收方的签密文。这意味着，即使发送方私钥完全泄露给攻击者，签密方案仍然能保护消息的保密性。

内部(s) UF-CMA 安全的形式化模型描述如下。

（1）挑战者生成公共参数 $\text{param} \xleftarrow{R} \text{Setup}(1^k)$，发送方密钥对 $(\text{sk}_\text{S}, \text{pk}_\text{S}) \xleftarrow{R} \text{KeyGen}_\text{S}(\text{param})$，接收方密钥对 $(\text{sk}_\text{R}, \text{pk}_\text{R}) \xleftarrow{R} \text{KeyGen}_\text{R}(\text{param})$。

（2）攻击者对输入(param, pk_S, sk_R, pk_R)运行算法 A。攻击者可以向签密预言机询问消息 $m \in M$ 以获得签密文 $c \xleftarrow{R} \text{Signcrypt}(\text{sk}_\text{S}, \text{pk}_\text{R}, m)$（攻击者不需要访问解签密预言机，因为它可以使用密钥 sk_R 来自行完成解签密计算）。攻击者输出密文 c 并终止。

攻击者在 UF-CMA 游戏中获胜的条件是：① $m \leftarrow \text{Unsigncrypt}(\text{pk}_\text{S}, \text{sk}_\text{R}, c)$，满足 $m \neq \perp$；②从未向签密预言机提交过 m。攻击者在 sUF-CMA 游戏中获胜的条件是：① $m \leftarrow \text{Unsigncrypt}(\text{pk}_\text{S}, \text{sk}_\text{R}, c)$ 满足 $m \neq \perp$；②签密预言机从未返回过 c。如果所有概率多项式时间的攻击者 A 在（s）UF-CMA 攻击中获胜的机会是可忽略的，则称签密方案在(s)UF-CMA 意义上是内部安全的。

内部 IND-CCA2 安全的形式化模型如下。

（1）挑战者生成公共参数 $\text{param} \xleftarrow{R} \text{Setup}(1^k)$，发送方密钥对 $(\text{sk}_\text{S}, \text{pk}_\text{S}) \xleftarrow{R} \text{KeyGen}_\text{S}(\text{param})$，接收方密钥对 $(\text{sk}_\text{R}, \text{pk}_\text{R}) \xleftarrow{R} \text{KeyGen}_\text{R}(\text{param})$。

（2）攻击者对输入(param, pk_S, sk_S, pk_R)运行 A_1。攻击者可以向解签密预言机询问签密文 c 以获得消息 $m \leftarrow \text{Unsigncrypt}(\text{pk}_\text{S}, \text{sk}_\text{R}, c)$。（攻击者同样不需要访问签密预言机，因为它可以利用密钥 sk_S 来计算签密文。）攻击者输出两条等长的消息 m_0, $m_1 \in M$ 和状态信息 α，然后终止。

（3）挑战者选择 $b \xleftarrow{R} \{0,1\}$ 并计算挑战签密文 $c^* \xleftarrow{R} \text{Signcrypt}(\text{sk}_\text{S}, \text{pk}_\text{R}, m_b)$。

（4）攻击者对输入的挑战签密文 c^* 和状态信息 α 运行 A_2。除了不能向解签密预言机询问签密文 c^* 之外，攻击者可以像以前一样询问解签密预言机。攻击者输出一个比特 b'，然后终止。

如果 $b=b'$ 则攻击者获胜。其优势定义为 $\varepsilon=|\Pr[b=b']-1/2|$。如果任何概率多项式时间的攻击者在 IND-CCA2 攻击中的优势可以忽略，则称签密方案在 IND-CCA2 意义上是内部安全（inner secure）的。

本书还给出一个等价的但更简洁的内部安全模型。这种更简洁的表示在实践中很少用到，但是强调了签密方案与公钥加密和数字签名等相关概念之间的关系。

注意，给定任意的签密方案 Π= (Setup, KeyGen_S, KeyGen_R, Signcrypt, Unsigncrypt)，定义一个相应的导出（induced）签名方案 S = (SigKeyGen, Sign, Verify)和加密方案 E = (EncKeyGen, Encrypt, Decrypt)。

（1）签名方案 S。密钥生成算法 SigKeyGen 运行 $\text{param} \xleftarrow{R} \text{Setup}(1^k)$、$(\text{sk}_\text{S},\text{pk}_\text{S}) \xleftarrow{R} \text{KeyGen}_\text{S}(\text{param})$ 和 $(\text{sk}_\text{R},\text{pk}_\text{R}) \xleftarrow{R} \text{KeyGen}_\text{R}(\text{param})$。设置签名密钥 $\text{sk}^\text{sig}=(\text{param}, \text{sk}_\text{S}, \text{pk}_\text{S}, \text{pk}_\text{R})$、验证密钥为 $\text{pk}^\text{sig}=(\text{param}, \text{pk}_\text{S}, \text{sk}_\text{R}, \text{pk}_\text{R})$，即公开的验证密钥（攻击者可以获得）中包含了接收方私钥。为了签名消息 m，Sign(m)输出 c = Signcrypt(m)。验证算法 Verify(c)，运行 $m \leftarrow \text{Unsigncrypt}(c)$，当且仅当 $m\neq\top$时输出⊤。注意，因为 pk^sig 包括了 sk_R，所以验证过程实际上是多项式时间的。

（2）加密方案 E。密钥生成算法 EncKeyGen 运行 $\text{param} \xleftarrow{R} \text{Setup}(1^k)$、$(\text{sk}_\text{S},\text{pk}_\text{S}) \xleftarrow{R} \text{KeyGen}_\text{S}(\text{param})$ 和 $(\text{sk}_\text{R},\text{pk}_\text{R}) \xleftarrow{R} \text{KeyGen}_\text{R}(\text{param})$。设置加密密钥为 $\text{pk}^\text{enc}=(\text{param}, \text{sk}_\text{S}, \text{pk}_\text{S}, \text{pk}_\text{R})$，解密密钥为 $\text{sk}^\text{enc}=(\text{param}, \text{pk}_\text{S}, \text{sk}_\text{R}, \text{pk}_\text{R})$，即公开的加密密钥（攻击者可以获得）中包含了发送方的私钥。

为加密消息 m，Encrypt(m)输出 c = Signcrypt(m)，解密算法 Decrypt(c)仅输出 Unsigncrypt(c)。由于 pk^enc 包含了 sk_S，加密过程实际上是多项式时间的。

如果导出签名方案是(s)UF-CMA 安全的，那么签密方案是内部(s)UF-CMA 安全的。如果导出加密方案是 IND-CCA2 安全的，那么签密方案是内部 IND-CCA2 安全的。

2.2.2　对安全性概念的讨论

1. 需要不可否认性吗?

传统的数字签名支持不可否认性。也就是说，持有消息 m 的正确签名 s 的接收方 R，可以确信发送方 S 能对消息 m 的内容真实性负责。事实上，只要产生签名 s 的签名方案具有不可伪造性和可公开验证性，则只要把 s 交给第三方就足以让 R 证实 m 确实是被 S 签名的。换言之，不可否认性并非自动包含于签密的定义中。虽然签密可以使得接收方确信 m 是由 S 发送的，但第三方并不能验证这一事实，因为验证消息 m 的正确性可能会涉及使用接收方私钥，这取决于签密方案的具体构造。

本书认为，不可否认性不应该是签密安全性定义的一部分，因为该属性是否必要取决于应用环境。确实，某些应用场合可能需要不可否认性，而其他场合则不需要（如这一问题是不可否认签名方案[58]和变色龙签名方案[119]的实质）。因此本章不再深入讨论这个问题。签密的不可否认性问题将在 4.6 节和 6.5 节深入讨论。

2. 内部和外部安全性

本节列举了内部安全和外部安全性之间的一些不同。如认证的内部安全性意味着"原则上的"不可否认性。换句话说，至少在接收者 R 愿意泄露其私钥 sk_R 时，不可否认性是一定成立的（因为这样就会演变成一个正规的签名方案），也可能会有其他应用（如用于零知识证明）。相比之下，外部安全性使接收方不可能（利用其私钥）产生一个并非由发送方 S 发送的、对消息有效的签密文。此时，无论接收方 R 如何做，都不可能实现不可否认性。

尽管存在上述问题，内部和外部安全性的区别仍然好像是人为造成的，尤其是对保密性而言。直观地讲，外部安全性保护了接收者 R，使其不受不知道接收方 S 私钥的外部入侵者攻击。另外，内部安全性假设发送方 S 是攻击接收方 R 的入侵者。但由于发送方 S 是唯一一个可以发送从 S 到 R 的签密文的用户，所以这种假设似乎没有什么意义。认证性的情况是类似的，如果不可否认性不是一个问题，那么内部安全性似乎也没什么意义，因为它假设接收方 R 是攻击发送方 S 认证性的入侵者。与此同时，R 也是唯一一个需要确信数据认证性的用户。在许多环境中，人们只需要外部安全性来提供保密性和认证性。但仍存在一些情形，需要内部安全性这种额外的安全需求。例如，假设一个攻击者 A 恰好偷窃了发送方 S 的密钥。虽然此时 A 可以发送"从 S 到 R"的虚假信息，但仍不希望 A 能够理解之前（或者将来）所记录的从诚实的发送方 S 发送到接收方 R 的签密文。同样，如果一个攻击者 A 恰巧偷了接收方 R 的密钥，虽然此时 A 可以理解从诚实的发送方 S 发送给接收方 R 的签密消息，但仍不希望 A 能够发送"从 S 到 R"的虚假信息。内部安全性会面临这些安全需求，但外部安全性则不会。

最后要指出的是，获得外部安全要比获得内部安全容易得多。定理 2.3 和定理 2.4 将给出这样的例子。An 等[7]也给出了一个例子，表明对称环境中的认证加密可以用来构造一个外部安全、而非内部安全的签密。最后一个例子在 7.3 节，其中讨论了由 Dent[73] 构造的外部安全的签密 KEM 方案。总之，如果确实需要内部安全的额外保证，则应该仔细地审视签密方案。

2.3 签名和加密的通用构造方法

本节讨论三种基于签名和加密的通用组合来构造签密方案的方法：加密且签名（E&S）、签名再加密（S*t*E）和加密再签名（E*t*S）。

2.3.1　构造

令 E = (EncKeyGen, Encrypt, Decrypt)是一个加密方案，S = (SigKeyGen, Sign, Verify)是一个签名方案。三种方法都使用了相同的公共参数算法和密钥生成算法（图 2.1）。实际上方案不需要公共参数，而发送方和接收方的密钥生成算法分别是签名和加密方案的密钥生成算法。三种构造方法是“加密且签名”（E&S）方法（图 2.2）、“加密再签名”（E*t*S）方法（图 2.3）和“签名再加密”（S*t*E）方法（图 2.4）。

Setup(1^k):
　param $\leftarrow 1^k$
　返回 param

KeyGen_S(param):
　$(sk^{sig}, pk^{sig}) \xleftarrow{R} \text{SigKeyGen}(1^k)$
　$(sk_S, pk_S) \leftarrow (sk^{sig}, pk^{sig})$
　返回(sk_S, pk_S)

KeyGen_R(param):
　$(sk^{enc}, pk^{enc}) \xleftarrow{R} \text{EncKeyGen}(1^k)$
　$(sk_R, pk_R) \leftarrow (sk^{enc}, pk^{enc})$
　返回(sk_R, pk_R)

图 2.1　通用组合的密钥生成算法

Signcrypt(sk_S, pk_R, m):
　将 sk_S 解析为 sk^{sig}
　将 pk_R 解析为 pk^{enc}
　$\theta \xleftarrow{R} \text{Encrypt}(pk^{enc}, m)$
　$\sigma \xleftarrow{R} \text{Sign}(sk^{sig}, m)$
　$\theta \leftarrow (\theta, \sigma)$
　返回 c

Unsigncrypt(pk_S, sk_R, c):
　将 pk_S 解析为 pk^{sig}
　将 sk_R 解析为 sk^{enc}
　将 c 解析为(θ, σ)
　$m \leftarrow \text{Decrypt}(sk^{enc}, \theta)$
　如果$\text{Verify}(pk^{sig}, m, \sigma) = \perp$，则返回$\perp$
　否则返回 m

图 2.2　“加密且签名”（E&S）方法

Signcrypt(sk_S,pk_R,m):
　将 sk_S 解析为 sk^{sig}
　将 pk_R 解析为 pk^{enc}
　$\theta \xleftarrow{R} \text{Encrypt}(pk^{enc}, m)$
　$\sigma \xleftarrow{R} \text{Sign}(sk^{sig}, m)$
　$\theta \leftarrow (\theta, \sigma)$
　返回 c

Unsigncrypt(pk_S,sk_R,c):
　将 pk_S 解析为 pk^{sig}
　将 sk_R 解析为 sk^{enc}
　将 c 解析为(c, σ)
　如果$\text{Verify}(pk^{sig}, m, \sigma) = \perp$，则返回$\perp$
　$m \leftarrow \text{Decrypt}(sk^{enc}, \theta)$
　返回 m

图 2.3　“加密再签名”（E*t*S）方法

Signcrypt(sk_S, pk_R, m):
　将 sk_S 解析为 sk^{sig}
　将 pk_R 解析为 pk^{enc}
　$\sigma \xleftarrow{R} \text{Sign}(sk^{sig}, m)$
　$\theta \xleftarrow{R} \text{Encrypt}(pk^{enc}, m \| \sigma)$
　返回 c

Unsigncrypt(pk_S, sk_R, c):
　将 pk_S 解析为 pk^{sig}
　将 sk_R 解析为 sk^{enc}
　$m \| \sigma \leftarrow \text{Decrypt}(sk^{enc}, c)$
　如果 $\text{Verify}(pk^{sig}, m, \sigma) = \perp$，则返回$\perp$
　否则返回 m

图 2.4　“签名再加密”（S*t*E）方法

2.3.2　并行组合方式的安全性

在上述三种通用的生成方法中，“加密且签名”（E&S）方法允许并行地计算加密和签名，而在另外两种方法中，加密和签名在计算上是有先后顺序的。然而，从安全性的角度，很容易看到 E&S 方法没有提供保密性，原因是签名将会泄露消息 m（无论攻击者来自内部还是外部）。更形式化地，给出一个针对签密方案 IND-CCA2 属性的攻击者 $A=(A_1,A_2)$。攻击过程分为两个阶段。

（1）攻击者 A_1 从明文空间中输出两个不同的等长消息 (m_0,m_1)。挑战者随机地签密其中一则消息，产生挑战密文 $(\theta^*,\sigma^*)\xleftarrow{R}\text{Signcrypt}(\text{sk}_\text{S},\text{pk}_\text{R},m_b)$。并将挑战密文发送给攻击者。

（2）攻击者 A_2 通过计算 $\text{Sign}(\text{pk}_\text{S},m_0,\sigma^*)$ 和 $\text{Sign}(\text{pk}_\text{S},m_1,\sigma^*)$ 来检查 σ^* 是否为 m_0 或 m_1 的有效签名。攻击者返回正确的比特 b。

这可能有点过于学术化，但是数字签名泄露了关于消息的信息，这一问题非常现实。不需要利用数字签名来保护消息的保密性。实际上，1.3.2 小节中讨论的具有消息恢复功能的数字签名的确证明了签名会泄露当前的消息。这些签名方案仍然符合(s)UF-CMA 安全性，但是绝对不具有保密性。

虽然 E&S 不能提供保密性，但是很容易看到它具有 UF-CMA 安全性。直观地讲，如果一个针对 UF-CMA 安全的攻击者，成功地攻击了利用 E&S 方式构建的签密方案，这意味着其对一个“新”消息成功伪造了签名，这正是攻破签名方案 UF-CMA 安全性的含义。然而，对于 sUF-CMA 安全（更强的认证性属性），E&S 方法未必能构造出一个安全的签密方案（加密部分和签名部分都需要不可伪造），原因与保密性的情形类似。注意，这些结论在内部和外部安全模型中都成立。

2.3.3　顺序组合方式的安全性

在强内部安全模型中，攻击者知道除被攻击者之外所有用户的私钥，签密的安全性只能依赖攻击者尚不知道私钥的参与方的安全性。例如，在保密性中，攻击者唯一不知道的密钥是加密方案的私钥。换言之，签密方案的保密性只依赖公钥加密方案的安全性。类似地，签密方案的完整性属性只依赖数字签名方案的安全性。所以，保持当前部件的安全性是实现内部安全性的最佳途径。但是，这一点并非一直都能做到，也就是说，在顺序组合方式中（即 E*t*S 和 S*t*E），当前部件的安全性有没有可能保持下来，依赖组合的次序和所考虑的安全属性强度。指出这种分两种情况讨论安全性的区别在于，认为签密的安全属性对应于前一个或者后一个完成的操作。

当考虑签密与后一个操作相关的安全性时（即 E*t*S 模式的认证性和 S*t*E 模式的保密性），基本部件的安全性就会保持下来。换句话说，后一个操作的安全性由签密方案继承下来，即 E*t*S 模式继承了基本签名方案的认证性，S*t*E 模式继承了基本加密方案的保密性。注意，在这种情况下，签密方案的安全性不依赖于另一个部件（即前一个操作）的安全性。无论在何种安全模型下，这都是正确的（即无论考虑的是内部安全模型还是外部安全模型）。

如果考虑签密与前一个操作相关的安全性（即 E*t*S 模式中的保密性和 S*t*E 模式中

的认证性），那么结果会随安全模型以及组合方式的改变而不同。在内部安全模型中，在前一个操作的保密性和认证性方面，虽然较弱的安全属性保留下来（如 IND-CPA、IND-gCCA2[10]和 UF-CMA 安全），但最强的安全属性并没有保留（如 IND-CCA2 安全和 sUF-CMA 安全）。这是因为攻击者知道其他参与方的密钥（如 E*t*S 方式中的签名方案和 S*t*E 方式中的加密方案），从而可以对给定的签密文重签名，并将修改后的密文作为询问提交给解签密预言机（在 E*t*S 方式中针对 IND-CCA2 安全的攻击），或者对其进行重加密并将修改后的密文作为假信息提交（在 S*t*E 方式中针对 sUF-CMA 安全的攻击），攻击者利用这种方法篡改给定的签密文。直观地讲，这表明当攻击者知道了后一个操作的私钥时，要达到与前一个操作相关的最强安全性是不可能的。

然而，在外部安全模型中（攻击者不知道任何密钥），结果截然不同。后一个操作的安全性有助于提高前一个操作的安全性，只要后一个操作的安全性足够强，就能使前一个操作达到更强的安全性。可以看到，对于 E*t*S 方式，基本加密方案（前一个操作）的 IND-CPA 安全性再加上基本签名方案（最后的操作）的 sUF-CMA 安全性，便可以达到签密方案的 IND-CCA2 安全性。而对于 S*t*E 方式，基本签名方案（前一个操作）的 UF-NMA 安全性再加上基本加密方案（后一个操作）的 IND-CCA2 安全性，便可以实现签密方案的 sUF-CMA 安全性。

现在把结论总结为如下的定理。其中，定理 2.1 指出，无论在内部还是外部模型中，签密方案与后一个操作相关的安全性都保持下来。为了证明这一点，只考虑强安全性概念（即保密性的内部 IND-CCA2 安全，认证性的 sUF-CMA 安全），对于较弱的安全性，除了一些微小的定义差异之外其他证明过程都非常相似。

定理 2.1　如果 S 是 sUF-CMA 安全的，那么用 E*t*S 方式构造的签密方案 Π 在内部安全模型中是 sUF-CMA 安全的。如果 E 是 IND-CCA2 安全的，那么用 S*t*E 方式构造的签密方案 Π 在内部安全模型中是 IND-CCA2 安全的。

证明

（1）内部安全模型中 E*t*S 方式的 sUF-CMA 安全性。

令 A' 为一个伪造算法，在内部模型下，针对利用 E*t*S 方式构造的签密方案 Π 的 sUF-CMA 安全性进行攻击，则很容易构造出一个针对签名方案 S 的 sUF-CMA 安全性，能够以同样的概率伪造出签名的伪造算法 A。令 $(\mathrm{sk}_S^{\mathrm{sig}},\mathrm{pk}_S^{\mathrm{sig}})$ 为 S 的密钥。给定签名预言机 Sign 及公开的验证密钥 $\mathrm{pk}_S^{\mathrm{sig}}$，$A$ 选择一对加密密钥 $(\mathrm{sk}_R^{\mathrm{enc}},\mathrm{pk}_R^{\mathrm{enc}}) \xleftarrow{R} \mathrm{EncKeyGen}(1^k)$。然后，$A$ 将 $(\mathrm{pk}_S^{\mathrm{sig}},\mathrm{sk}_R^{\mathrm{enc}},\mathrm{pk}_R^{\mathrm{enc}})$ 作为导出签名方案的公钥交给 A'。对任意消息 m'，A 可以先创建 $e' \xleftarrow{R} \mathrm{Encrypt}(\mathrm{pk}_R^{\mathrm{enc}}, m')$，然后要求 S 的签名预言机对 e' 进行签名，以这种方式来模仿 A' 对消息 m' 的签密询问。最终，当 A' 产生了对 E*t*S 的伪造密文 c 时，A 输出同样的 c。对 sUF-CMA 安全性容易看出，如果 c 是有效且“新”的签密文（即无论加密部分还是签名部分都是新的），那么 c 也是有效且“新”的签名（即无论消息部分还是签名部分都是新的）。

（2）内部安全模型中 S*t*E 方式的 IND-CCA2 安全性。

令 A' 为一个区分算法，在内部模型下，针对用 S*t*E 方式构造的签密方案 Π 的 IND-CCA2 安全性进行攻击。用如下方法很容易构造出一个针对加密方案 E 的 IND-CCA2 的区分算法 A。令 $(\mathrm{sk}_{\mathrm{R}}^{\mathrm{enc}},\mathrm{pk}_{\mathrm{R}}^{\mathrm{enc}})$ 为 E 的密钥对。给定公开的加密密钥 $\mathrm{pk}_{\mathrm{R}}^{\mathrm{enc}}$ 和解密预言机 Decrypt，A 选择一对签名密钥 $(\mathrm{sk}_{\mathrm{S}}^{\mathrm{sig}},\mathrm{pk}_{\mathrm{S}}^{\mathrm{sig}})\xleftarrow{R}\mathrm{SigKeyGen}(1^k)$。然后，$A$ 将 $(\mathrm{sk}_{\mathrm{S}}^{\mathrm{sig}},\mathrm{pk}_{\mathrm{S}}^{\mathrm{sig}},\mathrm{pk}_{\mathrm{R}}^{\mathrm{enc}})$ 作为导出加密方案的公钥交给 A'。为了模仿 A' 的解签密询问 c'，A 首先使用自己的解密预言机对 c' 解密得到 $m'\|\sigma'$，然后检验 σ' 是否为 m' 的有效签名，当 s' 有效时返回 m'，否则返回⊥。下一步，当 A' 输出一对消息 m_0 和 m_1 之后，A 输出 $m_0\|s_0$ 和 $m_1\|s_1$，其中 $s_i=\mathrm{Sign}(\mathrm{sk}_{\mathrm{S}}^{\mathrm{sig}},m_i)$。$A$ 把得到的挑战密文 $c=\mathrm{Encrypt}(\mathrm{pk}_{\mathrm{R}}^{\mathrm{enc}},m_b\|s_b)$ 同样给 A'。最终，A 输出与 A' 相同的猜测 b'。显然，A 猜测正确的概率与 A' 相同。

定理 2.2 说明了在内部模型中，当考虑签密与前一个操作相对应的安全性时，最强的安全性（E*t*S 的 IND-CCA2 安全和 S*t*E 的 sUF-CMA 安全）是达不到的。

定理 2.2 设 E 是任意的加密方案、S 是一个概率型签名方案，则用 E*t*S 方式构造的签密方案 Π 在内部安全模型中不能达到 IND-CCA2 安全。设 S 是任意的签名方案，E 是概率型加密方案，那么用 S*t*E 方式构造的签密方案 Π 在内部安全模型中不能达到 sUF-CMA 安全。

证明

（1）E*t*S 在内部安全模型中不是 IND-CCA2 安全的。

为了证明 E*t*S 方式在内部模型中不能达到 IND-CCA2 安全，可以构造一个区分算法 A，攻击利用 E*t*S 方式构造的签密方案 Π 的 IND-CCA2 安全性。设 S、E 是密钥对分别为 $(\mathrm{sk}_{\mathrm{S}}^{\mathrm{sig}},\mathrm{pk}_{\mathrm{S}}^{\mathrm{sig}})$、$(\mathrm{sk}_{\mathrm{R}}^{\mathrm{enc}},\mathrm{pk}_{\mathrm{R}}^{\mathrm{enc}})$ 的基本签名和加密方案。设 $\mathrm{pk}^{\mathrm{enc}}=(\mathrm{sk}_{\mathrm{S}}^{\mathrm{sig}},\mathrm{pk}_{\mathrm{S}}^{\mathrm{sig}},\mathrm{pk}_{\mathrm{R}}^{\mathrm{enc}})$ 是相应的加密密钥，$\mathrm{sk}^{\mathrm{enc}}=(\mathrm{sk}_{\mathrm{R}}^{\mathrm{enc}},\mathrm{pk}_{\mathrm{S}}^{\mathrm{sig}},\mathrm{pk}_{\mathrm{R}}^{\mathrm{enc}})$ 是相应的解密密钥。给定导出解密预言机 Decrypt 和相应的加密密钥 $\mathrm{pk}^{\mathrm{enc}}$，$A$ 选择两个消息 (m_0,m_1)，其中 $m_0=0$ 和 $m_1=1$，然后将其输出以获得挑战密文 $c=(\theta,\sigma)$。接下来 A 得到消息 θ 并通过计算 θ 的“新”签名 $\sigma'\xleftarrow{R}\mathrm{Sign}(\mathrm{sk}_{\mathrm{S}}^{\mathrm{sig}},\theta)$ 来重签名 θ，其中 $\sigma'\neq\sigma$，然后向相应的解密预言机询问 $c'=(\theta,\sigma')$。注意到，由于假设 S 是概率型的（不是确定型的），对同一条消息，可以在多项式时间内以不可忽略的概率找到一个不同的签名。由于 $c'\neq c$，且 σ' 是 θ 的一个有效签名，A 可以得到 θ 的解密。一旦得到了解密的消息 m，A 就将 m 与自己的消息对 (m_0,m_1) 比较，并输出比特 b，这里 $m_b=m$。

（2）S*t*E 在内部安全模型中不是 sUF-CMA 安全的。

为了证明 S*t*E 方式在内部模型中不能达到 sUF-CMA 安全，可以构造一个伪造算法 A，攻击利用 S*t*E 方式构造的签密方案 Π 的 sUF-CMA 安全性。设 S、E 是密钥对分别为 $(\mathrm{sk}_{\mathrm{S}}^{\mathrm{sig}},\mathrm{pk}_{\mathrm{S}}^{\mathrm{sig}})$、$(\mathrm{sk}_{\mathrm{R}}^{\mathrm{enc}},\mathrm{pk}_{\mathrm{R}}^{\mathrm{enc}})$ 的基本签名和加密方案。设 $\mathrm{sk}^{\mathrm{sig}}=(\mathrm{sk}_{\mathrm{S}}^{\mathrm{sig}},\mathrm{pk}_{\mathrm{S}}^{\mathrm{sig}},\mathrm{pk}_{\mathrm{R}}^{\mathrm{enc}})$ 是相应的签名密钥，$\mathrm{pk}^{\mathrm{sig}}=(\mathrm{sk}_{\mathrm{R}}^{\mathrm{enc}},\mathrm{pk}_{\mathrm{S}}^{\mathrm{sig}},\mathrm{pk}_{\mathrm{R}}^{\mathrm{enc}})$ 是相应的验证密钥。给定导出的签名预言机 Sign，

以及相应的验证密钥 pk^{sig}，伪造者 A 选择一个消息 m，向签名预言机 Sign 询问 m，并得到应答 c。A 再利用解密密钥 sk_R^{enc} 解密 c，得到 $m \| s = \text{Decrypt}(sk_R^{enc}, c)$，重加密 $m\|s$ 得到 $c' = \text{Encrypt}(pk_R^{enc}, m \| s)$，其中 $c' \neq c$，并且返回 c' 作为伪造结果。注意到，因为 E 是概率型的加密方案（不是确定型），重加密 $m\|s$ 时 A 能够在多项式时间内以不可忽略的概率获得 $c' \neq c$。由于签名预言机从未返回过 c'（即 $c' \neq c$）且 s 是 m 的有效签名，从而 c' 被认为是针对签密方案 Π 的 sUF-CMA 安全性的一个有效伪造。

注意到，无论基本加密和签名方案的安全强度如何，定理 2.2 中的否定性结论总会成立。直观地讲，这意味着前一个操作的安全性不受后一个操作保护，原因是要达到的安全目标（即 IND-CCA2 和 sUF-CMA）和攻击者能力（即在内部模型中得到了一部分私钥）都非常强。注意到，如果弱化了安全目标（即 IND-gCCA2 安全[10]和 UF-CMA 安全），那么安全性可能会保持下来，如文献[10]中所述。也要注意到，如果削弱了攻击者的能力（即与外部安全模型中一样没有得到私钥），那么安全性甚至可能会放大，如后面的两个定理所述。

与内部安全模型不同，指出在较弱的外部安全模型中，签名的使用有可能放大加密方案的安全性，而加密的使用也有可能放大签名方案的安全性。这恰恰与对称环境中相同[9, 26, 117]。特别地，可以在 E*t*S 方式下，利用一个 IND-CPA 安全的基本加密方案，加上一个“强的”基本签名方案，来得到一个 IND-CCA2 安全的签密方案。同样，可以在 S*t*E 方式下，利用一个 UF-NMA 安全的基本签名方案，加上一个“强的”基本加密方案，来得到一个 sUF-CMA 安全的签密方案。这说明双用户场合中的外部安全模型与对称环境非常相似。也就是说，从攻击者的角度看，发送方和接收方“分享”了私钥(sk_S, sk_R)。在后面的两个定理中将对此进行说明。具体地，第一个定理说明 E*t*S 方式增强了保密性，第二个定理说明 S*t*E 方式增强了认证性。

定理 2.3　如果 E 是 IND-CPA 安全的，S 是 sUF-CMA 安全的，那么通过 E*t*S 方式构造的签密方案 Π，在外部安全模型中是 IND-CCA2 安全的。

证明

令 A' 是在外部安全模型中攻击 E*t*S 型签密方案的 IND-CCA2 安全性的攻击者。如前所述，A' 只知道 (pk_S^{sig}, pk_R^{enc})，并能访问签密预言机 Signcrypt 和解签密预言机 Unsigncrypt。根据假设，$|\Pr[b' = b] - 1/2|$ 可以忽略，这里的概率是基于 A' 在运行中需要的所有随机数（2.2 节），b 是签密消息的真实索引，b' 是 A' 的猜测。

定义事件 FORGED，表示攻击算法 A' 试图产生一个值 $c' = (\theta', \sigma')$，并对其调用解签密预言机 Unsigncrypt，其中 c' 满足如下属性。

（1）c' 通过了签名有效性验证阶段，即 $\text{Verify}(pk_S^{sig}, \theta', \sigma') = \top$；

（2）签密预言机 Signcrypt 没有将 c' 传给 A'。

把 A' 的运行过程分成两种类型：①运行时事件 FORGED 发生；②运行时该事件不发生。这两种情况的区别在于，在①中攻击者以一种有意义的方式使用解签密预言机。在②的情况下解签密预言机可以被完全模仿，即或者解签密预言机返回失败，或者向其发出一个之前已向签密预言机提交的询问。形式上，可以使用贝叶斯定理证明下式成立。

$$
\begin{aligned}
&|\Pr[b'=b]-1/2| \\
&=|\Pr[A'\text{ WINS}]-1/2| \\
&=|\Pr[A'\text{ WINS}\mid\neg\text{FORGED}]\Pr[\neg\text{FORGED}] \\
&\quad+\Pr[A'\text{ WINS}\mid\text{FORGED}]\Pr[\text{FORGED}]-1/2| \\
&=|\Pr[A'\text{ WINS}\mid\neg\text{FORGED}](1-\Pr[\text{FORGED}]) \\
&\quad+\Pr[A'\text{ WINS}\mid\text{FORGED}]\Pr[\text{FORGED}]-1/2| \\
&=|\Pr[A'\text{ WINS}\mid\neg\text{FORGED}]-1/2 \\
&\quad-(\Pr[A'\text{ WINS}|\neg\text{FORGED}]-\Pr[A'\text{ WINS}|\text{FORGED}])\Pr[\text{FORGED}]| \\
&\leqslant|\Pr[A'\text{ WINS}\mid\neg\text{FORGED}]-1/2|+\Pr[\text{FORGED}] \\
&\quad+|\Pr[A'\text{ WINS}\mid\neg\text{FORGED}]-\Pr[A'\text{ WINS}\mid\text{FORGED}]
\end{aligned}
$$

因此，可以利用可忽略函数求出$|\Pr[A'\text{ WINS}\mid\neg\text{FORGED}]-1/2|$和Pr[FORGED]的界限，从而证明结论成立。分两种情况证明这些结论。

情况 1：Pr[FORGED]可忽略。

可以构造一个伪造算法 A，能以至少为 Pr[FORGED]的概率攻破签名方案 S 的 sUF-CMA 安全性。签名方案为 sUF-CMA 安全的假设表明 Pr[GORGED]是可忽略的。给定签名预言机 Sign，公开的验证密钥pk_S^{sig}，伪造算法 A 选择一对加密密钥$(\text{sk}_R^{\text{enc}},\text{pk}_R^{\text{enc}})\xleftarrow{R}\text{EncKeyGen}(1^k)$。$A$ 再选择一个随机比特 b 作为签密消息的索引，把$(\text{pk}_S^{\text{sig}},\text{pk}_R^{\text{enc}})$交给 A' 作为签密方案的公钥。对 A' 的每一个签密询问 m，A 用如下方法模仿签密预言机 Signcrypt：先使用生成的加密密钥pk_R^{enc}对 m 加密，得到$c'\xleftarrow{R}\text{Encrypt}(\text{pk}_R^{\text{enc}},m)$，再询问签名预言机 Sign 来对 c' 签名，获得σ'。对每一个解签密询问$c'=(\theta',\sigma')$，A 用如下方法模仿解签密预言机：先检查$\text{Verify}(\text{pk}_S^{\text{sig}},\theta',\sigma')=\top$，再用解密密钥$\text{sk}_R^{\text{enc}}$解密$\theta'$。如果$c'$是一个有效的签密文，但不是由签密预言机返回，则事件 FORGED 已经发生，并且 A（正确地）输出$c'=(\theta',\sigma')$作为一个 sUF-CMA 伪造。如果在第一阶段A_1'输出待签密的(m_0,m_1)，那么 A 利用上述签密方法来计算消息 m_b 的挑战密文c^*。如果 A' 终止而事件 FORGED 没有发生，则 A 也终止且无输出。于是，当且仅当事件 FORGED 发生时 A 在 sUF-CMA 游戏中取胜，从而 Pr[FORGED]的上界就等于 A 赢得签名方案 S 的 sUF-CMA 安全游戏的成功概率。

情况 2：$|\Pr[A'\text{ WINS}|\neg\text{FORGED}]-1/2|$可忽略。

首先，注意到由于 FORGED 没有发生，那么任何向解签密预言机的询问$c'=(\theta',\sigma')$一定具有如下两种形式：①$\text{Verify}_S(\theta')=\perp$；②$c'$已经由 Signcrypt 作为对某些询问 m' 的应答而返回。对①型的询问，预言机的正确回复是⊥。对②型的询问，预言机的正确回复为 m'。这两种情况下，A 都将“知道”解签密预言机的正确回复。总之，解签密预言机是没有用的：A' 可以自己计算出所有的询问。因此，加密方案是 CPA 安全的。

正式地讲，构造一个可以针对 E 的 IND-CPA 安全性的攻击算法 A。给定公开加密密钥 $\mathrm{pk}_R^{\mathrm{enc}}$，$A$ 选择一个签名密钥对 $(\mathrm{sk}_S^{\mathrm{sig}},\mathrm{pk}_S^{\mathrm{sig}})$ 并把 $(\mathrm{pk}_S^{\mathrm{sig}},\mathrm{pk}_R^{\mathrm{enc}})$ 发送给 A' 作为签密方案的公钥。对每一个签密预言机的询问 m，A 用如下方式模仿签密预言机：先用给定的加密密钥 $\mathrm{pk}_R^{\mathrm{enc}}$ 加密 m，得到 $\theta' \xleftarrow{R} \mathrm{Encrypt}(\mathrm{pk}_R^{\mathrm{enc}}, m)$，然后用选择的签名密钥 $\mathrm{sk}_S^{\mathrm{sig}}$ 对 θ' 签名，得到 $\sigma' \xleftarrow{R} \mathrm{Sign}(\mathrm{sk}_S^{\mathrm{sig}}, \theta')$。$A$ 将所有签密预言机模仿的三元组 (m,θ',σ') 记录到一个表中。对每一个解签密询问 $c'=(\theta',\sigma')$，如果 c' 是①型询问，则 A 返回 $\perp$ 给 A'，否则如果 c' 是②型询问，则利用模仿签密预言机时记录的表，返回查表得到的相应消息 m。如果 A' 输出 (m_0,m_1)，那么 A 输出 (m_0,m_1) 并得到挑战密文 θ。然后 A 对 θ 签名，得到 $\sigma \xleftarrow{R} \mathrm{Sign}(\mathrm{sk}_S^{\mathrm{sig}}, \theta)$，并把 $c=(\theta, \sigma)$ 给 A' 作为挑战密文。当 A' 输出猜测的比特 b' 时，A 输出相同的比特。很显然，如果 FORGED 没有发生，那么 A 模仿 A' 的正确执行。因此，A 在抗公钥加密方案的 IND-CPA 安全游戏中的成功概率与 A' 在抗签密方案 IND-CCA2 安全游戏中获胜的概率相等。

定理 2.4　如果 E 是 IND-CCA2 安全的，S 是 UF-NMA 安全的，那么用 StE 方法构造的签密方案 Π 在外部安全模型中是 sUF-CMA 安全的。

证明

设 A' 是外部安全模型中针对用 StE 方法构造的签密方案 sUF-CMA 安全性的攻击算法。回顾一下，此时 A' 只知道 $(\mathrm{pk}_S^{\mathrm{sig}},\mathrm{pk}_R^{\mathrm{enc}})$，能访问签密预言机 Signcrypt 和解签密预言机 Unsigncrypt。设 $m_1,\cdots,m_t$ 是 A' 向签密预言机的询问，$c_1,\cdots,c_t$ 是相应的回答。不失一般性，假设 A' 从未向解签密预言机询问过 c'，签密预言机也没有返回过任何 c_i'。实际上，对 A 来说确实没有必要进行这样一个询问，因为它已经知道了答案 m_i。

现在使用标准混合方法讨论。设 Env_0 表示 A' 的普通环境，也就是 A' 发出的所有签密和解签密询问都会得到诚实的回答。具体地，对签密询问 m_i，计算 $\sigma_i' \xleftarrow{R} \mathrm{Sign}(\mathrm{sk}_S^{\mathrm{sig}}, m_i)$ 并返回 $c_i \xleftarrow{R} \mathrm{Encrypt}(\mathrm{pk}_R^{\mathrm{enc}}, m_i \| \sigma_i)$。设 $\mathrm{Succ}_0(A')$ 为 A' 在 Env_0 中成功的概率（即攻破签密方案的 sUF-CMA 安全性）。下一步，定义如下的"混合"环境 Env_j，$1 \leqslant j \leqslant t$。每一个 Env_j 与上述的 Env_0 基本相同，只在一个方面不同：对提交给签密预言机的前 j 个询问 $m_i(1 \leqslant i \leqslant j)$，$\mathrm{Env}_i$ 返回一个对 0 随机的加密 $c_i \xleftarrow{R} \mathrm{Encrypt}(\mathrm{pk}_R^{\mathrm{enc}}, 0)$，而不是返回 $c_i \xleftarrow{R} \mathrm{Encrypt}(\mathrm{pk}_R^{\mathrm{enc}}, m_i \| \sigma_i)$。设 $\mathrm{Succ}_j(A')$ 为 A' 在 Env_j 中的成功概率。注意，Env_t 对所有 t 个询问都做出了"不正确"的回答（即所有的签密预言机都得到了对 0 的随机加密）。

给出两个断言：①假设 E 是 IND-CCA2 安全的，对任意 $1 \leqslant j \leqslant t$，没有任何 PPT 攻击者 A' 能够以不可忽略的概率区分 Env_j 与 Env_{j-1}，即对任意 $1 \leqslant j \leqslant t$，$|\mathrm{Succ}_{j-1}(A') - \mathrm{Succ}_j(A')| \leqslant \mathrm{negl}(k)$；②假设 S 是 UF-NMA 安全的，对任意 PPT 攻击者 A'，$\mathrm{Succ}_t(A') \leqslant \mathrm{negl}(k)$。总之，断言①和断言②蕴涵了定理 2.4，这是由于 t 是多项式，并且有

$$
\begin{aligned}
\mathrm{Succ}_0(A') &\leqslant [\mathrm{Succ}_0(A') - \mathrm{Succ}_1(A')] + \cdots\cdots \\
&+ [\mathrm{Succ}_{t-1}(A') - \mathrm{Succ}_t(A')] + \mathrm{Succ}_t(A') \\
&\leqslant (t+1).\mathrm{negl}(k) \\
&= \mathrm{negl}(k)
\end{aligned}
\tag{2.1}
$$

（1）断言①的证明。

如果对某些 A'，以不可忽略的 ε 有 $|\mathrm{Succ}_{j-1}(A') - \mathrm{Succ}_j(A')| > \varepsilon$，那么可以用如下方法构造一个攻击者 A，以不可忽略的概率 ε 攻破 E 的 IND-CCA2 安全性。设 $(\mathrm{sk}_{\mathrm{R}}^{\mathrm{enc}}, \mathrm{pk}_{\mathrm{R}}^{\mathrm{enc}})$ 是加密方案 E 的密钥对。给定公开加密密钥为 $\mathrm{pk}_{\mathrm{R}}^{\mathrm{enc}}$，以及解密预言机 Decrypt，$A$ 选择一对签名密钥 $(\mathrm{sk}_{\mathrm{S}}^{\mathrm{sig}}, \mathrm{pk}_{\mathrm{S}}^{\mathrm{sig}}) \xleftarrow{R} \mathrm{SigKeyGen}(1^k)$，并将 $(\mathrm{pk}_{\mathrm{S}}^{\mathrm{sig}}, \mathrm{pk}_{\mathrm{R}}^{\mathrm{enc}})$ 发送给 A'。A 用如下方法模仿 A' 的所有解签密询问 c'：向自己的解密预言机询问 c' 得到 (m,σ)，然后验证签名 σ，再将消息 m 返回给 A'。签密预言机的模拟更加复杂：A 向 A' 返回 $c_i \leftarrow \mathrm{Encrypt}(\mathrm{pk}_{\mathrm{R}}^{\mathrm{enc}}, 0)$（即返回对 0 的加密），以这种方式来“不正确地”模仿对前 $(j-1)$ 个签密询问 m_i 的应答。对于 A' 的第 j 个询问 m_j，A 计算 $\sigma_j \xleftarrow{R} \mathrm{Sign}(\mathrm{sk}_{\mathrm{S}}^{\mathrm{sig}}, m_j)$ 并输出 $(0, m_j \| \sigma_j)$ 以获得挑战密文 c_j（对 0 或 $m_j \| \sigma_j$ 的加密）。然后，将 c_j 作为 m_j 的签密文发送给 A'。由此看来，所有剩余的签密询问 $m_i (j < i \leqslant t)$ 都能得到“正确的”应答（即通过计算 $C_i \xleftarrow{R} \mathrm{Encrypt}(\mathrm{pk}_{\mathrm{R}}^{\mathrm{enc}}, m_i \| \sigma_i)$ 得到，其中 $\sigma_i \xleftarrow{R} \mathrm{Sign}(\mathrm{sk}_{\mathrm{S}}^{\mathrm{sig}}, m_i)$）。

在 A' 返回一个候选的假签密文 c 以后，A 通过以下途径检查 c 是否真的是一个有效的伪造：①检查 c 是“新的”（即在 A 从未在签密预言机模拟中 c 作为签密询问的答复返回给 A'）；②c 是“有效的”（A 可以向它的解密预言机询问 c 来得到假定的消息/签名对 $m\|\sigma$，并验证 σ 是否为 m 的有效签名来检查）。如果是这样，那么 A 猜测挑战密文 c_j 是对 $m_j\|\sigma_j$ 的加密（即 A' 在 Env_{j-1} 中运行），否则认为挑战密文 c_j 是对 0 的加密。通过一个类似引理 1.1 的方法，可以看到 A 的优势为 $\varepsilon/2$，由于加密方案是 IND-CCA2 安全的，所以这个优势可以忽略。然而，为了完成对断言①的证明，还需要检查 A 从未向解密预言机询问过 c_j。假设 A' 从未向它的解签密预言机询问过任何被签密预言机返回的 c_i。由于 A 只用到了解密预言机来回答 A' 的解签密询问并对 c 解密，所以情况确实如此。

（2）断言②的证明。

注意到在 Env_t（其中签密询问用 0 的加密来模拟）中向签密预言机的询问是“无用的”：A' 可能已经通过自行计算 $\mathrm{Encrypt}(\mathrm{pk}_{\mathrm{R}}^{\mathrm{enc}}, 0)$ 得到了应答。更正式地，假设 A' 在 Env_t 中以概率 ε 伪造了一个新的签密，可以构造一个针对签名方案 S 的伪造者 A，这与 S 的 UF-NMA 安全性矛盾。假设 $(\mathrm{sk}_{\mathrm{S}}^{\mathrm{sig}}, \mathrm{pk}_{\mathrm{S}}^{\mathrm{sig}})$ 是签名方案 S 的密钥。给定公开的验证密钥 $\mathrm{pk}_{\mathrm{S}}^{\mathrm{sig}}$，$A$ 选择一对加密密钥 $(\mathrm{sk}_{\mathrm{R}}^{\mathrm{enc}}, \mathrm{pk}_{\mathrm{R}}^{\mathrm{enc}}) \xleftarrow{R} \mathrm{EncKeyGen}(1^k)$，并把 $(\mathrm{pk}_{\mathrm{S}}^{\mathrm{sig}}, \mathrm{pk}_{\mathrm{R}}^{\mathrm{enc}})$ 作为签密方案的公钥交给 A'。此后，A 用如下方法模仿解签密询问 c'：A 计算 $m' \| \sigma' = \mathrm{Decrypt}(\mathrm{sk}_{\mathrm{R}}^{\mathrm{enc}}, c')$，且当 $\mathrm{Verify}(\mathrm{pk}_{\mathrm{R}}^{\mathrm{sig}}, m', \sigma') = \top$ 时返回 m'。A 也通过返回 $\mathrm{Encrypt}(\mathrm{pk}_{\mathrm{R}}^{\mathrm{enc}}, 0)$ 来模仿签密询问。

当 A' 返回了一个伪造的密文 c 时，A 输出一对伪造的消息/签名对 (m,σ)，其中 $m \| \sigma = \mathrm{Decrypt}(\mathrm{sk}_{\mathrm{R}}^{\mathrm{enc}},c)$。显然，只有当 A' 伪造了一个签密时 A 才确实重建了 Env_t 并伪造了签名，因此 Succ_t 是可忽略的。

2.4　多用户环境

正如曾经提到的，双用户环境有助于理解签密的一些有趣的方面，但是对签密的大部分应用来说，确实需要多用户环境下的安全性。在第 3 章中将深入讨论多用户环境下签密安全性的形式化定义。本节简要介绍多用户安全以及多用户安全与通用签密构造之间的关系。

2.4.1　语法环境

到目前为止，重点讨论了由发送方 S 和接收方 R 组成的网络。一旦要转到更为全面的多用户网络中，将出现几个新的问题。首先，用户必须具有身份。用 ID_{U} 来表示用户 U 的身份。对身份并不强加任何限制信息，只要求可以容易地被网络中的每个人识别，用户也可以从 ID_{U} 中容易地获得公钥 pk_{U}（如 ID_{U} 可以是 pk_{U}，或者 ID_{U} 可以帮助其他用户从公钥基础设施中容易地得到 pk_{U}）。接下来将对以发送方和接收方身份作为输入和输出的签密算法 Signcrypt 进行语法上的改变。具体而言：①用户 S 的签密算法输入 $(m,\mathrm{ID}_{\mathrm{R'}})$，他利用 $\mathrm{pk}_{R'}$ 产生 $(C,\mathrm{ID}_{\mathrm{S}},\mathrm{ID}_{\mathrm{R'}})$；②用户 R 的解签密算法输入 $(c,\mathrm{ID}_{\mathrm{S'}},\mathrm{ID}_{\mathrm{R}})$，利用 $\mathrm{pk}_{\mathrm{S'}}$ 解签密，并输出消息 m' 或者“失败”符号⊥。

2.4.2　安全性

为了攻破一对特定用户 S 和 R 之间的外部安全性，假设 A 可以获得除了 sk_{S} 和 sk_{R} 之外的所有用户的私钥，并且可以访问 S 的签密预言机（可以调用任何的 $\mathrm{ID}_{\mathrm{R'}}$，而不仅是 ID_{R}）和 R 的解签密预言机（可以调用任何的 $\mathrm{ID}_{\mathrm{S'}}$，而不仅是 ID_{S}）。

为了攻破签密方案的 sUF-CMA 安全性，攻击算法 A 必须设法构造出对消息 m 的一个“有效的”的签密文 $(c,\mathrm{ID}_{\mathrm{S}},\mathrm{ID}_{\mathrm{R}})$，这里 $(c,\mathrm{ID}_{\mathrm{S}},\mathrm{ID}_{\mathrm{R}})$ 没有作为签密预言机的应答而由 A 接收过。很重要的一点是，要注意确实允许攻击者通过尝试向签密预言机询问 $(m,\mathrm{ID}_{\mathrm{R'}})$，$\mathrm{ID}_{\mathrm{R'}} \neq \mathrm{ID}_{\mathrm{R}}$，而得到 $(c, \mathrm{ID}_{\mathrm{S}},\mathrm{ID}_{\mathrm{R'}})$ 并输出 $(c,\mathrm{ID}_{\mathrm{S}},\mathrm{ID}_{\mathrm{R}})$。这就等同于攻击者不能把一个计划给 R' 的签密文“转换”成一个给 R 的签密文。

同样为了攻击签密方案的 IND-CCA2 安全性，攻击算法 A 必须生成 m_0 和 m_1，使得其可以区分密文 $\mathrm{Signcrypt}(m_0,\mathrm{ID}_{\mathrm{S}},\mathrm{ID}_{\mathrm{R}})$ 和密文 $\mathrm{Signcrypt}(m_1,\mathrm{ID}_{\mathrm{S}},\mathrm{ID}_{\mathrm{R}})$。当然，给定一个挑战 $(c,\mathrm{ID}_{\mathrm{S}},\mathrm{ID}_{\mathrm{R}})$，尽管允许询问 $(c,\mathrm{ID}_{\mathrm{S'}},\mathrm{ID}_{\mathrm{R}})$，其中 $\mathrm{ID}_{\mathrm{S}} \neq \mathrm{ID}_{\mathrm{S'}}$，但是不允许 A 向 R 的解签密预言机询问挑战 $(c,\mathrm{ID}_{\mathrm{S}},\mathrm{ID}_{\mathrm{R}})$。

内部安全性可用类似的方法定义。唯一的不同是除了在外部安全模型中攻击者拥有的全部信息之外，在攻击认证性时攻击者可以得到接收方的私钥$\mathrm{sk_R}$（即$\mathrm{sk_S}$是这种情况下攻击者无法得到的唯一秘密），而在攻击保密性时攻击者可以得到发送方的密钥$\mathrm{sk_S}$（即这种情况下$\mathrm{sk_R}$是攻击者无法获得的唯一秘密）。

2.4.3 签密的扩展

可以看到用基于加密方案和签名方案的通用组合构造的签密算法（即 E*t*S 和 S*t*E）在多用户环境下是不安全的。如果在多用户环境下使用 E*t*S 方法，那么即使在外部模型中，攻击者也可以很容易地攻破 CCA2 安全性。事实上，给定挑战密文为$c=(\theta,\ \sigma,\mathrm{ID_S},\mathrm{ID_R})$，其中$\theta\xleftarrow{R}\mathrm{Encrypt}(\mathrm{pk_R},m_b)$且$\sigma\xleftarrow{R}\mathrm{Sign}(\mathrm{pk_S},\ \theta)$，$A$可以通过计算$c'=(c,\ \sigma',\mathrm{ID_{S'}},\mathrm{ID_R})$而用自己的签名来替换发送方的签名，其中$\sigma'\xleftarrow{R}\mathrm{Sign}(\mathrm{pk_{S'}},\theta)$。如果$A$向解签密预言机询问$c'$，那么预言机将回复$m_b$，从而$A$可以容易地攻破方案的 IND-CCA2 安全性。针对认证性的类似攻击对 S*t*E 方案也成立。在 S*t*E 方案中，攻击算法A可以在外部模型中容易地攻破 sUF-CMA 安全性。A可以要求S签密一个给R'的消息m，得到$c=[\mathrm{Encrypt}(\mathrm{pk_{R'}},m\,\|\,\sigma),\mathrm{ID_S},\mathrm{ID_{R'}}]$，其中$\sigma\xleftarrow{R}\mathrm{Sign}(\mathrm{pk_S},m)$。然后，用$\mathrm{sk_{R'}}$恢复$m\,\|\,\sigma$，从而伪造出签密文$c'=[\mathrm{Encrypt}(\mathrm{pk_R},m\,\|\,\sigma),\mathrm{ID_S},\mathrm{ID_R}]$。

通用的组合构造方法在多用户环境中面临着上述类型的攻击，原因是签密方案中使用的签名和加密可以容易地分离开来，而不是与发送方及接收方的身份"绑定"（不同于双用户或对称环境）。攻击者可以容易地用自己的签名或加密来替换签名或加密。本节将阐述如何通过将签密中使用的签名和加密与发送方及接收方身份"绑定"来解决这个问题。后面的规则能够有效地把发送方和接收方特有的身份与加密及签名绑定起来，这样就可以使通用组合方法构造的签密方案在多用户环境下是安全的（即能抵抗上述类型的攻击）。

（1）无论在何种情况下加密，都要把发送方身份$\mathrm{ID_S}$包含在加密的消息里面。

（2）无论在何种情况下签名，都要把接收方身份$\mathrm{ID_R}$包含在签名的消息里面。

（3）在接收方，无论何时，只要发送方或者接收方的身份与期望的不匹配，就要输出⊥。

因此得到了如下的新的 E*t*S 和 S*t*E 方案。

（1）E*t*S 签密方案返回签密文$(\theta,\sigma,\mathrm{ID_S},\mathrm{ID_R})$，其中$\theta\xleftarrow{R}\mathrm{Encrypt}(\mathrm{pk_R},m\,\|\,\mathrm{ID_S})$且$\sigma\xleftarrow{R}\mathrm{Sign}(\mathrm{sk_S},\|\,\mathrm{ID_R})$。

（2）S*t*E 签密方案返回签密文$(\theta,\mathrm{ID_S},\mathrm{ID_R})$，其中$\theta\xleftarrow{R}\mathrm{Encrypt}(\mathrm{pk_R},m\,\|\,\sigma\,\|\,\mathrm{ID_S})$且$\sigma\xleftarrow{R}\mathrm{Sign}(\mathrm{sk_S},m\,\|\,\mathrm{ID_R})$。

在两种方案中，都要求解签密算法显式地工作。显然上述规则把发送方和接收方的特有身份与签密中的加密及签名"绑定"起来，原因是密文中包含了潜在的发送方和接收方的身份。

然而，重要的是能够保证身份不在密文内部篡改。如果签密中使用的加密方案是可延展的（即可修改当前明文而不被发现），那么攻击者就有可能修改密文中的身份，这将使身份毫无意义。例如，在 E*t*S 方式中，如果当前的加密方案仅是 IND-CPA 安全的，那么攻击者就有可能把密文中发送方的身份替换成自己的，并消去发送方的签名，将其替换为自己的签名和身份。因此，即使在外部模型中，也要假定当前的加密方案是不可延展的（或是 CCA2 安全的），这对于用 E*t*S 方法构造的签密方案的安全性至关重要。与双用户环境下的结论不同，在双用户环境中，为了令用 E*t*S 方法构造的签密方案在外部模型（IND-CCA2 和 sUF-CMA）下是安全的，只要求加密方案是 IND-CPA 安全的即可。这说明，即使利用上述规则将身份与签名和加密"绑定起来"，在双用户环境下证明的安全性也不能自动转换为多用户环境下的安全性。一般来讲，当在多用户环境下分析用通用组合方法构建的签密方案的安全性时，对当前的加密和签名的假设应该"足够强"（即 IND-CCA2 或者 sUF-CMA 安全），从而与签名和加密绑定的身份不易替换。

第 3 章　签密的安全性：多用户模型

Joonsang Baek，Ron Steinfeld

3.1　引　言

本章将给出多用户环境下签密的机密性和不可伪造性的安全模型。参见第 2 章，An 等[10]给出了一组适用于双用户和多用户场合的、由黑盒签名与加密构造的签密方案的安全模型（更早前，Steinfeld 和 Zheng [184]给出了第一个双用户场合下签密方案不可伪造性的良好定义），在本章中将 An 等构造的模型称为“ADR 模型”。同时，Baek 等[12, 13]的工作中也独立地给出了 Zheng 的原始签密方案机密性和不可伪造性的多用户模型。在本章后续内容中将这些多用户模型称为“BSZ 模型”。BSZ 模型等价于某些多用户 ADR 模型。为了和第 2 章保持一致，本章使用了 ADR 模型中所引入的术语，将多用户攻击模型分为内部模型和外部模型。

多用户 BSZ 模型和双用户 ADR 模型的核心区别在于攻击者的附加能力。在 BSZ 模型中，攻击者在询问被攻击用户的签密（或解签密）预言机时可以选择接收方（或发送方）公钥。在由独立签名和加密原语构成的签密方案中，通过一个“半通用”的转换可以容易地对付这种附加能力，这种转换可以将在双用户模型中安全的任意方案转换为多用户模型中安全的方案，如 2.4 节中所述。但是对于共用了签名和加密部件某些功能的签密方案，如 3.3 节描述、又在 4.3 节进一步详述的 Zheng 的签密方案，攻击者在多用户模型中的附加能力会更有效，此时就需要仔细地进行个案分析，以建立这些方案在多用模型中的安全性。

本章组织架构如下，3.2 节定义并讨论多用户环境下签密方案的机密性和不可伪造性的 BSZ 模型。对比双用户 ADR 模型，讨论附加能力对多用户 BSZ 模型中的攻击者的有效性。最后，在 3.3 节，作为多用户 BSZ 模型的应用，回顾 Zheng 的签密方案及其安全性。这个分析主要是为了对比 ADR 安全模型和 BSZ 安全模型的不同。4.3 节给出对这个签密方案及其变形的进一步分析。

3.2　BSZ 模 型

本节将更详细地回顾 BSZ 模型中签密机密性和不可伪造性的定义。整章都将使用与 2.2.1 小节中相同的通用签密方案的定义和符号。

3.2.1　多用户 BSZ 模型中签密的机密性

如同第 2 章所述的双用户环境，根据攻击者的身份，多用户环境同样也有两类模型：内部模型和外部模型。后面将依次讨论这两种模型。

1. 外部安全性

外部模型假定攻击者不知道被攻击双方的私钥信息（也就是说，攻击者不知道发送方或接收方的私钥）。在 BSZ 模型中，签密的机密性概念特指“在可以访问‘灵活的’签密/解签密预言机时的选择密文攻击下，对签密文的不可区分性（FSO/FUO IND-CCA2）”。这里签密文的不可区分性（IND）意味着不存在多项式时间攻击者能够从签密文中获得关于除长度之外明文的任何信息。相比于针对加密方案的标准选择密文攻击[148, 164]，在对签密方案的选择密文攻击中，假定攻击者可以访问能够完成签密和解签密操作的两个预言机。重要的是，签密时这些预言机是灵活的，攻击者能够随意选择公钥，预言机通过这些公钥来完成签密和解签密。注意到这是 BSZ 模型独有的特征，后面将回顾多用户外部机密性在 FSO/FUO-IND CCA2 意义上的形式化定义。

定义 3.1　令 $A=(A_1,A_2)$ 是一个两阶段的攻击算法，其试图破坏发送方 S（固定的）和接收者 R（固定的）之间的消息的机密性。

考虑如下攻击游戏。

（1）运行 Setup 算法，生成公共参数 param，发送给包括 S、R 和 A_1 在内的所有参与方。

（2）运行 KeyGen_S 和 KeyGen_R 算法，生成 S 和 R 的公钥/私钥对，分别记作 $(\text{sk}_\text{S},\text{pk}_\text{S})$ 和 $(\text{sk}_\text{R},\text{pk}_\text{R})$。将公钥 $(\text{pk}_\text{S},\text{pk}_\text{R})$ 提供给 A_1。

（3）A_1 提交一系列签密和解签密询问。每个签密询问由一对 (pk,m) 组成，其中 pk 是由 A_1 随意生成的接收方公钥，m 为消息。当收到询问时，签密预言机计算签密文 $c\xleftarrow{R}\text{Signcrypt}(\text{param},\text{sk}_\text{S},\text{pk},m)$，并将其返回给 A_1。每个解签密询问由一对 (pk',c) 组成，其中 pk′ 表示由 A_1 随意生成的发送方公钥，c 是签密文。当收到解签密询问时，解签密预言机通过计算 $\text{Unsigncrypt}(\text{param},\text{pk}',\text{sk}_\text{R},c)$ 完成解签密，并将结果返回给 A_1。

（4）A_1 输出一对等长的明文 (m_0,m_1) 和一个状态串 α。签密预言机收到这些信息后，随机选择 $b\xleftarrow{R}\{0,1\}$，计算一个目标签密文 $c^*\xleftarrow{R}\text{Signcrypt}(\text{param},\text{sk}_\text{S},\text{pk}_\text{R},m_b)$，并对输入 (c^*,a) 运行 A_2。

（5）A_2 和 A_1 与（3）所做的一样，提交一批签密/解签密询问，此处的限制条件是 A_2 不允许向解签密预言机询问 (pk_S,c^*)。（注意，A_2 仍可向解签密预言机对任意 $\text{pk}'\neq\text{pk}_\text{S}$ 询问 (pk',c^*)，并对任意 $c\neq c^*$ 询问 (pk_S,c)）。

（6）A_2 针对在（4）中选择的值 b，输出其猜测值 $b'\in\{0,1\}$。

如果 $b'=b$，就认为 A 赢得了游戏。A 的优势定义为

$$\varepsilon = |\Pr[b = b'] - 1/2|$$

如果任意多项式时间的攻击者 A 赢得以上游戏的优势是可忽略的，则称签密方案达到了 FSO/FUO-IND-CCA2 意义上的多用户外部机密性。

再次强调，在前面的定义中，签密和解签密预言机不仅限制于在 $\mathrm{pk_R}$ 与 $\mathrm{pk_S}$ 下运行，接收方 R 和发送方 S 的公钥分别可由攻击者生成的公钥代替。相应地，访问这些预言机时给攻击者选择发送方和接收方公钥的能力，就给了攻击者完全的选择明文/密文的能力，对消息和签密文也是如此。

2. 内部安全性

与攻击者仅知道被攻击用户 S 和 R 的公钥的外部环境不同，在内部环境中，攻击者知道发送方私钥，试图解密发送方发出的签密文。事实上，为了给攻击者尽可能强的能力，在此允许攻击者选择发送方的密钥对。该模型的形式化定义与前面外部模型相似，仅有以下改变。

（1）在（2），密钥生成算法仅运行一次，生成被攻击者的密钥对 $(\mathrm{sk_R}, \mathrm{pk_R})$，并且将 $\mathrm{pk_R}$ 发送给 A_1。

（2）在（3）和（5）中，A 可以访问 R 的解签密预言机，但不能访问签密预言机（由于 S 的密钥没有定义，或者攻击者知道了 S 的私钥）。

（3）在（4）中，A_1 输出被攻击发送方的密钥对 $(\mathrm{sk_S}, \mathrm{pk_S})$，以及 (m_0, m_1, α)。和外部安全模型一样，密钥 $\mathrm{sk_S}$ 用于产生挑战签密文 c^*。

相应的安全性概念称为在 FSO/FUO-IND-CCA2 意义上的多用户内部机密性。

3. 讨论

如同在文献[10]中所申明的，内部机密性模型在一般情况下并不是特别重要的，因为其有效假设是发送方要尝试解密（解签密）自己发出的一则签密文。于是，该模型似乎只在提供“前向安全性”时有用，即只在特定的环境中提供安全性，其中攻击者攻破 S 的系统取得其私钥，用以对之前由 S 给 R 签密的消息解签密。如 Zheng 在最早提出签密的原始文献的完整版[204]中所指出的，可以认为这种不安全性是一种积极属性，称为“过去消息恢复”，因为它允许 S 存储签密文，并在将来需要时对它们解签密。基于这个讨论，对于大多数应用，只需一个签密方案就足以实现“用户外部”模式下的保密性。应该指出，外部模型在实际上的优势是易于实现的，并且许多正常的、高效的方案在外部模型中是安全的，而在内部模型中则不是安全的。（特别地，Zheng 的方案[204]就属于这一类。）

在（4）中，需要攻击者为发送方同时输出公钥和私钥。有可能提出一种更强的安全性模型，类似于 3.2.2 小节中描述的私钥未知的不可伪造性概念。其中，攻击者在（4）中仅输出发送方公钥 $\mathrm{pk_S}$。然后和之前一样，签密预言机计算相应的私钥 $\mathrm{sk_S}$ 和消息 m_b 的签密文。这意味着计算挑战密文的过程不一定是多项式时间的，然而这并不重要，因为并没有要求安全模型必须要表示成多项式时间（仅需要签密方案和攻击者是多项式时间的即可)。当前的签密文献，在用模型表示多用户内部机密性方面有些混淆，有些文章倾向于较弱的内部安全性概念，而有些文章则偏向更强的概念。

3.2.2 多用户 BSZ 模型下签密的不可伪造性

回顾多用户模型下签密的不可伪造性定义，仍旧依次讨论外部和内部两个场合。还将讨论不可伪造性模型一些更强的变形（“强的”和“私钥未知的”不可伪造性)。

1. 外部安全性

在此模型中，攻击者的目标是伪造出给定发送方 S 发往给定接收方 R 的有效签密文，其中攻击者表示一些第三方。攻击者得到了 S 和 R（随机）的公钥，并可访问 S 的灵活签密预言机和 R 的灵活解签密预言机，这些预言机可对攻击者任意选择的消息/密文和接收方/发送方公钥完成签密/解签密。更精确的形式化定义可表示如下。

定义 3.2　令 A 是试图伪造从发送方 S 到接收方 R 的有效签密文的攻击者。考虑如下的攻击游戏。

（1）运行 Setup 算法得到公共参数，记作 param，将其发送给所有相关用户，包括 S、R 和 A。

（2）运行 $\mathrm{KeyGen_S}$ 和 $\mathrm{KeyGen_R}$ 算法，生成 S 和 R 的公/私钥对，分别表示为 $(\mathrm{sk_S},\mathrm{pk_S})$ 和 $(\mathrm{sk_R},\mathrm{pk_R})$。将公钥 $(\mathrm{pk_S},\mathrm{pk_R})$ 发送给 A。

（3）A 提交一系列签密和解签密询问。每个签密询问由一对 (pk,m) 组成，其中 pk 是 A 随意生成的一个接收方的公钥，m 是一条消息。当收到签密询问时，签密预言机计算一条签密文 $c\xleftarrow{R}\mathrm{Signcrypt}(\mathrm{param},\mathrm{sk_S},\mathrm{pk},m)$ 并返回给 A。每个解签密询问由一对 (pk',c) 组成，其中 pk' 是由 A 随意生成的发送方公钥，c 是签密文。收到询问后，解签密预言机计算消息 $m\xleftarrow{R}\mathrm{Unsigncrypt}(\mathrm{param},\mathrm{pk}',\mathrm{sk_R},c)$ 并将其返回给 A。

（4）A 输出签密文 c^*。

如果如下条件满足，则称 A 在游戏中获胜。

（1）c^* 是从 S 到接收方 R 的有效签密文（意味着在公钥 $\mathrm{pk_S}$ 和私钥 $\mathrm{sk_R}$ 下进行解签密操作的解签密预言机不会拒绝 c^*)。

（2）A 没有向签密预言机询问过 $(\mathrm{pk_R},m^*)$，其中 m^* 是签密文 c^* 的明文（即消息 m^* 从未被接收方公钥 $\mathrm{pk_R}$ 签密过)。

如果任何多项式的攻击者在游戏中获胜的概率是可忽略的，则称方案达到了 FSO/FUO-UF-CMA 意义上的多用户外部不可伪造性。

注意到以上定义排除了两种情况：①“传统伪造”，其中 m^* 是“新的”；②“接收方转换伪造”，其中伪造的消息 m^* 之前向 S 的签密预言机询问过，但从未在接收方公钥 $\mathrm{pk_R}$ 下询问过。由于其涉及电子商务支付应用，“接收方转换伪造”在文献[204]中称为“双重开销攻击”。

应该还注意到，上述外部模型并不会阻止接收方伪造有效的签密文，因此接收方不能（不同于标准数字签名的情况）使用一个有效的签密文来使第三方相信消息是由发送方发出的。因此，该模型不能提供不可否认性。于是，认为这种模型只用于保证接收方自己消息的真实性。

2. 内部安全性

内部不可伪造性考虑的场景中攻击者是接收方 R。相应地，在这个模型中，攻击者选择 R 的密钥。其形式化定义除了如下修改之外，与外部模型相似。

（1）在（2），仅运行发送方密钥生成算法，生成被攻击的发送方的公/私钥对 (sk_R, pk_R)。

（2）在（3），A 可以访问 S 的签密预言机，但不能访问解签密预言机（注意到 R 的密钥还没有被定义）。

（3）在（4），A 输出接收方的公/私钥对 (sk_R, pk_R) 和一则签密文 c^*。游戏获胜的条件与外部模型相同。

称相应的安全概念为 FSO/FUO-UF-CMA 意义下的多用户内部不可伪造性。

由于这种模型排除了伪造签密文的情形，即使签密文是由接收方伪造的，从而可以用一个有效的签密文使第三方相信消息来自发送方，这样就实现了不可否认性。然而，如果不泄露接收方的私钥，还没有固定的算法能够产生证据以证明签密文是由特定的发送方针对特定消息生成的。不可否认性的概念在 2.2.2 小节、4.6 节和 5.6 节有更详细的讨论。

3. 强不可伪造性

与双用户的情况相同，上述模型可以认为是一个“较弱”形式的伪造，因为其不能阻止利用现有的签密消息创建相应的新的有效签密文。在一些应用中，如认证密钥交换协议，要求这种形式的伪造也必须排除。相应的不可伪造性概念称为强不可伪造性（sUF），并且既可以定义在外部模型中也可以定义在内部模型中。强不可伪造性要求对上述弱不可伪造性的定义进行相应的修改，改变第二个攻击者的获胜条件：A 没有收到签密预言机返回的作为对询问 (pk_R, m^*) 的响应 c^*，其中 pk_R 是 R 的公钥。

注意到，如果 A 收到 c^* 作为对签密询问 (pk, m) 的应答，密钥 $pk = pk_R$ （“接收方转换”伪造），则仍可在强不可伪造性游戏中获胜。在强不可伪造模型中安全的方案称为在 FSO/FUO-sUF-CMA 意义上的多用户内部成员不可伪造性（multi-user insider unforgeable in the FSO/FUO-sUF-CMA sense）。

4. 私钥未知的不可伪造性

再次注意到，在内部成员安全模型中，要求攻击者输出一对有效的接收方密钥对 (sk_R, pk_R)。可以将这个安全模型弱化到仅要求攻击者输出一个接收方公钥 pk_R，获胜条件不变。然而，可能要求计算接收方的私钥 sk_R，以验证是从 S 到 R 的有效签密文。

原始的安全模型保证了当攻击者必须向可信权威（如 PKI）注册其公钥，以便证明用户知道与其所注册的公钥相对应的私钥时，方案是安全的。这就可以确保当攻击者输出一个有效的公钥pk_R时，必须也要证明其知道相应的私钥sk_R。然而，私钥未知模型（secret key ignorant，SKI）下的安全性确保了如下情况的安全性：用户在注册公钥pk_R时不需要证明其知道私钥 sk_R。这种安全模型在实践中可能更难以实现，但是在许多情况下其安全性保证却极有价值。

并且，在一些签密方案中，特别是在 3.3 节和 4.3 节描述的 Zheng 的方案[204]中，要使第三方相信签密文的有效性（即获得不可否认性）而不泄露接收方的私钥，就需要精心设计一个运行于接收方和第三方之间的签密有效性验证协议（例如，这样的协议可能是某种语言上的成员零知识证明，进一步细节参见文献[204]中的协议）。然而，上述内部不可伪造性定义没有强大到足以支持这样一个验证协议，因为它没有排除攻击者不知道相应接收方私钥时伪造的有效签密文（攻击者可能仅知道一些与私钥相关的信息，但这仍足以使可信第三方完成签密文有效性验证协议）。

为解决这两个问题，可以强化上述内部不可伪造性的定义，排除攻击者不知道接收方私钥的“密钥未知”（SKI）伪造。形式化的定义要求对内部 FSO/FUO-UF-CMA 模型进行如下改动。

在（4）中 A 输出一个接收方公钥pk_R和签密文c^*。获胜的条件与外部模型相同，其中对应于公钥pk_R的私钥 sk_R在验证伪造时由挑战者生成（注意，在这个定义中挑战者并不运行于多项式时间）。

称相应的安全性概念为在 FSO/FUO-UF-CMA-SKI 意义下的多用户内部不可伪造性。注意，这就是文献[13]中定义的完整的 BSZ 多用户内部不可伪造模型。

3.2.3　多用户 BSZ 模型的进一步讨论

1. 与双用户模型相比多用户模型的附加能力

在多用户模型中给予攻击者的附加能力，是可以访问灵活的签密和解签密预言机，即除消息和签密文之外，还允许攻击者分别指定接收方和发送方的公钥。在实际应用中，攻击者每次想向发送方签密预言机发出一个带有自己选择的新公钥的询问时，可以通过向证书颁发机构（CA）请求一个新公钥来发起这种攻击。即使攻击者能够尽可能多地获得他所希望的公钥证书，满足多用户模型的签密方案也一定是安全的。在一些应用场合，可能会对公钥增加一些重要的限制，如通过 CA 的检查来确保用户“知道”与其公钥相关的私钥。然而，为了扩大应用范围，认为应该尽可能地避免这种假设。

需要强调的是，双用户模型中签密的安全性并不包含多用户模型中的安全性。此外，没有已知的通用高效转换方法（尤其是不使用加密/签名原语的）能够将“双用户安全的”方案转换为“多用户安全的”方案（2.4 节中 ADR 给出的“半通用”高效转换，只适用于从独立的签名和加密原语构建的方案）。更准确地说，需要证明如下定理。

定理 3.1　存在双用户模型下不可伪造而在多用户模型下可伪造的签密方案。

证明

令Π = (Setup, KeyGen_S, KeyGen_R, Signcrypt, Unsigncrypt)为一个在双用户模型下不可伪造的签密方案，$(\text{sk}_\text{S},\text{pk}_\text{S})$为单个发送方 S 的私钥/公钥对。类似地，令$(\text{sk}_\text{R},\text{pk}_\text{R})$为单个接收方 R 的私/公钥对。假设$\text{sk}_\text{S}=b_1b_2\cdots b_n$，其中$b_i\in\{0,1\}$，$i=1,2,\cdots,n$。也就是说，$b_i$表示私钥$\text{sk}_\text{S}$的每个比特。

现在构造一个签密方案$\Pi'=(\text{Setup}',\text{KeyGen}'_\text{S},\text{KeyGen}'_\text{R},\text{Signcrypt}',\text{Unsigncrypt}')$如下。

（1）Setup′、KeyGen'_S、KeyGen'_R分别与 Setup、KeyGen_S、KeyGen_R相同。

（2）$\text{Signcrypt}'(\text{param},\text{sk}_\text{S},\text{pk}_\text{R},m)=b_i\|\text{Signcrypt}(\text{param},\text{sk}_\text{S},\text{pk}_\text{R},m)$，其中$i\leftarrow f(\text{pk}_\text{R})$是$\text{pk}_\text{R}$的一个确定性函数。选择$f$为$\{1,2,\cdots,n\}$上易于计算的满射，于是对每个$i\in\{1,2,\cdots,n\}$存在一个接收方公钥$\text{pk}_i$（易于计算的）使得$f(\text{pk}_i)=i$。

（3）Unsigncrypt′忽略了签密文的第一个比特，对其余部分的处理与Π中的 Unsigncrypt 算法相同。

在双用户模型中，一个对Π'的伪造攻击者仅能够向发送方签密预言机发出带有接收方公钥的询问，这个公钥在整个攻击中是固定的。于是在这个模型中，伪造者仅能获得私钥的单个比特。因此，新方案仍然是不可伪造的。然而，在多用户模型中攻击者能够通过向签密预言机询问 n 个不同的接收方公钥，从而快速地获得发送方私钥的所有比特，因此方案在多用户场合中很容易伪造。注意，由于同样的原因，即使经过 2.4 节中描述的“半通用”[10]转换后，方案在多用户场合还是可伪造的。

2. 单个密钥对生成与两个密钥对生成

在进入 3.3 节之前，对多用户 BSZ 模型中的密钥生成算法有如下说明。本章对多用户安全模型的定义中，假定传统的 PKI 为每个用户生成两个独立的密钥对，一个用于发送（认证性）而另一个用于接收（机密性）。在大部分签密方案中，发送方和接收方的密钥生成算法是相同的，用户可能希望使用一对密钥既发送又接收。然而，这样的单密钥类型为攻击者提供了额外的能力，因此需要修改安全模型。也就是说，模型应允许攻击者访问两个额外的预言机：发送方解签密预言机和接收方签密预言机（内部安全模型除外，其中只需加入一个预言机）。由于攻击模型中的这种差异，在分析签密方案的安全性时，明确是否在单个密钥环境中是很重要的。更多细节将在 5.4 节给出。

3.3　举例：Zheng 的签密方案在 BSZ 模型下的安全性

作为 BSZ 模型应用的一个例子，现讨论 Zheng 的原始签密方案[203]的安全性。然而，到第 4 章才给出 Zheng 的方案的形式化描述以及安全性分析。本节的目的是解释 BSZ 模型中不同类型的安全性在分析给定签密方案的安全性时如何发挥作用。图 3.1 给出方案的描述。

1）系统初始化 Setup(1^k)
选择一个大随机数 p，使得 p–1 能够被 k 比特的素数 q 整除；选择 $g \in \mathbf{Z}_p^*$，其阶为 q。
选择一次性的对称密钥。加密方案 SE=(Enc, Dec)，密钥空间为 K，密文空间为 C
选择密码学散列函数：

$G:\{0,1\}^* \to K$

$H:\{0,1\}^* \to \mathbf{Z}_q$

$\text{param} \leftarrow (p,q,g,\text{SE},G,H)$

返回 param

KeyGen$_S$(param)

$x_S \xleftarrow{R} \mathbf{Z}_q$；$y_S \leftarrow g^{x_S}$

$\text{sk}_S \leftarrow (x_S, y_S)$；$\text{pk}_S \leftarrow y_S$

返回(sk$_s$, pk$_s$)

KeyGen$_R$(param)

$x_R \xleftarrow{R} \mathbf{Z}_q$；$y_R \leftarrow g^{x_R}$

$\text{sk}_R \leftarrow (x_R, y_R)$；$\text{pk}_R \leftarrow y_R$

返回(sk$_R$, pk$_R$)

2）签密 Signcrypt(param, sk$_S$, pk$_R$, m)
将 sk$_S$ 解析为(x_S, y_S)；将 pk$_R$ 解析为 y_R
如果 $y_R \notin \langle g \rangle \setminus \{1\}$，则返回⊥

$x \xleftarrow{R} \mathbf{Z}_q$；$K \leftarrow y_R^x$；$\tau \leftarrow G(k)$

$\text{bind} \leftarrow \text{pk}_S \| \text{pk}_R$；$r \leftarrow H(m \| \text{bind} \| K)$

$\theta \leftarrow \text{Enc}_\tau(m)$

如果 $r + x_S = 0$ 则返回⊥

$s \leftarrow x/(r + x_S)$

$c \leftarrow (\theta, r, s)$

返回 c

3）解签密 Unsigncrypt(param, pk$_S$, sk$_R$, c)
将 sk$_R$ 解析为(x_R, y_R)，将 pk$_S$ 解析为 y_S
如果 $y_S \notin \langle g \rangle \setminus \{1\}$ 则返回⊥
将 c 解析为 (θ, r, s)
如果 $r \notin \mathbf{Z}_q$ 或 $s \notin \mathbf{Z}_q$ 或 $\theta \notin c$
返回⊥

$\omega \leftarrow (y_S g^r)^s$；$K \leftarrow \omega^{x_R}$；$\text{bind} \leftarrow \text{pk}_S \| \text{pk}_R$

$\tau \leftarrow G(K)$；$m \leftarrow \text{Dec}_\tau(\theta)$

如果 $H(m \| \text{bind} \| K) = r$ 则返回 m
否则返回⊥

图 3.1　Zheng 的签密方案

关于机密性，Zheng 的原始签密方案在随机预言机模型[29]下，证明关于“Gap Diffie-Hellman (GDH)[152]”问题，在 FSO/FUO-IND-CCA2 意义上是多用户外部安全的（读者可参阅 4.2 节关于 GDH 问题的精确定义）。Zheng 的原始签密方案不能提供内部机密性，原因如下：知道发送方私钥 x_S 和签密文 (θ, r, s) 的攻击者能够容易地计算出 $x = s(r + x_S)$，并计算对称密钥 $\tau = G(y_R^x)$ 以及相应的消息 $m = \text{Dec}_\tau(\theta)$。

关于不可伪造性，假定 Gap Discrete Log（GDL）是困难的，则 Zheng 的原始签密方案在随机预言机模型下，在多用户内部私钥未知的 FSO-UF-CMA-SKI 意义上达到了不可伪造性。

GDL 问题的非正式描述是，对随机的 $a \in \mathbf{Z}_q^*$，给定 g^a，在判定性 Decisional Diffie-Hellman（DDH）预言机的帮助下来计算 a，这个预言机对输入的 (g, g^a, g^b, z)，当 $z = g^{ab}$ 时输出 1，否则输出 0。（读者可以参阅 4.2 节中对 GDL 问题的精确定义）注意到，GDL 问题可能比 GDH 问题更困难。

为了理解 GDL 问题的困难性，对于 Zheng 的方案在多用户模型下的不可伪造性是必要的，但在双用户模型中却不是必需的，可以证明，利用解 GDL 问题的高效算法作为子程序，可以用如下的方法构造一个能攻破 Zheng 方案在多用户模型下不可伪造性的攻击者：给定发送方公钥 $y_S = g^{x_S}$，攻击者运行 GDL 算法以恢复出发送方的私钥 x_S。当 GDL 算法想检验形如 $(g, y_S = g^{x_S}, u, z$ 的一个多元组是否为有效的 Diffie-Hellman 多元

组（即是否有 $z=u^{x_S}$ ）时，其中，u 和 z 由 GDL 算法选取，针对不可伪造性的攻击者将接收方的公钥设置为 u，对任意明文 m，询问发送方的签密预言机。当签密预言机返回签密文 (θ,r,s) 时，攻击者检查是否有 $H(m\|y_S\|u\|(z\cdot u^r)^s)$ 等于 r。如果 $z=u^{x_S}$ ，有 $(z\cdot u^r)^s=u^{(x_S+r)s}$ 等于签密预言机所使用的密钥 K，攻击者的测试将通过，然而如果 $z\neq u^{x_S}$ ，攻击者的测试将以压倒性的概率失败。于是，借助询问被攻击发送方的签密算法，通过测试 Diffie-Hellman 多元组的有效性，针对多用户不可伪造性的攻击者能使用 GDL 算法来攻破签密系统。注意，这个攻击在双用户模型中不能发挥作用，因为其中的攻击者不能控制签密询问中接收方的公钥。这是另一个例子，表明双用户环境下的安全性结论不足以作为多用户环境下安全性的依据。

鉴于 Zheng 的方案具有较强的多用户机密性和不可伪造性，该方案适合很广泛的应用环境，甚至可以应用于用户在注册公钥时没有提供任何相应的私钥信息证明的情形。但是由于方案缺乏内部机密性，它不适用于发送方密钥可能泄露的情况（如高移动性的发送设备很容易丢失）。在这种环境中，发送方密钥的丢失将可能导致以前发送的所有信息都泄露。然而对于内部安全的方案，使用一个敏捷的发送方密钥吊销机制能防止在入侵后安全性破坏。

第Ⅱ部分

签 密 方 案

第 4 章　基于 Diffie-Hellman 问题的签密方案

Paulo S.L.M.Barreto, Benoît Libert, Noel McCullagh,

Jean-Jacques Quisquater

4.1　简　　介

本章研究各类基于 Diffie-Hellman 问题的签密方案。重要的是，这些签密方案中包括了由 Zheng 提出的原始签密方案[203]，同时也包括具有增强属性的几种方案，如 Bao 和 Deng 提出的方案[15]。

Zheng 的发现极富实用性和思想性，他将密码学方案的构造从纯数学中分离出来，更加关注密码学如何在实际中应用。

从实用角度，当信息敏感到需要加密时也必须会要签名。从直觉上，如果信息重要到需要加密，那么该消息背后的授权方信息也是有用的。例如，公司内部的项目销售表，既需要权威部门的签名来传达，同时也需要加密以便特定的公司雇员可以读取。

Zheng 的原始方案效率比较高。该方案是通过修正的 ElGamal 签名方案实现的，并且谨慎地采用了随机数重用来认证和加密信息，这比利用 ElGamal 方案进行加密的效率高得多。

从接收方角度来看，虽然 Zheng 的原始方案具有消息源认证功能，但是不具有明显有效的不可否认性，见 3.3 节。本书试图通过加入有效的抗否认性来深入讨论这一问题。显然利用任何一个方案，对消息进行签名后直接传递，都不具有密文的不可区分性。Gamage 等[86]提出发送者对密文进行签名来避免这一问题，因此任何第三方都能确定消息的来源，但不一定得到消息内容。但是，这并没有完全解决抗否认的需求。

2002 年，Shin 等[178]提出了一个 Diffie-Hellman 型的构造，通过一个安全高效的抗否认机制来使第三方确认消息源。2005 年，Malone-Lee[130]利用一个相似的技术扩展了 Schnorr 的签名方案[173]，并给出了抗伪造性证明。

4.2　Diffie-Hellman 问题

定义 4.1　令 k 为一个安全参数，p 为一个 k 比特的素数。选定一个 p 阶循环群 $\mathbf{G}$ 以及它的任意一个生成元 g。

（1）离散对数（DL）问题：对于随机选取的 $a \leftarrow \mathbf{Z}_p^*$，给定 $(g, g^a) \in \mathbf{G}^2$，计算 a。如果算法 B 输出正确解的概率不小于ε，则称算法 B 具有优势ε。

（2）计算性 Diffie-Hellman（CDH）问题：对于随机选取的 $a, b \leftarrow \mathbf{Z}_p^*$，给定 $(g, g^a, g^b) \in \mathbf{G}^3$，计算 $g^{ab} \in \mathbf{G}$。如果算法 B 输出正确解的概率不小于ε，则称算法 B 具有优势ε。

（3）判定性 Diffie-Hellman（DDH）问题：区分“Diffie-Hellman 四元”组 $D_{\mathrm{DH}} := (g, g^a, g^b, g^{ab}) \mid a, b \leftarrow \mathbf{Z}_p^*$ 与“随机四元组” $D_{\mathrm{rand}} := (g, g^a, g^b, g^c) \mid a, b, c \leftarrow \mathbf{Z}_p^*$。如果

$$|\Pr[B(g, g^a, g^b, g^{ab}) = 1 \mid a, b \leftarrow \mathbf{Z}_p^*] - \Pr[B(g, g^a, g^b, g^c) = 1 \mid a, b, c \leftarrow \mathbf{Z}_p^*]|$$

不小于ε，则称算法 B 对于 DDH 问题具有优势ε。求解一个 DDH 实例相当于对给定四元组 $(g, g^a, g^b, g^c) \in \mathbf{G}^4$，判定 $c = ab \bmod p$ 是否成立。

（4）Gap Diffie-Hellman（GDH）问题：在 DDH 预言机的帮助下对 (g, g^a, g^b) 求解 CDH 问题，即输入三元组 $(g^x, g^y, g^z) \in \mathbf{G}^3$，如果 $z=xy \bmod p$ 返回 1，否则返回 0。如果算法 B 输出 DDH 问题正确解的概率不小于ε，则称算法 B 具有优势ε。

（5）Gap 离散对数（GDL）问题：在 DDH 预言机（如上所述）的帮助下对 (g, g^a) 求解 DL 问题。如果算法 B 输出 DL 问题正确解的概率不小于ε，则称算法 B 具有优势ε。

GDH 假设是由 Okamoto 和 Pointcheval[152]引入的，其动机是对具有特殊性质的签名方案提供安全性证明。它比文献[2]中提出的“强 Diffie-Hellman 假设”①还要强。所谓“强 Diffie-Hellman 假设”是指在受限制的 DDH 预言机的帮助下求解 CDH 实例 (g, g^a, g^b)，即输入二元组 $(X, Y) \in \mathbf{G}^2$，如果 $Y = X^a$ 则返回 1，否则返回 0。

4.3　Zheng 方案及其变形

本节给出签密原语的第一次实现，这个方案由 Zheng[203]在 1997 年首次提出，它是基于 ElGamal 签名方案[81]的，即短数字签名方案（SDSS）的改进而实现的。在该方案中，签名者持有一个公/私密钥对 $(\mathrm{pk}, \mathrm{sk})$，其中 $\mathrm{pk} = g^{\mathrm{sk}} \in \mathbf{G}$ 且 $\mathrm{sk} \xleftarrow{R} \mathbf{Z}_p^*$。对消息 m 的签名为下列二元组：

$$(r, s) = \left[h(m \| g^x), \frac{x}{r + \mathrm{sk}} \bmod p \right]$$

式中，$h: \{0,1\}^* \to \mathbf{Z}_p^*$ 是一个 hash 函数，x 是 $\mathbf{Z}_p^*$ 中随机选取的元素。一个签名 (r, s) 可以通过检验 $r = h[\mathrm{m} \| (\mathrm{pk} \times g^r)^s]$ 是否成立来验证。

① 后一个假设不要和 Boneh 和 Boyen 在文献[42]中提出的“q-强 Diffie-Hellman”假设相混淆。文献[42]中的假设完全不同，它阐述了对给定的 $(g, g^a, g^{(a^2)}, \cdots, g^{(a^q)})$ 及随机选取的一个 $R \xleftarrow{R} \mathbf{Z}_q^*$（$R$ 应改为 a，但是没法改）计算一对 $(c, g^{1/(c+a)}) \in \mathbf{Z}_p \times \mathbf{G}$ 的困难性。对这个问题详细的讨论参见第 5 章。

Zheng 签密算法依赖重用随机值 x，利用接收方的公钥来执行一个非交互的 Diffie-Hellman 密钥协议。在介绍 20 世纪 90 年代后期提出的几种修正方案之前，先描述在文献[12]和文献[13]中给出的安全性证明的一种变形。

4.3.1 Zheng 的原始方案

图 4.1 详细说明了 Zheng 的签密方案，其中涉及一个对称加密方案，如 1.3.4 小节所述。方案的关键特性在于根据签名 (r,s) 可以重新计算签名者生成的群元素 $g^x = (pk_S \times g^r)^s \bmod p$。与 ElGamal[81]或 ECIES[2]公钥加密方案相同，这个量可同时作为签密方案的组成部分和非交互式密钥协商中的临时 Diffie-Hellman 密钥。

1）系统建立 Setup(1^k) 选择大素数 p 和 k 比特素数 q，$q\|(p-1)$ g 是 $\mathbf{Z}_p^*$ 中的一个 q 阶元素 选择一个对称密码体制 SE = (Enc, Dec)，密钥空间为 K，密文空间为 C 选择 hash 函数： $G:\{0,1\}^* \to K$ $H:\{0,1\}^* \to \mathbf{Z}_q$ param ←(p, q, g, SE, G, H)，返回 param。 KeyGen$_S$(param): $x_S \xleftarrow{R} \mathbf{Z}_q$；$y_S \leftarrow g^{x_S}$ $sk_S \leftarrow (x_S, y_S)$；$pk_S \leftarrow y_S$ 返回(sk_S, pk_S) KeyGen$_R$(param): $x_R \xleftarrow{R} \mathbf{Z}_q$；$y_R \leftarrow g^{x_R}$ $sk_R \leftarrow (x_R, y_R)$；$pk_R \leftarrow y_R$ 返回(sk_R, pk_R)	2）签密 Signcrypt(param,sk_S,pk_R,m) 将 sk_S 解析为(x_S, y_S)，pk_R 解析为 y_R 如果 $y_R \notin \langle g\rangle \backslash \{1\}$ 则返回⊥ $x \xleftarrow{R} \mathbf{Z}_q$；$K \leftarrow y_R^x$；$\tau \leftarrow G(k)$ bind ← $pk_S \\| pk_R$；$r \leftarrow H(m \\| \text{bind} \\| K)$ $\theta \leftarrow \text{Enc}_\tau(m)$ 如果 $r + x_S = 0$ 则返回⊥ $s \leftarrow x/(r+x_S)$ $c \leftarrow (\theta, r, s)$ 返回 c 3）解签密 Unsigncrypt(param, pk_S, sk_R, c) 将 sk_R 解析为(x_R, y_R)，pk_S 解析为 y_S 如果 $y_S \notin \langle g\rangle \backslash \{1\}$，则返回⊥ 将 c 解析为 (θ, r, s) 如果 $r \notin \mathbf{Z}_q$ 或 $s \notin \mathbf{Z}_q$ 或 $\theta \notin c$，则返回⊥ $w \leftarrow (y_S g^r)^s$；$K \leftarrow w^{x_R}$；bind ← $pk_S \\| pk_R$ $\tau \leftarrow G(K)$；$m \leftarrow \text{Dec}_\tau(\theta)$ 如果 $H(m \\| \text{bind} \\| K) = r$ 则返回 m；否则返回⊥

图 4.1　Zheng 原始方案

由于发送方使用一个模指数运算将认证和加密结合到一起，从而明显地提高了效率，本方案的效率几乎可以和其基础——ECIES 公钥加密体制的效率相提并论[2]。

该方案的一个固有缺陷是接收方没有一个安全而高效的方法使第三方确认发送方是消息 m 的实际来源。文献[203]和文献[204]中建议令接收方将 $\kappa \leftarrow w^{sk_R} \bmod p$ 和$\langle c, r, s\rangle$ 转发给第三方。从而接收方需要提供一个零知识证明，证明以 g 为底的 pk_R 的对数等于 κ 关于底 $w = (pk_S g^r)^s \bmod p$ 的离散对数。然而文献[159]证明了，公开 $\kappa = w^{sk_R} \bmod p$ 和二元对 (r,s) 将泄漏 $g^{sk_S sk_R}$，这将损害双方后续通信的机密性。

令人意外的是，Zheng 方案正式的安全性证明直到 2002 年才提出[12, 13]。后面的安全性结论是在文献[12]和文献[13]中由 Baek、Steinfeld 和 Zheng 等提出的模型下证明的，第 3 章详细介绍了该模型。定理 4.1 表明 Zheng 方案在多用户外部 FSO/FUO-IND-CCA2 安全模型下可以保护消息的机密性，而定理 4.2 表明其在多方内部安全、私钥未知的 FSO-UF-CMA-SKI 安全模型下该方案具有不可伪造性。两个定理的证明都使用了随机预言模型[29]。

定理 4.1　如果 GDH 问题是困难的且使用的对称加密体制是 IND-CPA 安全的，则 Zheng 方案在随机预言模型下是多用户外部 FSO/FUO-IND-CCA2 安全的。具体来说，如果存在如下算法：

运行于时间 t 的攻击算法 $A=(A_1, A_2)$，针对多用户外部 FSO/FUO-IND-CCA2 安全，发出至多 q_{sc} 次签密询问和至多 q_{usc} 次解签密询问，以及至多 q_G 次 G 预言机询问和至多 q_H 次 H 预言机询问之后，攻击的优势为 $\text{Adv}_A^{\text{IND}}(k)$。

运行于时间 $O(t^2)$ 的算法 B，发出至多 $(q_G+q_H)(q_{\text{sc}}+q_{\text{usc}})$ 次 DDH 预言机询问后，求解 GDH 问题的优势为 $\text{Adv}_B^{\text{GDH}}(k)$，以及运行于时间 $O(t^2)$ 的算法 $B'=(B_1', B_2')$，以优势 $\text{Adv}_{B'}^{\text{SYM}}(k)$ 攻破对称加密方案的 IND-CPA 安全性。

其中，

$$\text{Adv}_A^{\text{IND}}(k) \leqslant 2\text{Adv}_B^{\text{GDH}}(k) + \text{Adv}_{B'}^{\text{SYM}}(k) + \frac{q_{\text{sc}}(q_G+q_H+q_{\text{sc}}+q_{usc}+2)}{2^{k-1}} + \frac{(q_H+2q_{\text{usc}})}{2^{k-1}}$$

定理 4.2　如果 GDL 问题是困难的，则 Zheng 方案在随机预言模型下是多用户内部私钥未知 FSO-UF-CMA-SKI 安全的。具体来说，如果存在如下算法：

运行于时间 t 的攻击算法 A，发出至多 q_{sc} 次签密询问，至多 q_G 次 G 预言机询问和至多 q_H 次 H 预言机询问之后，以概率 $\text{Adv}_A^{\text{UF}}(k)$ 攻破方案的安全性。

运行于时间 $O(t^2)$ 的算法 B，发出至多 $2q_{\text{sc}}(q_G+q_H)+2q_H$ 次 DDH 预言机询问，以优势 $\text{Adv}_B^{\text{GDL}}(k)$ 破解 GDL 问题。

其中，

$$\text{Adv}_B^{\text{UF}}(k) \leqslant 2[q_H\text{Adv}_A^{\text{GDL}}(k)]^{1/2} + \frac{q_{\text{sc}}(q_{\text{sc}}+q_G+q_H)+q_H+1}{2^{k-1}}$$

最近的一些工作对 Zheng 方案进行了修改[37, 72]，这些工作在混合模型下分析了 Zheng 方案，请读者参考第 7 章进行深入学习。

4.3.2　Bao-Deng 的修改方案

为了使接收方能够高效地令第三方确信消息的来源，进而为数字签名方案提供不可否认性，1998 年 Bao 和 Deng[15]提出了对 Zheng 方案的一种改进，见图 4.2。

该方案仅通过公开 m 和它的签名值 (r,s) 来允许接收方验证发送方对消息 m 的原始著作权。

不幸的是，这一抗否认机制严重削弱了方案的机密性，显然该方案在任何一种不

1）系统初始化 Setup(1^k)

随机选择大素数 p 和 k 比特素数 q，$q|(p-1)$

选择 g 为 $\mathbf{Z}_p^*$ 中的一个 q 阶元素

选择一个对称密码体制 SE = (Enc, Dec)，密钥空间为 K，密文空间为 C

选择 hash 函数：

$G:\{0,1\}^* \to K$

$H:\{0,1\}^* \to \mathbf{Z}_q$

param ←(p, q, g, SE, G, H)；返回 param

KeyGen$_S$(param)：

$x_S \xleftarrow{R} \mathbf{Z}_q$；$y_S \leftarrow g^{x_S}$

$\mathrm{sk}_S \leftarrow (x_S, y_S)$；$\mathrm{pk}_S \leftarrow y_S$

返回(sk_S, pk_S)

KeyGen$_R$(param)：

$x_R \xleftarrow{R} \mathbf{Z}_q$；$y_R \leftarrow g^{x_R}$

$\mathrm{sk}_R \leftarrow (x_R, y_R)$；$\mathrm{pk}_R \leftarrow y_R$

返回(sk_R, pk_R)

2）签密 Signcrypt(param, sk_S, pk_R, m)：

将 sk_S 解析为(x_S, y_S)，pk_R 解析为 y_R

如果 $y_R \notin \langle g\rangle \backslash \{1\}$ 则返回⊥

$x \xleftarrow{R} \mathbf{Z}_q$；$K \leftarrow y_R^x$；$w \leftarrow g^x$

$\tau \leftarrow G(k)$；$\theta \leftarrow \mathrm{Enc}_\tau(m)$

$\mathrm{bind} \leftarrow \mathrm{pk}_S \| \mathrm{pk}_R$；$r \leftarrow H(m \| \mathrm{bind} \| w)$

如果 $r + x_S = 0$ 则返回⊥

$s \leftarrow x/(r + x_S)$

$c \leftarrow (\theta, r, s)$

返回 c

3）解签密 Unsigncrypt (param, pk_S, sk_R, c)：

将 sk_R 解析为(x_R, y_R)，pk_S 解析为 y_S

如果 $y_S \notin \langle g\rangle \backslash \{1\}$，则返回⊥

将 c 解析为 (θ, r, s)

如果 $r \notin \mathbf{Z}_q$ 或 $s \notin \mathbf{Z}_q$ 或 $\theta \notin c$，返回⊥

$w \leftarrow (y_s g^r)^s$；$K \leftarrow w^{x_R}$；$\mathrm{bind} \leftarrow \mathrm{pk}_s \| \mathrm{pk}_R$

$\tau \leftarrow G(K)$；$m \leftarrow Dec_\tau(c)$

如果 $H(m \| \mathrm{bind} \| w) = r$ 则返回 m；否则返回⊥

图 4.2　Bao-Deng 方案

可区分加密的思想下是不安全的[90]。实际上，密文包含了对明文的签名 (r, s)，从而泄漏了明文的信息。在给定 (c, r, s) 的情况下，攻击者只需通过对签名 (r, s) 分别验证 m_0 和 m_1，便可以容易地判断 m_0 和 m_1 中的哪一个才是密文对应的消息。这一安全性讨论由 Shin 等[178]首次提出，为了克服这一缺陷，他们还基于 DSA 签名给出了另一个签密方案。其他方案（见文献[196]和[201]）同样具有相似的弱点。

4.3.3　具有公开可验证性的改进方案

1999 年，Gamage 等[86]建议对 Bao-Deng 方案进行修改，允许任何人（如防火墙）在明文未知的情况下公开验证密文的来源。该方案见图 4.3。

在上述方案中，密文 (θ, r, s) 可以看成加密后的消息 θ 包含了一个签名 (r, s)，防火墙可以验证 (r, s) 是否为 θ 的可用签名。需要强调的是，这种方法不同于简单的加密再签名的组合（见第 2 章），其中 θ 是由 Diffie-Hellman 会话密钥生成的对称密钥进行加密的，而该会话密钥在签名过程中由随机选择的 x 生成。

这一修改克服了 Bao-Deng 方案的安全性缺陷，但是却不能提供一个有效的方法允许接收方向第三方证明消息 m 的来源。

上述方案在多用户模式下的安全性没有经过精确分析过，它的原始文献[86]中也未详细说明如何将 bind 连同 θ 和 w 散列成 r。①为了更简便地区分不同方案，应该忽略散列函数输入中的绑定信息。

---

① 也没有给出对 Zheng 原始方案（在文献[203]中给出）的详细描述。文献[12]中第一次讨论了 H 的绑定信息（为了证明多用户环境下的安全性）。

1）系统初始化 Setup(1^k)

随机选择大素数 p 和 k 比特素数 q，$q\,|\,(p-1)$

g 为 $\mathbf{Z}_p^*$ 中的一个 q 阶元素

选择一个对称密码体制 SE = (Enc, Dec)，密钥空间为 K，密文空间为 C

选择 hash 函数：

$G:\{0,1\}^* \to K$；

$H:\{0,1\}^* \to \mathbf{Z}_q$；

$\text{param} \leftarrow (p,q,g,\text{SE},G,H)$，返回 param

KeyGen$_\text{S}$ (param)：

$x_\text{S} \xleftarrow{R} \mathbf{Z}_q$；$y_\text{S} \leftarrow g^{x_\text{S}}$

$\text{sk}_\text{S} \leftarrow (x_\text{S}, y_\text{S})$；$\text{pk}_\text{S} \leftarrow y_\text{S}$

返回(sk_S, pk_S)

KeyGen$_\text{R}$ (param)：

$x_\text{R} \xleftarrow{R} \mathbf{Z}_q$；$y_\text{R} \leftarrow g^{x_\text{R}}$

$\text{sk}_\text{R} \leftarrow (x_\text{R}, y_\text{R})$；$\text{pk}_\text{R} \leftarrow y_\text{R}$

返回(sk_R, pk_R)

2）签密 Signcrypt (param, sk_S, pk_R, m)

将 sk_S 解析为(x_S, y_S)，pk_R 解析为 y_R

如果 $y_\text{R} \notin \langle g \rangle \backslash \{1\}$ 则返回⊥

$x \xleftarrow{R} \mathbf{Z}_q$；$K \leftarrow y_\text{R}^x$；$w \leftarrow g^x$

$\tau \leftarrow G(k)$；$c \leftarrow \text{Enc}_\tau(\theta)$

$\text{bind} \leftarrow \text{pk}_\text{S} \,\|\, \text{pk}_\text{R}$；$r \leftarrow H(\theta \,\|\, \text{bind} \,\|\, w)$

如果 $r + x_\text{S} = 0$ 则返回⊥

$s \leftarrow x/(r + x_\text{S})$

$c \leftarrow (\theta, r, s)$

返回 c

3）解签密 Unsigncrypt (param, pk_S, sk_R, c)

将 sk_R 解析为(x_R, y_R)，pk_S 解析为 y_S

如果 $y_\text{S} \notin \langle g \rangle \backslash \{1\}$，则返回⊥

将 c 解析为 (θ, r, s)

如果 $r \notin \mathbf{Z}_q$ 或 $s \in \mathbf{Z}_q$ 或 $\theta \notin c$，则返回⊥

$w \leftarrow (y_\text{S} g^r)^s$；$K \leftarrow w^{x_\text{R}}$；$\text{bind} \leftarrow \text{pk}_\text{S} \,\|\, \text{pk}_\text{R}$

$\tau \leftarrow G(K)$；$m \leftarrow \text{Dec}_\tau(\theta)$

如果 $H(\theta \,\|\, \text{bind} \,\|\, w) = r$ 则返回 m；否则返回⊥

图 4.3 Gamage 方案

4.4 先加密后签名的组合方案

在文献[108]中，Jeong 等提出了一个构造，将非交互式 Diffie-Hellman 密钥协商协议与强不可伪造的签名方案以及任意一种语义安全的私钥加密系统相结合，这一方案命名为 DHEts 方案。1.3.2 小节讨论了签名该方案的安全性，方案的描述见图 4.4。

1）系统初始化 Setup(1^k)

选择一个 p 阶循环群 $\mathbf{G}$，p 为 k 比特素数，g 为 $\mathbf{G}$ 的生成元

选择一个 IND-CPA 安全的对称加密体制 SE = (Enc, Dec)，密钥空间为 K，密文空间为 C

选择 hash 函数：

$H:\{0,1\}^* \to K$

选择一个强不可否认签名机制

$\Sigma = (\text{SigKeyGen}, \text{Sign}, \text{Verify})$

$\text{param} \leftarrow (\mathbf{G}, g, p, \text{SE}, \Sigma, H)$，返回 param

KeyGen$_\text{S}$ (param)：

$(\text{sk}_\text{S}, \text{pk}_\text{S}) \xleftarrow{R} \text{SigKeyGen}(1^k)$

返回(sk_S, pk_S)

KeyGen$_\text{R}$(param)：

$x_\text{R} \xleftarrow{R} \mathbf{Z}_q$；$y_\text{R} \leftarrow g^{x_\text{R}}$

$\text{sk}_\text{R} \leftarrow (x_\text{R}, y_\text{R})$；$\text{pk}_\text{R} \leftarrow y_\text{R}$

返回(sk_R, pk_R)

2）签密 Signcrypt(param, sk_S, pk_R, m)：

$x \xleftarrow{R} \mathbf{Z}_p^*$；$w \leftarrow g^x$

$\tau \leftarrow H(\text{pk}_\text{S} \,\|\, \text{pk}_\text{R}^x)$；$\theta \leftarrow \text{Enc}_\tau(m)$

$\sigma \xleftarrow{R} \text{Sign}(\text{sk}_\text{S}, w \,\|\, c)$

$c \leftarrow (w, \theta, \sigma)$

返回 c

3）解签密 Unsigncrypt (param, pk_S, sk_R, c)

将 c 解析为(w, θ, σ)，如果 $w \notin \mathbf{G} \backslash \{1\}$ 或 $\theta \notin c$，返回⊥

如果 $\text{Verify}(\text{pk}_\text{S}, w \,\|\, \theta, \sigma) = \perp$，返回⊥

$K \leftarrow w^{\text{sk}_\text{R}}$；$\tau \leftarrow H(\text{pk}_\text{S} \,\|\, K)$

$m \leftarrow \text{Dec}_\tau(\theta)$

返回 m

图 4.4 Jeong 等构造的方案

从一个更高的角度看，该方案与前一个方案[7]的相似之处在于两者均受到了ECIES 公钥加密方案[2]的启发。

文献[108]给出了该方案的安全性证明。保密性是在多用户外部保密性的 FSO/FUO-IND-CCA2 安全模型下证明的。不可伪造性则是在多用户内部强不可伪造性的FSO-sUF-CMA 安全模型下证明的。文献[2]给出了相似的机密性证明，不同的是没有利用随机预言模型，但是需要一个复杂性假设（最终与随机预言模型具有同样强度）。这个“Diffie-Hellman 假设预言机”是指：给定 $(u,g,g^a,g^b)\xleftarrow{R}\mathbf{Z}_p^*\times\mathbf{G}^3$，即使在返回 $H(X_1,X_2^b)$ 的预言机的帮助下，区分散列值 $H(g^a\|g^{ab})$ 与相同长度随机串也是困难的，其中 $(X_1,X_2)\in\mathbf{G}_2$，$X_2\neq g^a$。

值得一提的是，当加密层是第 2 章所描述的 ECIES 加密系统时，该方案的速度与使用加密后的签名方案一样慢。

4.5　基于大整数分解的抗伪造方案

2000 年，Steinfeld 和 Zheng[184]基于大整数分解给出了一个可证明抗伪造的方案。这一构造扩展了 Pointcheval 签名方案[162]（实际上是 GPS 签名方案[89]的一种改进），可以看成在一个阶未知的群 **G** 上执行 Diffie-Hellman 运算。该方案见图 4.5，其中 $\mathrm{org}_{\mathbf{G}}(g)$ 表示元素 g 在群 **G** 中的阶。

1）系统初始化 $\mathrm{Setup}(1^k,1^\lambda)$

选择 k 比特素数 p，q 使得 $(p-1)$ 和 $(q-1)$ 没有小于 $2^{l(k)}$ 的素因子，并且 $\mathrm{ord}_{\mathbf{Z}_p^*}(g)$ 中 2 的重数与 $\mathrm{ord}_{\mathbf{Z}_q^*}(g)$ 中 2 的重数不相等。

$N\leftarrow pq$

选择一个界 $S\ll\sqrt{N}$

选择 $g\in\mathbf{Z}_N^*$，且 $\mathrm{ord}_{\mathbf{Z}_N^*}(g)\ll S/2$

选择一个IND-CPA 安全的对称密码体制 SE = (Enc, Dec)，密钥空间为 K，密文空间为 C。

选择 hash 函数：

$H:\{0,1\}^*\to\{0,1\}^{l(k)}$

$G:\mathbf{Z}_N\to K\times\{0,1\}^{l'(k)}$

$\mathrm{param}\leftarrow[N,g,S,G,H,\mathrm{SE},l'(k)]$，返回 param

$\mathrm{KeyGen_S(param)}$：

$\mathrm{sk_S}\xleftarrow{R}(0,\cdots,S-1)$

$\mathrm{pk_S}\leftarrow g^{-\mathrm{sk_S}}\bmod N$

返回(skS, pkS)

$\mathrm{KeyGen_R(param)}$：

$\mathrm{sk_R}\xleftarrow{R}(0,\cdots,S-1)$

$\mathrm{pk_R}\leftarrow g^{-\mathrm{sk_R}}\bmod N$

返回$(\mathrm{sk_R},\mathrm{pk_R})$

2）签密 $\mathrm{Signcrypt(param,sk_S,pk_R},m)$

$r\xleftarrow{R}(0,\cdots,S-1)$

$K\leftarrow\mathrm{pk_R^r}\bmod N$；$(\tau_1,\tau_2)\leftarrow G(K)$

$c\leftarrow\mathrm{Enc}_{\tau_1}(m)$

$\mathrm{bind}\leftarrow\mathrm{pk_S}\|\mathrm{pk_R}$；$e\leftarrow H(m\|\mathrm{bind}\|\tau_2)$

$y\leftarrow r+e\cdot\mathrm{sk_S}$（运算在 **Z** 中进行）

$c\leftarrow(\theta,e,y)$

返回 c

3）解签密 $\mathrm{Unsigncrypt(param,pk_S,sk_R},c)$

将 c 解析为 (θ,e,y)

如果 $e\notin\{0,1\}^{l(k)}$ 或者 $\theta\notin c$

返回⊥

$K\leftarrow(g^y\cdot\mathrm{pk_S^e})^{-\mathrm{sk_R}}\bmod N$

$(\tau_1,\tau_2)\leftarrow G(K)$；$\mathrm{bind}\leftarrow\mathrm{pk_S}\|\mathrm{pk_R}$

$m\leftarrow\mathrm{Dec}_{\tau_1}(c)$

如果 $r\neq H(m\|\mathrm{bind}\|\tau_2)$，返回⊥；否则返回 m

图 4.5　Steinfeld-Zheng 方案

Steinfeld-Zheng 方案需要一个可信方来生成全局参数，其中包括一个具有特定形式的 RSA 模数 $N=pq$：如文献[162]中所述，安全性证明要求 $\varphi(N)$ 的所有奇素数因子均大于一个特定的界 2^l，发送方和接收方均不知晓 N 的素因子分解，都必须信任第三方不会恶意地生成 N 或者利用 N 的素因子来发起攻击。但是，在初始化阶段之后，这个可信第三方就不再需要了，所以可以在完成任务之后将其关闭。

如文献[89]和文献[162]所述，元素 y 是在模数没有减小的情况下在 $\mathbf{Z}$ 中计算的。

这一方案不具有有效的抗否认机制。Steinfeld 和 Zheng 在双用户环境下基于一种特殊的大整数分解假设证明了不可伪造性（在随机预言模型下），该假设与标准假设的不同之处在于其中的 RSA 模数 N 具有特殊的形式，而将一个阶比较大的（虽然比 $\sqrt{N}$ 小得多）元素 g 公开了。文献[184]把在恰当模型下证明该方案的机密性留作一个公开问题。

4.6　具有抗否认性的方案

2002 年，Shin 等[178]首次注意到了 Bao-Deng[15]方案以及 Yum 和 Lee[201]方案的安全性弱点。为了解决这些问题，他们提出了第一个 Diffie-Hellman 类型的构造实例，引入了一个安全有效的抗否认机制，允许接收方向第三方证实明文来自发送方。

出于同样的动机，Malone-Lee[130]独立地提出了一种相似的技术，并且提出 Schnorr 签名方案的一种扩展方案[173]。本节给出了这些方案。

4.6.1　基于 DSA 的构造

Shin 等[178]通过对 DSA 签名[149]的修正版本进行扩展，提出了称为 SC-DSA+的方案，见图 4.6。

接收者可以从密文中提取一个抗否认的参数，并将其提交给第三方作为明文出处的证据。为了这个目的，接收者只需要转发 m、bind、τ_2 和 (e_1,e_2) 给仲裁者，仲裁者也只需容易地验证（修正后的）DSA 签名：若 $H(m\|\mathrm{bind}\|\tau_2)=se_1 \bmod q$，其中 $s=[(g^{e_1}\mathrm{pk}_S^{e_2} \bmod p) \bmod q]/e_2 \bmod q$。从安全的角度来看，$H$ 中的变量包括 τ_2 在内都很重要，否则方案将会存在与 Bao-Deng 构造中相同的弱点。

Shin 等[178]利用 Back 模型[12, 13]的一种变形证明了 SC-DSA+在 Gap Diffie-Hellman 假设下的保密性，其中攻击者可以访问一个固定的签密预言机，而非灵活签密预言机，见第 3 章。其安全模型中没有考虑如果攻击者要求某个密文的不可否认信息，则可能会造成信息泄露。他们没有提出不可伪造性的严格证明，只讨论了如果 DSA 签名是存在性不可伪造的，则 SC-DSA+也是。

1）系统初始化 Setup(1^k)
选择大素数 p 和 k 比特素数 q，$q|(p-1)$
g 是 $\mathbf{Z}_p^*$ 中的一个 q 阶元素
选择一个对称密码体制 SE = (Enc, Dec)，密钥空间为 K，密文空间为 C
选择 hash 函数：
$G:\{0,1\}^* \to K\times\{0,1\}^{l'(k)}$
$H:\{0,1\}^* \to \mathbf{Z}_q$
$\text{param} \leftarrow [p,q,g,\text{SE},G,H,l'(k)]$，返回 param

KeyGen$_S$ (param)：
$x_S \xleftarrow{R} \mathbf{Z}_q$； $y_S \leftarrow g^{x_S}$
$\text{sk}_S \leftarrow (x_S, y_S)$； $\text{pk}_S \leftarrow y_S$
返回(sk_S, pk_S)

KeyGen$_R$ (param)：
$x_R \xleftarrow{R} \mathbf{Z}_q$； $y_R \leftarrow g^{x_R}$
$\text{sk}_R \leftarrow (x_R, y_R)$； $\text{pk}_R \leftarrow y_R$
返回(sk_R, pk_R)

2）签密 Signcrypt (param, sk_S, pk_R, m)
将 sk_S 解析为(x_S, y_S)，pk_R 解析为 y_R
如果 $y_R \notin \langle g\rangle\backslash\{1\}$，则返回⊥
$x \xleftarrow{R} \mathbf{Z}_q^*$； $w \leftarrow g^x$； $K \leftarrow y_R^x$
$(\tau_1,\tau_2) \leftarrow G(K)$； $\theta \leftarrow \text{Enc}_{\tau_1}(m)$
$r \leftarrow w \bmod q$； $\text{bind} \leftarrow \text{pk}_S\|\text{pk}_R$
$h \leftarrow H(m\|\text{bind}\|\tau_2)$； $s \leftarrow (h + x_S\cdot r)/x \bmod q$
$e_1 \leftarrow h/s \bmod q$； $e_2 \leftarrow r/s \bmod q$
$c \leftarrow (\theta, e_1, e_2)$
返回 c

3）解签密 Unsigncrypt (param, pk_S, sk_R, c)
将 sk_R 解析为(x_R, y_R)，pk_S 解析为 y_S
将 c 解析为 (θ, e_1, e_2)
如果 $\theta \notin c$ 或 $e_1, e_2 \notin \mathbf{Z}_p^*$，则返回⊥
$w \leftarrow g^{e_1} y_S^{e_2} \bmod p$； $K \leftarrow w^{x_R} \bmod p$
$(\tau_1,\tau_2) \leftarrow G(K)$； $m \leftarrow \text{Dec}_{\tau_1}(\theta)$
$\text{bind} \leftarrow \text{pk}_S\|\text{pk}_R$； $r \leftarrow w \bmod q$
$s \leftarrow r/e_2 \bmod q$； $h \leftarrow H(m\|\text{bind}\|\tau_2)$
如果 $h \neq s\cdot e_1$ 则返回⊥；否则返回 m

图 4.6　Shin 等的方案

4.6.2　基于 Schnorr 签名方案的构造

2005 年，Malone-Lee[130]给出了一个有些类似 SC-DSA+的签密系统。这一签密系统利用了 Schnorr 签名方案[173]，命名为 SCNINR，即“非交互不可否认签密”（signcryption with non-interactive non-repudiation），图 4.7 中描述了该方案。

为了达到抗否认的目的，接收方必须转发 m、bind、τ_2 和 (r,s) 给第三方，使其可以容易地验证 Schnorr 签名。

Malone-Lee[130]吸取了 Bellare[22]等关于公开密钥加密的灵感，在多用户模型下证明了 SCNINR（图 4.7）方案的安全性。Malone-Lee 的安全模型介于双用户模型（第 2 章）和多用户模型（第 3 章）之间。它允许多个用户存在，但是任何用户都不受攻击者的控制，因此这个模型是更接近双用户的外部模型。这一模型同时允许攻击者访问模拟抗否认过程的预言机，即使在攻击者可以观察到抗否认交互的环境中，方案也仍然是安全的。

在这个多用户情景下，利用随机预言模型，SCNINR 的保密性可在 CDH 假设下证明，而抗伪造性依赖于离散对数假设。需要指出的是，机密性依赖于 CDH 假设的事实只有当选择了特定的群时才成立[111]，该群中的 DDH 问题是容易的（从而 CDH

和 GDH 是等价的），因此比一般的群更容易受到攻击。但是文献[130]中提到，当方案在一般群中实现时，可以在更强的 GDH 假设下证明保密性。

1）系统初始化 Setup(1^k)

选择大素数 p 和 k 比特素数 q，$q\mid(p-1)$

g 是 $\mathbf{Z}_p^*$ 中的一个 q 阶元素

选择一个对称密码体制 SE = (Enc, Dec)，密钥空间为 K，密文空间为 C

选择散列函数 hash：

$G:\{0,1\}^* \to K\times\{0,1\}^{l'(k)}$

$H:\{0,1\}^* \to \mathbf{Z}_q$

$\text{param} \leftarrow [p,q,g,\text{SE},G,H,l'(k)]$，返回 param

KeyGen$_S$(param)：

$x_S \xleftarrow{R} \mathbf{Z}_q$； $y_S \leftarrow g^{x_S}$

$\text{sk}_S \leftarrow (x_S, y_S)$； $\text{pk}_S \leftarrow y_S$

返回(sk_S, pk_S)

KeyGen$_R$(param)：

$x_R \xleftarrow{R} \mathbf{Z}_q$； $y_R \leftarrow g^{x_R}$

$\text{sk}_R \leftarrow (x_R, y_R)$； $\text{pk}_R \leftarrow y_R$

返回(sk_R, pk_R)

2）签密 Signcrypt (param, sk_S, pk_R, m)

将 sk_S 解析为(x_S, y_S)，pk_R 解析为 y_R

如果 $y_R \notin \langle g\rangle\backslash\{1\}$，则返回⊥

$x \xleftarrow{R} \mathbf{Z}_q^*$； $w \leftarrow g^x$； $K \leftarrow y_R^x$

$(\tau_1,\tau_2) \leftarrow G(K)$； $\theta \leftarrow \text{Enc}_{\tau_1}(m)$

$\text{bind} \leftarrow \text{pk}_S \| \text{pk}_R$； $r \leftarrow H(m\|\text{bind}\|w\|\tau_2)$

$s \leftarrow x - r\cdot x_S \bmod q$

$c \leftarrow (\theta, r, s)$

返回 c

3）解签密 Unsigncrypt (param, pk_S, sk_R, c)

将 sk_R 解析为(x_R, y_R)，pk_S 解析为 y_S

将 c 解析为 (θ, r, s)

如果 $\theta \notin c$ 或 $r, s \notin \mathbf{Z}_q$，返回⊥

$w \leftarrow \text{pk}_S^r g^s \bmod p$； $K \leftarrow w^{x_R} \bmod p$

$(\tau_1,\tau_2) \leftarrow G(K)$； $m \leftarrow \text{Dec}_{\tau_1}(\theta)$

$\text{bind} \leftarrow \text{pk}_S \| \text{pk}_R$

如果 $H(m\|\text{bind}\|w\|\tau_2) \neq r$；则返回⊥；否则返回 m

图 4.7　Malone-Lee 的 SCNINR 方案

4.7　CM 方 案

2006 年，Bjørstad 和 Dent[37]给出了从特定的密钥封装机制（KEMs），即 tag-KEMs[4, 5]构造（混合）签密方案的通用框架。①还基于 Chevallier-Mames 签名方案[62]，给出了另外一种 Diffie-Hellman 型的构造。

这一系统（图 4.8）的效率与本章所描述的其他方案相比略低一些。与图 4.1 中所描述的方案相比，本方案的密文更长，在发送方需要两个额外的指数运算。但是，CM 方案继承了底层签名方案的优点，即对于一个研究比较充分的困难性假设（本方案中是 CDH 困难性），满足（在随机预言模型下）归约紧致的安全性。这一特点在 Diffie-Hellman 型构造中是比较少见的。实际上，已有方案的抗伪造性都是在不太经典的假设（如 Gap 离散对数或者 GDH 假设）的松散归约下给出的。

另外，CM 签密方案的机密性与抗伪造性都只是在双用户环境下进行分析的，能否在 Zheng 系统的攻击者模型下证明其安全性还是一个开放问题。

① 更多的混合方案将在第 7 章中描述。

1）系统初始化 Setup(1^k)
选择 p 阶群 $\mathbf{G}$，p 为 k 比特素数，g 是 $\mathbf{G}$ 的生成元
选择一个对称密码体制 SE = (Enc, Dec)，密钥空间为 K，密文空间为 C
选择 hash 函数：

$G:\mathbf{G}\to K$

$H:\mathbf{G}\to\mathbf{G}$

$H':\{0,1\}^*\to\mathbf{Z}_p$

param $\leftarrow(\mathbf{G},g,p,\mathrm{SE},G,H,H')$，返回 param

KeyGen$_\mathrm{S}$(param)：

$x_\mathrm{S}\xleftarrow{R}\mathbf{Z}_q$；$y_\mathrm{S}\leftarrow g^{x_\mathrm{S}}$

$\mathrm{sk_S}\leftarrow(x_\mathrm{S},y_\mathrm{S})$；$\mathrm{pk_S}\leftarrow y_\mathrm{S}$

返回(sk$_\mathrm{S}$, pk$_\mathrm{S}$)

KeyGen$_\mathrm{R}$(param)：

$x_\mathrm{R}\xleftarrow{R}\mathbf{Z}_q$；$y_\mathrm{R}\leftarrow g^{x_\mathrm{R}}$

$\mathrm{sk_R}\leftarrow(x_\mathrm{R},y_\mathrm{R})$；$\mathrm{pk_R}\leftarrow y_\mathrm{R}$

返回(sk$_\mathrm{R}$, pk$_\mathrm{R}$)

2）签密 Signcrypt (param, sk$_\mathrm{S}$, pk$_\mathrm{R}$, m)
将 sk$_\mathrm{S}$ 解析为(x_S, y_S)，pk$_\mathrm{R}$ 解析为 y_R
如果 $y_\mathrm{R}\notin\langle g\rangle\backslash\{1\}$，则返回⊥

$x\xleftarrow{R}\mathbf{Z}_q^*$；$K\leftarrow y_\mathrm{R}^x$

$\tau\leftarrow G(K)$；$\theta\leftarrow\mathrm{Enc}_\tau(m)$

$h\leftarrow H(K)$；$v\leftarrow h^x$；$z\leftarrow h^{x_\mathrm{S}}$

$r\leftarrow H'(c\|\mathrm{pk_S}\|\mathrm{pk_R}\|g\|z\|h\|K\|v)$

$s\leftarrow x+r\cdot x_\mathrm{S}\bmod q$

$c\leftarrow(\theta,z,r,s)$

返回 c

3）解签密 Unsigncrypt (param, pk$_\mathrm{S}$, sk$_\mathrm{R}$, c)
将 sk$_\mathrm{R}$ 解析为(x_R, y_R)，pk$_\mathrm{S}$ 解析为 y_S
如果 $y_\mathrm{R}\notin\langle g\rangle\backslash\{1\}$，则返回⊥
将 c 解析为 (θ,z,r,s)
如果 $\theta\notin c$ 或者 $z\notin\mathbf{G}$ 或者 $r,s\notin\mathbf{Z}_p$，返回⊥

$K\leftarrow(g^S\cdot y_\mathrm{S}^{-r})^{x_\mathrm{R}}$

$h\leftarrow H(K)$；$v\leftarrow h^s\cdot z^{-r}$

如果 $r\neq H'(c\|\mathrm{pk_S}\|\mathrm{pk_R}\|g\|z\|h\|K\|v)$，则返回⊥

$\tau\leftarrow G(K)$；$m\leftarrow\mathrm{Dec}_\tau(\theta)$

返回 m

图 4.8 CM 方案

第 5 章　基于双线性映射的签密方案

Paulo S.L.M.Barreto, Benoît Libert, Noel McCullagh,

Jean-Jacques Quisquater

5.1　简　　介

正如第 4 章所说明的，签密是一个密码学原语，综合了消息完整性、消息源认证、传统数字签名的抗否认性质（有可能）和公钥加密体制的保密性质。

第 4 章讨论了基于 Diffie-Hellman 问题构造的签密方案。本章研究基于双线性映射构造的签密方案，双线性映射通常称为“对”。由于计算双线性映射要比相同阶群上的指数运算慢得多，因此与更加简洁高效的基于 Diffie-Hellman 的方案相比，基于双线性映射的签密方案只有具备了其他方面的优势时才有意义。这些优势通常体现为安全性分析的改进或者其他一些性质。本节将讨论密文的匿名性、可分签名等优势，并给出具有这些性质的实例。

“对”的概念首次引起密码学界的注意是 Menezes、Okamoto 和 Vanstone 等给出的一个攻击，利用 Weil 对有效地将有限域上的椭圆曲线离散对数问题（EC-DLP）转变为有限域上的离散对数问题，可以在亚指数时间内求解[138]。文献[138]中将其称为 MOV 攻击。

2000 年，Joux 利用双线性映射首次构造了基于对的密码协议[109]——三方 Diffie-Hellman 密钥交换协议，就其本身，容易遭受中间人攻击。重要的是，这是公开文献中首次将“对”用于非攻击方面。

在双线性映射的第 3 篇文献中，Boneh 和 Frankin 为双线性映射提供了一个新的可能性[45, 46]，这令密码学家非常兴奋。它解决了密码学中一个由来已久的开放问题，即构造一个安全有效的基于身份的加密（IBE）方案。1984 年，Shamir 首次提出了基于身份的签名方案[177]，但是将构造基于身份的加密方案留作一个开放问题。在 17 年后的 2001 年，Boneh 和 Franklin 利用双线性映射有效地解决了这一问题。

Boneh 和 Franklin 的原始文章中提出了许多以对为基础的基于身份的、非基于身份的协议。除了 IBE[45, 46]之外，还有许多基于身份的签名[18, 57]、密钥交换协议[59, 137]，还有第 10 章将要讨论的基于身份的签密方案。

5.2 双线性映射群

定义 5.1 令 k 为安全参数，p 为 k 比特的素数。考虑 p 阶群 $(\mathbf{G}_1,\mathbf{G}_2,\mathbf{G}_T)$，$g_1$、$g_2$ 分别为群 $\mathbf{G}_1$ 和 $\mathbf{G}_2$ 的生成元。称 $(\mathbf{G}_1,\mathbf{G}_2,\mathbf{G}_T)$ 为双线性映射群，如果存在一个双线性映射 $e:\mathbf{G}_1\times\mathbf{G}_2\to\mathbf{G}_T$ 满足以下性质。

（1）双线性性：$\forall(u,v)\in\mathbf{G}_1\times\mathbf{G}_2$，$\forall a,b\in\mathbf{Z}$，有 $e(u^a,v^b)=e(u,v)^{ab}$；

（2）非退化性：$\forall u\in\mathbf{G}_1$，$e(u,v)=1$，$\forall v\in\mathbf{G}_2$ 当且仅当 $u=1_{\mathbf{G}_1}$；

（3）可计算性：$\forall(u,v)\in\mathbf{G}_1\times\mathbf{G}_2$，可以高效地计算 $e(u,v)$。

除了上述一般的性质以外，本章中所描述的构造还需要一个有效的、可公开计算的同构映射（不一定是可逆的）$\psi:\mathbf{G}_2\to\mathbf{G}_1$，使得 $\psi(g_2)=g_1$。其他许多基于对的协议（如短签名[47, 48]），无论方案本身的实现还是其安全性证明，均需要用到这一同构。

在普通的椭圆曲线上能够找到这种双线性映射群的实例，如 MNT 曲线[144]、Barreto 和 Naehrig 所研究的曲线[20]。实际中，$\mathbf{G}_1$ 是此类曲线 $E(\mathbf{F}_r)$ 中的一个 p 阶循环子群，$\mathbf{G}_2$ 是 $E(\mathbf{F}_{r^\alpha})$ 的子群，其中 α 是群的嵌入阶（即 α 为满足群阶 p 整除 $r^\alpha-1$ 的最小整数）。群 $\mathbf{G}_T$ 是有限域 $\mathbf{F}_{r^\alpha}$ 上的 p 次单位根的集合。在这种情况下，只要在 $E(\mathbf{F}_{r^\alpha})$ 中适当地选择子群 $\mathbf{G}_2$，则迹映射就是一个有效的同构 ψ[183]。

可计算性是由著名的 Miller 算法[140, 141]保证的，其细节超出了本章的范围，因此不进行过多讨论。对于曲线上的嵌入阶为 α 的 p 阶循环子群，Miller 算法的复杂度为在 $\mathbf{F}_{r^\alpha}$ 的包含 $\mathbf{G}_T$ 的扩域上的 $O(\log p)$ 次运算。一般来讲，计算对的复杂度要远远大于椭圆曲线上的标量乘法运算。简单执行 Miller 算法，$E(\mathbf{F}_r)$ 上的一次标量乘法运算要比一次对运算快 α^2 倍。另外，最近 Scott[174]的一篇文章估计当嵌入阶 $\alpha=2$ 时，最优算法的运行时间相当于 RSA 解密时间的 2～4 倍。无论如何，基于对的密码协议通常会尽量减少相关的对运算。

一些具体的密码协议需要使用对称对，即 $\mathbf{G}_1=\mathbf{G}_2$ 且 ψ 为单位映射。这种对称对还具有交换性：$\forall(u,v)\in\mathbf{G}_1^2$，$e(u,v)=e(v,u)$。这种映射可以由 Weil 对和 Tate 对通过一种称为“扭曲映射”的特殊自同构得到[194]，文献[194]中已知的这种映射仅存在于一种特殊的曲线，即“超奇异”曲线上。①超奇异曲线有可能比一般的曲线更容易受到攻击。几种优化技巧[17]需要用到具有较小特征的有限域。问题在于，MOV 和 Frey-Rück 归约[82, 138]将椭圆曲线上的离散对数问题归约为有限域上的对数问题，而在特征比较小的域上求解离散对数问题要比在特征比较大的域上容易得多[65]。由于这个众所周知的威胁，为了达到一定的安全性，需要增加域的规模。所以，带宽受限的协议（如文献[47]和文献[48]所述）通常在任何可能的情况下避免使用超奇异曲线。

---

① 实际上，如果一个曲线 $E(\mathbf{F}_r)$ 的点 $\#E(\mathbf{F}_r)$ 的数量 $t=r+1-\#(\mathbf{F}_r)$ 是一个 $\mathbf{F}_r$ 特征的乘积，则曲线称为超椭圆曲线。

5.3 假　设

本章中给出的首个方案建立在 Diffie-Hellman 问题的一个自然变种[47, 48]之上。

定义 5.2　双线性映射群$(\mathbf{G}_1,\mathbf{G}_2)$上的 co-Diffie-Hellman（co-CDH）问题是指：对随机选择的$a,b \xleftarrow{R} \mathbf{Z}_p^*$，给定$(g_1,g_2,g_1^a,g_2^b)\in(\mathbf{G}_1,\mathbf{G}_2)^2$，计算$g_1^{ab}\in\mathbf{G}_1$。求解 co-CDH 的优势定义为对随机选择的 a、b 和求解者生成的随机数，求出g_1^{ab}的概率。后面用$\mathrm{Adv}^{\text{co-CDH}}(t,k)$表示对于随机选择的 a、b 以及攻击者生成的随机数，在时间 t 内求解安全参数为$k=\lfloor \log p \rfloor$的一个随机 co-CDH 实例的最大概率。

本章中第二个方案的安全性质依赖以下问题[41, 42]，这个问题是文献[143]和文献[170]中思想的延伸。

定义 5.3　考虑双线性映射群的集合$(\mathbf{G}_1,\mathbf{G}_2,\mathbf{G}_T)$。

（1）逆向 q-Diffie-Hellman Inversion（q-DHI）问题指对随机选择的$x \xleftarrow{R} \mathbf{Z}_p^*$，给定$(g_1,g_2,g_2^x,g_2^{(x^2)},\cdots,g_2^{(x^q)})\in\mathbf{G}_1\times\mathbf{G}_2^{q+1}$，计算$g_1^{1/x}$的值。

（2）q-强 Diffie-Hellman 问题（q-SDH）指对随机选择的$x \xleftarrow{R} \mathbf{Z}_p^*$，给定$(g_1,g_2,g_2^x,g_2^{(x^2)},\cdots,g_2^{(x^q)})\in\mathbf{G}_1\times\mathbf{G}_2^{q+1}$，计算对$(c,g_1^{1/(x+c)})\in\mathbf{Z}_p\times\mathbf{G}_1$的值。

类似地，求解者的优势定义为对随机选择的 a、b 和他们自己选择的随机数，找到合适的群元素的概率。后面用$\mathrm{Adv}^{q\text{-DHI}}(t,k)$（或$\mathrm{Adv}^{q\text{-SDH}}(t,k)$）表示在时间 t 内成功求解安全参数为$k=\lfloor \log p \rfloor$的一个随机 q-DHI（相应的 q-SDH）实例的最大概率。

需要强调的是，这些假设的强度随参数 q 增长（q 为安全模型中允许攻击者发出的随机预言询问数量）。由于该参数必须足够大（文献中的上界通常为$q\approx 2^{60}$），这对证明是有意义的，但这些假设的可信程度明显没有标准的计算性 Diffie-Hellman 问题高。

然而，尽管近来对于以上问题的难度存在质疑[61]，但是对密钥长度进行适当调整后，这些方案似乎也是合理的。例如，如果将安全强度设定为等价于 128 比特的 AES，那么$|p|\approx 256$应该足够了。

5.4 用于匿名通信的签密方案

本章给出的方案是匿名的且具有“可分签名”。“可分签名”意味着解签密算法的输出是明文和一些认证数据，可以转发给第三方使其利用公开的信息来验证有效性。这显然等同于 4.6.2 小节中 Malone-Lee 提出的非交互和抗否认的概念。

与基于身份的签密方案类似[51, 60]，本章中给出的构造旨在提供匿名的密文，密文中不包含揭示消息作者以及接收方身份的任何信息，因此更像是密钥保密的公开密钥系统[21]。

首先给出签密方案及其安全性的新定义。特别地，假设存在一个单一的密钥生成算法可以用于生成签密和解签密的密钥（见 3.2.3 小节）。接下来给出保密性、抗伪造性和匿名性的模型。

应用于匿名通信的签密方案由五元组（Setup, KeyGen, Signcrypt, Unsigncrypt, Verify）构成。其中前三个算法与前面的方案中相同，只是密钥生成算法 KeyGen 生成的密钥可同时用于签密和解签密。解签密算法的输入为密文 c，发送方的公钥为 pk_s，接收方的私钥为 sk_R；输出或者是一条消息 m 和一个可分签名 σ，或者是错误符号 $\perp$，验证算法用于验证可分签名。其输入是消息 m、签名 σ 和接受方的公钥 pk_R，输出或者是一个可用符号 $\top$，或者是一个不可用符号 $\perp$。

5.4.1 消息保密性

下面将给出消息保密性的定义：除了考虑单密钥生成算法，它与 3.2.1 小节中给出的多用户内部机密性安全模型（FSO/FUO-IND-CCA2）是等价的。

定义 5.4 称签密方案具有选择密文攻击下的消息私密性(称为内部 FSO/FUO-IND-CCA2)，是指不存在多项式概率时间的攻击者，在以下游戏中具有不可忽略的优势。

（1）挑战者生成私/公钥对 $(\mathrm{sk}_U, \mathrm{pk}_U)$。私钥 sk_U 保密，将公钥 pk_U 发给攻击者 A。

（2）A 首先执行以下类型的询问。

① 签密询问：攻击者 A 生成消息 $m \in M$ 和任意的公钥 pk_R（可以不同于 pk_U），获得签密结果 $\mathrm{Signcrypt}(\mathrm{param}, \mathrm{sk}_U, \mathrm{pk}_R, m)$。

② 解签密询问：A 生成密文 c 和发送方公钥 pk_S，获得解签密结果 $\mathrm{Unsigncrypt}(\mathrm{param}, \mathrm{pk}_S, \mathrm{sk}_U, \mathrm{c})$，对于发送方的公钥 pk_S，如果获得的签署的明文是有效的，输出 (m, σ)，否则输出符号 $\perp$。

攻击者可以自适应地询问：每次询问依赖上一次询问的结果。发出一系列询问之后，A 生成等长的消息 m_0、m_1 和任意一个私钥 sk_S。

③ 挑战者选择随机数 $b \xleftarrow{R} \{0,1\}$，利用发送方的私钥 sk_S 和自身公钥 pk_U 计算挑战签密 $c \xleftarrow{R} \mathrm{Signcrypt}(\mathrm{param}, \mathrm{sk}_S, \mathrm{pk}_U, \mathrm{m}_b)$。将密文 c 发给攻击者 A。

④ A 执行步骤②中的询问，但是可以不询问挑战密文 c 关于公钥 pk_S（即相对于 sk_S 的公钥）的解签密。在游戏结束时，A 输出一个比特 b'，如果 $b' = b$ 则赢得游戏。

A 的优势定义为 $\mathrm{Adv}_{\mathrm{A}}^{\mathrm{IND}}(k) := |\Pr[b' = b] - 1/2|$。

5.4.2 密文抗伪造性与签名抗伪造性

定义消息完整性（抗伪造性）的概念。抗伪造性的概念与第 3 章中给出的基本相同，唯一的不同之处在于，此处的概念适用于具有单一密钥生成算法的签密方案。

定义 5.5 称签密方案关于内部选择明文攻击（FSO/FUO-sUF-CMA）是强存在性密文不可伪造的，如果不存在概率多项式时间伪造者 F 对以下游戏具有不可忽略的优势。

（1）挑战者生成密钥对 $(\mathrm{sk_U}, \mathrm{pk_U})$，将 $\mathrm{pk_U}$ 发给伪造者 F。

（2）伪造者 F 以定义 5.4 中所述的自适应的方式询问签密和解签密预言机。

（3）F 最终输出密文 c 和密钥对 $(\mathrm{sk_R}, \mathrm{pk_R})$。如果解签密结果 Unsigncrypt(param, $\mathrm{pk_U}, \mathrm{sk_R}, c$) 是一个关于公钥 $\mathrm{pk_U}$ 的有效签名 (m, σ)，并且在游戏中 c 没有对签密询问 Signcrypt(param, $\mathrm{sk_U}, \mathrm{pk_R}, m$) 应答，则称伪造者在游戏中取胜。

如 3.2.2 小节所述，允许伪造者获得关于其他接收方公钥的签密询问的应答，作为伪造的结果。

由于具体构造中允许接收方从密文中提取认证信息（如普通的数字签名）并转发给第三方，在许多环境下，利用嵌入的认证信息便足以对抗否认。这一需求可以通过“签名的抗伪造性”来获得，这个概念由 Boyen[51]首次提出，介绍如下。

定义 5.6　称方案对于选择明文攻击是签名抗存在性伪造的（或具有 FSO/FUO-ESUF-CMA 安全性），如果不存在概率多项式时间伪造者 F 对以下游戏具有不可忽略的优势。

（1）挑战者生成密钥对 $(\mathrm{sk_U}, \mathrm{pk_U})$，将 $\mathrm{pk_U}$ 发给伪造者 F。

（2）伪造者 F 以定义 5.4 中所述的自适应的方式向签密和解签密预言机发出一系列询问。

（3）F 输出密文 c 和密钥对 $(\mathrm{sk_R}, \mathrm{pk_R})$，如果解签密结果 Unsigncrypt(param, $\mathrm{pk_U}, \mathrm{sk_R}, c$) 是一个关于公钥 $\mathrm{pk_U}$ 的有效签名对 (m, σ)，并且对于任意满足 Unsigncrypt(param, $\mathrm{pk_U}, \mathrm{sk'_R}, c'$) 等于 (m, σ) 的 m，从未发出过关于 m 的签密询问，其中 $\mathrm{pk'_R}$ 为其他接收方的公钥，c' 为相应密文，则称伪造者 F 赢得了游戏。

当然，签名方案（而不是密文）的不可否认性只有当接收方从密文中提取出了签名时才有意义。

讨论签名抗伪造性的一个潜在动机是在处理由否认引起的争端时，减少发送方发给第三方的数据量，如 5.6 节描述的方案允许接收方从密文中提取出一个短签名。

在能应对签名抗伪造的情况下，文献[51]引入了一个称为“密文认证”的补充概念，保证了接收方能够一直确定密文是由同一个人签名并加密的，并且没有遭受中间人攻击。最终得到的模型与 3.2.2 小节中的多用户外部抗伪造性模型十分相似，唯一的区别在于其只适用于具有单密钥生成算法的签密方案。

定义 5.7　称签密方案具有密文认证性质（FSO/FUO-AUTH-CMA），如果不存在概率多项式时间伪造者 F，在以下游戏中具有不可忽略的优势。

（1）挑战者生成两个密钥对 $(\mathrm{sk_S}, \mathrm{pk_S})$ 和 $(\mathrm{sk_R}, \mathrm{pk_R})$，将 $\mathrm{pk_S}$ 和 $\mathrm{pk_R}$ 发给伪造者 F。

（2）伪造者针对 $U = S$ 和 $U = R$ 两种情况向如上定义的预言机询问签密值 Signcrypt (param, $\mathrm{sk_U}, \cdot, \cdot$) 和解签密值 Unsigncrypt(param, $\cdot, \mathrm{pk_U}, \cdot$)。

（3）F 输出密文 c，如果解签密结果 Unsigncrypt(param, $\mathrm{pk_S}, \mathrm{sk_R}, c$) 是一个关于公钥 $\mathrm{pk_S}$ 的有效签名对 (m, σ)，并且对于消息 m 和接收方公钥 $\mathrm{pk_R}$，没有发出过签密询问使得应答为 c，则称伪造者在游戏中取胜。

这个定义仅用于补充签名的抗伪造性质。如果只考虑定义 5.5 中的密文抗伪造性，则不涉及这些性质。

5.4.3　匿名性

文献[51]中 Boyen 提出了签密方案的其他安全性质。其中之一称为“密文的匿名性”，可以看作是 Bellare 等[21]对公开密钥加密方案提出的“密钥私有性”的延伸。从直觉上看，如果公钥加密方案的密文不传递任何关于公开密钥的信息，则认为该方案是匿名的。

在签密中，如果密文既不包含生成者的信息，也不包含接收者的信息，则称方案满足密文匿名性。以下将文献[51]中针对这一直观概念给出的定义转化为在传统公钥环境下的定义。

定义 5.8　称签密方案是密文匿名的（FSO/FUO-ANON-CCA），如果不存在概率多项式时间的区分者 D 对以下游戏具有不可忽略的优势。

（1）挑战者生成两个不同的密钥对 $(\mathrm{sk}_{R_0},\mathrm{pk}_{R_0})$ 和 $(\mathrm{sk}_{R_1},\mathrm{pk}_{R_1})$，区分者 D 获得 pk_{R_0} 和 pk_{R_1}。

（2）D 分别对 $(\mathrm{sk}_{R_0},\mathrm{pk}_{R_0})$ 和 (sk_{R_1},pk_{R_1}) 自适应地询问签密和解签密预言机。最终输出两个私钥 sk_{S_0} 和 sk_{S_1} 和明文 m。

（3）挑战者生成随机比特掷硬币 b，得到 $b'\xleftarrow{R}\{0,1\}$ 并计算挑战密文 $c\xleftarrow{R}$ $\mathrm{Signcrypt}(\mathrm{param},\mathrm{sk}_{S_b},\mathrm{pk}_{R_{b'}},m)$。

（4）D 类似（2）发起新的自适应询问，但是不能询问 (c,pk_{S_j}) 的解签密值，其中 $j\in\{0,1\}$，c 为私钥 sk_{R_0} 或者 sk_{R_1} 下的挑战密文。D 最终输出比特 d 和 d'，若 $(d,d')=(b,b')$，则赢得游戏。

攻击者的优势定义为 $\mathrm{Adv}_{\mathrm{D}}^{\mathrm{ANON}}(k):=|\Pr[(d,d')=(b,b')]-1/4|$。

由于允许区分者从生成挑战密文的私钥中进行选择，所以相应的安全性概念为关于内部攻击下的安全性。

5.5　紧致安全的方案

本节给出了一个签密方案，其安全性与双线性映射群上 Diffie-Hellman 问题的一种自然变种的困难性紧密相关。它最初是由 Libert 和 Boneh 等[123]提出的，他们引入的形式稍有不同。这一方法依赖 Boneh 等的数字签名算法[47, 48]。方案中的私钥是一个整数 $x\in\mathbf{Z}_p^*$，公钥包括一个群元素 $Y=g_2^x\in\mathbf{G}_2$。对消息 m 的签名具有形式 $\sigma=H(m)^x\in\mathbf{G}_1$（散列函数 H 将任意的消息映射到循环群 $\mathbf{G}_1$ 上）。该签名可以通过判断 $e(\sigma,g_2)=e[H(m),Y]$ 是否成立来验证。为了加强密文抗伪造性证明中归约的具体安全性，在加密中使用一个

随机量 U，目的是在随机预言模型中扮演一个随机添加值的角色以提供更紧致的安全归约[29]。

该方案可以看成数字签名和公开密钥加密方案的组合，其中数字签名关于选择消息攻击（UF-CMA）[91]是存在性抗伪造的，而加密方案仅对选择明文攻击是安全的。在文献[10]中，已经证明了在外部安全模型下“先加密再签名”的串行组合能够放大而不仅是保持各组成模块的安全性质（定理 2.3）。这种方案再次验证了由比较弱的模块出发，可以构造出一个 CCA 安全的签密系统（在定义 5.4 的意义下）。这里，在某种意义下，为了实现 CCA 安全将所需的冗余信息嵌入签名中。

5.5.1　方案

对于图 5.1 中方案的安全性，关键在于本方案中的对称加密方案是确定的，并且是一对一的：对于一个给定的明文和密钥，只有唯一一个可能的密文。如果对于相同的明文 m，在给定 $\theta = \mathrm{Enc}(m)$ 时能进行再次加密，那么将会对给定的 (u, w, z) 生成另一个密文 (u, w, z')，进而攻破整个方案的选择密文安全性。

1）系统初始化 Setup(1^k)

选择双线性映射群的集合($\mathbf{G}_1$, $\mathbf{G}_2$, $\mathbf{G}_T$)，群的阶均为素数 p，且 $2^{k-1} < p < 2^k$，生成元 $(g_1, g_2) \in \mathbf{G}_1 \times \mathbf{G}_2$ 且 $g_1 = \psi(g_2)$

令 l_1 为 $\mathbf{G}_1$ 中元素的比特长度，

选择一个对称密码体制 SE = (Enc, Dec)，密钥空间为 K，密文空间为 C

选择散列函数 hash：

$H_1 : \{0,1\}^* \to \mathbf{G}_1^*$

$H_2 : \mathbf{G}_1^2 \to \{0,1\}^{l_1}$

$H_3 : \mathbf{G}_1^3 \to K$

$\mathrm{param} \leftarrow (\mathbf{G}_1, \mathbf{G}_2, \mathbf{G}_T, p, g_1, g_2, \mathrm{SE}, H_1, H_2, H_3, l_1)$，

返回 papam

KeyGen(param)：

$x_U \xleftarrow{R} \mathbf{Z}_p^*$；　$y_U \leftarrow g_2^{x_U}$

$\mathrm{sk}_U \leftarrow x_U$；$\mathrm{pk}_U \leftarrow y_U$

返回 $(\mathrm{sk}_U, \mathrm{pk}_U)$

2）签密 Signcrypt(m, sk_S, pk_R)

将 sk_S 解析为 (x_S, y_S)，pk_R 解析为 y_R

如果 $y_S, y_R \notin \mathbf{G}_2 \setminus \{1\}$ 则返回⊥

$r \xleftarrow{R} \mathbf{Z}_p^*$；　$u \longleftarrow g_1^r$

$v \leftarrow H_1(m \| u \| \mathrm{pk}_S \| \mathrm{pk}_R)^{x_S}$

$w \leftarrow v \oplus H_2[u \| \psi(y_R)^r]$

$\tau \leftarrow H_3[u \| v \| \psi(y_R)^r]$

$z \leftarrow \mathrm{Enc}_\tau(m)$

$c \leftarrow (u, w, z)$

返回 c

3）解签密 Unsigncrypt(c, pk_S, sk_R)

将 pk_S 解析为 y_S；　sk_R 解析为 (x_R, y_R)

如果 $y_S, y_R \notin \mathbf{G}_2 \setminus \{1\}$ 则返回⊥

将 c 解析为 (u, w, z)

如果 $u \notin \mathbf{G}_1$ 或者 $w \notin \{0,1\}^{l_1}$ 或者 $z \notin C$，返回⊥

$v \leftarrow w \oplus H_2(u \| u^{x_R})$

若 $v \notin \mathbf{G}_1$ 则返回⊥

$\tau \leftarrow H_3(u \| v \| u^{x_R})$

$m \leftarrow \mathrm{Dec}_\tau(z)$

若 $e(v, g_2) \notin e[H_1(m \| u \| \mathrm{pk}_S \| \mathrm{pk}_R), y_S]$ 则返回⊥

返回 (m, pk_R, v, u)

图 5.1　基于 co-CDH 的方案

接收方必须向第三方转发 m、v、pk_R 和 u 来确认消息确实来自发送方。接收方可

以从密文中提取 v 和 $u, \mathrm{pk}_{\mathrm{R}}$ 作为"可区分签名"，并传送给第三方。这一签名可以通过判断 $e(v,g_2)=e[H_1(m\|u\|\mathrm{pk}_{\mathrm{S}}\|\mathrm{pk}_{\mathrm{R}}),y_{\mathrm{S}}]$ 是否成立来验证。

根据定义 5.5，接收方的公钥必须同 (m,u) 一起散列来达到"强"不可伪造性。

5.5.2 效率

签密算法需要在 $\mathbf{G}_1$ 中进行三次指数运算，而解签密需要一次乘法运算和两次对运算。该方案至少与 BLS 签名[47, 48]和任意一种 CCA 安全的基于 Diffie-Hellman 问题的加密方案[11, 14, 68, 83, 84, 161, 181]的串行组合一样高效且紧凑。例如，BLS 签名方案[47, 48]与填充了 Fujisaki-Okamoto 对话[83]ElGamal[81]加密的串行组合，在解密中将引入一个额外的指数运算，这是因为验证密文的有效性时需要"重加密"。对比 BLS 签名和 Fujisaki-Okamoto/ElGamal 加密的组合方案，当 $l_1 \approx k \geqslant 171$ 时，本节的构造大约节约 171B 的开销（即密文与明文长度之差）。

本方案类似于 BLS 签名方案与混合 KEM/DEM ElGamal 加密方案的串行组合[47, 48]，Cramer 和 Shoup 证明了该加密方案的安全性[68]。实际上，混合 ElGamal 方案必须与一个 IND-CCA2 的对称加密方案一起执行，而本方案只需要一个符合极弱安全需求的、在被动攻击下是语义安全的对称加密方案（就是说攻击者在不可区分攻击下不能访问加密解密预言机）即可。这里，对于固定长度的消息，对称加密可以只是消息和 $u\|v\|\psi(Y_{\mathrm{R}})^r$ 的散列值的"一次一密"。

5.5.3 安全性

本系统的原始版本[123]（τ 只由 v 的散列值得到）不能满足预期的安全性质[186, 198]。虽然文献[187]对于文献[198]的修改方案给出了一个选择密文攻击，但图 5.1 中描述的方案的一种变形对这些攻击确实是免疫的（且采取的措施不产生明显的额外开销）。

基于 co-CDH 问题的困难性，本方案在随机预言模型下是可证明安全的（对于归约紧致）。定理 5.1 的证明对于 co-CDH 问题是紧致归约的，利用的性质是与其相应的判定性问题是容易的（最初是由文献[111]针对一类特殊的"对友好群"（pairing-friendly groups）而给出）：通过判断 $e(g_1,g_2^b)=e(g_1^a,g_2)$ 来验证给定的 $(g_1,g_2,g_1^a,g_2^b)\in(\mathbf{G}_1\times\mathbf{G}_2)^2$ 是否满足 $a=b$ 是容易的。

定理 5.1　假设 co-CDH 问题是困难的且对称加密方案是 IND-CPA 安全的，则方案在随机预言机模型下是 FSO/FUO-IND-CCA2 安全的。对于任意运行于时间 t_A 的攻击者 A，且发出至多 q_{sc} 次签密询问，q_{usc} 次解签密询问，以及 q_{H_i} 次随机预言机 $H_i(i=1,2,3)$ 询问，有

$$\mathrm{Adv}_A(t_A,k)\leqslant\frac{q_{\mathrm{usc}}}{2^{k-2}}+\mathrm{Adv}_B^{\text{co-CDH}}(t',k)+\mathrm{Adv}_B^{\text{ind-cpa-sym}}(t',|K|)$$

式中变量的解释如下。

（1） $\mathrm{Adv}_B^{\text{co-CDH}}(t',k)$ 代表在时间 $t' \leqslant t_A + O(q_{\text{usc}} + q_{H_2} + q_{H_3})t_p + O(q_{H_1})t_{\exp}$ 时求解 co-CDH 问题的最大概率，其中 k 是安全参数，t_p 和 $t_{\exp}$ 分别代表对求值运算与指数运算的复杂度。

（2）$\mathrm{Adv}_B^{\text{ind-cpa-sym}}(t',|K|)$ 是任意攻击者在时间 t' 内，密钥空间为 $|K|$ 时，对 $(\mathrm{Enc},\mathrm{Dec})$ 发起选择密文攻击的最大优势。[①]

证明

证明过程包括一系列的游戏，其中第一个游戏是现实攻击游戏，在最后一个游戏中攻击者对于对称加密方案 $(\mathrm{Enc},\mathrm{Dec})$ 实质上是一个被动的攻击者。以下用 S_i 表示攻击者 A 赢得游戏 i 的事件。

游戏 1：是现实攻击，如定义 5.1 所述。攻击者拥有公开参数 $g_2 \in \mathbf{G}_2$，$g_1 = \psi(g_2)$，以及接收方公钥，定义为 $\mathrm{pk}_u = g_2^b \in \mathbf{G}_2$，其中 $b \xleftarrow{R} \mathbf{Z}_p^*$ 为模拟者 B 随机选取。后者利用 $\mathrm{sk}_{\mathrm{U}} = b$ 来回答所有的签密/解签密询问。随机预言机询问是以标准方式进行的，返回适当范围内的随机值。为了确保在多次相同的随机预言询问中返回的值一致，B 记录下所有这种询问及其输出，生成列表 L_1、L_2 和 L_3。在挑战阶段，A 输出一个消息对 m_0、m_1 和发送方的私钥 $\mathrm{sk}_{\mathrm{S}}^* = x_{\mathrm{S}}^*$。模拟者 B 掷一个公平的硬币 $d \xleftarrow{R} \{0,1\}$。同时选择一个随机的指数 $a \xleftarrow{R} \mathbf{Z}_p^*$ 并且相继计算密文元素 $u^* = g_1^a$，$v^* = H_1(m_d \| u^* \| g_2^{x_{\mathrm{S}}^*} \| \mathrm{pk}_u)^{x_{\mathrm{S}}^*}$，$w^* = v^* \oplus H_2[u^* \| \psi(\mathrm{pk}_u)^a]$，$\tau^* = H_3[u^* \| v^* \| \psi(\mathrm{pk}_u)^a]$，且 $z^* = \mathrm{Enc}_{\tau^*}(m_d)$。将挑战密文 (u^*,w^*,z^*) 发给 A，A 最终输出一个比特 d'，若 $d' = d$ 则赢得游戏。攻击者 A 的优势为 $|\Pr[S_1] - 1/2|$。

游戏 2：在这一游戏中，首先计算第一个密文分量 $u^* = g_1^a$。这一变换是纯概念的，并且 $\Pr[S_2] = \Pr[S_1]$。

游戏 3：与游戏 2 基本相同，不同之处在于，如果攻击者在挑战阶段开始之前询问了密文 (u,w,z) 的解签密值，满足 $u = u^* = g_1^a$，则模拟者 B 终止游戏。用 F_3 表示这个事件。如果 F_3 不发生，则游戏 3 和游戏 2 显然完全相同，从而有 $|\Pr[S_3] - \Pr[S_2]| \leqslant \Pr[F_3]$。由于在挑战阶段开始之前，$u^*$ 独立于 A 的观察（view），所以有 $\Pr[F_3] \leqslant q_{\text{usc}}/p \leqslant q_{\text{usc}}/2^{k-1}$，于是 $|\Pr[S_3] - \Pr[S_2]| \leqslant q_{\text{usc}}/2^{k-1}$。

游戏 4：对随机预言询问以及签密/解签密询问的方式稍作修改。与以往游戏的不同之处在于 H_2 和 H_3 的询问使用了 4 个列表 L_2、L_2' 与 L_3、L_3'。

（1）H_1 询问：发出散列询问 $H_1(m_i \| u_i \| \mathrm{pk}_{\mathrm{S},i} \| \mathrm{pk}_{\mathrm{R},i})$ 后，B 首先检查 H_1 对于该输入是否已定义。如果是，返回之前定义的散列值 $h_{1,i}$。否则，B 随机选择 $t_i \xleftarrow{R} \mathbf{Z}_p^*$，返回 $h_{1,i} \leftarrow g_1^{t_i} \in \mathbf{G}$，在表 L_1 中插入 $(m_i,u_i,\mathrm{pk}_{\mathrm{S},i},\mathrm{pk}_{\mathrm{R},i},t_i)$。

① 这个优势通常定义为 $|\Pr[d = d'] - 1/2|$，其中攻击者选择一对等长明文 m_0 和 m_1，对随机密钥 $\tau \xleftarrow{R} K$ 及随机比特 $d \xleftarrow{R} \{0,1\}$，得到 $\theta = \mathrm{Enc}_\tau(m_d)$，并输出 $d' \in \{0,1\}$

（2）H_2 询问：发出散列询问 $H_2(u_i \| R_i)$ 后，对于输入 $(u_i, R_i) \in \mathbf{G}_1^2$，$B$ 首先扫描表 L_2，看其中是否对于某个比特 β 已经存在记录 $(u_i, R_i, h_{2,i}, \beta)$。如果存在，返回之前定义的值 $h_{2,i}$。否则，B 通过查看 $e(R_i, g_2) = e(u_i, \mathrm{pk}_u)$ 是否成立来验证 $(g_2, u_i, \mathrm{pk}_u, R_i)$ 是否为有效的 co-Diffie-Hellman 数组（在符号系统中记作 $R_i = \text{co-DH}_{g_2}(u_i, \mathrm{pk}_u)$）。

① 如果是，B 查看 L_2' 中对于某个串 $h_{2,i} \in \{0,1\}^{l_1}$ 是否包含一个形如 $(u_i, ?, h_{2,i})$ 的条目。如果是，返回 $h_{2,i}$ 并将记录 $(u_i, R_i, h_{2,i}, 1)$ 存入 L_2。如果 L_2' 中不存在形如 $(u_i, ?, h_{2,i})$ 的条目，则 B 返回一个随机的比特串 $h_{2,i} \xleftarrow{R} \{0,1\}^{l_1}$，并插入 $(u_i, R_i, h_{2,i}, 1)$ 到 L_2 中。

② 如果 $(g_2, u_i, \mathrm{pk}_u, R_i)$ 不是一个 co-DH 数组，则 B 随机选择 $h_{2,i} \xleftarrow{R} \{0,1\}^{l_1}$ 并将数组 $(u_i, R_i, h_{2,i}, 0)$ 存入 L_2 中。

（3）H_3 询问：发出散列询问 $H_3(u_i \| v_i \| R_i)$ 后，B 进行 H_2 询问中的回答，使用表 L_3 和 L_3' 来保持一致，并查看 $(g_2, u_i, \mathrm{pk}_u, R_i)$ 是否为 co-Diffie-Hellman 数组，即 L_3 中是否包含 $(u_i, v_i, R_i, h_{3,i}, \beta)$ 形式的条目，其中 $\beta \in \{0,1\}$。若 $\beta = 1$，则 $H_3(u_i \| v_i \| R_i) = h_{3,i}$，并且 $R_i = \text{co-DH}_{g_2}(u_i, \mathrm{pk}_u)$；若 $\beta = 0$，则 $H_3(u_i \| v_i \| R_i) = h_{3,i}$ 且 $R_i \neq \text{co-DH}_{g_2}(u_i, \mathrm{pk}_u)$。辅助表 L_3' 包括条目 $(u_i, v_i, ?, h_{3,i})$ 使得对某个满足 $R_i = \text{co-DH}_{g_2}(u_i, \mathrm{pk}_u)$ 的后续询问 $H_3(u_i \| v_i \| R_i)$，可以收到答案 $h_3 \in K$。

（4）签密询问：如果对于明文 m 和接收方公钥 pk_R 发出签密询问，则 B 随机选择 $r \xleftarrow{R} \mathbf{Z}_p^*$，计算 $u = g_1^r \in \mathbf{G}$，并且查看 L_1 中是否包含一个数组 $(m, u, \mathrm{pk}_u, \mathrm{pk}_\mathrm{R}, t)$，这意味着之前已将 $h_1(m \| u \| \mathrm{pk}_u \| \mathrm{pk}_\mathrm{R})$ 赋值为 g_1^t。如果没找到这样的数组，则 B 选择 $t \xleftarrow{R} \mathbf{Z}_p^*$ 并在 L_1 中存储 $(m, u, \mathrm{pk}_u, \mathrm{pk}_\mathrm{R}, t)$。接下来计算 $v = \psi(\mathrm{pk}_u)^t = (g_1^b)^t \in \mathbf{G}_1$。其余过程与签密类似：$B$ 计算 $\psi(\mathrm{pk}_\mathrm{R})^r$（对于攻击者选择的具体 pk_R），模拟 H_2 和 H_3 来获得 $h_2 = H_2[u \| \psi(\mathrm{pk}_\mathrm{R})^r]$ 以及 $\tau = H_3[u \| v \| \psi(\mathrm{pk}_\mathrm{R})^r]$，然后计算 $w = v \oplus h_2$ 和 $z = \mathrm{Enc}_\tau(m)$。将密文 (u, w, z) 返回给 A。

（5）解签密询问：对于密文 $c = (u, w, z)$ 以及发送方的公钥 $\mathrm{pk}_\mathrm{S} \in \mathbf{G}$ 的解签密询问，B 查看 L_2 中对某个 $R \in \mathbf{G}_1$ 和 $h_2 \in \{0,1\}^{l_1}$ 是否包含唯一可能的数组 $(u, R, h_2, 1)$（意味着 $R = \text{co-DH}_{g_2}(u, \mathrm{pk}_u)$ 和 $H_2(u \| R)$ 赋值为 $h_2 \in \{0,1\}^{l_1}$）。

① 若存在这样一个条目，则 B 得到 $v = w \oplus h_2$，并当 $v \notin \mathbf{G}_1$ 时拒绝 c。否则，B 得到秘密密钥 $\tau = H_3(u \| v \| R) \in K$（通过模拟 H_3）并且令 $m = \mathrm{Dec}_\tau(z)$。然后，B 计算 $H = H_1(m \| u \| \mathrm{pk}_\mathrm{S} \| \mathrm{pk}_u) \in \mathbf{G}_1$（通过模拟 H_1）并且验证是否有 $e(v, g_2) = e(H, \mathrm{pk}_\mathrm{S})$。如果是，返回 (m, pk_u, v, u)，否则，拒绝 c。

② 如果不存在这样的条目，则 B 查看 L_2' 中是否包含条目 $(u, ?, h_2)$。如果这样的条目也不存在，则 B 选择 $h_2 \xleftarrow{R} \{0,1\}^{l_1}$，将 $(u, ?, h_2)$ 存入表 L_2' 以便保证一致，并对输入为 $u \| \text{co-DH}_{g_2}(u, \mathrm{pk}_u)$ 的后续 H_2 询问回答 h_2。在两种情况下，B 都获得 h_2 的值。B 设

置$v = w \oplus h_2 \in \{0,1\}^{l_1}$，若$v \notin \mathbf{G}_1$则拒绝 c。然后 B 扫描表 L_3 和 L_3'，分别寻找$(u,v,R,\tau,1)$和$(u,v,?,\tau)$形式的条目。如果不存在，B 随机选择$\tau \xleftarrow{R} K$，并将$(u,v,?,\tau)$插入表L_3'，以确保未来的散列询问$H_3[u \| v \| \text{co}-\text{DH}_{g_2}(u,\text{pk}_u)]$可以获得答案$\tau$。最后，$B$ 计算$m = \text{Dec}_\tau(z)$。若$e(v,g_2) \neq e(H,\text{pk}_S)$，其中$H = H_1(m \| u \| \text{pk}_S \| \text{pk}_u)$，则宣布密文 c 无效。如果密文 c 认为有效，则将(m,pk_u,v,u)返回给 A。

可以检查上述对各种预言机的模拟均是一致的，这些变化中 A 的观察始终不变。所以有 $\Pr[S_4]=\Pr[S_3]$。还要注意的是，在回答签密和解签密询问时，没有明确地使用私钥$\text{sk}_U = b$。

游戏 5：修改了回答解签密询问的方式，对于“后挑战”解签密询问增加了一个特殊规则，即挑战阶段之后，若 A 对于满足$(u,w)=(u^*,w^*)$的密文(u,w,z)询问解签密，则 B 返回⊥。两种情况必须是可区分的，以保证这种改变没有明显影响到 A 的观察。

（1）如果询问中的公钥与挑战阶段的公钥属于同一发送方（即$\text{pk}_S = \text{pk}_S^*$），则必定有$z \neq z^*$（否则询问非法）。对于这样的密文，$v = w^* \oplus H_2(u^* \| u^{*b})$和挑战阶段计算的$v^*$值必定一致。此外，当解签密运算正常执行时，必须使用同一对称密钥$\tau^* = H_3(u^* \| v^* \| u^{*b})$来解密 z。由于$z \neq z^*$，且若给定的加/解密算法（Enc,Dec）是双射，明文$m = \text{Dec}_{\tau^*}(z)$必定不同于挑战阶段加密的明文 m_d。因此，除非有一个碰撞$H_1(m \| u^* \| \text{pk}_S^* \| \text{pk}_u) = H_1(m_d \| u^* \| \text{pk}_S^* \| \text{pk}_u)$（当 H_1 为随机预言机模型时，这一事件发生的概率为$1/|p| < 1/2^{k-1}$），对于消息$m \| u^* \| \text{pk}_S^* \| \text{pk}_u$，$v^*$不可能为一个有效的签名，进而一定会被解签密算法拒绝。

（2）如果是对于$\text{pk}_S \neq \text{pk}_S^*$的不同发送方进行询问（进而$z \neq z^*$成立或者不成立），解签密算法仍将获得与挑战阶段相同的v^*以及相同的对称密钥$\tau^* = H_3(u^* \| v^* \| u^{*b})$用于解密 z。若用$m = \text{Dec}_{\tau^*}(z)$表示用密钥$\tau^*$解密 z，密文(u^*,w^*,z)在前面的游戏中只有当$H_1(m_d \| u^* \| \text{pk}_S^* \| \text{pk}_u)^{\text{sk}_S^*} = H_1(m \| u^* \| \text{pk}_S \| \text{pk}_u)^{\log_g(\text{pk}_S)}$成立时才接受（即对两个不同的输入随机预言机$H_1$的输出以某种特殊方式相关联）。由于采用的是随机预言机模型，这一事件成立的概率$1/p < 1/2^{k-1}$。

考虑以上所有的询问，前面的游戏中有效的密文在新规则下可能被 B 拒绝的概率至多为$q_{\text{usc}}/2^{k-1}$。进而有$|\Pr[S_5]-\Pr[S_4]| \leqslant q_{\text{usc}}/2^{k-1}$。

游戏 6：对模拟进行最后的一些改变。首先，修改挑战密文(u^*,w^*,z^*)的生成。第一个元素u^*仍然设置为$u_1^* = g_1^a$（B 在只知道g_1^a的情况下不能获得 a），但是w^*随机选取，$w^* \xleftarrow{R} \{0,1\}^{l_1}$，$z^*$由一个随机密钥$\tau^* \xleftarrow{R} K$加密而成，即$z^* = \text{Enc}_{\tau^*}(m_d)$。另外一个改变是定义事件 E，使得当 E 发生时，模拟者终止游戏。事件 E 是下列情况之一。

（1）A 对输入$(u^* \| R)$询问预言机 H_2，其中$R = \text{co-DH}_{g_2}(u^*,\text{pk}_u)$。

（2）A 对输入$(u^* \|.\| R)$询问预言机 H_3，其中$R = \text{co-DH}_{g_2}(u^*,\text{pk}_u)$。

注意 B 可以检测到（1）和（2）的发生，这都意味着 $R = \text{co}-\text{DH}_{g_2}(g_1^a, g_2^b) = g_1^{ab}$。由于 B 根本不知道指数 a 或 b，当（1）或（2）发生时，他面临着求解 co-CDH 问题的一个实例。进而有 $\Pr[(1)\vee(2)] \leqslant \text{Adv}_B^{\text{co-CDH}}(t',k)$，其中 $t' \leqslant t_A + O(q_{\text{usc}} + q_{H_2} + q_{H_3})t_P + O(q_{H_1})t_{\exp}$ 是 B 的计算时间的一个上界，这里已经考虑到解签密询问以及对 H_2 和 H_3 的询问，每次询问均需要两次对求值运算。

若事件 E 没有发生，对称密钥 τ^* 完全独立于 A 的观察。猜测 $d \in \{0,1\}$，然后对于对称加密方案 (Enc,Dec) 发起选择明文攻击。实际上，A 观察到在 τ^* 下的解密值的唯一方法就是对 (u^*, w^*, z) 形式的密文进行解签密询问。由于游戏 3 和游戏 5 的引入，这种密文将被预言机拒绝。因此 $|\Pr[S_6]-1/2| = \text{Adv}_B^{\text{ind-cpa-sym}}$。

发现归约是非常紧致的。假设 $\text{Adv}_B^{\text{ind-cpa-sym}}(t')$ 可忽略，算法 B 求解 co-CDH 问题的概率实质上与攻击者攻破该方案的优势相同。归约的代价同样有一个上界，它与攻击者询问的次数呈线性关系，因此 u 加入到 H_2 的变量中。如果能通过计算一个散列值 $\psi(\text{pk}_\text{R})^r$ 将 v 隐藏起来，那么该方案仍是安全的，但是归约中需要的对运算次数将是攻击者询问次数的平方。

可以紧致地归约为计算问题是本方案的一个显著特征。对比其他基于 Diffie-Hellman 的 CCA 安全的构造，依赖涉及预言机的 gap 假设的方案都不具有紧致归约。通过在“对友好”（pairing-friendly）群（其中某些 gap 问题等价于计算问题）上执行这些方案可以提升这些方案的紧致性，但是对于抗伪造性，大多数方案的归约仍然是相对比较松散的（唯一的特例是 4.7 节中讨论的 Bjørstad 和 Dent 的 CM 方案[37]）。在当前系统中，归约在密文抗伪造性的证明中也是非常有效的。

定理 5.2　假设伪造者 F 运行时间为 t，发出 q_{sc} 次签密询问，q_{usc} 次解签密询问，以及 q_{Hi} 次对随机预言机 $H_i(i=1,2,3)$ 的询问，F 对于方案的 FSO/FUO-sUF-CMA 安全具有优势 $\text{Adv}_F(t,k)$。则存在算法 B 能够以概率

$$\text{Adv}_B^{\text{co-CDH}}(t',k) \geqslant \text{Adv}_\text{F}(t,k) - \frac{q_{\text{sc}}(q_{H_1} + q_{\text{sc}} + q_{\text{usc}}) + 1}{2^{k-1}}$$

在时间 $t' \leqslant t + O(q_{H_2} + q_{H_3} + q_{\text{usc}})t_P + O(q_{\text{SC}})t_{\exp}$ 内求解 $(\mathbf{G}_1, \mathbf{G}_2)$ 上的 co-CDH 问题，其中，t_p 和 $t_{\exp}$ 分别代表 G_1 上的对求值与指数运算所需要的时间。

证明：模拟者 B 接收到一个随机的 co-Diffie-Hellman 实例 (g_1^a, g_2^b)。将 F 作为一个子程序来求解该实例并且扮演挑战者角色。伪造者 F 首先初始化：输入为 $\text{pk}_u = g_2^b$，并且执行适应性的询问，B 按照下述方式进行操作（使用定理 5.1 证明中的列表）。

（1）H_1 询问：如果对 $m \| u \| \text{pk}_\text{S} \| \text{pk}_\text{R}$ 进行一次散列询问，B 检查之前是否已经询问过，如果是，则返回相同的值。如果询问是一组新的 $m \| u \| \text{pk}_\text{S} \| \text{pk}_\text{R}$，则 B 选择 $t \xleftarrow{R} \mathbf{Z}_q^*$ 并且定义 $H_1(m \| u \| \text{pk}_\text{S} \| \text{pk}_\text{R}) = (g_1^a)^t \in \mathbf{G}_1$，相应地更新列表 L_1。

（2） H_2 询问和 H_3 询问同定理 5.1 证明中的游戏 4。

（3）签密询问：如果对消息 m 和一个接收者的公钥 $\mathrm{pk_R}$ 进行询问，B 选择 $r \xleftarrow{R} \mathbf{Z}_p^*$ 并且计算 $u = g_1^r \in \mathbf{G}_1$。若 H_1 对 $m \| u \| \mathrm{pk_S} \| \mathrm{pk_R}$ 已有定义，B 宣布“失败”并终止。否则，B 选择 $t \xleftarrow{R} \mathbf{Z}_p^*$，令 $H_1(m \| u \| \mathrm{pk}_u \| \mathrm{pk_R}) = g_1^t \in \mathbf{G}_1$，相应地更新 L_1。然后计算 $v = \psi(\mathrm{pk}_u)^r \in \mathbf{G}_1$，$h_2 = H_2[u \| \psi(\mathrm{pk_R})^r] \in \{0,1\}^{l_1}$，$w = v \oplus h_2$，$\tau = H_3[u \| v \| \psi(\mathrm{pk_R})^r] \in K$，以及 $z = \mathrm{Enc}_\tau(m) \in C$。将密文 (u, w, z) 返回给 F。

（4）对解签密询问的处理方式同定理 5.1 证明中的方式完全相同。

在游戏末尾，F 生成一个密文 (u^*, w^*, z^*) 和一个接收者的公/私钥对 $(\mathrm{sk_R^*}, \mathrm{pk_R^*})$。此刻，$B$ 可以利用 $\mathrm{sk_R^*}$ 对密文解签密，如果密文是一个关于发送方公钥 pk_u 的有效伪造，则 B 可以提取消息 m^* 和签名 v^*。如果在模拟过程中散列值 $H_1(m^* \| u^* \| \mathrm{pk}_u \| \mathrm{pk_R^*})$ 没有明确地由某个 H_1 预言机的询问所定义，则 B 宣布失败并停止。否则，B 提取 v^* 且对于某个已知的 $t^* \in \mathbf{Z}_p^*$，散列值 $H_1(m^* \| u^* \| \mathrm{pk}_u \| \mathrm{pk_R^*})$ 必须定义为 $(g_1^a)^{t^*}$。这意味着 v^* 必须等于 $(g_1^{ab})^{t^*}$，即求解了 co-Diffie-Hellman 问题。

容易看出 B 未能回答签密询问的概率不大于 $q_{\mathrm{sc}}(q_{H_1} + q_{\mathrm{sc}} + q_{\mathrm{usc}}) / p \leqslant q_{\mathrm{sc}}(q_{H_1} + q_{\mathrm{sc}} + q_{\mathrm{usc}}) / 2^{k-1}$（由于对每次签密询问，表 L_1 中至多有 $(q_{H_1} + q_{\mathrm{sc}} + q_{\mathrm{usc}})$ 个元素）。在没有询问 $H_1(m^* \| u^* \| \mathrm{pk}_u \| \mathrm{pk_R^*})$ 的情况下，通过考虑以下三个概率，可以给出 F 成功概率的上界。

（1）如果在模拟中没有定义 $H_1(m^* \| u^* \| \mathrm{pk}_u \| \mathrm{pk_R^*})$ 的值，则 F 赢得游戏的概率具有上界 $1/2^{k-1}$（由于 F 必须输出一个有效的密文）。

（2）如果关于消息 m 和接收方公钥 $\mathrm{pk_R}$ 的某个签密询问中已经定义了 $H_1(m^* \| u^* \| \mathrm{pk}_u \| \mathrm{pk_R^*})$ 的值，则一定有 $m = m^*$，$\mathrm{pk_R} = \mathrm{pk_R^*}$，以及 $u = u^*$。由于两个密文都必须是有效的，则有 $v = v^*$，所以 $w = w^*$，且 $\tau = \tau^*$。由对称加密方案的确定性质可知，这意味着 $z = z^*$。因此，可得出结论，F 输出的是一个签密询问的结果，这与 F 赢得游戏相矛盾。

（3）如果解签密预言机定义了 $H_1(m^* \| u^* \| \mathrm{pk}_u \| \mathrm{pk_R^*})$ 的值，B 仍旧能够求解 co-CDH 问题，因为对解签密预言机的模拟调用了模拟的 H_1 预言机的所有运算。所以可以得到结论：算法失败的概率上界为 $q_{\mathrm{sc}}(q_{H_1} + q_{\mathrm{sc}} + q_{\mathrm{usc}}) / 2^{k-1} + 1/2^{k-1}$。

一个与定理 5.1 相似的定理将 co-CDH 假设和方案的匿名性联系到一起。

5.6　具有短的可分签名的方案

图 5.2 描述了由 Libert 和 Quisquater[124]给出的一个具有更短的可分签名的签密方案。该构造基于一个由 Zhang 等[202]和 Boneh-Boyen[42]独立提出的签名方案。后来的工

作显示，该方案可以有效地生成 160B 的签名值，不同于文献[47]和文献[48]提出的原始 BLS 短签名，它不需要利用专门的散列函数将要签名的消息映射到一个椭圆曲线子群上。文献[42]还证明了，在随机预言机模型下，该方案在 q-强 Diffie-Hellman 假设下的归约，比 Zhang 等[202]在逆向 q-Diffie-Hellman 假设下的归约更加安全高效。

1）系统初始化 Setup(1^k)

选择双线性映射群的集合 $(\mathbf{G}_1, \mathbf{G}_2, \mathbf{G}_T)$，群的阶均为素数 p，满足 $2^{k-1} < p < 2^k$，生成元 $(g_1, g_2) \in \mathbf{G}_1 \times \mathbf{G}_2$ 且

$g_1 = \psi(g_2)$， $g_2 \xleftarrow{R} \mathbf{G}_2$

选择一个（一次性、确定的）对称密码方案 SE = (Enc, Dec)，密钥空间为 K，密文空间为 C

选择散列函数 hash：

$H' : \{0,1\}^* \to \{0,1\}$

$H_1 : \{0,1\}^* \to \mathbf{Z}_p$

$H_2 : \mathbf{G}_1^3 \to \{0,1\}^{k+1}$

$H_3 : \{0,1\}^k \to K$

$\text{param} \leftarrow (\mathbf{G}_1, \mathbf{G}_2, \mathbf{G}_T, p, g_1, g_2, \text{SE}, H', H_1, H_2, H_3)$

返回 param

KeyGen(param)：

$x_{\mathrm{U}} \xleftarrow{R} \mathbf{Z}_p^*$； $y_{\mathrm{U}} \leftarrow g_2^{x_{\mathrm{U}}}$

$\text{sk} \leftarrow x_{\mathrm{U}}$； $\text{pk} \leftarrow y_{\mathrm{U}}$

返回 (sk, pk)

2）签密 Signcrypt(param, sk_{S}, pk_{R}, m)

将 sk_{S} 解析为 $(x_{\mathrm{S}}, y_{\mathrm{S}})$，$\text{pk}_{\mathrm{R}}$ 解析为 y_{R}

如果 $y_s, y_{\mathrm{R}} \notin \mathbf{G}_2 \setminus \{1\}$ 则返回⊥

$\gamma \xleftarrow{R} \mathbf{Z}_p^*$；

$b_m \leftarrow H'(\text{sk}_s, m)$

$r \leftarrow \dfrac{\gamma}{H_1(b_m \| m \| \text{pk}_{\mathrm{S}}) + x_{\mathrm{S}}} \bmod p$

$\theta_1 \leftarrow g_1^r$

$\theta_2 \leftarrow (\gamma \| b_m) \oplus H_2[c_1 \| y_{\mathrm{R}} \| \psi(y_{\mathrm{R}})^r]$

$\tau \leftarrow H_3[\gamma \| b_m \| y_{\mathrm{R}} \| \psi(y_{\mathrm{R}})^r]$

$\theta_3 \leftarrow \text{Enc}_\tau(m)$

$c \leftarrow (\theta_1, \theta_2, \theta_3)$

返回 c

3）解签密 Unsigncrypt(param, pk_{S}, sk_{R}, c)

将 pk_{S} 解析为 y_s； sk_{S} 解析为 $(x_{\mathrm{R}}, y_{\mathrm{R}})$； 将 c 解析为 $(\theta_1, \theta_2, \theta_3)$

如果 $\theta_1 \notin \mathbf{G}_1$，$\theta_2 \notin \{0,1\}^{k+1}$ 或者 $\theta_3 \notin C$

返回⊥

$(\gamma \| b_m) \leftarrow \theta_2 \oplus H_2(\theta_1 \| y_{\mathrm{R}} \| \theta_1^{x_{\mathrm{R}}})$

若 $\gamma \notin \mathbf{Z}_p^*$ 则返回⊥

$\tau \leftarrow H_3(\gamma \| b_m \| y_{\mathrm{R}} \| c_1^{x_{\mathrm{R}}})$

$m \leftarrow \text{Dec}_\tau(\theta_3)$

$\sigma \leftarrow \theta_1^{\gamma^{-1}}$

若 $e(\sigma, y_{\mathrm{S}} \cdot g_2^{H_1(b_m \| m \| \text{pk}_{\mathrm{S}})}) \neq e(g_1, g_2)$，返回⊥

返回 (m, b_m, σ)

图 5.2　基于 SDH 的方案

协议使用一个（隐藏的）签名作为类似 ElGamal 签名的临时密钥，以及一个校验和来确保消息适当加密。发送方首先计算一个指数 $r \leftarrow \gamma / [h_1(b_m \| m \| \text{pk}_s) + \text{sk}_s] \in \mathbf{Z}_p^*$，其中 γ 从 $\mathbf{Z}_p^*$ 中随机选取， $m \in \{0,1\}^*$ 是要签名加密的消息， b_m 是一个依赖于消息的比特，由一个关于消息 m 和私钥 sk_{S} 的函数计算得到，根据 Katz 和 Wang 的证明技巧[113]，这将在不向签名中引入随机“盐”的情况下，实现紧致的安全归约。与 ElGamal 密码系统[81]相同，指数 r 用于计算一个即时的 Diffie-Hellman 密钥 g_1^r，用散列值 $\psi(\text{pk}_{\mathrm{R}})^r$ 来

混乱秘密γ，而在一个确定的、一到一的对称加密方案中，用γ、$\psi(\text{pk}_\text{R})^r$和其他元素的摘要来隐藏$m$。

与签名/加密的串行组合相比，使用隐藏的签名作为“一次性”的 Diffie-Hellman 密钥将节省一次指数运算（实际上是椭圆曲线上的一次标量乘法运算）。

为了简化安全性证明，当计算密文的第二个元素时，接收方的公钥和第一个元素（是一个嵌入的签名和一个临时的 Diffie-Hellman 密钥）与“一次性”Diffie-Hellman 密钥$\psi(\text{pk}_\text{R})^r$一起进行散列运算。

为了使第三方确认一条恢复出的消息m来自发送方 S，接受者提取可分签名σ、消息m，以及关联比特b_m给第三方，第三方运行常规的签名验证算法（即验证$e(g_1,g_2)=e(\sigma,y_s\cdot g_2^{H_1(b_m\|m\|\text{pk}_s)})$）。方案进一步提供了不与原始密文相关联的可分签名：签名值由一个随机选择的因子γ来隐藏，任何人观察到有效消息—签名对时，可以使用他/她的私钥创建该消息—签名对在其公钥下的签密。方案进一步提供了文献[51]意义下的密文可拆分性。

5.6.1　效率

除了一次模逆运算，发送方只需要计算$\mathbf{G}_1$上的两次指数运算。发送方的工作量取决于一次对运算（由于$e(g_1,g_2)$可以包含在公共参数 param 中），$\mathbf{G}_1$上的两次指数运算和$\mathbf{G}_2$上的一次指数运算。

方案是利用非对称对的概念描述的，并且需要一个可公开计算的同构$\psi:\mathbf{G}_2\to\mathbf{G}_1$。不需要将任意的比特串通过散列函数映射到椭圆曲线的循环子群上。因此，文献[183]中第 4 节所述的那种类型的群（一种循环子群）可以在此处应用，这是由于它们提供了非对称对的构造$e:\mathbf{G}_1\times\mathbf{G}_2\to\mathbf{G}_T$和一个可高效计算的同构$\psi:\mathbf{G}_2\to\mathbf{G}_1$。有研究称散列到$\mathbf{G}_2$中在某些构造中会比较慢。可以使用 Barreto 等[19]给出的一般曲线上的具体技术，这些参数允许以适当的速度执行解签密算法的最后一步。

注意，发送方工作量中的两次指数运算可以离线进行（即发送消息未知时）。实际上，在离线阶段，发送方可以选择随机的$r\xleftarrow{R}\mathbf{Z}_p^*$，计算$\theta_1\leftarrow g_1^r$和$w\leftarrow\psi(\text{pk}_\text{R})^r$，并将这些值存入内存，一旦知道消息$m$，就计算$\gamma\leftarrow r[H_1(b_m\|m\|\text{pk}_\text{S})+\text{sk}_s]\bmod p$，$\theta_2\leftarrow(\gamma\|b_m)\oplus H_2(c_1\|pk_\text{R}\|w)$，以及$\theta_3\leftarrow\text{Enc}_{H_3(\gamma\|b_m\|y_\text{R}\|w)}(m)$。此时需要注意，对于不同的消息，不能重用相同的$r$进行签名和加密，因为这样做会泄露私钥。

从带宽的角度，当接收方希望向仲裁者证明对消息的著作权时，方案允许从密文中提取短签名（如 256 比特长度的签名，使用 Barreto 和 Naehrig[20]提出的“对友好”的群）。

5.6.2　匿名通信

与图 5.1 中基于 co-CDH 问题的方案类似，本方案希望提供匿名通信，即密文不泄露发送方和接收方的身份信息。在这种情况下，可能接收方收到消息后并不知道发送方的身份。但是解签密的最后一步中要使用发送方的公钥。这个问题的一种简单的解决方法是发送方将标志他/她身份信息的短字符串 ID_S 附在签密消息上。然后接收方向一个公开的库执行在线查询，获得公开密钥 pk_S。

此时需要对解签密算法的语法稍微进行修改，不再将发送方的公钥 pk_S 作为输入。类似的修改也适用于图 5.1 中的方案。

5.6.3 安全性

Tan[188]利用针对底层签名方案的密钥替换攻击[42, 202]证明了文献[124]中的原始方案在选择密文攻击下是脆弱的。但是，保护方案不受 Tan[188]攻击的一个更加直接的方式是采用标准措施使签名方案对密钥替换攻击免疫：只需要将待签名消息与签名者公钥一同散列即可。这一方案具有更短的可分签名，因而比 Ma[128]的改进方案效率更高（后来同样遭受了 Tan[189]的攻击）。

消息的机密性和签名的抗伪造性分别依赖于（在随机预言模型下）逆向 q-Diffie-Hellman 与 q-强 Diffie-Hellman 的困难性假设。

简便起见，消息的机密性证明依赖于 q-DHI 假设的一种等价描述，称为 $(\mathbf{G}_1,\mathbf{G}_2)$ 上的$(q+1)$-指数问题。即对给定的 $(g_1,g_2,g_2^x,\cdots,g_2^{(x^q)})$，计算 $g_1^{(x^{q+1})}\in\mathbf{G}_1$。后面结果的证明可以在文献[41]中找到，考虑到完整性，此处仍给出这一证明。

引理 5.1 逆向 q-Diffie-Hellman 问题可以描述为：对输入 $(g_1,g_2,g_2^x,g_2^{(x^2)},\cdots,g_2^{(x^q)})\in\mathbf{G}^{q+1}$，计算 $g_1^{(x^{q+1})}$。

证明

给定一系列元素 $(g_1,g_2,g_2^x,\cdots,g_2^{(x^q)})$，其中 x 从 $\mathbf{Z}_p^*$ 中一致选取，对于需要计算的 $g_1^{(x^{q+1})}$，令 $y_1=\psi(y_2)$，$y_2=g_2^{x^q}$，$y_2^A=g_2^{(x^{q-1})},\cdots,y_2^{(A^q)}=g_2$，容易构造一个 q-DHI 实例 $(y_1,y_2,y_2^A,y_2^{A^2},\cdots,y_2^{A^q})$，这蕴含地定义了 $A=1/x$。任何计算 q-DHI 的解 $y_1^{1/A}$ 的算法均可以求得 $g_1^{(x^{q+1})}$。

定理 5.3 假设 q-DHI 问题是困难的，且对称加密方案是 IND-CPA 安全的，则该方案在随机预言机模型下是 FSO/FUO-IND-CCA2 安全的。对任意运行于时间 t_A 的攻击者 A，发出至多 q_{sc} 次签密询问，q_{usc} 次解签密询问，q_{H_i} 次 $H_i(i=1,2,3)$随机预言机询问，以及 $q_{H'}$ 次 H' 询问，则有

$$\mathrm{Adv}_A(t_A,k)\leqslant\frac{q_{\text{usc}}}{2^{k-2}}+\frac{(q_{\text{sc}}+q_{\text{usc}})(q_{\text{sc}}+q_{\text{usc}}+q_{H_3}+q)}{2^{k-1}}$$
$$+\mathrm{Adv}_B^{q\text{-DHI}}(t',k)+\mathrm{Adv}_B^{\text{ind-cpa-sym}}(t',|K|)$$

式中，$\mathrm{Adv}_B^{\text{ind-cpa-sym}}(t',|K|)$ 的定义同定理 5.1，$\mathrm{Adv}_B^{q\text{-DHI}}(t',k)$ 代表运行时间为 $t'\leqslant t_A$

$+O(q_{H_2}+q_{H_3}q_{\text{usc}})t_p+O(q^2+q_{H'}+q_{\text{sc}}+q_{\text{usc}})t_{\exp}$ 时求解 q-DHI 问题的最大概率，其中 k 是安全参数，t_p 和 $t_{\exp}$ 分别为对运算和 $\mathbf{G}_2$ 上模运算的时间复杂度。

证明

证明过程由一系列的游戏构成。第一个游戏是现实攻击游戏，最后一个游戏中，关于对称加密方案 (Enc, Dec) 攻击者的优势不大于被动攻击者的优势。在整个证明中，事件 S_i 表示攻击者 A 在游戏 i 中获胜（正确猜测挑战阶段中挑战者 B 选择的比特 $d\in\{0,1\}$）。

游戏 1 是一个现实攻击。攻击者 A 拥有随机的生成元 $h\xleftarrow{R}\mathbf{G}_2$，其像 $g=\psi(h)\in\mathbf{G}_1$，以及接收方的公钥 $\text{pk}_{\text{U}}=X=h^x$。整个游戏中，模拟者 B 使用私钥 $\text{sk}_{\text{U}}=x$ 来回答签密和解签密询问。通过输出适当范围的随机值来回答随机预言机询问。在这一过程中，回答保持一致，即如果对一个预言机发出两次相同询问，则 B 返回相同的输出。为了记录这些询问，表 L'、L_1、L_2、L_3 用于保存预言机 H'、H_1、H_2、H_3 的所有输入和相应输出。在游戏的中间点，A 输出一个消息对 (m_0,m_1) 和一个发送方私钥 $\text{sk}_{\text{S}}^*=x_{\text{S}}^*$。为生成挑战密文 $(\theta_1^*,\theta_2^*,\theta_3^*)$，模拟者生成随机比特 $d\xleftarrow{R}\{0,1\}$，随机地选择 $\gamma^*\xleftarrow{R}\mathbf{Z}_p^*$ 并生成 $(\theta_1^*,\theta_2^*,\theta_3^*)$，其中 $\theta_1^*=g^{r^*}$，$\theta_2^*=(\gamma^*\|b_m^*)\oplus H_2[\theta_1^*\|X\|\psi(X)^{r^*}]$，$\theta_3^*=\text{Enc}_{\tau^*}(m_d)$，且 $r^*=\gamma^*/[x_{\text{S}}^*+H_1(b_m^*\|m_d\|\text{pk}_{\text{S}}^*)]$，$\tau^*=H_3[\gamma^*\|b_m^*\|X\|\psi(X)^{r^*}]\in K$，且 $b_m^*\in\{0,1\}$ 由 $b_m^*\in H'(x_{\text{S}}^*,m_d)$ 决定。在这一游戏中，攻击者具有优势 $|\Pr[S_1]-1/2|$。

游戏 2 修改了公开生成元 $h\in\mathbf{G}_2$ 以及公钥 X 的生成，即对于随机选择的 $x\xleftarrow{R}\mathbf{Z}_p^*$，$B$ 定义值 $(g_1,g_2,g_2^x,g_2^{(x^2)},\cdots,g_2^{(x^q)})\in\mathbf{G}_1\times\mathbf{G}_2^{q+1}$。为了生成 $h\in\mathbf{G}_2$，$g=\psi(h)\in\mathbf{G}_1$ 和公开密钥 $X=h^x\in\mathbf{G}_2$，B 选择 $w_1,\cdots,w_{q-1}\xleftarrow{R}\mathbf{Z}_p$，扩展多项式 $f(z)=\prod_{i=1}^{q-1}(z+w_i)=\sum_{i=0}^{q-1}\theta_i z^i$，使用它来生成一个随机的生成元 $h\in\mathbf{G}_2$ 和一个公钥 X。可以通过下列的计算得到：

$$h'=\prod_{i=0}^{q-1}[g_2^{(x^i)}]^{\theta_i}=g_2^{f(x)}\text{ 且 }X'=\prod_{i=1}^{q}[g_2^{(x^i)}]^{\theta_i-1}=g_2^{xf(x)}=h'^x$$

用 F_2 表示 h' 是 $\mathbf{G}$ 的单位元（即当 w_i 之一恰好等于指数 x 时，因为 $f(x)=0$）。由于 $q-1$ 个 w_i 值和 x 是随机选择的，$f(x)=0$ 的概率具有上界 $(q-1)/p$。容易看出如果事件 F_2 不发生，则游戏 1 和游戏 2 是完全相同的。因此 $|\Pr[S_1]-\Pr[S_2]|\leqslant\Pr[F_2]\leqslant(q-1)/p\leqslant(q-1)/2^{k-1}$。

游戏 3 修改了游戏，使得挑战密文 $(\theta_1^*,\theta_2^*,\theta_3^*)$ 中的一部分在一开始就计算出来，即 B 随机选择 $a\xleftarrow{R}\mathbf{Z}_p$，并且令第一个密文分量为 $\theta_1^*=g^{x+a}=\psi(X)\cdot g^a\in\mathbf{G}_1$，意味着将加密指数定义为 $r^*=a+x$。当 A 在挑战阶段选择消息 m_0、m_1 和发送方的私钥 sk_{S}^* 时，B 在确定了依赖消息的比特 $b_m^*=H'(\text{sk}_{\text{S}}^*,m_d)$ 后计算 $\gamma^*=r^*[\text{sk}_{\text{S}}^*+H_1(b_m^*\|m_d\|\text{pk}_{\text{S}}^*)]$，并且按照方案中给出的方式计算密文的 θ_2^* 和 θ_3^* 部分。这些改变只是概念上的，且有 $\Pr[S_2]=\Pr[S_3]$。

游戏 4 和游戏 3 的不同之处在于，当解签密询问的密文 $(\theta_1,\theta_2,\theta_3)$ 满足 $\theta_1=\theta_1^*$ 时，

B 终止游戏。这一事件称为 F_4。除了这一事件以外，游戏 3 和游戏 4 的运行方式是相同的，因而有 $\Pr[S_3 \wedge \neg F_4] = \Pr[S_4 \wedge \neg F_4]$，以及 $|\Pr[S_4] - \Pr[S_3]| \leqslant \Pr[F_4]$。由于在挑战阶段开始之前，$\theta_1^*$ 独立于 A 的观察，因此一定有 $\Pr[F_4] \leqslant q_{\text{usc}} / p \leqslant q_{\text{usc}} / 2^{k-1}$。

游戏 5 在处理随机预言机询问以及签/解签密询问的方式上有所改变。注意，对于多项式 $f(z)$ 的根 $w_i \in \mathbf{Z}_p$，B 只利用 $(g_1, g_2, \cdots, g_2^{x^q})$ 计算 $q_{\text{sc}} = q-1$ 个对 $(w_i, g^{\frac{1}{w_i+x}})$（没有用到底层的 x）。使用文献[42]中的技巧，通过扩展 $f_i(z) = f(z)/(z+w_i) = \prod_{i=0}^{q-2} d_i z^i$ 及式（5.5）计算得到这些对 $(w_i, g^{\frac{1}{w_i+x}})$。对于 $i = 1, \cdots, q-1$，

$$\tilde{g}_i = \prod_{j=0}^{q-2} \psi(g_2^{x^j})^{\theta d_j} = g_1^{\theta f_i(x)} = g_1^{\theta \frac{f(x)}{x+w_i}} = g^{\frac{1}{x+w_i}}$$

对于随机预言机 H' 和 H_1 的询问以及签密询问按照如下方式执行。

（1）H' 询问：当询问 $H'(\alpha, m_i)$ 时，B 查看 L' 中是否已存在 (α, m_i, b_{m_i})。如果存在，返回先前定义的 $b_{m_i} \in \{0,1\}$。如果没找到这样的数组，则按以下方式处理。

① 若 $\alpha = x$（在未知 x 具体值的情况下，B 可以通过验证 $g_2^x = g_2^a$ 来判断，后面类似），B 在 L' 中查找 $(?, m_i, b_{m_i})$ 类型的条目，如果找到了这样的条目，则返回相应的 b_{m_i}，并将该条目替换为 (a, m_i, b_{m_i})。如果没有找到 $(?, m_i, b_{m_i})$ 类型的条目，B 随机选择 $b_{m_i} \xleftarrow{R} \{0,1\}$ 并将 (x, m_i, b_{m_i}) 存入表 L'。

② 若 $\alpha \neq x$，B 返回一个随机的 $b \xleftarrow{R} \{0,1\}$ 并将 (α, m_i, b) 存入 L'。

（2）H_1 询问：对这些询问设置计数器 t，初始值为 1。对于一条新消息 m，将 $\delta \| m \| X$（X 为挑战公钥）提交给 H_1 进行询问时，B 在表 L' 中查询记录 $(?, m, b_m)$（其中？代表当前未知量）。如果没有找到这种类型的条目，B 选择随机的比特 $b_m \xleftarrow{R} \{0,1\}$ 并将 $(?, m, b_m)$ 存入表 L'，使得从此时开始 b_m 与消息 m 相关联。对散列询问 $H_1(\delta \| m \| X)$ 的处理取决于 $\delta \in \{0,1\}$，即若 $\delta = b_m$，B 返回 w_t，将 (δ, m, X, w_t) 存入表 L_1，计数器增加 t（按照这种方式 B 可以生成对消息 m 的有效签名）。否则（即 $\delta \neq b_m$），B 返回一个随机的 $\theta \xleftarrow{R} \mathbf{Z}_p^*$ 并将 (δ, m, X, c) 存入表 L_1。接下来如果对相同的 $\delta \| m \| X$ 再次询问 H_1，B 将查询表 L_1 并输出第一次发出该询问时所定义的值。

（3）H_2 询问使用两个表 L_2 和 L_2'。对于输入 $Y_{1,i} \| Y_{2,i} \| Y_{3,i}$：$B$ 首先查看对 H_2 是否询问过相同的输入，如果是，返回前面定义的值。否则，通过验证 $e(Y_{1,i}, Y_{2,i}) = e(Y_{3,i}, h)$ 是否成立来判断 $(h, Y_{1,i}, Y_{2,i}, Y_{3,i})$ 是否为一个有效的 co-Diffie-Hellman 数组（在符号系统中，$Y_{3,i} = \text{co-DH}_h(Y_{1,i}, Y_{2,i})$）。

如果是，B 查看是否对某个 $\zeta_i \in \{0,1\}^{k+1}$，$L_2'$ 中包含记录 $(Y_{1,i}, Y_{2,i}, ?, \zeta_i)$，其中，？代

表当前尚未确定的值。在这种情况下，返回ζ_i，并将$(Y_{1,i},Y_{2,i},Y_{3,i},\zeta_i,1)$加入到表$L_2$。若$L_2'$中没有$(Y_{1,i},Y_{2,i},?,\zeta_i)$类型的条目，$B$ 返回一个串$\zeta_i \xleftarrow{R} \{0,1\}^{k+1}$并将$(Y_{1,i},Y_{2,i},Y_{3,i},\zeta_i,1)$插入$L_2$中。

（4）H_3询问：当询问$H_3(\gamma \| b_m \| \mathrm{pk_R} \| Y)$时，$B$在$L_3$中查找$H_3$的历史询问。对于任意值*，若已经存在记录$(*,\mathrm{pk_R},\gamma,b_m,Y,\tau)$，则$B$返回$\tau \in K$。否则，对于某个$\theta_1$，$B$查看所有形如$(\theta_1,\mathrm{pk_R},\gamma,b_m,?,\tau)$的条目，并验证是否其中某个值满足$Y=\text{co-DH}_h(\theta_1,\mathrm{pk_R})$。如果是，返回相应的$\tau \in K$，并在$L_3$中将该记录替换为$(\theta_1,\mathrm{pk_R},\gamma,b_m,Y,\tau)$。否则，返回随机的$\tau \xleftarrow{R} K$，并将$(?,\mathrm{pk_R},\gamma,b_m,Y,\tau)$存入$L_3$。

（5）对明文m的签密询问。对于一个任意的接收方的公钥$\mathrm{pk_R}$：假设m已预先提交给H_1询问，并且依赖于消息的比特b_m已预先定义。由于已将（或者即将）$H_1(b_m \| m \| X)$定义为w_j，对于某个$j \in \{1,\cdots,t\}$，B知道从A的角度来看$\tilde{g}_j = g^{1/(w_j+x)}$是作为$m$的一个有效签名出现的。所以，$B$对某个$\gamma \xleftarrow{R} \mathbf{Z}_p^*$计算$c_1 = \tilde{g}_j^{\gamma} \in \mathbf{G}_1$。然后查看$L_2$中是否包含一个条目$(\theta_1,\mathrm{pk_R},Y_3,\zeta,1)$（意味着$Y_3=\text{co-DH}_h(\theta_1,\mathrm{pk_R})$）或者$L_2'$是否包含一个$(\theta_1,\mathrm{pk_R},?,\zeta)$形式的记录。如果是，$B$ 令$\theta_2=(\gamma \| b_m)\oplus\zeta \in \{0,1\}^{k+1}$。否则，令$\theta_2 \xleftarrow{R} \{0,1\}^{k+1}$并将$(\theta_1,\mathrm{pk_R},?,(\gamma \| b_m)\oplus\theta_2)$插入$L_2'$。若$L_3$中有一个条目$(*,\mathrm{pk_R},\gamma,b_m,\cdot,\tau)$包含这一特定的$\gamma$，则$B$失败(这一事件称为$F_5$)。否则，$B$选择一个随机的对称密钥$\tau \xleftarrow{R} K$，令$\theta_3=\mathrm{Enc}_\tau(m)$，将一个记录$(\theta_1,\mathrm{pk_R},\gamma,b_m,?,\tau)$存储在表$L_3$中（这就使$H_3[\gamma \| b_m \| \mathrm{pk_R} \| \text{co-DH}_h(\theta_1,\mathrm{pk_R})]$包含了答案$\tau$）。然后将结果$(\theta_1,\theta_2,\theta_3)$返回给$A$。

（6）解签密询问：当A提交一个密文$c=(\theta_1,\theta_2,\theta_3)$和发送方的公钥$\mathrm{pk_S}$时，$B$查看是否对于某个$Y \in \mathbf{G}_1$和$\zeta \in \{0,1\}^{k+1}$，表$L_2$中包含唯一的条目$(\theta_1,X,Y,\zeta,1)$（意味着$Y=\text{co-DH}_h(\theta_1,X)$），或者对于某个$\zeta \in \{0,1\}^{k+1}$，是否表$L_2'$中包含条目$(\theta_1,X,?,\zeta)$。

① 如果是，B获得$(\gamma \| b_m)=\theta_2 \oplus \zeta \in \{0,1\}^{k+1}$，$\tau = H_3(\gamma \| b_m \| X \| Y)$（通过模拟$H_3$），以及最终的$m=\mathrm{Dec}_\tau(\theta_3)$。最后，$B$提取$\sigma=\theta_1^{1/\gamma}$，若验证方程$e(\sigma,\mathrm{pk_S}\cdot h^{H_1(b_m \| m \| \mathrm{pk_S})})=e(g,h)$成立，则返回明文$m$和签名$\sigma$。

② 如果不是，B随机选择$\zeta \xleftarrow{R} \{0,1\}^{k+1}$，$\tau \xleftarrow{R} K$，并且将$(\theta_1,X,?,\zeta)$插入表$L_2'$（以便接下来对$(\theta_1,X,\text{co-DH}_h(c_1,X))$的$H_2$询问赋值为$\zeta$）。计算$(\gamma \| b_m)=\theta_2 \oplus \zeta \in \{0,1\}^{k+1}$，若一个小概率事件$F_5'$（表示获得的$\gamma$在表$L_3$的某个位置已经出现）发生则终止（由于$\gamma$在$\mathrm{Z}_p$中是几乎一致的，事件$F_5'$发生的概率可以忽略）。否则将$(\theta_1,X,\gamma,b_m,?,\tau)$存入表$L_3$（使得接下来的询问$H_3[\gamma \| b_m \| X \| \text{co-DH}_h(\theta_1,X)]$将获得应答$\tau$）。后者则用于计算$m=\mathrm{Dec}_\tau(\theta_3)$。签名$\sigma=\theta_1^{1/\gamma}$的验证同上。如果通过验证，$B$返回$(m,\sigma)$。否则，输出⊥。

除非事件F_5和F_5'在某次询问中发生，否则上述修改不影响 A 的观察。进而有$|\Pr[S_5]-\Pr[S_4]| \leqslant \Pr[F_5 \vee F_5']$。由于表$L_3$中的条目数量不超过$(q_{\mathrm{sc}}+q_{\mathrm{usc}}+q_{H_3})$个，容易得出，$\Pr[F_5 \vee F_5'] \leqslant (q_{\mathrm{sc}}+q_{\mathrm{usc}})(q_{\mathrm{sc}}+q_{\mathrm{usc}}+q_{\mathrm{H_3}})/2^{k-1}$。

游戏 6 再次改变了签密预言机的模拟，增加了如下规则。挑战阶段后，若 A 对满足 $(\theta_1,\theta_2)=(\theta_1^*,\theta_2^*)$ 的密文 $(\theta_1,\theta_2,\theta_3)$ 进行解签密询问，则 B 返回 $\perp$。考虑以下两种情况。

（1）如果询问是对相同的发送方 $\text{pk}_\text{S}=\text{pk}_\text{S}^*$ 进行的，一定有 $\theta_3\neq\theta_3^*$。容易看出，对于这样的密文，其当前值 (γ,b_m) 与挑战密文的 (γ^*,b_m^*) 是相同的。同时，执行解签密操作时，使用相同的对称密钥 $\tau^*=H_3[\gamma^*\parallel b_m^*\parallel X\parallel\psi(X)^{r^*}]$ 解密 θ_3。由于 $\theta_3\neq\theta_3^*$，并且对称加密算法 (Enc,Dec) 是一个双射，则当前明文 $m=\text{Dec}_{\tau^*}(\theta_3)$ 与 m_d 一定不同。因此，除非有一对碰撞 $H_1(b_m^*\parallel m\parallel\text{pk}_\text{S}^*)=H_1(b_m^*\parallel m_d\parallel\text{pk}_\text{S}^*)$（当 H_1 看成随机预言机时，这一事件发生的概率至多为 $1/|p|<1/2^{k-1}$），当前的 θ_1^{*1/γ^*} 不可能是 m 的有效签名。

（2）如果询问是对不同发送方的公钥进行的，即 $\text{pk}_\text{S}\neq\text{pk}_\text{S}^*$（这种情况下，$\theta_3=\theta_3^*$，或者 $\theta_3\neq\theta_3^*$），在挑战阶段，解签密操作会得到相同值 $(\gamma,b_m)=(\gamma^*,b_m^*)$，并且使用相同的对称密钥 $\tau^*=H_3(\gamma^*\parallel b_m^*\parallel X\parallel\theta_1^{*x})$ 解密 θ_3。但是，如果用 $m=\text{Dec}_{\tau^*}(\theta_3)$ 表示用对称密钥 τ^* 解密 θ_3，若 $\log_g(\text{pk}_\text{S})+H_1(b_m^*\parallel m\parallel\text{pk}_\text{S})=x_\text{S}^*+H_1(b_m^*\parallel m_d\parallel\text{pk}_\text{S}^*)$，则密文 $(\theta_1^*,\theta_2^*,\theta_3^*)$ 只在前面的游戏中被接受。在随机预言机模型下，其发生的概率最多为 $1/p<1/2^{k-1}$。

考虑所有的询问，在前面游戏中未被拒绝的密文，在新规则下则有可能被拒绝，新规则导致拒绝一条密文的概率最多为 $q_{\text{usc}}/2^{k-1}$。进而有 $|\Pr[S_6]-\Pr[S_5]|<q_{\text{usc}}/2^{k-1}$。

游戏 7 在模拟中引入两个变化，首先是再次更改挑战密文 $c^*=(\theta_1^*,\theta_2^*,\theta_3^*)$ 的生成。当 A 在挑战阶段输出消息 m_0、m_1 和发送方的私钥 $\text{sk}_\text{S}^*\in\mathbf{Z}_p^*$ 时，B 仍旧选择 $a\xleftarrow{R}\mathbf{Z}_p^*$，并令 $\theta_1^*=g^{(x+a)}=\psi(X)\cdot g^a\in\mathbf{G}_1$，通过这种方法计算 θ_1^*。然而，不再用 sk_S^*、私钥 $\text{sk}_\text{U}=x$ 和加密指数 $r^*=x+a$ 来计算 θ_2^*。生成 (θ_2^*,θ_3^*) 时，随机选取 $\theta_2^*\xleftarrow{R}\{0,1\}^{k+1}$，再令 $\theta_3^*=\text{Enc}_{\tau^*}(m_d)$，其中对于随机比特 $d\xleftarrow{R}\{0,1\}$，使用随机密钥 $\tau^*\xleftarrow{R}K$。另一个变化是如果下列情况之一发生，称为事件 E，则模拟者 B 立即终止游戏。

（1）A 对输入 $(x,*)$ 询问预言机 H'，其中 $x=\text{sk}_\text{U}=\log_g(X)$ 是私钥。可以对每次询问 $H'(\alpha,*)$ 验证 $X=h^\alpha$ 是否成立来测试。

（2）A 对输入 $(\theta_1^*\parallel X\parallel Y)$ 询问预言机 H_2，其中 $Y=\text{co-DH}_h(\theta_1^*,X)$。

（3）A 对输入 $(\gamma\parallel b_m\parallel X\parallel Y)$ 询问预言机 H_3，其中 $Y=\text{co-DH}_h(\theta_1^*,X)$。

观察到 B 在私钥 $\text{sk}_\text{U}=x$ 未知的情况下可以检测到（1）、（2）和（3）。会看到，事件（1）、（2）和（3）会直接产生求解一个 q-DHI 问题的实例。

假设事件 E 没有发生。由于证明使用了随机预言机模型，且 $H_2[\theta_1^*\parallel X\parallel\text{co-DH}_h(\theta_1^*,X)]$ 是未知的，A 没有任何关于 $\theta_2\oplus H_2[c_1^*\parallel X\parallel\text{co-DH}_h(\theta_1^*,X)]$ 的信息，无法认识到挑战密文并非是适当生成的。于是游戏 7 和游戏 6 是一致的，故 $\Pr[S_7\wedge\neg E]=\Pr[S_6\wedge\neg E]$ 且 $|\Pr[S_7]-\Pr[S_6]|\leqslant\Pr[E]$。

此外，只要事件（3）不发生，用于计算 θ_3^* 的密钥 τ^* 完全独立于 A 的观察，则比特

$d \in \{0,1\}$ 归结为对对称密码 $(\mathrm{Enc}, \mathrm{Dec})$ 实施选择明文攻击。实际上，在游戏 6 之前，A 唯一有可能看到在密钥 τ^* 下解密结果的情况是生成形如 $(\theta_1^*, \theta_2^*, \theta_3)$ 的有效密文，并且这些密文从游戏 6 开始一直被解签密预言机拒绝。进而有 $|\Pr[S_7]-1/2| = \mathrm{Adv}_B^{\text{ind-cpa-sym}}(t')$，其中 t' 是 B 运行时间的上界（后面将确定）。

仍需解释若（前面定义的）事件（2）或（3）发生，B 如何解决 q-DHI 实例。当 B 通过 H_2 和 H_3 询问获得 co-Diffie-Hellman 值 $Y = \text{co-DH}_h(\theta_1^*, X) = g^{x(x+a)} = g_1^{\theta x f(x)(x+a)}$ 后，展开 $f'(z) = f'(z)(z+a) = \sum_{j=0}^{q} f_j z^j \in \mathbf{Z}_p[z]$，由于 $Y = \prod_{j=0}^{q} \psi(g_2^{(x^{j+1})})^{\theta f_j}$，$B$ 可以计算

$$g_1^{(x^{q+1})} = \left[Y^{\frac{1}{\theta}} \cdot \prod_{j=0}^{q-1} \psi(g_2^{(x^{j+1})})^{-f_j} \right]^{\frac{1}{f_q}} \in \mathbf{G}_1$$

并求解指数为$(q+1)$的实例。

从计算的角度来看，B 的运行时间取决于 q 个元素的超过 $(q+2)$ 次指数运算，总共需要 $O(q^2)$ 次指数运算。计算 $f(z)$ 需要的计算代价同样为 $O(q^2)$，计算每一个 $f_i(z)$ 意味着 $O(q)$ 次类似于计算 $f(z)(z+a)$ 的乘积操作。当处理 H_2 和 H_3 询问时，B 也需要 $O(q_{H_2} + q_{H_3} q_{\text{usc}})$ 次对运算。最后，回答 H' 询问，签密询问和解签密询问时，还需要指数运算。

进而事件 E 发生的概率有上界

$$\Pr[E] \leqslant \mathrm{Adv}_B^{q\text{-DHI}}(t')$$

式中，$t' \leqslant t_A + O(q_{H_2} + q_{H3} q_{\text{usc}}) t_p + O(q^2 + q_{H'} + q_{\text{sc}} + q_{\text{usc}}) t_{\exp}$。

该方案不一定提供密文的抗伪造性，但是却具有签名的抗伪造性（见 5.4.2 小节）。这意味着攻击者有可能可以生成某个发送方的新的有效密文，但是却不能生成有效的新的密文/签名对。换句话说，签名必须是合法发送方发起的。

定理 5.4　如果一个 ESUF-CMA 伪造者 F 在定义 5.6 的游戏中具有不可忽略的优势，可以在随机预言机模型下攻破 q-强 Diffie-Hellman 假设。具体来说，对于任何运行时间 t 的伪造者 F，进行 q_{H_i} 次 $H_i (i=1,2,3)$ 预言询问、q_{usc} 次解签密询问和 q_{sc} 次签密询问，存在一个算法 B，能对 $q = q_{H_i}$ 求解 q-SDH 问题，满足

$$\mathrm{Adv}_{\mathrm{F}}(t_{\mathrm{F}}, k) \leqslant \left[1 + 2 \cdot \left(1 - \frac{q-1}{2^{k-1}} \right)^{-1} \right] \cdot \mathrm{Adv}_B^{q\text{-SDH}}(t', k) + \frac{(q_{\text{sc}} + q_{\text{usc}})(q_{\text{sc}} + q_{\text{usc}} + q_{H_3}) + 2q - 1}{2^{k-1}}$$

其中，$t' \leqslant t_{\mathrm{F}} + O(q_{H_2} + q_{H_3} q_{\text{usc}}) t_p + O(q^2 + q_{H'} + q_{\text{sc}} + q_{\text{usc}}) t_{\exp}$，$t_p$ 和 $t_{\exp}$ 与定理 5.3 中含义(2)相同。

证明

证明包括以下 5 个游戏，第一个游戏是定义 5.6 中描述的现实攻击。最后一个游

戏中，模拟者通过和攻击者的互动可以提取 q-SDH 实例的一个解。在每个游戏中，用事件 W_i 表示攻击者赢得游戏。

游戏 1 是现实攻击。伪造者 F 获得随机选取的生成元 $h \xleftarrow{R} \mathbf{G}_2$、$g=\psi(h)\in\mathbf{G}_1$ 和发送方的公钥 $\mathrm{pk}_{\mathrm{U}}=X=h^x$。所有的游戏中，模拟者 B 使用私钥 $\mathrm{sk}_{\mathrm{U}}=x$ 来回答签密和解签密询问。随机预言机询问是以标准方式处理的，返回一个适当集合中的随机值，并且对于同一输入的多次询问，返回相同的输出。伪造者 F 最终输出一个密文 $c^*=(\theta_1^*,\theta_2^*,\theta_3^*)$ 和一个密钥对 $(\mathrm{sk}_{\mathrm{R}}^*,\mathrm{pk}_{\mathrm{R}}^*)$。如果 c^* 在 $\mathrm{sk}_{\mathrm{R}}^*$ 和 pk_u 下的解签密是一个关于 pk_u 的有效三元组 (m^*,b^*,σ^*)，并且该三元组不是通过简单地询问签密预言机而得到的（详见定义 5.6 中步骤（3）），则称 F 赢得游戏。F 的优势定义为 $\mathrm{Adv}_{\mathrm{F}}=\Pr[W_1]$。

游戏 2 修改了生成元 h 和发送方公钥 X 的生成方式，此处的生成方式与前一个证明游戏 2 中的方式相同。将生成元 $h\in\mathbf{G}_2$，$g=\psi(h)\in\mathbf{G}_1$ 给伪造者 F 作为公共密钥生成算法输出的一部分，公开密钥 $X=h^X$ 按照定理 5.3 证明中游戏 2 的方式生成，即 B 选择一个随机多项式 $f(z)=\prod_{i=1}^{q-1}(z+w_i)$，$w_1,\cdots,w_{q-1}\xleftarrow{R}\mathbf{Z}_p$。给定 $(g_1,g_2,g_2^x,\cdots,g_2^{(x^q)})$，计算 $h'=g_2^{f(x)}$，$X'=h'^x$，最终 $h=h'^\theta$，$X=X'^\theta$，其中 $\theta\xleftarrow{R}\mathbf{Z}_p$。若 $f(x)$ 恰好为 0，B 可以按照定理 5.3 证明中的方式直接求解问题。在游戏一开始，B 提交公钥 $\mathrm{pk}_u=X=h^x$ 给 F。容易看出，游戏 1 和游戏 2 是一致的，除了多项式 $f(z)$ 偶尔抵消 x。这一事件称为 F_2，其发生的概率具有上界 $(q-1)/p$。因此，有 $|\Pr[W_1]-\Pr[W_2]|\leqslant\Pr[F_2]\leqslant(q-1)/2^{k-1}$。

游戏 3 修改了所有询问的处理方式，此处与定理 5.3 证明中游戏 5 的处理方式相同。在本游戏中，私钥 $\mathrm{sk}_u=x$ 不用于回答询问。特别地，签密询问可以在没有私钥的情况下处理，这是因为在计算了 h 和公钥之后，B 可以获得 $(q-1)$ 个具有 $(w_i,g^{\frac{1}{w_i+x}})$ 形式的对。分别用 F_3 和 F_3' 表示 B 在回答签密询问与解签密询问时失败的事件（对应于定理 5.3 证明中的事件 F_5 和 F_5'）。在某次询问中，除非 F_3 或者 F_3' 发生，否则这些改变不会影响 A 的观察，有 $|\Pr[W_3]-\Pr[W_2]|\leqslant\Pr[F_3\vee F_3']$。与定理 5.3 的证明相同，由于表 L_3 中至多有 $(q_{\mathrm{sc}}+q_{\mathrm{usc}}+q_{H_3})$ 个记录，所以有 $\Pr[F_3\vee F_3']\leqslant(q_{\mathrm{sc}}+q_{\mathrm{usc}})(q_{\mathrm{sc}}+q_{\mathrm{usc}}+q_{H_3})/p$。

游戏 4 引入了一个失败事件 F_4，与定理 5.3 证明中的事件（1）相同（即 A 向预言机 H' 询问对 $(x,*)$）。显然，若事件 F_4 发生，B 可以检测到并且直接求解 q-SDH 实例。进而有 $\Pr[F_4]\leqslant\mathrm{Adv}^{q\text{-SDH}}(B)$ 和 $|\Pr[W_4]-\Pr[W_3]|\leqslant\mathrm{Adv}^{q\text{-SDH}}(B)$。

游戏 5 引入一个新的失败事件 F_5，当其发生时 B 终止游戏。当攻击者 F 停止并输出一个密文 $c^*=(\theta_1^*,\theta_2^*,\theta_3^*)$ 和任意一个接收方的密钥对 $(\mathrm{sk}_{\mathrm{R}}^*,\mathrm{pk}_{\mathrm{R}}^*=h^{\mathrm{sk}_{\mathrm{R}}^*})$，$B$ 在随机预言机询问（若需要则模拟随机预言机自身）的历史记录中查找 $H_2(\theta_1^*\|\mathrm{pk}_{\mathrm{R}}^*\|\theta_1^{*\mathrm{sk}_{\mathrm{R}}^*})$ 和 $\tau^*=H_3(\gamma^*\|b_{m^*}\|\mathrm{pk}_{\mathrm{R}}^*\|\theta_1^{*\mathrm{sk}_{\mathrm{R}}^*})$，其中 $(\gamma^*\|b_{m^*})=\theta_2^*\oplus H_2(\theta_1^*\|\mathrm{pk}_{\mathrm{R}}^*\|\theta_1^{*\mathrm{sk}_{\mathrm{R}}^*})$。定义 F_5 为模拟中散列值 $H_1(b_{m^*}\|m^*\|X)$ 从未定义这一事件。由于 H_1 作为随机预言机模型，A 在没有

强制模拟中定义 $H_1(b_{m^*} \| m^* \| X)$ 的情况下赢得游戏的概率最多为 $1/p < 1/2^{k-1}$。进而有 $|\Pr[W_5] - \Pr[W_4]| < \Pr[F_5] < 1/2^{k-1}$。

后面给出 $\Pr[W_5]$ 的上界。当 F 输出一个嵌入在密文 $c^* = (\theta_1^*, \theta_2^*, \theta_3^*)$ 中的伪造签名和密钥对 $(\mathrm{sk}_R^*, \mathrm{pk}_R^* = h^{\mathrm{sk}_R^*})$ 时，通过计算 $(\gamma^* \| b_{m^*}) = \theta_2 \oplus H_2(\theta_1^* \| \mathrm{pk}_R^* \| \theta_1^{*\mathrm{sk}_R^*})$、$\tau^* = H_3(\gamma^* \| b_{m^*} \| \mathrm{pk}_R^* \| \theta_1^{*\mathrm{sk}_R^*})$、$m^* = \mathrm{Dec}_{\tau^*}(\theta_3^*)$ 和 $\sigma^* = \theta_1^{*1/\gamma^*}$，$B$ 可以恢复包含在 c^* 中伪造的三元组 $(m^*, b_{m^*}, \sigma^* = g^{1/[H_1(b_{m^*} \| m^* \| X) + x]})$。

首先假设 m^* 从未作为解签密询问的输入。那么，b_{m^*} 不同于依赖消息的比特 $b_{m^*}^*$（意味着在底层签名方案中如何用相应于 $\mathrm{pk}_u = X$ 的私钥对 m^* 签名）的概率为 1/2，这是由于后者独立于 F 的观察。如前所述的 $\sigma^* = g^{1/(x+h_1^*)} = g_1^{\theta f(x)/(x+h_1^*)}$，其中 $h_1^* = H_1(b_{m^*} \| m^* \| X)$。只要 $b_{m^*} \neq b_{m^*}^*$，则 $h_1^* \notin \{w_1, \cdots, w_{q-1}\}$ 的概率至少为 $[1-(q-1)/p]$，并且 $(x+h_1^*)$ 不能整除 $f(x)$。在这种情况下，通过将 $f(z)/(z+h_1^*)$ 展开为

$$\frac{\gamma - 1}{z + h_1^*} + \sum_{i=0}^{q-2} \gamma_i z^i$$

并计算

$$g^* = \left[\sigma^{*1/\theta} \cdot \prod_{i=0}^{q-2} \psi(g_2^{(x^i)})^{-\gamma_i}\right]^{\frac{1}{\gamma-1}}$$

可提取出一个 q-SDH 对 (h_1^*, g^*)。

当 m^* 为某次签密询问的输入时，可以利用依赖于消息的比特 $b_{m^*}^*$ 生成底层签名 $\sigma = g^{1/[x + H_1(b_{m^*}^* \| m^* \| X)]}$ 来回答。这导致 b_{m^*} 和 $b_{m^*}^*$ 一定不同，否则根据定义 5.6，三元组 $(m^*, b_{m^*}^*, \sigma^*)$ 不会是伪造的。由于 $b_{m^*} \neq b_{m^*}^*$，在第一种情况中 B 可以提取一个 SDH 对。而在另外一种情况下，有 $\Pr[W_5] \leqslant 2 \cdot \mathrm{Adv}^{q\text{-SDH}}(B) + (q-1)/2^{k-1}$。

与其他方案相比，该方案的缺点是 q 的值必须足够大，安全归约会在某种程度上依赖强的假设。

第 6 章 基于 RSA 问题的签密方案

Alexander W. Dent, John Malone-Lee

6.1 简 介

1978 年，Rivest 等[165]给出了第一个实用的公开密钥加密方案和数字签名方案。虽然用今天的标准来看，最初的公钥加密方案也许并不安全，但是 RSA 变换已成为许多公钥加密和数字签名方案的基础。已有证明显示，这些方案非常成功并且在业内广泛应用。但是，尽管广泛用于设计公钥加密方案和数字签名方案，RSA 变换却很少用于构造签密方案。

RSA 变换的基础是使用两个大素数 (p,q) 以及一个与 $(p-1)$ 和 $(q-1)$ 互素的整数 e。RSA 公钥包括 RSA 模数 $N=pq$ 和加密指数 e。RSA 私钥包括 RSA 模数 N 和解密指数 $d=e^{-1} \bmod (p-1)(q-1)$。注意，如果得到了 N 的素因子分解，则容易计算出解密指数。公钥在集合 $\mathbf{Z}_N$ 上定义了一个置换 $x \mapsto x^e \bmod N$。该置换的逆变换为 $x \mapsto x^d \bmod N$。

RSA 变换的安全性源于计算模 N 的 e 次根。实际上，已经证明，由 RSA 公开密钥 (N,e) 来计算 RSA 的解密指数 d 与分解 N 同样困难，原因是已知 (N,e,d) 时，可以在多项式时间内分解 N[135]。这一事实解释了在签密方案中使用 RSA 变换的困难性。对于一个内部安全的签密方案，必须要泄露一方的密钥而不影响安全性，这意味着分解该参与方模数的能力不影响方案的安全性。因此，任何纯粹基于 RSA 变换的签密方案需要两点变化：一是使用发送方的 RSA 参数，消息源的认证服务的安全性依赖该参数；二是使用接收方的参数，数据的机密性依赖该参数。这意味着基于 RSA 的签密方案必定会包含至少两个“高代价”的运算。并且，每个运算必须使用一个不同的模数以便构成不同集合上的置换。两个 RSA 变换的这种不相容性进一步复杂化了高效签密方案的构造。

基于 RSA 签密方案的目标是在减少密文扩展并只使用两个 RSA 变换的基础上达到高安全性。本章在介绍使用 RSA 变换以及填充方法来构造签密方案之前，将回顾早期使用 RSA 模数构造签密方案的一些尝试。这种类型的方案有 Malone-Lee 和 Mao 提出的方案[131]以及 Dodis 等提出的方案[77,78]等。所有的填充方案都基于 Feistl 网络结构，在实施 RSA 变换之前为消息增加冗余和随机性。填充方案也可以看成承诺方案，因此与第 8 章中基于藏匿的签密方案具有某种相似性。

6.2　RSA 变换

RSA 变换是由 Rivest、Shamir 和 Adleman 在 1978 年提出的[165]。这一问题的正式陈述比 6.1 节中的通俗表达要复杂一些。问题的精确定义依赖两个素数 p 和 q 的分布情况。为方便起见，将其定义为一个概率多项式时间的 RSA 参数生成算法 RSAGen，其输入为安全参数 1^k，输出为两个素数 (p,q)，$N=pq$ 是一个 k 比特整数。对 p 和 q 分布的精确描述非常重要，因为它可能导致容易求解的 RSA 问题实例。定义欧拉函数 ϕ 为 $\phi(N)=(p-1)(q-1)$。RSA 问题的正式描述如下。

定义 6.1　令 k 为安全参数，RSAGen 为 RSA 参数生成算法，有如下结论。

（1）假设 $(p,q)\xleftarrow{R}\text{RSAGen}(1^k)$，且 $N\leftarrow pq$。分解问题是指对给定 N 计算 (p,q)。

（2）假设 $(p,q)\xleftarrow{R}\text{RSAGen}(1^k)$，$N\leftarrow pq$，$e\xleftarrow{R}\mathbf{Z}^*_{\phi(N)}$，且 $y\xleftarrow{R}\mathbf{Z}_N$。RSA 问题是指给定 (N,e,y)，计算 x 使得 $x^e=y \bmod N$。

（3）假设 $(p,q)\xleftarrow{R}\text{RSAGen}(1^k)$，$N\leftarrow pq$，$y\xleftarrow{R}\mathbf{Z}_N$。$e$ 次根问题是指给定 (N,y)，计算 x 使得 $x^e=y \bmod N$。

（4）假设 $(p,q)\xleftarrow{R}\text{RSAGen}(1^k)$，$N\leftarrow pq$，$e\xleftarrow{R}\mathbf{Z}^*_{\phi(N)}$，且 $y\xleftarrow{R}\mathbf{Z}_N$。$l'(k)$ 部分 RSA 问题是指给定 (N,e,y)，计算 $x\in\{0,1\}^{l'(k)}$，使得对某个 $x'\in\{0,1\}^{k-l'(k)}$ 满足 $(x\|x')^e=y \bmod N$。

RSA 问题与 e 次根问题的唯一区别在于：加密指数 e 在 e 次根问题中是固定的，而在 RSA 问题中是随机选取的。对 e 值的选择会影响签密算法与解签密算法的效率，但是方案的安全性依赖 e 次根问题的困难性，这比求解 RSA 问题要容易一些。

Coron 等[67]给出了部分 RSA 问题和 RSA 问题的一种直接联系。

引理 6.1　若算法 A 可以以概率 ε，在时间 t 内求解部分 RSA 问题，其中 $2^{k-1}<N<2^k$，$l'(k)>64$，且 $k/l'(k)^2<2^{-6}$，则存在一个算法 B 可以以概率 ε'，在时间 t' 内成功求解 RSA 问题，其中

$$\begin{cases} n=\left\lceil \dfrac{5k}{4l'(k)} \right\rceil \\ \varepsilon' \geqslant \varepsilon(\varepsilon^n-2^{-k/8}) \\ t' \leqslant nt+\text{poly}(k) \end{cases}$$

在当前的研究中，求解 RSA 问题或者 e 次根问题（e 为大于 1 的奇数）的最快方法是分解模数 N。然而，没有相关证据证明这一定成立，或许求解 RSA 问题或者 e 次根问题要比相应地分解问题容易许多。前面提到，生成素数 p 和 q 的方法十分重要，这是因为 p 和 q 的某种分布有可能导致容易求解的分解问题。幸运的是，有证据表明，当 k 足够大时，从任意 $k/2$ 比特的素数中随机选择的 p 和 q 都是满足

要求的[166]。对具有不同长度的模数的安全性具有几种估计，近来最可信的估计是由 Lenstra[20]给出的，如表 6.1 所示。

表 6.1　Lenstra 估计

RSA 模数比特长度	保守的等价对称密钥长度	乐观的等价对称密钥长度
1024	72	72
1280	78	80
1536	82	85
2048	88	95
3072	99	112
4096	108	125
8192	135	163

6.3　基于 RSA 的专用签密方案

大多数基于 RSA 的签密方案可以视为对原构造的应用，其中用到了一个填充方案和一对陷门置换，将在 6.4 节讨论这些构造。然而，有两个依赖 RSA 型技术的构造并没有直接使用 RSA 变换，即 4.5 节中讨论的 Steinfeld-Zheng 构造[184]和 Zheng 对该方案的扩展[206]。这些方案使用的技术类似于 Zheng 基于 Diffie-Hellman 的原始签密方案（4.3 节），但是在（隐藏的）素数阶子群 $\mathbf{Z}_N^*$ 中使用了一个 Schnorr 签名方案。

6.4　由填充方案构造的签密方案

本节研究由填充方案构造签密方案的基础理论[77, 78]。该理论在 Malone-Lee 和 Mao[131]提出的“一石二鸟”签密方案中得到了充分运用。该方案会在 6.5 节中给出。在所有的情况下，该方案只能对具有固定长度的消息签密。然而，通过使用一个适当的填充方案可以将其扩展为对长度在某个界限内的消息都能进行签密。

6.4.1　陷门置换

陷门置换定义为一个概率性多项式时间的生成算法 Gen，其输入为安全参数 1^k，输出是一对 PPT 函数 $(f, f^{-1}) \xleftarrow{R} \mathrm{Gen}(1^k)$。这两个函数构成比特串 $\{0,1\}^{l(k)}$ 集合上的置换，并且互逆。

定义 6.2（单向陷门函数） 称由 Gen 定义的陷门置换是单向的，如果任意 PPT 攻击者 A 在下列实验中的优势可忽略

$$\Pr[x = f^{-1}(y) : x \xleftarrow{R} A(f, y), y \xleftarrow{R} \{0,1\}^{l(k)}, (f, f^{-1}) \xleftarrow{R} \mathrm{Gen}(1^k)]$$

RSA 变换认为是一个单向陷门置换，但是它定义在集合 $\mathbf{Z}_N$ 上，而不是定义在比特串 $\{0,1\}^{l(k)}$ 的集合上，这使得实际中应用这些技术非常复杂。随着对不同方案的引入，本书将进一步讨论这一问题。

6.4.2 可提取的承诺

一个可提取的承诺方案除了具有标准承诺方案的所有性质外，还包含一个提取算法，即对任何承诺，能够以较高的概率提取出唯一的解承诺。该提取算法必须“观察”承诺的构造。这些构造中使用的可提取承诺方案都是利用密码散列函数来实现的，方案严格的安全性分析在随机预言机模型下完成[29]。此处不深入讨论安全性证明的细节，简单说来，提取算法仅需要观察在构造承诺过程中的随机预言机询问。

严格地说，一个可提取承诺方案由三个 PPT 算法构成：Commit、Open 和 Extract。给定消息 m，$\mathrm{Commit}(m)$ 输出 (c,d)。这里，c 代表对消息 m 的承诺，d 代表相应的解承诺。若 (c,d) 是 m 的有效承诺/解承诺对，则 $\mathrm{Open}(c,d)$ 的输出是 m；否则输出 $\perp$。在一个适当的消息空间里，通常对所有的消息 m 都有正确性要求，即 $\mathrm{Open}[\mathrm{Commit}(m)]=m$。

粗略地说，要求承诺隐藏关于底层消息的所有信息，并且存在一个提取算法，如果能观察到生成承诺时的随机预言机询问，则可以恢复出对应该承诺的正确的解承诺。更加严格地说，需要满足以下条件。

（1）隐藏性：对于所有的 PPT 攻击者 $A=(A_1,A_2)$，下式中优势 $\varepsilon_{\mathrm{hide}}$ 是不可忽略的。

$$\left|\Pr\begin{bmatrix} b=b':(m,w)\xleftarrow{R}A_1(1^k),(c_0,d)\xleftarrow{R}\mathrm{Commit}(m), \\ c_1\xleftarrow{R}\{0,1\}^{|c_0|},b\xleftarrow{R}\{0,1\},b'\xleftarrow{R}A_2(c_b,w) \end{bmatrix}-\frac{1}{2}\right|$$

（2）可提取性：若 A 是一个算法，令 $T(A)$ 表示 A 在执行过程中进行的所有随机预言机询问和回答的副本。则要求以下优势是可忽略的。

$$\Pr[\mathrm{Extract}(c,T(A))\neq d\wedge \mathrm{Open}(c,d)\neq\perp:(c,d)\xleftarrow{R}A(1^k)]$$

可提取性意味着从承诺方案中可以获得绑定性质。考虑输出为 (c,d,d') 的算法 A，其中 $d\neq d'$，除非 $\mathrm{Open}(c,d)\neq\perp$ 且 $\mathrm{Open}(c,d')\neq\perp$。则由于 (c,d) 是有效承诺，可以断定 $\mathrm{Extract}[c,T(\mathrm{A})]=d$。但是，由同样讨论，可以得出 $\mathrm{Extract}[c,T(A)]=d'$，与前面结论矛盾。因此得到结论，构造输出为 (c,d,d') 的算法 A 是不可行的。

利用散列函数 $H:\{0,1\}^{|d|}\to\{0,1\}^{|c|}$ 来构造可提取的承诺方案。在 Dodis 等[77, 78]的安全性证明中，该散列函数模型化为随机预言机[29]。假设希望对一个消息 m 承诺，首先将 m 分成两个比特串 m_1 和 m_2，使得 $m=m_1\parallel m_2$。然后选择一个随机比特串 $r\in\{0,1\}^{(|d|-|m_2|)}$。计算承诺和相应的解承诺为

$$c\leftarrow(m_1\parallel 0^{(|c|-|m_1|)})\oplus H(m_2\parallel r)$$
$$d\leftarrow m_2\parallel r$$

式中，$0^{(|c|-|m_1|)}$ 表示长度为 $|c|-|m_1|$ 的全 0 串。显然这个方案的参数是 $|m_1|$、$|m_2|$、$|c|$ 和 $|d|$，用图 6.1 来说明。Open 过程需要计算 $m_2\parallel r\leftarrow d$ 和 $m_1\parallel t\leftarrow c\oplus H(d)$。只有当 $t=0^{(|c|-|m_1|)}$ 时，返回消息 $m=m_1\parallel m_2$，否则返回错误消息 $\perp$。

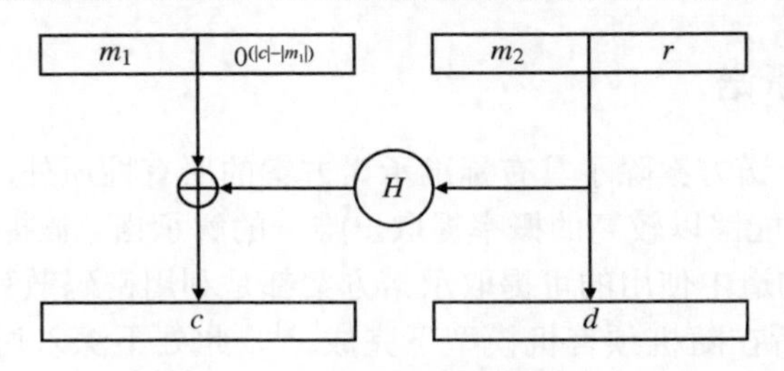

图 6.1 一种可提取承诺方案

该方案是一个通用方案，即给定适当的参数，结合特定的 Feistel 填充方案，可以归约为现有的填充方案[30,31]。若$|m_1|=0$，使用 6.4.3 小节中的 P-Pad 方案，将得到 PSS-R 填充方案[31]。类似地，若$|m_2|=0$，使用 P-Pad 方案，将得到 OAEP 填充方案[30]。PSS 和 OAEP 方案都是由 Bellare 和 Rogaway 提出的。

6.4.3 基于填充的签密方案

现在描述基于填充的签密方案。在所有情况下，发送方的公钥是一个单向陷门置换 $\mathrm{pk_S}=f_\mathrm{S}$，且发送方的私钥是相应的逆置换 $\mathrm{sk_S}=f_\mathrm{S}^{-1}$。类似地，接收方的公钥同样定义为一个单向陷门置换 $\mathrm{pk_R}=f_\mathrm{R}$ 且 $\mathrm{sk_R}=f_\mathrm{R}^{-1}$。在所有的情况下，签密方案在一开始首先对消息应用一个可提取的承诺方案，得到承诺对 (c,d)。然后应用一个填充方案来生成“共享值”(w,s)。最后，为生成密文，发送方和接收方的置换都作用于“共享值”上。

所有的填充方案都是基于 Feistel 网络结构的。Feistel 网络结构的输入为 (L,R)，应用一个轮函数 F，一轮 Feistel 结构的输出为 (L',R')，其中 $L'=R$，$R'=F(R)\oplus L$。容易看出，即使 F 本身不可逆，这样一个过程也是可逆的，因为

$$R=L',\quad L=F(R)\oplus R'$$

所有的填充方案将利用一轮或多轮的 Feistel 网络。轮函数利用散列函数来进行构造。

$$G:\{0,1\}^*\to\{0,1\}^{|d|} \text{ 和 } H:\{0,1\}^*\to\{0,1\}^{|c|}$$

式中，$|c|$和$|d|$分别表示承诺方案中 c 和 d 的长度。用 Pad 表示填充操作，Depad 表示相应的解填充操作。还要使用一个可提取的承诺方案，承诺算法为 Commit，打开算法为 Open。为了安全起见，要求$|c|$、$|d|$、$|r|$和$|c|-|m_1|$要足够大。

定义三个填充方案及相应的签密方案：并行填充、串行填充和扩展串行填充。发现这些方案的一个重要特征是不需要假设使用者发送和接收密文的密钥是分离的：使用者仅用一个变换 f_U 足以实现消息的发送和接收。为了与安全性模型相结合，使用在 3.2.3 小节中讨论过并在 5.4 节中给出的单密钥模型。

1. 基于并行填充方案的签密

图 6.2 描述了并行填充方案（P-Pad）。图 6.3 给出了相应的签密方案，流程图见图 6.4。

P-Pad$(m, \mathrm{pk}_S, \mathrm{pk}_R)$:	P-Depad$(w, s, \mathrm{pk}_S, \mathrm{pk}_R)$:
$\mathrm{bind} \leftarrow \mathrm{pk}_S \Vert \mathrm{pk}_R$	$\mathrm{bind} \leftarrow \mathrm{pk}_S \Vert \mathrm{pk}_R$
$(c, d) \xleftarrow{R} \mathrm{Commit}(m)$	$d \leftarrow G(\mathrm{bind}, w) \oplus s$
$w \leftarrow c$	$c \leftarrow w$
$s \leftarrow G(\mathrm{bind}, c) \oplus d$	$m \leftarrow \mathrm{Open}(c, d)$
返回（w,s）	返回 m

图 6.2　并行填充（P-Pad）方案

Signcrypt (f_S^{-1}, f_R, m):	Unsigncrypt (f_S, f_R^{-1}, C):
$(w, s) \xleftarrow{R}$ P-Pad(m, f_S, f_R)	将C解析为（χ，ψ）
$\chi \leftarrow f_R(w)$	$w \leftarrow f_R^{-1}(\chi)$
$\psi \leftarrow f_S^{-1}(s)$	$s \leftarrow f_S(\psi)$
$C \leftarrow (\chi, \psi)$	$m \leftarrow$ P-Depad(w, s, f_S, f_R)
返回 C	返回 m

图 6.3　并行填充签密方案

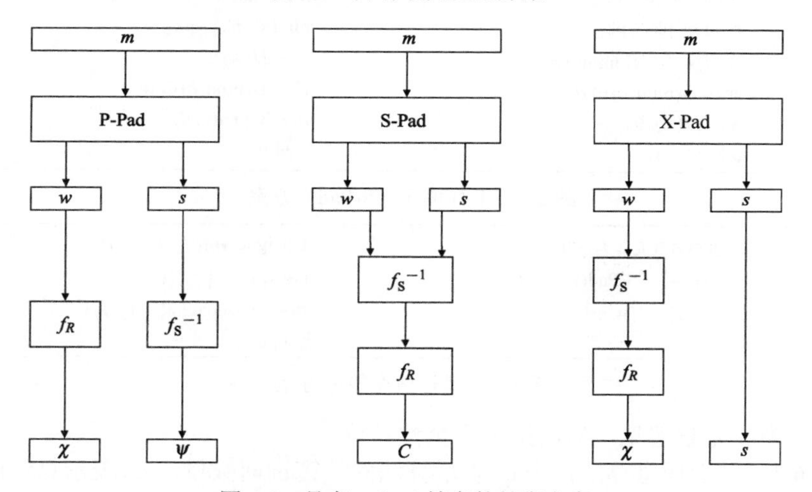

图 6.4　具有 Feistel 填充的签密方案

为了完整起见引用安全性结论。6.4.4 小节中直观地解释了该结果，6.5.2 小节中使用相似的技巧证明了相关方案的安全性。

定理 6.1　对任意算法，令 q_S 表示算法的签密询问数量，q_U 表示算法的解签密询问数量，q_G 表示算法对具有随机预言机性质的散列函数的询问数量。令 $\varepsilon_{\mathrm{tdp}}$ 表示某个攻击者对单向陷门置换的优势，$\varepsilon_{\mathrm{hide}}$ 表示某个攻击者对承诺方案隐藏性质的优势，$\varepsilon_{\mathrm{ext}}$ 表示某个攻击者对承诺方案可提取性质的优势。

若存在一个 PPT 攻击者，对并行填充签密方案的多用户内部 FSO/FUO-IND-CCA2 安全性具有优势 $\varepsilon_{\mathrm{cca}}$，则有

$$\varepsilon_{\mathrm{cca}} \leqslant \varepsilon_{\mathrm{tdp}} + (q_S + 2)[(q_S + q_G)2^{-|c|} + \varepsilon_{\mathrm{hide}}] + q_U(\varepsilon_{\mathrm{ext}} + 2^{-|d|}) + 2\varepsilon_{\mathrm{ext}}$$

若存在一个PPT攻击者对并行填充签密方案的多用户内部FSO/FUO-sUF-CMA安全性质具有优势 ε_{cma}，则有

$$\varepsilon_{\text{cma}} \leqslant q_G \varepsilon_{\text{tdp}} + q_S[(q_S + q_G)2^{-|c|} + \varepsilon_{\text{hide}}] + (q_U + 2)(\varepsilon_{\text{ext}} + 2^{-|d|}) + 6\varepsilon_{\text{ext}}$$

注意，在并行填充方案中应用两个RSA变换是很简单的：仅需要保证两个共享值 (w, s) 小于相应的模数 $(N_{\text{R}}, N_{\text{S}})$ 即可，这可以通过设置 $|w|=|N_{\text{R}}|-1$ 和 $|s|=|N_{\text{S}}|-1$ 来实现，也可以重复执行承诺算法直至得到正确范围内的 (w, s) 值。

2. 基于串行填充方案的签密

与并行填充方案相比，串行填充方案稍显复杂：需要额外的一轮Feistel网络结构，见图6.4。图6.5和图6.6分别给出了填充方案和签密方案。该填充方案是一个两轮的Feistel网络结构，G 是第一轮的轮函数，H 是第二轮的轮函数。

S-Pad$(m, \text{pk}_{\text{S}}, \text{pk}_{\text{R}})$:	S-Depad$(w, s, \text{pk}_{\text{S}}, \text{pk}_{\text{R}})$:
$\text{bind} \leftarrow \text{pk}_{\text{S}} \parallel \text{pk}_{\text{R}}$	$\text{bind} \leftarrow \text{pk}_{\text{S}} \parallel \text{pk}_{\text{R}}$
$(c, d) \xleftarrow{R} \text{Commit}(m)$	$c \leftarrow H(w) \oplus s$
$w \leftarrow G(\text{bind}, c) \oplus d$	$d \leftarrow G(\text{bind}, c) \oplus w$
$s \leftarrow H(w) \oplus c$	$m \leftarrow \text{Open}(c, d)$
返回 (w, s)	返回 m

图6.5　串行填充（S-Pad）方案

Signcrypt$(f_{\text{S}}^{-1}, f_{\text{R}}, m)$:	Unsigncrypt$(f_{\text{S}}, f_{\text{R}}^{-1}, C)$:
$(w, s) \xleftarrow{R} \text{S-Pad}(m, f_{\text{S}}, f_{\text{R}})$	$(w, s) \leftarrow f_S[f_R^{-1}(C)]$
$C \leftarrow f_{\text{R}}[f_{\text{S}}^{-1}(w, s)]$	$m \leftarrow S\text{-Depad}(w, s, f_{\text{S}}, f_{\text{R}})$
返回 C	返回 m

图6.6　串行填充签密方案

同样，为了完整起见，后面给出安全性结论。

定理6.2　对于任意算法，令 q_S 表示算法的签密询问数量，q_U 表示算法的解签密询问数量，q_G 表示算法对具有随机预言机性质的散列函数 G 的询问数量，q_H 表示算法对具有随机预言机性质的散列函数 H 的询问数量。令 ε_{tdp} 表示某个攻击者对单向陷门置换的优势，$\varepsilon_{\text{hide}}$ 表示某个攻击者对承诺方案隐藏性质的优势，ε_{ext} 表示某个攻击者对承诺方案可提取性质的优势。

若存在一个PPT攻击者，对串行填充签密方案的多用户内部FSO/FUO-IND-CCA2安全性质具有优势 ε_{cca}，则有

$$\begin{aligned}\varepsilon_{\text{cca}} \leqslant\ & \varepsilon_{\text{tdp}} + (q_S + q_G + q_H)^2 2^{-|d|} \\ & + (q_S + q_U)[(2q_G + q_S)2^{-|c|} + \varepsilon_{\text{hide}} + \varepsilon_{\text{ext}}] + 3q_G\varepsilon_{\text{hide}}\end{aligned}$$

若存在一个PPT攻击者，对串行填充签密方案的多用户内部FSO/FUO-sUF-CMA安全性质具有优势 ε_{cma}，则有

$$\varepsilon_{\text{cma}} \leqslant q_G \varepsilon_{\text{tdp}} + (q_S + q_G + q_H)^2 2^{-|d|} + (q_S + q_U)[(q_G + q_S)2^{-|c|} + \varepsilon_{\text{hide}} + 4\varepsilon_{\text{ext}}]$$

注意，串行签密方案（以及扩展串行签密方案）在密钥未知模型下是不安全的，因为攻击者总可以令 $f_S = f_R$，并从签密方案中去掉陷门置换。

用 RSA 变换来代替单向置换以修改串行填充方案更加困难。这是由于发送方的 RSA 变换定义了 $\mathbf{Z}_{N_S}$ 上的一个置换，而接收方的 RSA 变换定义了 $\mathbf{Z}_{N_R}$ 上的一个置换，因此第一个变换的结果不构成第二个变换的有效输入。在 6.5.1 小节讨论 RSA-TBOS 方案时将深入讨论这一问题。

3. 基于扩展的串行填充方案的签密

扩展的串行填充方案与串行填充方案基本相同，不同之处在于如何应用它来构造签密方案。应用扩展串行填充的效果是以略微长一些的密文代价，换取更紧致的安全性证明。得到的 X-Pad 签密方案在图 6.7 中给出，图 6.4 给出了图示。

Signcrypt(f_S^{-1}, f_R, m):	Unsigncrypt (f_S, f_R^{-1}, C):
$(w,s) \xleftarrow{R}$ S-Pad(m, f_S, f_R)	将 C 解析为（χ, s）
$\chi \leftarrow f_R[f_S^{-1}(w)]$	$w \leftarrow f_S[f_R^{-1}(C)]$
$C \leftarrow (\chi, s)$	$m \leftarrow$ S-Depad(w, s, f_S, f_R)
返回 C	返回 m

图 6.7　扩展顺序填充签密方案

定理 6.3　对于任意算法，令 q_S 表示算法的签密询问数量，q_U 表示算法的解签密询问数量，q_G 表示算法对具有随机预言机性质的散列函数 G 的询问数量，q_H 表示算法对具有随机预言机性质的散列函数 H 的询问数量。令 ε_{tdp} 表示某个攻击者对单向陷门置换的优势，$\varepsilon_{\text{hide}}$ 表示某个攻击者对承诺方案隐藏性质的优势，ε_{ext} 表示某个攻击者对承诺方案可提取性质的优势。

若存在一个 PPT 攻击者，对扩展串行填充签密方案的多用户内部 FSO/FUO-IND-CCA2 安全性质具有优势 ε_{cca}，则有

$$\varepsilon_{\text{cca}} \leqslant \varepsilon_{\text{tdp}} + (q_S + q_G + q_H)^2 2^{-|d|} + (q_S + q_U)[(2q_G + q_S)2^{-|c|} + \varepsilon_{\text{hide}} + \varepsilon_{\text{ext}}] + 3q_G \varepsilon_{\text{hide}}$$

若存在一个 PPT 攻击者，对扩展串行填充签密方案的多用户内部 FSO/FUO-sUF- CMA 安全性质具有优势 ε_{cma}，则有

$$\varepsilon_{\text{cma}} \leqslant q_G \varepsilon_{\text{tdp}} + (q_S + q_G + q_H)^2 2^{-|d|} + (q_S + q_U)[(q_G + q_S)2^{-|c|} + \varepsilon_{\text{hide}} + 4\varepsilon_{\text{ext}}]$$

在基于串行填充和扩展串行填充的方案中，安全性归约有着同等程度的松弛。然而，基于扩展串行填充的方案认为更安全，这是由于攻破单向陷门函数的算法效率更高。细节可参考 Dodis 等的文献[77]。这一构造中应用 RSA 变换的问题将在 6.5.1 小节中讨论。

6.4.4 直观证明

对于在签密方案的安全性证明中如何应用 6.4.2 小节中提出的可提取承诺的概念，这里给出一些直观的讨论。本节的处理方式只是直觉上的，严格证明参见文献[77]和文献[78]。

以 P-Pad 签密方案为例，由 Dodis 等[77, 78]给出的 P-Pad 方案的语义安全性证明所基于的假设是陷门置换 f_R 是单向的。作为证明的一部分，必须说明攻击者通过解签密预言机询问和签密询问不能攻破方案的安全性。为实现这一点，需要说明能够在不对 f_R 求逆的前提下，利用随机预言机模型性质和可提取承诺方案来构造签密和解签密预言机的模拟。

考虑提交给解签密预言机的密文 (χ,ψ)。容易用 $f_S(\psi)$ 恢复出 s。在随机预言机模型下，可以记录随机预言机 G 的输入 $\text{bind}\,\|\,c$ 和相应的输出。并且由于承诺方案的可提取性，对每个输入 c，可以确定 c 是否是某个值的有效承诺，如果是，相应的解承诺为 d。因此，可以搜索一对 (c,d) 使得 $G(\text{bind}\,\|\,c)\oplus d = s$ 且 $f_R(c)=\chi$。若存在这样的对，可以返回消息 $\text{Open}(c,d)$。否则返回错误符号 $\perp$。

类似地，如果考虑对消息 m 的签密询问，则可以利用随机预言机来生成一个有效的密文。首先计算 $(c,d)\xleftarrow{R}\text{Commit}(m)$ 并选择一个随机的 s。计算密文 $\chi \leftarrow f_R(c)$ 和 $\psi \leftarrow f_S(s)$，固定随机预言机使得 $G(\text{bind}\,\|\,c)=s\oplus d$。可以证明，攻击者会以较高的概率忽略这一“固定”的随机预言机，进而得到消息 m 的有效签密值。

然而，为了破坏方案的安全性，攻击者必须向 G 预言机询问生成挑战密文的承诺 c^*。(若攻击者不对 c^* 询问 G 预言机，则不能获得相应解承诺 d^* 的任何信息，由于承诺方案的隐藏性质，进而攻击者不能获得关于消息的任何信息。)若攻击者不向 G 预言机询问 c^*，则必须设法对挑战密文 χ^* 求 f_R 的逆变换，这样就破坏了单向陷门置换的安全性。

方案的不可伪造性遵循相似的理由。可以按照机密性证明中的方法模拟签密和解签密预言机。然而，为了对任意消息伪造签密值，可以证明，这意味着攻击者必须对一个新的值 s 伪造签密值，即签密预言机还没有对该 s 值生成签密。现在，由于 $s=G(\text{bind}\,\|\,c)\oplus d$ 以及 G 是随机预言机，这等价于对随机的输入求 f_S 的逆，即破坏单向陷门置换的安全性。

6.5 基于 RSA-TBOS 的签密

独立于并略早于 Dodis 等[77, 78]提出的抽象概念，Malone-Lee 和 Mao 以“Two Birds One Stone（TBOS）”为题给出了一个类似的基于填充的签密方案[131]。这里给出稍作修改后的算法，在多用户模型下是可证明安全的。

6.5.1 TBOS 构造

图 6.8 给出了 TBOS 方案，该方案使用了 6.4.2 小节中描述的一种可提取承诺方案，即 6.4.3 小节第一部分中的并行填充方案，对陷门置换的处理方式与第二部分中的串行

签密方案相似。整体效果就是这种构造与串行签密方案非常类似，但是使用的 Feistel 网络少了一轮。然而，效率的提高削弱了安全性。

Signcrypt(f_S^{-1}, f_R, m):	Unsigncrypt(f_S, f_R^{-1}, C):
bind ← $pk_S \| pk_R$	bind ← $pk_S \| pk_R$
$r \xleftarrow{R} \{0,1\}^{\|d\|-\|m\|}$	$(w\|s) \leftarrow f_S[f_R^{-1}(C)]$
$c \leftarrow H(\text{bind}, m\|r)$	$m\|r \leftarrow G(\text{bind}, w) \oplus s$
$d \leftarrow m\|r$	如果 $H(\text{bind}, m\|r) = w$ 返回 m
$w \leftarrow c$	否则返回⊥
$s \leftarrow G(\text{bind}, c) \oplus d$	
$C \leftarrow f_R[f_S^{-1}(w\|s)]$	
返回 C	

图 6.8　具有任意置换的 TBOS 签密方案

原始构造是在双用户模型下设计并进行安全性证明的。这里在单密钥多用户模型下重新表述了该方案。这一构造的安全性证明将在 6.5.2 小节中给出。

现在将任意的陷门置换更改为 RSA 置换。RSA 置换定义在 $\mathbf{Z}_N$ 上，如本章引言中所讨论，需要使用不同的 N 值来定义发方置换和收方置换。若是在任意集合上的置换这一意义下定义抽象构造，则只允许使用一个 RSA 变换，由此产生的一个问题就是在签密构造中使用的两个置换一定作用于两个不同集合上。特别地，若发送方的公钥和私钥由整数 (N_S, e_S) 和 (N_S, d_S) 构成，接收方的公钥和私钥由整数 (N_R, e_R) 和 (N_R, d_R) 构成，则当 $f_S^{-1}(w,s) = (w\|s)^{d_R} \bmod N_S$ 是一个大于 N_R 的整数时，该如何执行签密并不是很清晰。类似地，若 $f_R^{-1}(w,s) = (w\|s)^{d_R} \bmod N_R$ 是一个大于 N_S 的整数，则该如何执行解签密也不是很清晰。这个问题称为 RSA 签密的域问题。

图 6.9 给出了 RSA-TBOS 构造。注意到这一方案没有使用 Setup 算法。通过定理 6.4、定理 6.5 和引理 6.1，该方案的安全性可以归约为求解 RSA 问题。进一步的细节可以参考文献[131]。

RSA-TBOS 签密方案用两种方法解决域问题。首先，如果选择一个随机值 r 使得结果 $w\|s$ 大于 N_S，则签密算法失败。当该情况发生，仍可对该消息签密，但是需要选择一个不同的 r 值。发生需要选择两个以上 r 值的情况的可能性不大。其次，若中间密文 C' 大于 N_R，则签密算法将最高比特强制设为零以得到一个相对较小的值，这就确保了结果位于正确域中。这可能会导致安全性或者可用性上的弱点，因为可能存在两个消息具有相同的密文：中间密文 C' 是消息 m 和随机值 r 的结果，这导致对 (w,s) 满足 $(w\|s)^{e_S} \bmod N_S = C'$，或者 C' 是消息 m' 和随机值 r' 的结果，这导致一个对 (w',s') 满足 $(w'\|s')^{e_S} \bmod N_S = C' + 2^{k+1} > N_R$。然而，由于 $(m,r) \neq (m',r')$ 且 H 是一个随机预言机，$H(\text{bind}, m\|r) = w$ 且 $H(\text{bind}, m'\|r') = w'$ 的概率非常小。因此，只有一个解是有效密文的概率相当高。这使得可以将抽象构造的安全性证明改造成对 RSA-TBOS 构造的安全性证明。

$\mathrm{KeyGen_S}(1^k)$:

$(p,q) \xleftarrow{R} \mathrm{RSAGen}(1^k)$

$N_S \leftarrow pq$

$e_S \xleftarrow{R} \mathbf{Z}^*_{\phi(N)}$

$d_S \leftarrow e_S^{-1} \bmod (p-1)(q-1)$

$\mathrm{pk_S} \leftarrow (N_S, e_S)$; $\mathrm{sk_S} \leftarrow (N_S, d_S)$

返回 $(\mathrm{pk_S}, \mathrm{sk_S})$

$\mathrm{KeyGen_R}(1^k)$:

$(p,q) \xleftarrow{R} \mathrm{RSAGen}(1^k)$

$N_R \leftarrow pq$

$e_R \xleftarrow{R} \mathbf{Z}^*_{\phi(N)}$

$d_R \leftarrow e_R^{-1} \bmod (p-1)(q-1)$

$\mathrm{pk_R} \leftarrow (N_R, e_R)$; $\mathrm{sk_R} \leftarrow (N_R, d_R)$

返回 $(\mathrm{pk_R}, \mathrm{sk_R})$

$\mathrm{Signcrypt}(\mathrm{sk_S}, \mathrm{pk_R}, m)$:

将 $\mathrm{sk_S}$ 解析为 (N_S, d_S)

将 $\mathrm{pk_R}$ 解析为 (N_R, e_R)

$\mathrm{bind} \leftarrow \mathrm{pk_S} \| \mathrm{pk_R}$

$r \xleftarrow{R} \{0,1\}^{|r|}$

$w \leftarrow H(\mathrm{bind}, m \| r)$

$s \leftarrow (m \| r) \oplus G(\mathrm{bind}, w)$

若 $w \| s > N_S$ 则返回⊥

$C' \leftarrow (w \| s)^{d_S} \bmod N_S$

若 $C' > N_R$ 则 $C' \leftarrow C' - 2^{k-1}$

$C \leftarrow C'^{e_R} \bmod N_R$

返回 C

$\mathrm{Unsigncrypt}(\mathrm{pk_S}, \mathrm{sk_R}, C)$:

将 $\mathrm{pk_S}$ 解析为 (N_S, e_S)

将 $\mathrm{sk_R}$ 解析为 (N_R, d_R)

$\mathrm{bind} \leftarrow \mathrm{pk_S} \| \mathrm{pk_R}$

$C' \leftarrow C^{d_R} \bmod N_R$

若 $C' > N_S$ 则返回⊥

$(w \| s) \leftarrow C'^{e_S} \bmod N_S$

$m \| r \leftarrow s \oplus G(\mathrm{bind}, w)$

若 $H(\mathrm{bind}, m \| r) = w$ 则返回 m

$C' \leftarrow C' + 2^{k-1}$

若 $C' > N_S$ 则返回⊥

$(w \| s) \leftarrow C'^{e_S} \bmod N_S$

$m \| r \leftarrow s \oplus G(\mathrm{bind}, w)$

若 $H(\mathrm{bind}, m \| r) = w$ 则返回 m

否则返回⊥

图 6.9　RSA-TBOS 签密方案

对 RSA-TBOS 签密方案域问题的解决方法会导致一个不好的后果，即在解签密过程中为了恢复出消息（或者为了判断密文是否有效），解签密预言机必须执行一个额外的指数运算。Malone-Lee 和 Mao[131]给出了两种方法来避免这一问题。

（1）第一种方法是当签密算法生成的值 $C' > N_R$ 时，则令算法失败。对于当 $(w \| s) > N_S$ 时算法失败的情况，签密算法仍旧能作用于消息上，但是需要重新选择一个 r 值。

（2）第二种方法是只要中间值 C' 大于 N_R，则将一个设置为 1 的比特 b 附在密文之后。在这种情况下，解签密算法总是将计算 $C' \leftarrow C' + 2^{b(k-1)}$ 作为解签密过程的一部分。

对于这些方案虽然没有额外给出严格的安全性论据，但是它们与原始构造表现得同样安全，因为证明使用的模拟签密和解签密预言机的方法可以就中间值 C' 的大小提供信息。

最后，容易对该方案进行修改，以使其具有抗否认性质。为了证实消息 m，接收方只需要给出在解签密过程中计算的中间值 C'。容易验证对于密文它是否为正确的中间值，只需计算 $C = f_R(C')$ 即可，并且易按照一般的解签密过程计算出相应的消息。

6.5.2 TBOS 签密方案的安全性证明

由于在多用户模型下重新表述了 TBOS 方案，必须重新证明方案的安全性。抽象 TBOS 的安全性依赖于关于单向陷门置换求逆的困难性的非标准假设。

定义 6.3（部分双向的单向置换） 令 k 为安全参数，Gen 定义了 $\{0,1\}^{l(k)}$ 上的一类陷门置换，对所有 k，令 $l'(k) \leqslant l(k)$。如果任意 PPT 攻击者 A 在实验中的成功概率可忽略，则称这一组陷门置换为部分双向的单向置换。

$$\Pr\left[f_2[f_1^{-1}(C)] = w \| s : \begin{array}{c} w \xleftarrow{R} A(f_1, f_2, C), C \leftarrow \{0,1\}^{l(k)}, \\ (f_2, f_2^{-1}) \xleftarrow{R} \mathrm{Gen}(1^k), (f_1, f_1^{-1}) \xleftarrow{R} \mathrm{Gen}(1^k) \end{array} \right]$$

对于某个 s，$w \in \{0,1\}^{l'(k)}$。

该定义可以理解为对函数 $f_1 \circ f_2^{-1}$ 求部分逆的困难性。该函数在两个方向上都是单向的；然而，知道陷门时只允许在一个方向上计算函数。这非常类似于在串行填充签密方案中所使用的置换的顺序。显然，给定 (f_1, f_2, C)，计算出全部输入 $f_2[f_1^{-1}(C)]$ 的问题等价于给定 (f_1, C)，计算 $f_1^{-1}(C)$。然而，除非在特殊情况下，给定 (f_1, f_2, C) 计算出输入 $f_2[f_1^{-1}(C)]$ 的一部分似乎不等价于由 (f_1, C) 来计算 $f_1^{-1}(C)$ 的部分输入。

定理 6.4 令 A 为 PPT 攻击者，对签密方案的多用户单密钥外部 FSO/FUO-IND-CCA2 安全具有优势 ε_{cca}，假设 A 进行最多 q_S 次签密询问，q_U 次解签密询问，q_G 次对具有随机预言机性质的散列函数 G 的询问，q_H 次对具有随机预言机性质的散列函数 H 的询问。则存在 PPT 攻击者 B 对部分双向的单向置换具有优势 ε_{tdp} 满足

$$\begin{aligned} \varepsilon_{\text{cca}} \leqslant & (q_G + q_H + q_S)\varepsilon_{\text{tdp}} + (q_H + q_S)(q_G + q_H + q_S)2^{-|c|} \\ & + (q_H + q_S)^2 2^{-|r|} + q_S 2^{-|r|} + q_U(2^{-|c|} + 2^{-(|c|+|d|)}) \end{aligned}$$

证明

假设 $A = (A_1, A_2)$ 为针对签密方案的多用户单密钥外部 FSO/FUO-IND-CCA2 安全的攻击者。假设攻击者 A 使用挑战发送方公钥 f_S^* 和挑战接收方公钥 f_R^* 运行。后面首先解释如何模拟攻击者能访问的预言机。

（1）G 预言机：若对输入 (bind, w) 询问 G 预言机，预言机在 GL_{IST} 中搜索记录 (bind, w, t)。若存在这样的记录，预言机返回 t。否则，预言机生成 $t \xleftarrow{R} \{0,1\}^{|d|}$，将 (bind, w, t) 存储到 GL_{IST} 中，并返回 t。

（2）H 预言机：若对输入 $(\text{bind}, m \| r)$ 询问 H 预言机，预言机在 HL_{IST} 中搜索记录 $(\text{bind}, m \| r, W, C)$。若存在这样的记录，预言机返回 w。若 bind 不能拆分为 $f_S \| f_R$，则预言机按照与 G 预言机相同的方式进行模拟。否则，预言机选择 $x \xleftarrow{R} \{0,1\}^{|c|+|d|}$，计算 $y \leftarrow f_S(x)$ 和 $C \leftarrow f_R(x)$，将 y 拆分为 $y_1 \| y_2$，其中 $y_1 \in \{0,1\}^{|c|}$，$y_2 \in \{0,1\}^{|d|}$。若 G

预言机对 (bind, y_1) 有定义，则算法失败。若没有，预言机将 $(\text{bind}, m \| r, y_1, C)$ 存储到 HL_{IST} 中，将 $(\text{bind}, y_1, y_2 \oplus m \| r)$ 存储到 GL_{IST} 中，并返回 y_1。

（3）签密：若对发送方公钥 $f_{\text{U}} \in \{f_{\text{S}}^*, f_{\text{R}}^*\}$，接收方的公钥 f_{R} 和消息 m 询问签密预言机，则预言机计算 $\text{bind} \leftarrow f_{\text{U}} \| f_{\text{R}}$，选择 $r \xleftarrow{R} \{0,1\}^{|r|}$ 和 $x \xleftarrow{R} \{0,1\}^{|c|+|d|}$，计算 $y \leftarrow f_{\text{U}}(x)$ 和 $C \leftarrow f_{\text{R}}(x)$，将 y 拆分为 $y_1 \| y_2$，其中 $y_1 \in \{0,1\}^{|c|}$，$y_2 \in \{0,1\}^{|d|}$。若 H 预言机对 $(\text{bind}, m \| r)$ 有定义，或者 G 预言机对 (bind, y_1) 有定义，则算法失败。若没有，预言机将 $(\text{bind}, m \| r, y_1, C)$ 加入到 HL_{IST} 中，将 $(\text{bind}, y_1, y_2 \oplus m \| r)$ 加入到 GL_{IST} 中，并返回 C。

（4）解签密：若对发送方的公钥 f_{S}，接收方的公钥 $f_{\text{U}} \in \{f_{\text{S}}^*, f_{\text{R}}^*\}$ 和密文 C 询问解签密预言机，则预言机计算 $\text{bind} \leftarrow f_{\text{U}} \| f_{\text{R}}$ 并在 HL_{IST} 中搜索记录 $(\text{bind}, m \| r, x, C)$。若存在这样的记录，预言机返回 m。否则，返回 $\perp$。

只要以下四种例外情况不发生，则模拟是完美的。

（1）H 预言机强制定义了 G 预言机已经定义过的某个 (bind, y_1) 记录。对于每个 H 预言机询问，y_1 是 $\{0,1\}^{|c|}$ 上随机选择的值。由于 $|\text{GL}_{\text{IST}}| \leqslant q_G + q_H + q_S$，由此得到 y_1 为先前某次询问的一部分的概率 $\leqslant (q_G + q_H + q_S)2^{-|c|}$。进而，当考虑所有的 H 预言机询问时，模拟失败的概率 $\leqslant q_H(q_G + q_H + q_S)2^{-|c|}$。

（2）签密预言机对某个已经定义过的 $(\text{bind}, m \| r)$ 强制定义了一个 H 预言机询问。然而，由于 r 是随机选取，且 $|\text{HL}_{\text{IST}}| \leqslant q_H + q_S$，这一事件发生的概率最多为 $q_S(q_H + q_S)2^{-|r|}$。

（3）签密预言机对某个已经定义过的 (bind, y_1) 强制定义了一个 G 预言机询问。同样，由于 y_1 是随机选取，且 $|\text{GL}_{\text{IST}}| \leqslant q_G + q_H + q_S$，这一事件发生的概率最多为 $q_S(q_G + q_H + q_S)2^{-|c|}$。

（4）解签密预言机对某个有效的密文返回了 $\perp$。这只在一种情况下发生，即没有向 H 预言机询问过对于满足 $H(\text{bind}, m \| r) = w$ 的 $(\text{bind}, m \| r)$。由于 H 是随机预言机，$H(\text{bind}, m \| r)$ 定义为 w 的概率为 $2^{-|c|}$。因此，模拟失败的概率 $\leqslant q_U 2^{-|c|}$。

使用这些模拟的预言机定义一个算法来打破挑战用户公钥的部分单向性质。算法 B 按照如下方式运行。

（1）B 收到公钥 (f_1, f_2) 和挑战值 C^*。B 设置 $f_{\text{S}}^* = f_2$，$f_{\text{R}}^* = f_1$。

（2）B 对 $(f_{\text{S}}^*, f_{\text{R}}^*)$ 运行 A_1。若 A 询问一个预言机，则使用上述模拟预言机进行回答，一个例外情况是 A 对 C^* 和发送方公钥 f_{S}^* 询问解签密预言机，此时 B 终止。当输出两个等长的消息 (m_0, m_1) 和某个状态信息 w 时，A_1 终止。

（3）B 对输入 (C^*, w) 运行 A_2。若 A_2 进行预言机询问，则使用上述模拟预言机进行回答。A_2 输出一个比特 b' 后终止。

（4）B 在 GL_{IST} 上选择随机的输入并将其作为难题实例的解输出。

后面考虑 B 成功的概率。令*表示计算中与挑战密文 C^* 相关联的变量。因此，C^*

为使用随机值 r^* 对 $m^* \in \{m_0, m_1\}$ 的加密后的密文，计算中涉及的中间变量为 bind^*、c^*、d^*、w^* 和 s^*。B 对 A 的环境的模拟是完美的，除非以下事件之一发生。

（1）A_1 对 (f_S^*, C^*) 询问解签密预言机。由于 C^* 是随机选择的，这一事件发生的概率具有上界 $q_U 2^{-k}$。

（2）A_2 进行解签密询问，由于正确的记录 $(\mathrm{bind}^*, m^* \| r^*, y_1, C)$ 不在 $\mathrm{HL_{IST}}$ 中而返回 $\perp$。然而，在这种情况下一定有 $C = C^*$，因而询问非法。所以，这一事件发生的概率为 0。

（3）A 询问 G 预言机、H 预言机或者是签密预言机，其询问中定义了 G 预言机对询问 (bind^*, w^*) 的行为。在这种情况下，模拟失败；然而，B 有可能恢复出挑战的解，令这一事件为 E。注意，$\Pr[E] \geqslant (q_G + q_H + q_S)\varepsilon_{\mathrm{tdp}}$。所有进一步的分析都是以 E 没有发生为前提条件的。

（4）A 对 $(\mathrm{bind}^*, m^* \| r^*)$ 进行 H 预言机询问。然而，若 E 没有发生，则 r^* 在信息论意义上对攻击者保密。因此，这个 H 预言机询问发生的概率不超过 $q_H(q_H + q_S)2^{-|r|}$，用 E' 表示这一事件。

（5）A 向定义了 H 预言机动作的签密预言机询问 $(\mathrm{bind}^*, m^* \| r^*)$。由于在签密预言机的模拟过程中 r 是随机选择的，其发生的概率 $\leqslant q_S 2^{-|r|}$。

最后，注意到若 E 和 E' 不发生，则攻击者 A 将不具有破坏签密方案 FSO/FUO-IND-CCA2 安全性的优势。因此有

$$\varepsilon_{\mathrm{cca}} \leqslant (q_G + q_H + q_S)\varepsilon_{\mathrm{tdp}} + (q_H + q_S)(q_G + q_H + q_S)2^{-|c|} + (q_H + q_S)^2 2^{-|r|} + q_S 2^{-|r|} + q_U(2^{-|c|} + 2^{-(|c|+|d|)})$$

证毕。

定理 6.5　令 A 为 PPT 攻击者，对签密方案的多用户内部 FSO/FUO-sUF-CMA 安全性具有优势 $\varepsilon_{\mathrm{cma}}$，假设 A 进行最多 q_S 次签密询问，q_U 次解签密询问，q_G 次具有随机预言机性质的散列函数 G 的询问，q_H 次具有随机预言机性质的散列函数 H 的询问。则存在 PPT 攻击者 B 对单向置换具有优势 $\varepsilon_{\mathrm{tdp}}$，满足

$$\varepsilon_{\mathrm{cma}} \leqslant q_H \varepsilon_{\mathrm{tdp}} + (q_H + q_S + 1)(q_G + q_H + q_S)2^{-|c|} + q_S(q_H + q_S)2^{-|r|} + (q_U + 1)2^{-|c|}$$

证明

假设 A 为针对签密方案的多用户单密钥内部 FSO/FUO-sUF-CMA 安全的攻击者。假设攻击者 A 使用挑战发送方公钥 f_S^* 运行。按照与前面定理相似的方式模拟预言机（不同之处在于此处没有预先指定的挑战接收方密钥 f_R^*，并对 H 预言机稍作修改）。破坏 f_S^* 单向性的算法 B 描述如下。

（1）B 收到挑战函数 f_S^* 和挑战值 y^*。将 y 拆分为 $w^* \| s^*$，其中 $w^* \in \{0,1\}^{|c|}$。

（2）B 随机选择一个索引 $i^* \xleftarrow{R} \{1,2,\cdots,q_H\}$。该索引定义了 B 关于 H 预言机询问的猜测，该预言机询问对应于 A 最终输出的伪造。

（3）B 对 f_S^* 运行 A。若 A 询问预言机，则 B 利用定理 6.4 中描述的模拟者进行回答，对 H 预言机的第 i^* 个新的询问是例外。

① 若 H 预言机第 i^* 个询问的输入为 $(\text{bind}^*, m^* \| r^*)$，其中 $\text{bind}^* = f_S^* \| f_S^*$，则 B 将 $(\text{bind}^*, m^* \| r^*, w^*, w^* \| s^*)$ 存储到 HL_{IST} 中，将 $(\text{bind}^*, w^*, s^* \oplus m^* \| r^*)$ 存储到 GL_{IST} 中，并返回 w^*。

② 若 H 预言机第 i^* 个询问的输入为 $(\text{bind}^*, m^* \| r^*)$，其中 $\text{bind}^* \neq f_S^* \| f_S^*$，则 B 将 $(\text{bind}^*, m^* \| r^*, w^*, ?)$ 存储到 HL_{IST} 中，将 $(\text{bind}^*, w^*, s^* \oplus m^* \| r^*)$ 存储到 GL_{IST} 中，并返回 w^*。

在每种情况中，若 G 预言机对于输入 (bind^*, w^*) 已经有定义，则 B 终止。A 输出接收方的密钥对 (f_R^*, f_R^{*-1}) 和密文 C 后终止。

（4）B 输出 $f_R^{*-1}(C)$。

为了符号上的方便，令 C^* 表示使用随机值 r^* 和 bind^* 中定义的公钥对 m^* 的加密值。换句话说，C^* 是对应于 H 预言机第 i^* 个询问的相关密文。若 B 的模拟是完美的，则添加到 HL_{IST} 中的将是记录 $(\text{bind}^*, m^* \| r^*, w^*, C^*)$ 而非 $(\text{bind}^*, m^* \| r^*, w^*, ?)$。$B$ 能正确模拟 A 的可用预言机，除非：①定理 6.4 中定义的四个条件之一成立；②G 预言机对 (bind^*, w^*) 已有定义，或者③A 将密文 C^* 和发送方的公钥 f_S 提交给解密预言机，其中 $\text{bind}^* = f_S^* \| f_S^*$。已经证明了①成立的概率最多为

$$(q_H + q_S)(q_G + q_H + q_S)2^{-|c|} + q_S(q_H + q_S)2^{-|r|} + q_U 2^{-|c|}$$

并且由于 w^* 是随机选择的，条件②发生的概率最多为 $(q_G + q_H + q_S)2^{-|c|}$。

为了使 B 能够对挑战值正确求逆，它必须正确地将挑战注入到正确的 H 预言机询问。若 A 输出一个密文，H 预言机对其底层值 $(\text{bind}, m\| r)$ 没有定义，则该密文能成为正确伪造的概率不大于 $2^{-|c|}$。若 A 确实进行了这样的询问，则以概率 $1/q_H$ 成为对 H 预言机的第 i^* 次询问。若该事件发生，则 B 输出挑战问题的正确解。

可以断定对解签密预言机的模拟足以使条件③不发生。若 B 成功地对挑战求逆，则要求 $\text{bind}^* = f_S^* \| f_R^*$。回顾 f_S^* 是由挑战实例定义的，而 f_R^* 是由攻击者定义的。因此，若 B 猜测的 i^* 正确并且条件③成立，则 $\text{bind}^* = f_S^* \| f_S^*$。然而在这种情况下，确实是将正确值加入到 HL_{IST} 中并且正确地模拟了解签密。因此得出结论

$$\begin{aligned}\varepsilon_{\text{cma}} \leqslant q_H \varepsilon_{\text{tdp}} &+ (q_H + q_S + 1)(q_G + q_H + q_S)2^{-|c|} \\ &+ q_S(q_H + q_S)2^{-|r|} + (q_U + 1)2^{-|c|}\end{aligned}$$

证毕。

第III部分

构 造 技 术

第 7 章　混合签密

Tor E.Bjørstad

7.1　背景知识

许多通用的非对称密码原语具有一个重大缺陷，那就是其计算效率远远低于相应的对称加密算法。混合密码学是非对称密码学的一个分支，其目标是在一个大型的非对称方案中通过使用对称密码中的原语来提高整体性能，从而克服上述缺点。

混合方法典型的例子是混合加密方案。在这种方案中，使用对称加密算法，如在安全操作模式下的分组密码，来克服相对较慢的速度和传统公钥加密方案受限的消息空间。严格地讲，这是用公钥方案来安全地传送一次性的对称密钥，并用该密钥和对称加密方案为后续的通信加密。这样就得到一个快速、高效和实用的方案，甚至还可用于对较长的消息加密。

虽然混合加密的基本概念多年以来在密码学中一直为人们熟知，但是其形式化的构造方法却直到 20 世纪 90 年代末才由 Cramer 和 Shoup 第一次提出[68]。他们提出的 KEM+DEM 模型将一个混合加密方案分为两部分：非对称的密钥封装机制（KEM）和对称的数据封装机制（DEM）。这种模型的一个主要优点是可以独立地分析 KEM 和 DEM 的安全性，这是由于已知一个安全的 KEM 与一个安全的 DEM 进行组合后，其安全性等于各个部件的安全性。虽然并非所有的混合加密体制都可纳入这个框架，但已经证明了模型本身在理论和实践上的实用性。

由 Zheng[203]提出的原始签密方案（已在 3.3 节和 4.3 节中讨论）很好地说明了混合方法的优点。Zheng 的方案从一个公钥签名方案开始，利用对称加密方案作为黑盒组件，这样能在付出较低的额外代价之后，能同时利用签名和加密方案的优点。许多最高效的签密方案（第 4 章、第 5 章和第 6 章）也使用了类似的构造方法。因此，研究如何利用混合技术在更一般的环境中构造签密方案具有重要的价值，有助于更好地理解这些高效方案的工作方式。

人们发现形式化地分析混合签密方案比分析混合加密方案更加复杂。这是由于除了保密性之外，还要追求消息认证和完整性，从而增加了分析的复杂程度。正如第 2 章和第 3 章中详细讨论的，要考虑的不仅是面对消息认证性和机密性的直接攻击，还应考虑更复杂的问题，如外部攻击与内部攻击的区别。7.3 节和 7.4 节将指出，为达到外部安全和内部安全的混合签密，需要采用完全不同的构造模型。

Dent 在 2004 年第一次提出了混合签密形式化的组合模型，其对于外部安全环境下的签密 KEM 构造了一种高效模型[71, 73]。Dent 的这种构造可直接与相应的普通加密的 KEM

构造比较。然而，在该模型下生成一种内部安全的签密 KEM 是不可能的。Dent 也提出了内部安全签密的 KEM 模型[71, 72]。这种模型涵盖了 Zheng 的原始方案，但是构造上非常复杂，并具有较弱的安全归约。这意味着 Zheng 方案的具体安全性在使用 Dent 模型分析时，似乎要比使用原始安全性证明中的非混合环境模型分析时弱得多[12, 13, 36]。

Bjørstad 和 Dent 对内部安全的混合签密提出了一种改进模型[37]，这种模型是基于加密标签-KEM 提出的，而非普通加密 KEM。人们发现，利用这种模型描述签密方案时，要比之前所有的模型都更简洁，而签密的标签-KEM+DEM 构造在进行安全归约时也更强。Zheng 的签密方案是（内部安全的）混合签密方案的一个规范的例子，该例子在用签密的标签-KEM+DEM 环境表述时，只需要进行很小的修改即可。在这种模型下分析 Zheng 方案的具体安全性与原始的安全性证明结论相似[12, 13, 37]。

历史上对混合签密的安全性进行形式化分析是在第 2 章提出的比较简单的双用户（ADR）模型下进行的，而不是第 3 章中的完全多用户（BSZ）环境。同时，多用户安全模型更适合分析内部安全的签密方案，此时假设攻击者可以收买合法用户或得到合法用户的私钥是合理的。在多用户模型下，签密标签-KEM 的安全性证明还有其他应用，如可用于分析高效的密钥建立协议（第 11 章）。Yoshida 和 Fujuwara 最先研究了多用户签密标签-KEM 的安全性[200]，而本章在某种程度上扩展了他们的结论。

本章首先在 7.2 节引入 KEM+DEM 环境下混合加密体制的基本构造。7.3 节描述如何将混合加密 KEM 应用于外部安全的签密 KEM。最后在 7.4 节详细介绍如何利用标签-KEM 来描述内部安全的混合签密。

7.1.1　符号说明

本章在许多地方考虑到这样一种情况，即一个算法（在可以访问一组预言时）运行第二个算法（可以访问另一组不同的预言）作为子程序。为了让主算法正确地模拟子算法的运行环境，主算法必须能模拟子算法要访问的预言。在这里使用典型的 $A^{O}(x)$ 符号来记录是十分麻烦的，因此，为本章引入一个新的符号系统，将输入为 x 且能访问预言 O 的算法记作 $A(x, O)$。

在写出使用算法 $A(x, O)$ 作为子程序的算法 B 的定义时，首先详述算法 B，然后定义另一个算法 O，其解释了 B 如何对 A 的预言询问作出应答。换句话说，B 将运行子程序 A，并利用子算法 O 来对 A 的预言询问作出响应。这样将使主算法描述起来更加紧凑，可读性更强。

7.2　预 备 知 识

为了研究如何构造安全的混合签密方案，一个可取的做法是首先考虑基本的 KEM+DEM 框架，该框架可对混合加密方案建立模型。为此需要定义在混合方案中作为黑盒部件的数据封装机制（DEM）所满足的基本性质。

7.2.1 混合框架

为了能循序渐近地介绍混合密码学，有必要简单讨论一下混合加密体制中使用的传统的 KEM+DEM 框架[68]。该框架很好地说明了所使用的基本方法，将在讨论签密方案更复杂的构造时逐步建立这个框架。这里首先定义框架中使用的基本构造模块。

定义 7.1（KEM） 密钥封装机制 KEM = (Setup, KeyGen, Encap, Decap)由四个算法构成。

（1）Setup：为概率算法，输入安全参数 1^k，返回某个全局参数 param，所有用户在系统初始化时共享该参数。

（2）KeyGen：为概率算法，输入全局参数 param，输出公钥/私钥对 $(\mathrm{sk},\mathrm{pk})$。

（3）Encap：为概率算法，输入公钥 pk，输出 (K,C)，其中 K 为密钥，C 为 K 的封装。

（4）Decap：为确定算法，输入私钥 sk 和封装 C，输出为密钥 K，或者为错误符号⊥。

所有变量都表示成各种长度的二进制串。特别地，密钥 K 为一个特殊的固定长度的串，由安全参数确定。一个 KEM 方案必须满足合理性，即给定一个有效密钥对 $(\mathrm{sk},\mathrm{pk})$ 和一个有效封装 $(K,C)\xleftarrow{R}\mathrm{Encap}(\mathrm{pk})$ 时，$\mathrm{Decap}(\mathrm{sk},C)$ 将输出 K。

定义 7.2（DEM） 一个数据封装机制 $\mathrm{DEM}=(\mathrm{Enc},\mathrm{Dec})$ 由两个算法构成。

（1）Enc：为确定算法，输入密钥 K 和消息 m，输出密文 C，记作 $C\leftarrow\mathrm{Enc}_K(m)$。

（2）Dec：为确定算法，输入密钥 K 和密文 C，输出消息 m，或者错误符号⊥。记作 m 或 $\perp\leftarrow\mathrm{Dec}_K(C)$。

DEM 的合理性准则是等式 $m=\mathrm{Dec}_K[\mathrm{Enc}_K(m)]$ 成立。

给定一对 KEM 和 DEM，其中 KEM 的输出是在 DEM 中使用的，具有适当长度的密钥。可以据此直接构造一个混合公钥加密方案（如 1.3.3 小节中所定义的）如下。

（1）运行 Setup，为所有用户生成公共信息。

（2）每个用户运行 KeyGen，生成其自身的公钥/私钥对。

（3）当发送方 S 要将消息 m 传送给接收方 R 时，首先计算 $(K,C_1)\xleftarrow{R}\mathrm{Encap}(\mathrm{pk}_\mathrm{R})$，再将消息加密为 $C_2\leftarrow\mathrm{Enc}_K(m)$。发送密文 $C\leftarrow(C_1,C_2)$ 到 R。

（4）接收方 R 收到密文 C 后，从中提取 (C_1,C_2)，计算对称密钥 $K\leftarrow\mathrm{Decap}(\mathrm{sk}_\mathrm{R},C_1)$，得到消息 $m\leftarrow\mathrm{Dec}_K(C_2)$。

假设 KEM 和 DEM 方案是合理的，则上述构造构成一个合理的加密体制。将加密方案分成 KEM 和 DEM 的主要优势在于，各个部件的安全性可以独立分析。由于对 KEM 和 DEM 的选择可以独立进行选择，因而考虑基本的构造模块而非整个系统可以简化分析过程，并使得可以定制一个混合加密方案。

为了构造签密方案，首先要修改定义 7.1 中对于 KEM 的规定，并尽量使改动较小。

将在 7.3.1 小节看到，这样会得到 Dent 所提出的外部安全签密基本框架[71, 73]。然而为了利用 DEM 构造混合签密方案，首先必须定义 DEM 需要满足的安全性准则。

7.2.2　数据封装机制的安全性准则

7.3 节和 7.4 节的主要目标是讨论在构造高效的签密方案时，能否使用 KEM 的替代物，而完全不考虑定义 7.2 中的 DEM。这样做有一个完美的合理性解释：当要基于混合加密模型来构造一种新的公钥加密体制时，最好是改变所使用的公钥组件。然而，在讨论混合签密方案之前，首先必须定义期望 DEM 需要满足的安全属性。

由于对内部安全和外部安全签密的要求有所不同，因此应该给出几种不同的安全性需求。在实际应用中，所有这些要求都可以由一个安全的对称加密体制（如 AES-CTR）来实现，可能还伴随着以消息认证码（MAC）[68]形式出现的认证机制。在普通（非混合）的签密中，区分了要求方案只提供保密性以及还提供认证和完整性这两种安全标准。

密码学中对保密性的标准定义是不可区分性（IND）。在数据封装机制这种特殊情形中，对两个概念感兴趣，即 1.3.4 小节所描述的一次性 IND-CPA 安全性和一次性 IND-CCA 安全性。正如后面将看到的，在构造外部安全的签密方案时要求 IND-CCA 安全的 DEM，而在构造内部安全的签密方案时要求 IND-CPA 安全的 DEM，而这两者是矛盾的。

关于认证性和完整性，定义 DEM 的整体安全性（INT-CCA）为：不存在计算有效的攻击者可以创建正确的密文 C。这对应着不可伪造性的概念，并使接收方确信正确的密文必须是合法生成的。实际应用中，通常使用 MAC 来实现这一点。将看到，只有在外部安全的混合构造中才要求 INT-CCA 安全性。挑战者与攻击者 A 之间的 INT-CCA 游戏十分简单，其运行过程如下。

（1）挑战者随机生成适当长度的对称密钥 K^*。

（2）攻击者对于输入 1^k 运行 A，A 在停止时输出密文 C^*。在运行过程中，A 可以询问加密预言机，其对给定的输入消息 m 输出 $\mathrm{Enc}_{K^*}(m)$，同时询问解密预言机，其对于给定密文 C，输出 $\mathrm{Dec}_{K^*}(C)$，当 $\mathrm{Dec}_K(C^*) \neq \perp$ 时，攻击者在游戏中取胜，此时加密预言机永远不会输出 C^*。A 的优势简单地记作 Pr[A wins]。

定义 7.3（不可伪造的 DEM） 称一个 DEM 是不可伪造的（INT-CCA 安全的），如果任意多项式时间攻击者在 INT-CCA 游戏中的优势关于安全参数 k 是可以忽略的。

7.3　具有外部安全性的混合签密

具有外部安全性的签密方案在一组可信参与方之间的通信中十分有用，且与内部安全的签密方案相比，其计算量较小，易于设计和分析。Dent[71, 73]最早考虑了为外部安全的混合签密方案构造一个框架的问题，他提出了一种很直接的方法，即使用 7.2.1 小节中讨论的 KEM/DEM 构造。虽然外部安全的签密一直以来为研究人员忽视，但相信这些方案是实用的，可在许多场合应用。以下讨论 Dent 的开创性工作的延续。

7.3.1　一个外部安全的签密 KEM

Dent 的外部安全签密 KEM[71，73]的主要思想是从一个传统的加密 KEM（7.2.1 小节）出发，对其进行尽可能小的改动来得到一个与签密方案行为相近的方案。这样做相当直截了当：不是构造一个算法 KeyGen，而是定义两个算法，一个用于生成发送（“签名”）密钥，另一个与之独立的算法用于生成接收消息的（“解密”）密钥。进一步，封装算法必须将发送方私钥和接收方公钥作为输入，解封装算法也是如此。这就直接得到了以下对于外部安全签密 KEM（SKEM）的定义。

定义 7.4（签密 KEM） 一个（外部安全）签密 KEM，即 SKEM = (Setup, KeyGen_S, KeyGen_R, Encap, Decap)，由五个算法构成。

（1）Setup：概率算法，输入安全参数 1^k，返回某个全局信息 param，为所有用户共享。

（2）KeyGen_S：概率算法，输入全局参数 param，输出用于发送消息的公钥/私钥对（sk_S, pk_S）。

（3）KeyGen_R：概率算法，输入全局参数 param，输出用于接收消息的公钥/私钥对（sk_R, pk_R）。

（4）Encap：概率算法，输入发送方私钥 sk_S 和接收方公钥 pk_R，输出一对（K, C），其中 K 是一个密钥，C 为 K 的封装。

（5）Decap：确定算法，输入发送方公钥 pk_S 和接收方私钥 sk_R，以及封装 C，输出为对称密钥 K，或者为错误符号⊥。

将签密 KEM 与标准 DEM 相组合，显然可以得到一个混合签密方案。

定义 7.5（混合签密方案，SKEM+DEM） 假设（Setup, KeyGen_S, KeyGen_R, Encap, Decap）为一个签密 KEM，而（Enc, Dec）为一个 DEM，由签密 KEM 生成的密钥具有适当长度的 k，则可以利用 SKEM 中的 Setup、KeyGen_S 和 KeyGen_R 构造一个混合签密方案。其中算法 Signcrypt 和 Unsigncrypt 的定义如下。

（1）Signcrypt 算法：输入为发送方私钥 sk_S、接收方公钥 pk_R 和消息 m，计算 $(K,C_1)\xleftarrow{R}\text{Encap}(\text{sk}_\text{S},\text{pk}_\text{R})$ 和 $C_2\leftarrow\text{Enc}_K(m)$，并输出签密消息 $C\leftarrow(C_1,C_2)$。

（2）Unsigncrypt 算法：输入发送方公钥 pk_S，接收方私钥 sk_R，以及签密文 C，分析 C 得到 (C_1,C_2)，并计算 $\text{Decap}(\text{pk}_\text{S},\text{sk}_\text{R},C_1)$。如果 Decap 返回⊥，则算法必须输出⊥且终止，否则计算 $\text{Dec}_K(C_2)$，Dec 输出为⊥时，算法停止，Dec 输出为消息 m 时，算法输出结果。

算法 Signcrypt 和 Unsigncrypt 间的数据流如图 7.1 所示。

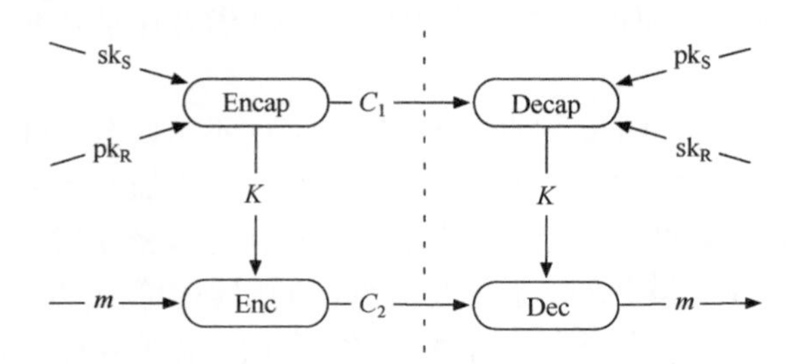

图 7.1　外部安全签密的 KEM+DEM 构造中的数据流

7.3.2　外部安全签密 KEM 的安全标准

KEM+DEM 构造最主要的优点在于可以独立地分析 KEM 和 DEM 的安全性，而不会明显地损害方案的具体安全性。因此有必要对签密 KEM 安全的意义给出一个准确定义。为了实现外部安全性，要求 SKEM 能保护被封装密钥的保密性，这与对加密 KEM 保密性的要求相同[68]。此外，一个签密 KEM 还应维持被封装密钥的认证性和完整性，从而不会让某个第三方能以有意义的方式修改被封装密钥。这些安全概念可以用通常的形式化攻击游戏来描述。

关于保密性，在签密 KEM 环境下使用不可区分性准则。更准确地说，希望任意多项式时间攻击者 A 无法区分由 Encap 算法输出的真正密钥 K_0 与随机、均匀选择的密钥 K_1。对于给定的安全参数 k，这可以用以下在挑战者与攻击者 $A=(A_1,A_2)$ 间进行的两阶段游戏来描述。

（1）挑战者运行相应算法来产生某个全局信息 param 以及发送方和接收方的公钥/私钥对，分别记作(sk_S, pk_S)和(sk_R, pk_R)。

（2）攻击者对输入(param, pk_S, pk_R)运行 A_1，在执行过程中，A_1 可以询问两个预言机：

① 封装预言机 O_{Encap}，输入为任意一个接收方公钥 pk，返回 Encap(sk_S, pk)；

② 解封装预言机 O_{Decap}，输入为公开的发送方公钥 pk 以及封装 C，返回 Decap(pk, sk_R, C)。

算法输出状态信息 state 后终止。

（3）挑战者生成一个有效封装 $(K_0,C^*)\xleftarrow{R}\text{Encap}(pk_S,sk_R)$，以及适当长度的随机密钥 K_1，然后选择一个随机比特 $b\xleftarrow{R}\{0,1\}$，并将挑战封装设置为 (K_b,C^*)。

（4）攻击者对输入 (K_b,C^*,state) 运行 A_2，在执行过程中，A_2 可以询问与以前相同的预言机，但是不能向解封装预言机询问挑战封装 (pk_S,C^*)。最后攻击者返回对 b 的猜测 b'。如果 $b=b'$，则攻击者在游戏中取胜，攻击者的优势定义为 $|\Pr[b=b']-1/2|$。

定义 7.6（不可区分的签密 KEM） 一个签密 KEM 是不可区分的（IND-CCA2 安全的），如果任意多项式时间攻击者 A 在 IND-CCA2 游戏中的优势关于安全参数是可忽略的。

关于认证性和完整性，Dent 将真正签密 KEM 的不可区分性作为游戏的理解版本来定义安全标准[71, 73]。这个定义可能有点不同寻常，因为通常人们看到的认证性都是用不可伪造的术语来定义的。然而，一个攻击者在伪造签密 KEM 时，实际上应该能区分该 SKEM 与理想 KEM[71, 73]。后面将看到，利用理想签密 KEM 概念的定义可以准确地说明为证明定义 7.5 中混合签密是外部安全的，需要做哪些工作。它还提供了前面对于 IND-CCA2 安全性定义的一个很好的并行定义。为了提供保密性，要求由封装算法输出的密钥与随机密钥不可区分，而对认证性和完整性的要求保证了整个签密 KEM 与随机（即理想）KEM 不可区分。

给定一个签密 KEM，SKEM = (Setup, KeyGen_S, KeyGen_R, Encap, Decap)，将相应的理想签密 KEM 也定义为一个五元组，Sim.SKEM = (Sim.Setup, KeyGen_S, KeyGen_R, Sim.Encap, Sim.Decap)，并定义一个内部状态列表 KeyList，其中包含了密钥/封装对。仿真算法定义如下。

（1）仿真初始化算法 Sim.Setup 输入为安全参数1^k，运行 Setup 来得到全局参数 param。然后初始化 KeyList 为空表，并返回 param。

（2）仿真封装算法 Sim.Encap 将密钥sk_S和 pk_R 作为输入，运行过程包括如下 3 个步骤。

① 调用真正的封装算法$\text{Encap}(\text{sk}_\text{S},\text{pk}_\text{R})$，计算封装$(K,C)$；

② 检查 KeyList 中是否存在一对(K',C)，如果存在，则返回K'并停止；

③ 否则，算法随机生成一个新的长度适当的K'，将(K',C)添加到 KeyList 中，返回K'并停止。

（3）仿真解封装算法 Sim.Decap 将密钥 pk_S、sk_R 和封装 C 作为输入，运行如下步骤。

① 检查 KeyList 中是否存在一对(K',C)，若存在，返回 K 并停止；

② 否则，运行真正的解封装算法$\text{Decap}(\text{pk}_\text{S},\text{sk}_\text{R},C)$，如果解封装失败且输出了⊥，则算法输出⊥并停止；

③ 如果 Decap 没有输出⊥，则随机、均匀地选择一个长度适当的新密钥 K，将(K,C)添加到 KeyList 中，输出 K 并停止。

由上述定义可看到，仿真签密 KEM 显然是自包含的。进一步，在以下意义上也是“理想的”：希望由一个封装 C 中不能得到关于被封装密钥 K 的任何信息（由于密钥是随机均匀选择的，且独立于 C）。称签密 KEM 是“左或右”安全的（LoR-CCA），如果不存在有效算法，能区分真正签密 KEM 与理想化的签密 KEM。对于给定的安全参数 k，LoR-CCA 游戏运行如下。

（1）挑战者随机选择一个比特 $b \xleftarrow{R} \{0,1\}$。

（2）挑战者生成全局信息 param，生成方式为：当 $b=0$ 时，运行 Setup，当 $b=1$ 时，运行 Sim.Setup。然后挑战者利用 KeyGen_S 和 KeyGen_R 生成发送方和接收方的私钥/公钥对。

（3）攻击者对输入 $(\text{pk}_S, \text{pk}_R)$ 运行 A。在执行过程中，A 可以向如前面 IND-CCA2 游戏中定义的解封装和封装预言机发出询问。然而，对 A 作出应答时，如果 $b=0$，则利用真正的 Encap 和 Decap 算法计算；如果 $b=1$，则利用理想算法 Sim.Encap 和 Sim.Decap 计算。最后，A 输出对 b 的猜测 b'。当 $b=b'$ 时，攻击者获胜。定义攻击者的优势为 $|\Pr[b=b']-1/2|$。

定义 7.7（LoR-CCA 安全的签密 KEM） 称一个签密 KEM 是左或右（LoR-CCA）安全的，如果任意多项式时间攻击者 A 在 LoR-CCA 游戏中的优势关于安全参数 k 是可忽略的。

定义 7.8（外部安全的签密 KEM） 一个签密 KEM 是外部安全的，如果其既不可区分，又是左或右安全的。

7.3.3 SKEM+DEM 构造的安全性

在定义了签密 KEM 和 DEM 中使用的安全模型之后，还需要证明定义 7.5 中的签密方案是一个外部安全的签密方案且满足第 3 章中定义的安全性准则。这个证明过程是直截了当的，且与文献[68]中给出的混合签密方案的 IND-CCA2 安全性的证明十分相似。由于签密 KEM 的两种安全模型都基于对外部攻击者 KEM 的某种属性与随机 KEM 的不可区分性，所以陈述证明中使用的一个著名引理 7.1，可看成引理 1.1 是一个更通用的版本。

引理 7.1（不可区分引理） 设 G_0 和 G_1 为两个游戏，假设一个试验者随机均匀选择 $b\xleftarrow{R}\{0,1\}$，并运行一个包含了区分算法的游戏 G_b，最后输出对 b 的猜测 b'，则有

$$2|\Pr[b=b']-1/2|=|\Pr[b'=0\,|\,b=0]-\Pr[b'=0\,|\,b=1]| \tag{7.1}$$

这个结论可直接由条件概率的公式得到，可见于文献[71]。后面证明 Dent 的外部安全签密 KEM 可用于构造外部安全的混合签密方案。

定理 7.1（SKEM+DEM 混合签密的安全性） 令 SC 为通过签密 KEM（定义 7.4）和 DEM（定义 7.2）构造的一个混合签密方案。如果签密 KEM 是 IND-CCA2 安全的，且签密 DEM 是一次性 IND-CCA 安全的，则混合签密方案是多用户外部 FSO/FUO-IND-CCA2 安全的（定义 3.1），其界限为

$$\varepsilon_{\text{SC,IND CCA2}} \leqslant 2\varepsilon_{\text{SKEM,IND CCA2}} + \varepsilon_{\text{DEM,IND CCA}} \tag{7.2}$$

式中，ε 表示攻击者在攻击游戏中的最大成功概率。进一步，如果签密 KEM 是 LoR-CCA 安全的，且签密 DEM 是 INT-CCA 安全的，则混合签密方案是多用户外部 FSO/FUO-sUF-CMA 安全的（定义 3.2），其界限为

$$\varepsilon_{\text{SC,sUF-CMA}} \leqslant 2\varepsilon_{\text{SKEM,LoR-CCA}} + \varepsilon_{\text{DEM,INT-CCA}} \tag{7.3}$$

证明

上述两个断言的证明十分相似。在两种情况下，都要修改原始的（FSO/FUO-IND- CCA2 或FSO/FUO-sUF-CMA）攻击游戏，使其对应于签密KEM中相应的（IND-CCA2或LoR-CCA）安全准则。利用引理7.1可以做到这一点。最后，证明攻击者必须在修改后的游戏中破坏DEM的（IND-CCA或INT-CCA）安全性才能得到某种优势。首先考虑不可区分性的情形。

设 $A=(A_1,A_2)$ 为要破坏 SC 的 FSO/FUO-IND-CCA2 安全性的攻击者，G_0 为定义 3.1 中给出的外部安全签密的规范 FSO/FUO-IND-CCA2 游戏，X_0 为攻击者在 G_0 中的取胜事件。后面定义一个修改的游戏 G_1。G_0 与 G_1 的区别在于，挑战密文是利用随机对称密钥 K_1 计算出来的。换句话说，挑战密文 $C^*=(C_1^*,C_2^*)$ 由计算 $(K_0,C_1^*)\xleftarrow{R}\text{Encap}(\text{sk}_\text{S},\text{pk}_\text{R})$ 来构造，在密钥空间中随机均匀地选择另一个密钥 K_1，并用来计算 $C_2^*\leftarrow\text{Enc}_{K_1}(m)$。为了保持一致性，挑战者还应利用 K_1 来对任意形如 $[\text{pk}_\text{S},(C_1^*,\cdot)]$ 的解签密预言机询问作出应答。因此，G_0 与 G_1 的区别只在于签密 KEM 的运行方式不同。两个游戏分别对应着针对签密 KEM 的 IND-CCA2 游戏中 $b=0$ 和 $b=1$ 的情形。

设 X_1 为事件“A 在 G_1 中取胜”，认为概率 $|\Pr[X_0]-\Pr[X_1]|$ 的界限为 $2\varepsilon_{\text{SKEM,IND-CCA2}}$，其中 $\varepsilon_{\text{SKEM,IND-CCA2}}$ 是某个特定攻击者 D 在用于构造 SC 的签密 KEM 的 IND-CCA2 游戏中的优势。主要思想是区分者 D 与攻击整个签密方案的普通攻击者 A 合作参与 G_0 或 G_1 取决于 D 要猜测的秘密比特 b。由引理 7.1 可知，A 优势的任意不可忽略的差别可由 D 利用来攻破签密 KEM，从而上述界限可由游戏迁移而得到。

后面考虑 X_1 不发生的概率。认为这个概率等于 $\varepsilon_{\text{DEM,IND-CCA}}$，由 G_1 的定义可直接得到这一点。挑战 C_1^* 的第一部分不直接泄漏签密消息的任何信息，因为对称密钥 K_1 是独立、随机、均匀选择的。因此，为了在游戏 G_2 中得到不可忽略的优势，攻击者必须得到对称密文 C_2^* 的某些信息。攻击者可以发起一次选择密文攻击，为保持一致性，向解密预言机发出的形如 $[pk_S,(C_1^*,\cdot)]$ 的询问必须用 K_1 加密。更严格地，通过构造来说明参与游戏 G_1 的攻击者 A 可以转化为针对 DEM 的 IND-CCA 攻击者 B，其与 A 的优势相同。图 7.3 中详细例示了这样的攻击者。

综上所述，已经证明了概率差 $|\Pr[X_0]-\Pr[X_1]|$ 的界限为 $2\varepsilon_{\text{SKEM,IND-CCA2}}$，而 $\Pr[X_1]$ 自身等于 $\varepsilon_{\text{DEM,IND-CCA}}$，由此得到了上述定理中的界限。

对于认证性和完整性的证明在方法与实现方式上是极为相似的，因此省略了证明细节。这里需要再考虑一个攻击者 A，其目标是攻破 SC 的 FSO/FUO-sUF-CMA 安全性。再次令 G_0 为定义 3.2 给出的通常的 FSO/FUO-sUF-CMA 攻击游戏，而 X_0 为事件“A 在 G_0 中取胜”。后续的游戏 G_1 类似于 G_0，但是进行了一些修改，其中使用理想的而非通常的签密 KEM。构造一个与图 7.2 相类似的新的区分者是非常直接的，它将 G_0 与 G_1 的差别关联到 LoR-CCA 攻击者攻破签密 KEM 的优势。进一步，可以证明 A 在 G_1 中的优势界限为类似于图 7.3 构造中一个 INT-CCA 攻击者攻破 DEM 的优势，这就证明了定理。

$D_1(\text{param}, \text{pk}_S, \text{pk}_R; O_{\text{Encap}}, O_{\text{Decap}})$：

　$(m_0, m_1, s) \xleftarrow{R} A_1(\text{param}, \text{pk}_S, \text{pk}_R; O_{SC}, O_{USC})$

　$\text{state} \leftarrow (m_0, m_1, s)$

　返回 state

$D_2(K^*, C_1^*, \text{state}; O_{\text{Encap}}, O_{\text{Decap}})$：

　将 state 解析为 (m_0, m_1, s)

　$b \xleftarrow{R} \{0,1\}$

　$C_2^* \leftarrow \text{Enc}_{K^*}(m_b)$

　$C^* \leftarrow (C_1^*, C_2^*)$

　$b' \xleftarrow{R} A_2(C^*, s; O_{SC}, O_{USC})$

　如果 $b = b'$ 则返回 1

　否则返回 0

$O_{SC}(\text{pk}, m)$：

　$(K, C_1) \xleftarrow{R} O_{\text{Encap}}(\text{pk})$

　$C_2 \leftarrow \text{Enc}_K(m)$

　$C \leftarrow (C_1, C_2)$

　返回 C

$O_{USC}(\text{pk}, C)$：

　$(C_1, C_2) \leftarrow C$

　如果 $\text{pk} = \text{pk}_R, C_1 = C_1^*$，则 $K \leftarrow K^*$

　否则如果 $\perp = O_{\text{Decap}}(\text{pk}, C_1)$ 则返回 $\perp$ 且终止

　否则 $K \leftarrow O_{\text{Decap}}(\text{pk}, C_1)$

　如果 $\perp = \text{Dec}_K(C_2)$ 则返回 $\perp$ 且终止

　否则 $m \leftarrow \text{Dec}_K(C_2)$

　返回 m

图 7.2　SKEM 中的区分算法 D 的完整描述

$B_1(1^k; O_{\text{Dec}})$：

　$\text{param} \xleftarrow{R} \text{Setup}(1^k)$

　$(\text{sk}_S, \text{pk}_S) \xleftarrow{R} \text{KeyGen}_S(\text{param})$

　$(\text{sk}_R, \text{pk}_R) \xleftarrow{R} \text{KeyGen}_R(\text{param})$

　$(m, m, s) \xleftarrow{R} A(\text{param}, \text{pk}_S, \text{pk}_R; O_{SC}, O_{USC})$

　$\text{state} \leftarrow (\text{param}, \text{sk}_S, \text{pk}_S, \text{sk}_R, \text{pk}_R, m_0, m_1, s)$

　返回 (m_0, m_1, state)

$B_2(C_2^*, \text{state}; O_{\text{Dec}})$：

　将 state 解析为 $(\text{param}, \text{sk}_S, \text{pk}_S, \text{sk}_R, \text{pk}_R, m_0, m_1, s)$

　$(K, C_1^*) \xleftarrow{R} \text{Encap}(\text{sk}_S, \text{pk}_R)$

　$C^* \leftarrow (C_1^*, C_2^*)$

　$b \xleftarrow{R} A_2(C^*, s; O_{SC}, O_{USC})$

　返回 b

$O_{SC}(\text{pk}, m)$：

　$(K, C_1) \xleftarrow{R} \text{Encap}(\text{sk}_S, \text{pk})$

　$C_2 \leftarrow \text{Enc}_K(m)$

　$C \leftarrow (C_1, C_2)$

$O_{USC}(\text{pk}, C)$：

　$(C_1, C_2) \leftarrow C$

　如果 $C_1 = C_1^*$ 且 $\text{pk} = \text{pk}_R$，则返回 $O_{\text{Dec}}(C_1)$

　否则如果 $\perp = \text{Decap}(\text{pk}, \text{sk}_R, C_1)$，则返回 $\perp$ 且终止

　否则 $K \leftarrow \text{Decap}(\text{pk}, \text{sk}_R, C_1)$

　如果 $\perp = \text{Dec}_K(C_2)$ 返回 $\perp$ 且终止

　否则 $m \leftarrow \text{Dec}_K(C_2)$ 返回 m

图 7.3　DEM 中的区分算法 D 的完整描述

虽然证明了签密 KEM 与 DEM 的组合可用于构造外部安全的混合签密方案，但为了实现内部安全性，还需要更复杂的构造。这来自一个观察，即在由 Encap 所生成的封装与实际要签密的消息间不存在任何关系。实际上，在给定某个有效签密 $C = (C_1, C_2)$ 时，接收方可以计算 $K \leftarrow \text{Decap}(\text{pk}_S, \text{sk}_R, C_1)$，再求出一个新的 $C_2' \leftarrow \text{Enc}_K(m)$，从而为任意消息 m 创建一个有效的签密。因此方案显然是可以被内部攻击者伪造的，且无法提供不可否认性。由此指出为了构造内部安全的混合签密，签密 KEM 必须能在某种程度上阻止攻击者篡改 m 或 C_2。

7.3.4　实用的外部安全混合签密

对于许多研究工作，由 An 等[10]提出的外部安全的签密并不是研究的主要目标。不幸的是因为可能构造出的外部安全方案比相应的内部安全方案更简单和高效。这些方案显然适用于任意一个实际应用环境，其威胁模型中并不包含内部攻击者。唯一一个已知的外部安全签密 KEM 由 Dent 提出[71, 73]。该方案非常简单，计算代价较低，并基于著名的 ECIES 加密 KEM[2, 101]。图 7.4 中描述了 ECISS①-KEM。在双用户环境中，该方案证明是安全的（在随机预言模型下），其安全性可归约为群中的计算 Diffie-Hellman 问题②[71, 73]。如果考虑 GDH，则可得到一个更紧凑的界限。

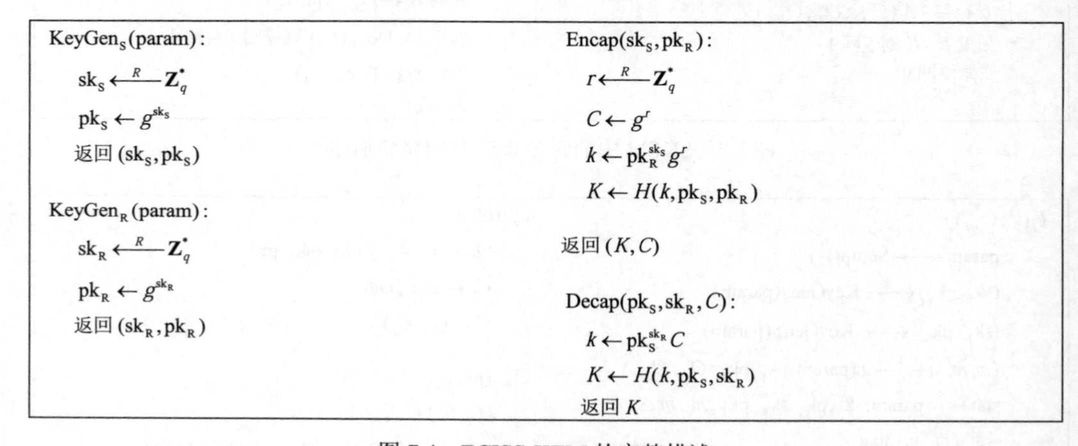

$\mathrm{KeyGen_S(param)}$:

$\mathrm{sk_S} \xleftarrow{R} \mathbf{Z}_q^*$

$\mathrm{pk_S} \leftarrow g^{\mathrm{sk_S}}$

返回 $(\mathrm{sk_S}, \mathrm{pk_S})$

$\mathrm{KeyGen_R(param)}$:

$\mathrm{sk_R} \xleftarrow{R} \mathbf{Z}_q^*$

$\mathrm{pk_R} \leftarrow g^{\mathrm{sk_R}}$

返回 $(\mathrm{sk_R}, \mathrm{pk_R})$

$\mathrm{Encap(sk_S, pk_R)}$:

$r \xleftarrow{R} \mathbf{Z}_q^*$

$C \leftarrow g^r$

$k \leftarrow \mathrm{pk_R^{sk_S}}\, g^r$

$K \leftarrow H(k, \mathrm{pk_S}, \mathrm{pk_R})$

返回 (K, C)

$\mathrm{Decap(pk_S, sk_R}, C)$:

$k \leftarrow \mathrm{pk_S^{sk_R}}\, C$

$K \leftarrow H(k, \mathrm{pk_S}, \mathrm{sk_R})$

返回 K

图 7.4　ECISS-KEM 的完整描述

ECISS 方案很好地描述了在正常加密之外如何以较低的额外代价获得外部安全的签密方案，并强调了外部安全的签密 KEM 与安全的加密 KEM 之间的紧密联系。对比 ECISS-KEM 和 ECIES-KEM，二者唯一的重要区别在于密钥生成函数 H 的输入如何计算。在只有加密功能的方案中，共享值由（接收方）公钥和随机数 r 求出，即 $\mathrm{pk}^r = g^{\mathrm{sk}\cdot r}$。而在签密方案中，Deffie-Hellman 值 $\mathrm{pk_R^{sk_S}} = \mathrm{pk_S^{sk_R}} = g^{\mathrm{sk_S}\cdot\mathrm{sk_R}}$ 中多了一个因子 g^r。

文献[71]中最早给出了 ECISS-KEM 在双用户模型下的安全性证明，这个证明可以方便地推广到多用户环境中。然而，为了保持归约的紧凑性，有必要将证明过程关联到 GDH 问题。为此还需要对原始方案稍作修改，将发送方和接收方的公钥也包含在散列函数的输入中。这在实际中并不重要，但是可以在证明中保持不同用户对之间的会话。由于 IND-CCA2 和 LoR-CCA 安全性的证明几乎完全相同，后面只给出前者的证明。

① ECISS 表示椭圆曲线上的签密方案。

② 注意文献[71]中提出了另一个方案但没有安全性证明，文献[92]中则证明了该方案不安全。

定理 7.2（ECISS 的多用户安全性） ECISS 签密 KEM 在随机预言模型下是 IND-CCA2 安全的，其安全性可归约到 GDH 问题。特别地，令 A 为能以优势 $\varepsilon_{\mathrm{KEM}}$ 攻破 ECISS-KEM 的 IND-CCA2 安全性的攻击者，且 A 最多进行 q_E 次封装预言机询问和 q_D 次解封装预言机询问。则存在算法 B，能解 GDH 问题，且优势为

$$\varepsilon_{\mathrm{KEM}} \leqslant \varepsilon_{\mathrm{GDH}} + \frac{q_E + q_D}{q} \tag{7.4}$$

证明

设 B 为尝试解群 G 上 GDH 问题（定义见 4.1 节）的算法，其输入为两个随机的群元素 g^a 和 g^b，B 尝试利用攻破 ECISS 签密 KEM 的攻击者 A 作为子程序来求出 g^{ab}。在执行过程中，B 可以对三元组 (g^x, g^y, g^z) 向 DDH 预言机发出询问，该预言机可以测试是否有 $g^{xy} = g^z$。

此处的方法使用挑战值 g^a 和 g^b 代替公钥 $\mathrm{pk_S}$ 与 $\mathrm{pk_R}$。这意味着 B 不知道 $\mathrm{sk_S}$ 和 $\mathrm{sk_R}$，在模仿封装和解封装预言机时必须注意这一点。在将密钥生成函数 H 作为随机预言的仿真过程中，一直保持部分一致性，并利用 DDH 预言机来验证公钥，以及 C 和 κ 之间的关系。B 的目标是得到 C 和 κ 的值满足 $C \cdot g^{ab} = \kappa$，其中 g^{ab} 的值可以恢复。

使用两个表来跟踪 A 的预言机询问。如文献[71]中建议的，有必要对预言机询问中使用的公钥进行跟踪。令 EncapList 为四元组 $(\mathrm{pk_S}, \mathrm{pk_R}, C, K)$ 的列表，HashList 为四元组 $(\mathrm{pk}, \mathrm{pk}', \kappa, k)$ 的列表。必须规定 B 如何对 A 发出的封装、解封装和随机预言机的询问作出应答，使这些应答为自身一致的且服从正确的分布。

（1）对于一个封装预言机询问 pk，B 首先随机选择一个群元素 C。如果在 EncapList 中有一项为 $(\mathrm{pk_S}, \mathrm{pk}, C, K)$，则输出 (C, K)。否则，如果在 HashList 中有一项为 $(\mathrm{pk_S}, \mathrm{pk}, \kappa, K)$ 使得 $(\mathrm{pk_S}, \mathrm{pk}, \kappa / C)$ 为一个 DDH 三元组，则输出 (C, K)。如果上述两者都不成立，则生成一个随机密钥 K，在 EncapList 中添加一项$(\mathrm{pk_S}, \mathrm{pk}, C, K)$，并输出 (C, K)。

（2）对于解封装预言机询问 (pk, C)，B 首先检查 EncapList 中是否包含一项 $(\mathrm{pk}, \mathrm{pk_R}, C, K)$，如果未找到该项，则必须输出 K 以保持一致性。否则，检查 HashList 中是否有一项 $(\mathrm{pk}, \mathrm{pk_R}, \kappa, K)$，使得 $(\mathrm{pk_S}, \mathrm{pk}, \kappa / C)$ 为 DDH 三元组，此时也返回 K。如果在两个表中均未找到匹配项，则生成一个随机密钥 K，在 EncapList 中添加一项 $(\mathrm{pk_S}, \mathrm{pk}, C, K)$，并输出 K。

（3）最后，对于随机预言询问 $(\kappa, \mathrm{pk}, \mathrm{pk}')$，首先要检查 HashList 中是否有过同样的询问，如果有，则返回相同的 K。否则，B 检查 EncapList 中是否包含一项 $(\mathrm{pk}, \mathrm{pk}', C, K)$ 使得 $(\mathrm{pk}, \mathrm{pk}', \kappa / C)$ 为 DDH 三元组，此时也返回 K。如果在两个表中均未找到匹配项，则生成随机密钥 K，并对 HashList 进行相应的更新。

注意，B 可以很容易地处理灵活的预言机询问，因为询问中使用的公钥信息已经嵌入到每个询问中了。通过公钥以及 DDH 预言机，B 还能在三个预言机询问间保持

一致性。如果在一个预言机询问中，相应的密钥三元组和封装没有在以前的任何询问中出现过，则只需在 EncapList 中添加一个新的项即可。类似地，只有当结果没有（直接或间接地）出现过时，才在 HashList 中添加一项。因为所有的新封装和密钥都是随机均匀生成的，所以这些变量也满足正确的分布。

现在考虑当 B 与 A 共同参加 ECISS-KEM 的 IND-CCA2 游戏的情形。如前所述，B 使用 GDH 挑战值 g^x 和 g^y 以及公钥 $\mathrm{pk_S}$ 和 $\mathrm{pk_R}$，根据群的描述生成 param，并对(param, $\mathrm{pk_S}$, $\mathrm{pk_R}$)运行 A_1，同时按照规定模仿各个预言机。最后当 A_1 停止时，输出某个状态 state。为了生成挑战，B 首先随机均匀地选择一个群元素 C^* 和密钥 K_0，并将 $(\mathrm{pk_S}, \mathrm{pk_R}, C^*, K_0)$ 加入 EncapList。在选择了另一个随机密钥 K_1 和随机比特 b 之后，B 对参数 $(\mathrm{state}, C^*, K_b)$ 运行 A_2。在 A_2 的执行过程中，对预言机的询问与前面相同，但是禁止对 $(\mathrm{pk_S}, C^*)$ 的解封装询问。最后，A_2 输出一个比特 b'，但是被 B 忽略。相反，B 会检查 EncapList 中是否有一项为 $(\mathrm{pk_S}, \mathrm{pk_R}, C, K)$，以及 HashList 中是否有一项 $(\mathrm{pk_S}, \mathrm{pk_R}, \kappa, K)$ 满足 $(\mathrm{pk_S}, \mathrm{pk_R}, \kappa / C)$ 为一个 DDH 三元组。如果有，便返回 κ / C 作为 GDH 问题的解，否则，随机选择一个群元素。

现在分析 B 在游戏中的优势，注意到封装和解封装算法总是被完善地模仿，除了在生成挑战 C^* 时。关于 C^*，可能有两个地方会出问题，或者由 A_1 曾经发出的预言机询问中已经固定了 $\mathrm{pk_S}$、$\mathrm{pk_R}$、C^* 间的关系，或者由 A_2 将要发出的对 $\mathrm{pk_R}$ 的封装询问中的 K 偶然地泄露了与 C^* 相关的密钥信息。当假设 A 只能进行多项式次预言机询问时，上述两种情况发生的概率可以忽略，其上界为 $\dfrac{q_E + q_D}{q}$。

然而，由于 K_0 和 K_1 是随机均匀采样的，且独立于 C^*，所以 A 要得到关于 b 的信息的唯一方法是向随机预言机发出询问 $(\kappa^*, \mathrm{pk_S}, \mathrm{pk_R})$，其中 $\kappa^* / C^* = g^{\mathrm{sk_S} \cdot \mathrm{sk_R}} = g^{xy}$。但是此时 B 会立即得到 GDH 问题实例的解①。因此 B 在 GDH 游戏中的优势不会小于 A 的优势。定理得证。

7.4 具有内部安全性的混合签密

构造内部安全混合签密的框架远比外部安全的情况复杂，这是因为其要防范来自内部的攻击。先简要讨论为什么有必要使用公钥签名而不是加密 KEM，进一步会指出 Dent 的内部安全签密 KEM 模型[71, 72]的缺点。本章的一个重要内容是提出签密标签 KEM（signcryption tag-KEM）的概念[37]，以及如何避免 Dent 模型中的主要问题。通过对 Zheng 的签密方案（3.3 节和 4.3 节）进行修改，可以得到符合签密标签 KEM 框架的方案。

---

① 根据各个预言机的仿真方式，B 必须从其他包含了 $\mathrm{pk_S}$ 和 $\mathrm{pk_R}$ 的询问中获得目标值，而不是从除挑战以外的其他信息中获得。

7.4.1　从外部安全性到内部安全性

在考虑一组可信用户间的通信时，外部安全性就足够了，而内部安全性适用于更普遍的通信网络，其中多个相互信任或不信任的用户需要通过安全方式进行通信。内部安全性也是创建具有不可否认功能签密方案的必要（非充分）条件[130]（2.2.2 小节）。正如 7.3.3 小节所见，7.3 节中提出的混合签密模型永远不会提供内部安全性，因为在密钥封装和被签密消息间没有任何联系。这样产生的一个逻辑后果就是任意一种内部安全的签密 KEM 必须提供某种形式的消息完整性服务，来验证消息、密钥和封装间的关系，确信其没有被攻击者篡改。在效果上，封装必须对所有与待签密消息相关的数据提供签名，包括发送方和接收方公钥，用于封装的对称密钥，以及消息本身。

根据公钥签名方案语义安全性的思想，对封装算法进行修改使其包含消息 m，以及公钥 pk_S 和 pk_R 作为输入是合理的。然而，为了验证对 m 的签名，首先必须对其解密。因此，必须定义两个算法来对签密消息解签密：一个解封装算法，用于恢复对称密钥 K；一个验证算法，用于验证封装中“签名”部分的正确性。从积极的一面考虑，对 DEM 的安全需求可以放宽到 IND-CPA，因为内部安全的签名 KEM 无论如何也要实现消息完整性。

根据这种直观方法，可以得到 Dent 的原始内部安全签密 KEM[71, 73]。不幸的是，这并非一个特别好的、易处理的模型。一个原因是它描述了“加密然后签名”的模型，正如第 2 章中讨论的[10]。这意味着需要额外考虑密钥封装过程中的消息泄漏。具体而言，在 Dent 模型中，对签密 KEM 的安全标准要求提供保密性是非常困难的。为了创建一个不可区分的签密 KEM，必须考虑两种独立的攻击场景：一个场景中，攻击者尝试区分由封装算法输出的真正密钥与一个随机密钥（类似于 7.3.2 小节中对外部签密 KEM 的 IND-CCA2 要求）；另一个场景中，攻击者试图区分对两个不同消息的封装。至于完整性，必须要求标准的强存在性不可伪造（对于正确封装）。

上述直接方法的另一个缺点是对外部安全的 KEM+DEM 组合定理的证明。在 Dent 的原始证明中，混合签密的保密性依赖 KEM 的认证性/完整性以及其保密性[71, 72]。这并不是很直观，并且会导致较弱的安全性：如 Bjørstad 所证明的，Zheng 的签密方案的保密性界限在原始的方案相关证明中[12, 13]比利用功能等价的签密的 KEM+DEM 模型[36]证明更加紧凑。虽然 Bjørstad 提出了另一种证明方法，在证明保密性时避免了使用不可伪造性，但这又强制性地要求 DEM 必须是 IND-CCA 安全的，从而不具有特别明显的实际意义。简言之，本章简述了对内部安全签密 KEM 的直观定义，从中可以得到一个方案，但并没有真正地简化分析，并且实际上安全性比直接证明该方案的安全性时有所降低。这表明需要一个不同的模型来使内部安全的混合签密的概念真正起作用。

7.4.2 签密标签 KEM

对 7.4.1 小节中问题的最早解决方案出现于 2005 年，Abe 等提出了混合签密的另一种构造方法，称为标签 KEM[4, 5]。标签 KEM 的主要思想是让封装算法分两步完成：第一步，生成对称密钥；第二步，对该密钥和一个称为标签的随机串，进行封装。将看到，标签 KEM 的安全性需求仍要求密钥封装保持标签的完整性。作者还进一步提出了一种混合构造，其中将由 DEM 得到的对称密文作为标签，并证明这样就得到了一个简洁的混合签密方案，其中只要求 DEM 能抗被动攻击（IND-CPA）。

利用标签 KEM 方法来构造内部安全的签密是吸引人的，因为目前的目标是设计可以提供完整性服务的签密 KEM，并只要求一个 IND-CPA 安全的 DEM 来实现组合的安全性。在混合签密环境中，这也可作为“加密再签名”方法的例子，因为封装的“签名”部分包含在密文标签中，而不是包含在消息本身。期望这种构造在形式化的分析中达到更好的结果并非全无道理，因为此时签名部分再也不可能泄漏明文的任何信息①。受 Abe 等[4, 5]的启发，Bjørstad 和 Dent[37]给出了签密标签 KEM 构造的形式化定义如下。

定义 7.9（签密标签 KEM） 签密标签KEM由六个算法组成，SCTK = (Setup, KeyGen_S, KeyGen_R, Sym, Encap, Decap)。

（1）Setup：生成公开参数的概率算法，输入为安全参数 1^k，返回全局参数 param，在所有用户间共享，用于选择群或散列函数。

（2）KeyGen_S：生成发送方密钥的概率算法，输入为全局参数 param，输出一对公钥/私钥(sk_S, pk_S)，用于发送签密消息。

（3）KeyGen_R：生成接收方密钥的概率算法，输入为全局参数 param，输出一对公钥/私钥(sk_R, pk_R)，用于接收签密消息。

（4）Sym：生成对称密钥的概率算法，输入发送方私钥 sk_S 和接收方公钥 pk_R，输出对称密钥 K 和内部状态信息 ω。

（5）Encap：封装的概率算法，输入某个状态信息 ω 和任意一个标签 τ，返回封装 C②。

（6）Decap：解封装和验证的确定算法，输入发送方公钥 pk_S，接收方私钥 sk_R，封装 C 和标签 τ，返回对称密钥 K，或错误符号$\perp$。

通过将上述的签密标签 KEM 与 DEM 相结合，可以得到如下的混合签密方案。

定义 7.10（SCTK+DEM 混合签密方案） 设（Setup, KeyGen_S, KeyGen_R, Sym, Encap,

---

① 另一种“签名再加密”构造可能更引人注目，因为它保持了签名在明文中的逻辑性和语义。然而，这种方法在构造混合签密方案时并不实用，因为需要将签密 KEM 分成“签名”和“封装”两个部分，从而使信息流更加复杂。

② 原则上，这个算法总是表示为一个确定算法，其输入为嵌入在ω中的适量比特串。在实际应用中经常这样做，因为可以选择随机 nonce 作为 Encap 的一部分，并用其产生随机密钥 K，然后将其传给 Sym，作为ω的一部分。但是，从理论角度，如果期望 Encap 是多项式时间的，则其确定版本将以一定概率（任意小）失效。

Decap）为一个签密标签 KEM，(Enc, Dec)为一个 DEM，且由签密标签 KEM 所生成的密钥长度对于安全参数 k，适合在 DEM 中使用，则可以构造一个混合签密方案，其中使用 SCTK 中的 Setup、KeyGen_S 和 KeyGen_R，并定义算法 Signcrypt 和 Unsigncrypt 如下。

（1）Signcrypt 的输入为发送方私钥 sk_S、接收方公钥 pk_R 和消息 m，算法包含以下步骤：

① 计算 $\text{Sym}(\text{sk}_\text{S}, \text{pk}_\text{R})$，得到对称密钥 K 和状态信息 ω；

② 计算 $\text{Enc}_K(m)$，生成密文 C_2；

③ 计算 $\text{Encap}(\omega, C_2)$，将 C_2 作为标签，生成密文 C_1；

④ 输出签密密文 $C \leftarrow (C_1, C_2)$ 并停止。

（2）Unsigncrypt 的输入为发送方公钥 pk_S，接收方私钥 sk_R，以及密文 C，算法包含以下步骤：

① 分解 C，得到 C_1 和 C_2；

② 计算 $K \leftarrow \text{Decap}(\text{pk}_\text{S}, \text{sk}_\text{R}, C_1, C_2)$，将 C_1 作为封装，C_2 作为标签；

③ 如果 Decap 返回⊥，则输出⊥并停止。否则，计算 $m \leftarrow \text{Dec}_K(C_2)$；

④ 输出 m，停止。

图 7.5 描述了 Signcrypt 和 Unsigncrypt 算法间的数据流。特别要注意的是在 Encap 和 Decap 中，都将对称密文 C_2 作为“标签”输入。结果，完全可以将 Zheng 的签密方案表示为签密标签 KEM+DEM 构造。然而，要对其稍做修改，使方案的“签名”部分作用于对称密文而非消息本身。最终得到的方案在本质上等价于 Gamage 等提出的方案（4.3.3 小节）。这样做并不影响方案整体的安全性，这已经分别由 Bjørstad 和 Dent 独立地进行了证明[37]。图 7.6 给出了“Zheng 的签密标签 KEM”的具体定义。由于 Zheng 方案已知为安全的（在随机预言模型下）[12, 13]，从而使人确信签密标签 KEM 构造确实是有用的，如果能作出较好的安全性归约，这将在 7.4.3 小节和 7.4.4 小节看到，事实确实如此。

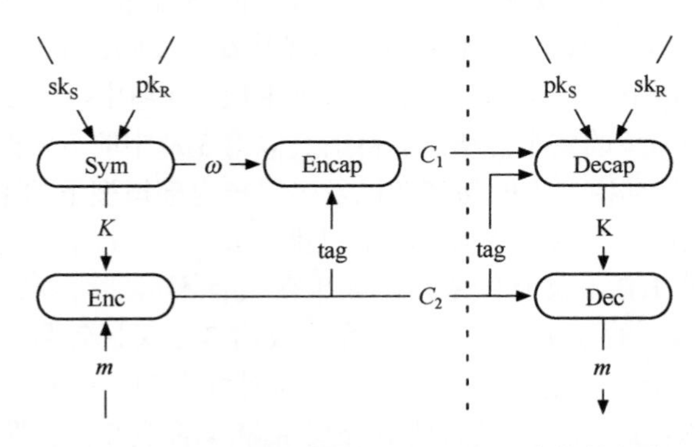

图 7.5 内部安全签密标签 KEM+DEM 中的数据流

Setup(1^k)

选择一个大的随机素数 p，使得 $(p-1)$ 能被 k 比特的素数 q 整除。

选择 $g \in \mathbf{Z}_p^*$，其阶为 q

选择密码散列函数：

$G:\{0,1\}^* \to K$

$H:\{0,1\}^* \to \mathbf{Z}_q$

param $\leftarrow (p,q,g,G,H)$

返回 param

KeyGen$_\text{S}$(param)

$X_\text{S} \xleftarrow{R} \mathbf{Z}_q$； $y_\text{S} \leftarrow g_\text{S}^x$

$\text{sk}_\text{S} \leftarrow (x_\text{S}, y_\text{S})$； $\text{pk}_\text{S} \leftarrow y_\text{S}$

返回 (sk_S, pk_S)

KeyGen$_\text{R}$(param)

$X_\text{R} \xleftarrow{R} \mathbf{Z}_q$； $y_\text{R} \leftarrow g_\text{R}^x$

$\text{sk}_\text{R} \leftarrow (x_\text{R}, y_\text{R})$； $\text{pk}_\text{R} \leftarrow y_\text{R}$

返回 (sk_R, pk_R)

Sym(param, sk_S, pk_R)

将 sk_R 解析为 (x_S, y_S)；将 pk_R 解析为 y_R

如果 $y_\text{R} \notin \langle g\rangle \setminus \{1\}$ 则返回⊥

$x \xleftarrow{R} \mathbf{Z}_q$； $k \leftarrow y_\text{R}^x$； $K \leftarrow G(k)$

bind $\leftarrow \text{pk}_\text{S} \| \text{pk}_\text{R}$； $\omega \leftarrow (x_\text{S}, x, k, \text{bind})$

返回 (K, ω)

Encap(ω, τ)

将 ω 解析为 $(x_\text{S}, x, k, \text{bind})$

$r \leftarrow H(\tau \| \text{bind} \| k)$

如果 $r + x_\text{S} = 0$ 则返回⊥

$s \leftarrow x/(x_\text{S} + r)$

$C \leftarrow (r, s)$

返回 C

Decap(param, pk_S, sk_R, C, τ)

将 sk_R 解析为 (x_R, y_R)；将 pk_S 解析为 y_S

如果 $y_\text{S} \notin \langle g\rangle \setminus \{1\}$ 则返回⊥

将 C 解析为 (r, s)

如果 $r \notin \mathbf{Z}_q$ 或 $s \notin \mathbf{Z}_q$

返回⊥

$k \leftarrow (y_\text{S} g^r)^{s x_\text{R}}$； $K \leftarrow G(k)$

bind $\leftarrow \text{pk}_\text{S} \| \text{pk}_\text{R}$

如果 $H(\tau \| \text{bind} \| k) = r$ 则返回 K

否则返回⊥

图 7.6 Zheng 的签密标签 KEM（Zheng-SCTK）的完全定义（该方案可以与 4.3.3 小节中 Gamage 等提出的方案进行比较）

7.4.3 签密标签 KEM 的安全标准

为了使签密标签 KEM 构造起作用，需要对安全性的意义进行清晰地定义。进一步，这些定义自身必须是有用的，这样才能证明所提出的签密标签 KEM 能满足定义，并确认由 SCTK 和 DEM 组合而得到的混合签密方案其安全性归约是有效的。在 7.4.1 小节中看到，这并不总是成立的。然而，在签密标签 KEM 环境中，可以为保密性、认证性和完整性找到直接和简单的安全性概念。将用类似第 3 章中的方法来定义这些概念，具体而言，是指多用户外部模型下的保密性以及多用户内部模型下的不可伪造性（第 3 章中给出的其他模型也可以利用本节的方法加以推广）。

称一个签密标签 KEM 具有保密性，如果攻击者不可能辨别给定密钥是否嵌入到了封装 C 中，这是唯一的要求。然而，当允许攻击者定义标签且访问多个预言机时，这也可以保证封装关于标签是不可伪造的。因为对称密钥生成和封装算法并没有将未加密的明文作为输入，因此完全没必要额外要求输入的不可区分性。对于给定的安全参数 k，挑战者和三阶段攻击者 $A = (A_1, A_2, A_3)$间的 IND-CCA2 游戏运行如下。

（1）挑战者生成一组全局信息 param $\xleftarrow{R}$ Setup(1^k)，发送方和接收方的密钥对(sk_S, pk_S) $\xleftarrow{R}$ $KeyGen_S$(param)和(sk_R,pk_R) $\xleftarrow{R}$ $KeyGen_R$(param)。

（2）攻击者对输入(param, pk_S, pk_R)运行 A_1。在执行过程中，A_1 可以访问生成对称密钥、封装和解封装的预言机。

① 生成对称的密钥预言机 O_{Sym} 输入为公钥 pk，运行 $(K,\omega) \xleftarrow{R} \mathrm{Sym}(sk_S, pk)$，然后保存 ω 的值，使其对攻击者保密，并覆盖所有以前的值，该预言机的输出为密钥 K。

② 密钥封装预言机 O_{Encap}，输入为标签 τ，首先检查是否有保存的 ω，如果没有，输出 $\perp$，否则，擦除存储器中的 ω，计算 $\mathrm{Encap}(\omega,\tau)$，将结果输出。

③ 解封装/验证预言机 O_{Decap}，输出为发送方公钥 pk，封装 C，以及标签 τ，计算 Decap(pk, sk_R, C,τ)，并输出结果。

A_1 在结束时，输出某个状态信息 $state_1$。

（3）挑战者计算 $(K_0,\omega^*) \xleftarrow{R}$ Sym(sk_S,pk_R)，生成随机的对称密钥 $K_1 \xleftarrow{R} K$，以及一个随机比特 $b \xleftarrow{R} \{0,1\}$，其中 K 为标签 KEM 输出的密钥空间。

（4）攻击者对输入($state_1$, K_b)运行 A_2，在执行过程中，A_2 可以像前面那样发出预言机询问，在结束时，输出任意一个标签 τ^* 以及必要的状态信息 $state_2$。

（5）挑战者计算挑战封装 $C^* \xleftarrow{R}$ Encap(ω^*, τ^*)。

（6）攻击者对输入 $(C^*, state_2)$ 运行 A_3，在执行过程中，A_3 可以如前面一样发出询问，但不能向解封装预言机询问 (pk_S, C^*, τ^*)，A_3 在结束时输出对 b 的猜测 b'。

如果攻击者能正确猜测隐藏比特，即 $b=b'$，则称其在游戏中取胜。A 的优势定义为 $|\Pr[b=b']-1/2|$。

定义 7.11（不可区分的签密标签 KEM） 一个签密标签 KEM（在多用户外部环境下）是不可区分（IND-CCA2）安全的，如果任意多项式时间攻击者 A 在 IND-CCA2 游戏中的优势关于安全参数 k 可忽略。格外要注意的是在上述 IND-CCA2 游戏中，对称密钥生成与封装预言机之间的后台交互。这是为了让攻击者在不访问状态信息 ω（其中包括 nonce、私钥、随机数，以及其他完全属于签密标签 KEM 执行中的内部信息）时，实现彻底的适应性封装。

关于签密标签 KEM 的认证性和完整性，采用强存在性不可伪造的通用概念。这里正规的要求是攻击者不能对某个发送方密钥 pk，找到封装/标签对 (C,τ)，使得 $\perp \neq \mathrm{Decap}(pk, sk_R, C, \tau)$。让攻击者可以选择其想要伪造消息的接收实体。设安全参数为 k，针对签密标签 KEM 的对应于 sUF-CMA 安全性的攻击游戏运行如下。

（1）挑战者生成一组全局信息 param $\xleftarrow{R}$ Setup(1^k) 以及发送方密钥对(sk_S,pk_S) $\xleftarrow{R}$ $KeyGen_S$(param)。

（2）攻击者 A 对输入(param, pk_S)开始运行。A 在运行中可以访问对称密钥生成预言机和相应的发送方私钥封装预言机，两者的定义同前面。A 在结束时输出一个固定的接收方密钥对(sk_R, pk_R)，以及封装 C 和标签 τ。

如果$\perp \neq \mathrm{Decap}(\mathrm{pk}_S, \mathrm{sk}_R, C, \tau)$，封装预言机在收到询问$\tau$时从不返回$C$，并且所保存的$\omega$并非对称密钥预言机对于询问$\mathrm{pk}_R$的应答时，称攻击者$A$在游戏中取胜。$A$的优势简单地记作概率$\Pr[A \text{ wins}]$。

定义 7.12（不可伪造的签密标签 KEM）　一个签密标签 KEM 是（在多用户内部环境下）强不可伪造的（sUF-CMA 安全的），如果任意多项式时间攻击者A在 sUF-CMA 游戏中的优势关于安全参数k是可忽略的。

定义 7.13（安全的签密标签 KEM）　如果一个签密标签 KEM 既不可区分又不可伪造，则称为安全的。

7.4.4　SCTK+DEM 构造的安全性

剩余的工作是证明安全的签密标签KEM与安全DEM的组合能真正得到一个安全的签密方案。关于签密标签 KEM 的原始论文中只研究了双用户（ADR）模型下的安全性，一些后续工作则将其扩展到了多用户（BSZ）模型。

定理 7.3（SCTK+DEM 构造的安全性）　设 SC 为一个由签密标签 KEM 和 DEM 相结合构造的混合签密方案。如果签密标签 KEM 是 IND-CCA2 安全的（定义 7.9），DEM 是 IND-CPA 安全的，则 SC 在多用户外部环境下是 FSO/FUO-IND-CCA2 安全的（定义 3.1），其安全界限为

$$\varepsilon_{\mathrm{SC,IND\text{-}CCA2}} \leqslant 2\varepsilon_{\mathrm{SCTK,IND\text{-}CCA2}} + \varepsilon_{\mathrm{DEM,IND\text{-}CPA}} \tag{7.5}$$

进一步，如果签密标签 KEM 是 sUF-CMA 安全的（定义 7.12），则 SC 在多用户外部环境下是 FSO/FUO-sUF-CMA 安全的（定义 3.2），其安全限为

$$\varepsilon_{\mathrm{SC,sUF\text{-}CMA}} \leqslant \varepsilon_{\mathrm{SCTK,sUF\text{-}CMA}} \tag{7.6}$$

证明

先证明构造的不可区分性。这里使用标准技术，并采用与加密标签 KEM[4, 5]安全性证明以及定理 7.1 的证明相类似的方法。

设G_0如第 3 章中所描述，为多用户安全签密的正规的 FSO/FUO-IND-CCA2 游戏。对G_0进行修改，使混合签密方案在计算挑战签密密文时使用随机均匀选择的密钥，而不是实际中由 Sym 输出的密钥。结果得到的游戏称为G_1。设X_0和X_1分别为某个攻击者A正确猜测G_0和G_1密钥的事件。通过构造区分算法$D=(D_1, D_2, D_3)$，其中利用A在针对签密标签 KEM 的 IND-CCA2 游戏中取胜，同时利用引理 7.1，设置概率界限$|\Pr[X_1]-\Pr[X_0]| \leqslant 2\varepsilon_{\mathrm{SCTK,IND\text{-}CCA2}}$。由图 7.7，可以看到$D$可以完美地模仿$A$的运行环境，而$D$参与$G_0$或$G_1$取决于隐藏比特（这是$D$要尝试猜测的信息）。这正是应用引理 7.1 的先决条件。

与定理 7.1 的证明的一个显著差别是，在这里对形如$[\mathrm{pk}_R, (C_1^*, C_2)]$的预言机询问解签密时并不需要利用$G_1$中引入的随机密钥。这是由解封装的工作方式导致的，其中封装和标签都对密钥有影响。

$D_1(\text{param}, \text{pk}_S, \text{pk}_R, O_{\text{Sym}}, O_{\text{Encp}}, O_{\text{Decap}})$:

$(m_0, m_1, s) \xleftarrow{R} A_1(\text{param}, \text{pk}_R; O_{SC}, O_{USC})$

$\text{state}_1 \leftarrow (\text{param}, \text{pk}_S, \text{pk}_R, m_0, m_1, s)$

返回 (state_1)

$D_2(K^*, \text{state}_1; O_{\text{Sym}}, O_{\text{Encp}}, O_{\text{Decap}})$:

$b \xleftarrow{R} \{0,1\}$

$C_2^* \leftarrow \text{Enc}_K(m_b)$

$\text{state}_2 \leftarrow (\text{state}_1, b, C_2^*)$

返回 (C_2^*, state_2)

$D_3(C_1^*, \text{state}_2; O_{\text{Decap}})$:

将 state_2 解析为

$[(\text{param}, \text{pk}_S, \text{pk}_R, m_0, m_1, s), b, C_2^*]$

$C^* \leftarrow (C_1^*, C_2^*)$

$b' \xleftarrow{R} A_2(C^*, s; O_{SC}, O_{USC})$

如果 $b = b'$，返回 1

否则返回 0

$O_{SC}(\text{pk}, m)$:

$K \xleftarrow{R} O_{\text{Sym}}(\text{pk})$

$C_2 \leftarrow \text{Enc}_K(m)$

$C_1 \xleftarrow{R} O_{\text{Encap}}(C_2)$

$C \leftarrow (C_1, C_2)$

返回 C

$O_{USC}(\text{pk}, C)$:

将 C 解析为 (C_1, C_2)

如果 $\perp = O_{\text{Decap}}(\text{pk}, C_1, C_2)$ 则

返回 $\perp$ 且终止

否则 $K \leftarrow O_{\text{Decap}}(\text{pk}, C_1, C_2)$

$m \leftarrow \text{Dec}_K(C)$

返回 m

图 7.7　SCTK 中的区分算法 D 的完整描述

最后，容易看到 A 在 G_1 中的优势与 $B=(B_1, B_2)$对 DEM 进行被动攻击时的优势相同。攻击者 B 的定义见图 7.8，注意 B 在 IND-CPA 游戏中能通过区分挑战密文（从 B 的角度来看是用某个未知的随机密钥 K 加密的）而当且仅当 A 可以区分由 B 产生的正确的签密密文时取胜。与定理 7.1 证明的主要不同之处在于，攻击者决不能对挑战中使用的对称密钥进行选择密文询问，这是之所以使用被动（IND-CPA）安全性的原因。这就证明了方案的保密性。

$B_1(1^k)$:

$\text{param} \xleftarrow{R} \text{Setup}(1^k)$

$(\text{sk}_S, \text{pk}_S) \xleftarrow{R} \text{KeyGen}_S(\text{param})$

$(\text{sk}_R, \text{pk}_R) \xleftarrow{R} \text{KeyGen}_R(\text{param})$

$(m_0, m_1, s) \xleftarrow{R} A_1(\text{param}, \text{pk}_S, \text{pk}_R; O_{SC}, O_{USC})$

$\text{state} \leftarrow (\text{param}, \text{sk}_S, \text{pk}_S, \text{sk}_R, \text{pk}_R, m_0, m_1, s)$

返回 (m_0, m_1, state)

$B_2(C_2^*, \text{state})$:

将 state 解析为 $(\text{param}, \text{sk}_S, \text{pk}_S, \text{sk}_R, \text{pk}_R, m_0, m_1, s)$

$(K, \omega) \xleftarrow{R} \text{Sym}(\text{sk}_S, \text{pk}_R)$

$C_1^* \xleftarrow{R} \text{Encap}(\omega, C_2^*)$

$C^* \leftarrow (C_1^*, C_2^*)$

$b \xleftarrow{R} A_2(s, C^*; O_{SC}, O_{USC})$

返回 b

$O_{SC}(\text{pk}, m)$:

$(K, \omega) \xleftarrow{R} \text{Sym}(\text{pk}, \text{sk}_R)$

$C_2 \leftarrow \text{Enc}_K(m)$

$C_1 \xleftarrow{R} \text{Encap}(\omega, C_2)$

$C \leftarrow (C_1, C_2)$

返回 C

$O_{USC}(\text{pk}, C)$:

将 C 解析为 (C_1, C_2)

如果 $\perp \leftarrow \text{Decap}(\text{pk}, \text{sk}_R, C_1, C_2)$ 则返回 $\perp$ 且终止

否则 $K \leftarrow \text{Decap}(\text{pk}, \text{sk}_R, C_1, C_2)$

$m \leftarrow \text{Dec}_K(C_2)$

返回 m

图 7.8　DEM 中的区分算法 B 的完整描述

为了解释 SC 的不可伪造性，需要令相应的签密标签 KEM 更简单。对 SC 的任意有效伪造需要攻击者提出 C_1 的一个封装，并将其作为密文 C_2 的签名。用签密标签 KEM 的语言描述，攻击者必须以某种方式构造一个封装，其可以作为密文标签的签名。这也正意味着攻破了签密标签 KEM 的 sUF-CMA 安全性的含义。图 7.9 中正式定义了一个攻击者 B'，在给定混合签密方案 SC 的伪造者时，可以伪造签密标签 KEM 的封装。

$B'(\text{param}_S, \text{pk}_S; O_{\text{Sym}}, O_{\text{Encap}})$:	$O_{\text{SC}}(pk,m)$:
$(\text{sk}_R, \text{pk}_R, m, C) \xleftarrow{R} A(\text{param}, \text{pk}_S; O_{\text{SC}})$	$K \xleftarrow{R} O_{\text{Sym}}(\text{pk})$
将 C 解析为(C_1,C_2)	$C_2 \leftarrow \text{Enc}_k(m)$
返回$(\text{sk}_R,\text{pk}_R,C_1,C_2)$	$C_1 \xleftarrow{R} O_{\text{Encap}}(C)$
	$C \leftarrow (C_1, C_2)$
	返回 C

图 7.9　SCTK 中的伪造算法 B' 的完整描述

为了验证 B' 确实是一个有效的伪造算法，需要注意，无论何时，只要 A 输出了 SC 的有效伪造，B' 就能输出一个有效的封装(即可以解封装为某个消息 $m\neq\perp$ 的信息)。易观察到 B' 还完美地仿真了 A 的运行环境，因为它并未作出任何独立行为，只是简单地将预言机询问传递给签密标签 KEM 的预言机。

最后一个要求就是对于任意一对预言机询问 $O_{\text{Sym}}(\text{pk}_R)$和 $O_{\text{Encap}}(C_2)$，C_1 的值并非最终结果。相应地，对 A 的要求是由 O_{SC} 仿真的预言机不会对询问(pk_R,m)作出响应。因为解封装算法是确定的，如果 m 是询问的一部分，则 O_{SC} 只会返回 C。进一步，只有当 C_1 和 C_2 分别是 O_{Encap} 的输出与输入时，O_{SC} 才会对 C 作出响应。最后，在整个运行中，公钥 pk_R 直接传送，所以只有当它是 A 发出的签密预言机询问的一部分时，才成为 O_{Sym} 的一部分。最后得到结论，两个算法 A 和 B' 分别在各自的游戏中的优势完全相同。这就完成了定理的证明。

定理 7.3 的证明在其他安全模型中也成立，从第 2 章中定义的双用户（ADR）模型[37]到这里使用的完全多用户安全模型。它还可以很容易地扩展到通用的多用户内部环境，其中允许攻击者得到不可区分游戏中的发送方密钥。只要在混合签密方案和签密标签 KEM 中应用同样的安全概念，则通用归约在稍做修改之后仍是正确的。

7.4.5　实用的内部安全混合签密

已经证明，一个内部安全签密 KEM 需要与正规 KEM 中的密钥封装函数相结合，后者具有数字签名的认证性和完整性。从以前的其他混合方案的试验中可以归纳出一种显然的方法，从一个混合加密方案出发，将其扩展为满足其他附加要求的方案。然而，做到这一点并不像想象的那么容易。事实上，除了简单地将 KEM 与数字签名方案相结合，目前还没有已知的基于加密 KEM 的内部安全混合签密方案。

相反的方法是从一个安全的签名方案出发，对其进行修改，使其具有 KEM 的行为特征。为此可以改变某些内部值的计算过程，让其依赖发送方和接收方密钥，并利用这些值来得到一个对称密钥。这种方法已经证实更有效，这里 Zheng 的原始方案[203]就是一个很好的例子。但是还没有已知的通用方法来由任意一个签名方案生成高效的混合签密方案。但是大多数已知的内部安全混合签密方案都使用了 Zheng 方案中所采用的技巧（第 4 章、第 5 章和第 6 章）。

Zheng 和其他方案中，对签名方案的处理方式比较特殊：在签名时必须选择随机数 n，并计算一个随机群元素 g^n，再对其与待签名消息一起求散列值，这里需要基于签名方私钥来进行某些计算。在验证签名时，利用签名方公钥和签名数据来重构 g^n，并验证散列函数输出的正确性。通过修改上述的第一步，可以得到一个签密方案，方法是计算随机数为 pk_S^n，并要求 sk_S 利用正常验证中计算的 g^n 来重构 pk_S^n。虽然还没有得到证明，但是人们猜想这种构造具有通用性，目前关于这种方案，只确定在几种特殊情况下是安全的（在随机预言模型下）。然而，目前尚不确定是否存在从零开始构造高效的内部安全混合签密方案的有效方法，且现有方案中符合签密标签 KEM 模型的都是基于各种 Diffie-Hellman 问题的变形（第 4 章和第 5 章）。Malone-Lee 提出的算法（4.6.2 小节）是具有不可否认性的混合签密方案，而由 Bjørstad 和 Dent 提出的方案（4.7 节）以及 Libert 与 Quisquater 的方案（5.5 节）由于具有十分紧凑的归约而引人关注。

签密标签 KEM 的另一个完全不同的例子可通过扩展一般（非混合的）签密方案得到，这些方案支持相关明文数据和签密的传输[167]。在这些方案中，签密方案将相关数据与签密后的密文“绑定”，从而同时为两者提供完整性保护。在本章前面的内容中看到，这正是人们所希望的。直观上，可以认为明文标记就是标签，并利用通常的签密方案对对称密钥签密。

这种构造具有实用价值，原因与混合签密之所以吸引人的原因相同：其克服了非混合方案明文空间较小的局限性，而这使非混合方案效率不高，作用于较长明文时速度较慢。Dodis 等首先提出了利用与消息关联的方案构造的混合方案[77]，该方案建立于隐藏方案理论（在第 8 章将进一步讨论）之上。Bjørstad 和 Dent 证明了利用这种方式构造的签密标签 KEM 可以得到同样的方案。

严格地说，与消息相关的签密方案对相关数据的处理在句法上不同于通常对数据的处理。

（1）签密算法将相关数据 d 作为附加输入，从而有 $C \xleftarrow{R} \mathrm{Signcrypt}(\mathrm{sk}_S, \mathrm{pk}_R, m, d)$。

（2）解签密算法也要求 d 作为部分输入，从而有 $m \xleftarrow{R} \mathrm{Unsigncrypt}(\mathrm{pk}_S, \mathrm{sk}_R, C, d)$。

（3）对签密和解签密预言机也进行相应修改，使攻击者在进行预言机询问时可以选择 d 的值（或令其为空）。

还需要据此对安全标准进行修改，以保证相关数据的完整性。在这些修改之后，可以直接写出签密标签 KEM 的构造。

（1）Sym 算法的输入为发送方私钥 sk_S 和接收方公钥 pk_R，算法随机均匀地选择对称密钥 K，令 $\omega \leftarrow (sk_S, pk_R, K)$，并返回 (ω, K)。

（2）Encap 算法输入为状态信息 ω 和标签 τ，算法通过分析得到 $(sk_S, pk_R, K) \leftarrow \omega$，计算 $C \xleftarrow{R} \text{Signcrypt}(sk_S, pk_R, K, \tau)$ 并返回 C。

（3）Decap 算法输入为密钥 pk_S 和 sk_R，签密密文 C 以及标签 τ。算法计算 $K \xleftarrow{R} \text{Unsigncrypt}(pk_S, sk_R, C, \tau)$ 并返回 K。

这种构造的安全性证明是十分直接的，这里略去详细过程。主要思路是将签密标签 KEM 作为底层签密方案的包装，使得攻击者能利用的信息很少。在随机预言模型下，使用通常的“散列并签名”方法构造的签密方案也可以以这种方式使用，此时将明文标签作为散列函数的附加输入。

第 8 章　隐藏及其在认证加密中的应用

Yevgeniy Dodis

8.1　引　　言

本章将研究一个新的密码学原型，称为隐藏（concealment），由 Dodis 和 An 提出[75, 76]，在认证加密方面有着重要应用。隐藏是指一个公开的随机变换，对于输入 m，输出一个隐藏值 h 和一个绑定值 b。由 h 和 b 共同参与时可恢复 m，但是二者只有一个时，①由隐藏值 h 中得不到 m 的“任何信息”；②绑定值 b 可以被最多一个隐藏值 h“有意义地打开”。当令 $b \leftarrow m$ 和 $h \leftarrow \phi$ 时，就构成了一个平凡的隐藏，如果要求 $|b| \ll |m|$，则称为“非平凡”的隐藏。本章将研究构造各种隐藏的充分必要条件，并给出简单、通用且有效的构造。

本章还将讨论隐藏在认证加密中的两种主要应用。首先，根据文献[6]、文献[75]和文献[76]，隐藏是对认证加密范畴进行扩展的恰当的密码学原型。具体而言，设 AE 为一个认证加密方案（公钥或对称方案均可）①，可对较短的消息加密。利用隐藏，可将 AE 转化为一个新的认证加密方案 AE′，能对较长的消息加密。方法如下：为了加密一个较长的消息 m，调用隐藏方案，得到 h 和 b，并输出认证密文 $\mathrm{AE}'(m) = \langle AE(b), h \rangle$。

其次，对于远程密钥（认证）加密（RKAE）问题[39, 40]，由上述方法可以诱导出一种非常简单和通用的解决方案，该问题目前为止只研究了对称加密的情形。这个问题是指，要将宽带认证加密分割在一个安全的，但是带宽较低/计算有限的设备和另一个不安全却拥有强大计算能力的主机之间。根据文献[75]和文献[76]，证明上述的组合方法可以得到 RKAE 问题的一个可证明安全的解决方案：对于 m 的认证加密，主机简单地向设备发送一个较短的值 b（其中保存了 AE 实际上的秘密密钥），得到 AE(b)并输出 $\langle \mathrm{AE}(b), h \rangle$。

8.1.1　认证加密的范畴扩展

首先研究一个很自然的问题，即安全地扩展认证加密的范畴。具体地，假设有一个安全的认证加密方案 AE（或者对称或者公钥方案，见脚注 1），作用于较“短”的明文消息。则如何才能由 AE 出发，对较“长”消息构造一个安全的认证加密方案 AE′ 呢？

---

① 注意公钥环境下的认证加密通常被称为签密[203, 204]。然而，由于讨论的隐藏的所有应用，在稍进行修改之后，在对称和私钥环境下都能起作用，因此人们自始至终一直使用术语“认证加密”。

（自始至终，将“短”看作是长度较小，如 256 比特，而“长”则指固定的，但是相对更大的长度，可能为若干 GB）。在认证加密中，Dodis 和 An 研究过这个问题[75, 76]（本章与他们的工作紧密联系）。然而，在许多其他密码学原型中，范畴的扩展问题具有更丰富的发展历程。简要介绍这些工作中的一部分，有助于解决第一个问题。

首先，在通常的选择明文安全（CPA 安全）加密方案中，可以简单地将消息分块，并“逐块”加密。当然，这种方法使密文长度增加了一个乘法因子，所以许多工作致力于设计效率更高的方法。在公钥加密环境中，经典的“混合”加密方法可将问题归约到对称加密环境，即利用公钥加密一个较短的、随机选择的对称密钥 τ，再用 τ 和对称加密体制来加密实际消息 m。而在对称加密环境中，通常使用分组密码许多工作方式中的一种（如 CBC 模式，见文献[139]），这样做在加密较长消息 m 时，通常会（必要地）增加一个分组的冗余。在认证中，则采用完全不同的技术。具体地，一种常用方法是使用一个抗碰撞的散列函数 H[69]，它可将较长的输入 m 映射为较短的输出，使得要寻找一对“碰撞”，即 $m_0 \neq m_1$，且 $H(m_0) = H(m_1)$ 是困难的。再使用给定的对较短消息 $H(m)$的认证机制来对较长消息 m 进行认证。这方面的工作很多，如数字签名（此时称为“散列后签名”）、消息认证码和伪随机函数（对于后两种工作，也可使用其他方法，见文献[8]、文献[24]、文献[25]和文献[38]及其中的参考文献）。

1. 第一种解决方法

为充分利用现有工作，一种方法是检查使用上述原型构造的认证加密，以及对每种原型应用上述的“压缩”技术。例如，在对称加密环境下，可以采用“加密再 MAC”的认证加密解决方案，利用加密的 CBC 模式以及消息认证的 CBC-MAC 模式，并只用一种长度固定的分组密码来构造针对长消息的具体的认证加密方案。在这种环境下，甚至可以做得更好，利用具有某种具体用途的、新近开发的认证加密操作模式，如 IACBC[112]或 OCB[168]。在公钥环境中可以采用类似技术，并使用加密的“混合”技术，签名的“散列后签名”方法，以及第 2 章和第 3 章中介绍的三种签名/加密的组合中的任意一种。

换句话说，现有工作已经提供了由“短”的原型来构造“长”认证加密方案的工具。

2. 研究此问题的意义

第一个原因是其理论价值。设计一个由“短”到“长”认证加密的方法，而不是凭空构造一种“长”的原型，在结构上是一个非常有趣的问题。例如，在公钥环境下，人们乐于研究是否存在一种通用方法，对看上去不同的方法如“混合”加密和“散列后签名”认证进行推广。事实上，这种推广可以得到一个十分简洁的新的原型，其本身也具有研究价值。第二个原因是为设计“长消息”的认证加密提供了更多选择。而且这种选择可以根据其具体的应用和实现带来其他好处（如效率较高，易于实现等）。例如，考虑公钥环境，其中认证加密通常称为签密[203, 204]（见脚注 1）。利用第 2 章中描述的任意一种签名-加密的组合，可将对较长消息的签密问题归约为普通签名加上对较短消息的加密。在模型中，则将其归约为对较短消息的一次签密，这比进行几次签名和加密速度更快。事实上，这种潜在的效率上的提高正是 Zheng 引入签密的主要动力！

最后，这个技术本身也具有重要应用。特别是，可以证明它得到 8.1.2 小节中讨论的远程密钥认证加密（remotely keyed authenticated encryption，RKAE）问题的一个非常普遍而简单的[39, 40, 125]的解决方案。而所提到的其他技术则对该问题毫无帮助。

3. 主要构造和一个新的原型：隐藏

根据文献[75]和文献[76]，利用如下方法将一个给定的“短”认证加密方案 AE 放大成一个“长”认证加密方案 AE′。首先，利用某个变换 T 将长消息 m 分割为两部分 $(h,b) \xleftarrow{R} T(m)$，其中 $|b| \ll |m|$，再定义 $\text{AE}'(m) = \langle \text{AE}(b), h \rangle$。研究何种变换 T 可以成为一个“安全”的认证加密？Dodis 和 An 的工作[75, 76]，以及 Alt 的工作[6]彻底解决了这个问题，他们将这种变换 T 称为隐藏。具体地，证明了 AE′ 是安全的当且仅当 T 是一个“适当”的隐藏方案，其中“适当”与否取决于所考虑的具体环境，后面将详细讨论。

直观上，一个隐藏 T 必须是可逆的，且满足以下性质：①隐藏值 h 不能揭示 m 的任何信息；②如果找到一对 (h',b) 且 $h' \neq h$ 是困难的，则隐藏值 b“承诺” m。性质②有三种定义，即引出普通的、松散的以及超松散的隐藏方案的概念。超松散的隐藏实际上是对称加密环境中的充分必要条件[6, 75, 76]，所以称为外部安全的公钥加密环境（第 2 章和第 3 章）。松散的隐藏是更强和更有价值的内部安全公钥加密环境（第 2 章和第 3 章）的充分必要条件[6, 75, 76]。最后，普通的隐藏是 RKAE 问题（在对称或公钥环境下）的充分必要条件[75, 76]。还要指出，隐藏乍看与承诺方案十分相似，但是有几个关键的区别，使两者在概念上完全不同，8.2 节中将对这两者进行比较。

最后剩下的问题是隐藏方案的构造。首先，证明非平凡（即 $|b|<|m|$）的隐藏方案要求单向函数的存在性。此外，为保证普通的绑定性质，要求存在无碰撞的散列函数（collision-resistant hash functions，CRHF）。从积极的角度，给出一个非常高效的通用构造，满足上述必要条件。本书的构造使用任意一个一次性安全的对称加密（可由伪随机数发生器或标准的分组加密构造）来保证消息隐藏，使用一类特殊的散列函数：几乎通用散列函数（almost universal hash functions，AUHF）[185]来构造超松散的绑定，使用通用的单向散列函数（universal one-way hash functions，UOWHF）实现松散绑定，以及无碰撞的散列函数（collision-resistant hash functions，CRHF）实现普通绑定。在用标准组件实例化时，本书的构造中绑定值 b 的长度与安全参数成比例，且独立于消息长度，而隐藏值 h 的长度约等于消息长度。实际上，构造的一个特例看上去与著名的最优非对称消息填空（optimal asymmetric encryption padding，OAEP）[30]十分相似，虽然不依赖于随机预言机！

综上所述，隐藏是一种自然的密码学原型，可由标准假设高效地构造。特别是，其提供了一种有效方法实现由“短”认证加密方案向“长”认证加密方案的转化。最后，描述隐藏的一种有效应用，以及放大技术在 RKAE 问题中的应用，这完全值得用独立的篇幅来介绍。

8.1.2 远程密钥认证加密

“远程密钥加密”（RKE）问题首先由 Blaze 在对称加密环境下引入[39]。直观地讲，RKE 考虑的是“使用低带宽智能卡的宽带加密”。本质上，人们希望把秘密密钥保存在一个安全的，但计算能力有限的智能卡中，而由一个强大的主机来处理与智能卡相关的大部分加密/解密操作。当然，主机与智能卡之间的通信量越小越好。Blaze 最初的工作缺少对这一问题的形式化模型，但是引出了许多后续研究。RKE 问题第一个形式化模型由 Lucks 提出[125]，他将该问题解释为远程密钥随机置换（或分组密码）的实现，称为 RK-PRP。后来 Blaze 等对 Lucks 的工作在两方面（模型和构造上）都进行了进一步的完善[40]。首先，注意到 PRP 的长度保持特性使得将其看成加密算法时它不是语义安全的。因此，在 RK-PRP（称为“长度保持的 RKE”）之外，还引入了“长度增加的 RKE”的概念，本质上就是远程密钥认证加密，所以称为 RKAE。换言之，不严格的“RKE”概念实际上分为两个不同的概念，即 RK-PRP 和 RKAE，而两者都不是完全意义上的加密方案。Blaze 等给出了 RKAE 和 RK-PRP 的定义及构造[40]，后来 Lucks 改善了文献[40]中 RK-PRP 的构造。

Blaze 等提出的 RKAE 的定义[40]是对这个新概念进行形式化定义的第一步，然而他们的定义十分复杂且并不是标准的（其中涉及了一个“仲裁者”，可以欺骗任意攻击者）。因此绝非普通认证加密（不是远程密钥认证加密）的正式的、能普遍接受的概念[26, 33, 114]。当然，形成这个局面有其客观原因，因为认证加密的形式化定义是在文献[40]中的理论之后出现的。此外，Blaze 等也许尝试过让其“长度增加 RKE”的定义看上去尽可能接近其对“长度保持 RKE”（RK-PRP）的定义。仍相信 RKAE 的定义应该建立在普通认证加密的定义之上，而不是尝试去模仿一个有点相关，但完全不同的概念。因此，采用 Dodis 和 An 的工作[75, 76]，其中给出了更简单和更自然的定义，看上去更接近普通认证加密的定义。此外，Dodis 和 An 还将 RKAE 的整个概念扩展到公钥环境，因为其可以等价地应用于此种环境①。注意，在公钥加密环境中，RK-PRP 的概念毫无意义，这也进一步解释了选择将定义建立在普通认证加密基础上的原因。

另一个非常接近的工作来自 Jakobsson 等[107]，他们也有效地研究了 RKAE 问题（即使是在将认证作为部分需求时也称其为 RKE）。要注意的是文献[107]中的定义看上去更接近文献[75]和文献[76]中的。但是，两者仍存在重要差别，并且后者更加强大②。

① 本章将重点考虑更普遍的对称加密环境，只简要介绍将其扩展到公钥加密环境之中。

② 除了两者（文献[107]和文献[40]）都坚持得到输出的某种伪随机性，虽然我们的方案也能得到，但认为这个要求对任意 RKAE 的应用并不是必须的，只是为了让定义看上去更像 RK-PRP 而已。

例如，Jakobsson 等在其完全推广中并不支持选择密文攻击（即在收到挑战后，不允许攻击者访问智能卡），并且还要求攻击者“知道”对应于伪造密文的明文消息。还要指出一点，他们的主要方案中使用了类似“OAEP”的变换，且其安全性分析完全在随机预言模型下进行。后面将证明，在 RKAE 中使用另一种 OAEP 的变形，可以不用随机预言来分析安全性。因此，提出的构造的一种特例可以得到简单高效的方案，并且是标准模型下可证明安全的。

最后要介绍的是 Joux 等的工作[110]。认为其中在分组密码的许多自然的工作方式，如 CBC 或 IACBC 模式下简单地实现了“远程密钥”（认证）加密，而这从 RKE/RKAE 的角度来看完全是不安全的。在这种简单实现中，智能卡上保存了分组密码的密钥，而主机除了需要计算分组加密（或解密）之外，不需要做任何其他事情，在计算时则调用智能卡中的密钥。注意到这意味着为完成一次（认证的）加密/解密，主机需要自适应地多次访问智能卡，访问次数取决于（较长）消息的长度。也许这并不奇怪，但为“逐组适应”的攻击者提供了更多机会，允许其容易地攻破这种简单的 PKR/RKAE 实现。相反，在 RKAE 解决方案中，主机只对一个极短的输入访问智能卡一次，且输入与实际处理的消息长度无关。实际上，在文献[75]和文献[76]中的一种解决方案中（见后面的“扩展”段落），智能卡在每次调用时只需进行一次分组密码调用。

因此，Joux 等的工作[110]支持前面的断言，即直接的“长”认证加密方案，如 IACBC[112]，并不适合 RKAE，因为一个“逐组适应”的攻击者极易攻破这种体制。

1. RKAE 的构造

除了给出 RKAE 的简单定义外，Dodis 和 An[75, 76]还表明，从“短消息”认证加密向“长消息”认证加密的转化提供了一种自然、普遍适用且可证明安全的 RKAE 问题的解决方案。如前所述，令 $\mathrm{AE}'(m)=\langle \mathrm{AE}(b),h\rangle$，其中 (h,b) 由某个变换 T 输出，且 $|b|\ll|m|$。这立即引出后面的 RKAE 协议。主机计算 (h,b)，并将 b 发送到智能卡，其中保存着秘密密钥。智能卡计算一个较短的 $c\xleftarrow{R}\mathrm{AE}(b)$ 并发往主机，主机再输出 $\langle c,h\rangle$。认证解密过程是类似的。这里可能会再次提出何种变换 T 可以为这个简单方案提供安全性。毫无疑问，Dodis 和 An[75, 76]证明了隐藏方案就是安全性的充分必要条件，即使是在需要隐藏方案的普通绑定且必须使用 CRHF 时。总体而言，上述结论为 RKAE 问题提供了一个通用且直观上简单的解决方案。并且，它推广了前面提到的文献[40]和文献[107]中“看上去不同”的解决方案，两种方法都可以证明使用了某种特殊的隐藏以及/或“短”的认证加密。

2. 扩展

前面提到的所有技术都自然而然地支持相关数据的认证加密[167]。直观上，相关数据允许为消息“绑定”一个公开标签，这个标签不需要加密，但是需要认证。可以将标签看成消息的一部分，但是文献[167]中明确说明，这并不是最有效的方法。正如 Dodis 和 An[75, 76]所证明的，效率的提高延迟到了用本章研究的问题来解决。然而，在这里省略了细节，有兴趣的读者可以参考文献[75]和文献[76]。

还要指出，得到的结论可以用于公钥和对称密钥认证加密两种环境。除了对文献[75]和文献[76]中只在对称加密环境中有意义的工作的引申以外，这些工作关系到是否可以用一个（强的）伪随机置换（即一种分组密码，因为 AE 应用于较短的输入）来代替给定的“短”认证加密。这将增加提出的组合方案的实用价值。文献[75]和文献[76]中证明了，虽然任意一种隐藏都不足以保证强化方案 AE′ 的安全性，而某些附加限制（一些自然的隐藏构造已经具备）可以让其足够安全①！进一步的细节还可参见文献[75]和文献[76]。

8.2 隐藏的定义

直观上，隐藏方案有效地将消息 m 转化为一对 (h,b)，满足：①由 (h,b) 中可恢复 m；②从隐藏值 h 中得不到 m 的任何信息；③如果找到一对 (h',b) 且 $h'\neq h$ 是困难的，则绑定值 b“承诺”m。后面给出正式定义。

8.2.1 句法上的定义

隐藏方案包含三个高效算法：（Setup，Conceal，Open）。初始化算法 Setup(1^k)，其中 k 为安全参数，输出一个公开的隐藏密钥 ck（可能为空，但通常包含一些公开参数）。给定消息空间 M 中的一个消息 m，随机化的隐藏算法 $\text{Conceal}_{\text{ck}}(m)$输出一个隐藏对$(h, b)$，其中 h 为 m 的隐藏值，b 为绑定值。简言之，通常可省略 ck，而直接写为$(h, b)\xleftarrow{R}\text{Conceal}(m)$。有时候，用 $h(m)$（或 $b(m)$）来表示随机生成的(h, b)的隐藏值（或绑定值）部分。$\text{Open}_{\text{ck}}(h, b)$为一个确定的打开算法，如果$(h, b)$是 m 的一个“有效”对（即可以由 Conceal(m)生成），则输出 m，否则输出⊥。通常还可以写成 $x\leftarrow\text{Open}(h, b)$，其中 $x\in M\cup\{\perp\}$。隐藏的正确性是指对任意 m 和 ck，有 $\text{Open}_{\text{ck}}[\text{Conceal}_{\text{ck}}(m)]=m$。

8.2.2 隐藏的安全性

与承诺方案相似，隐藏方案有两个安全性质，称为隐藏性和绑定性。但是与承诺方案不同的是，这些性质可以用于隐藏的不同部分，这就是二者的主要差别。

（1）隐藏：攻击者 A 即使知道 ck，在计算上也很难找到两个消息 $m_1, m_2\in M$，使得 A 可以区分 $h(m_1)$和 $h(m_2)$，即从 $h(m)$中得不到 m 的任何信息。正式地，对任意（PPT）攻击

---

① 不幸的是，绑定值 b 的长度较短，目前只能达到 300 比特。这意味着最常见的分组密码，如 AES，不能用于这种环境。然而，任意分组长度为 512 比特的分组密码似乎效率更高。

者 A，其运行过程包含两个阶段：A_1 和 A_2，这里要求由式定义的概率最多为 $\frac{1}{2}+\mathrm{negl}(k)$（其中 $\mathrm{negl}(k)$ 表示关于安全参数 k 的某个可忽略的函数）：

$$\Pr\left[\begin{array}{l}\sigma=\tilde{\sigma}:\mathrm{ck}\xleftarrow{R}\mathrm{Setup}(1^k),(m_0,m_1,\alpha)\xleftarrow{R}A_1(ck),\sigma\xleftarrow{R}\{0,1\},\\ \qquad (h,b)\xleftarrow{R}\mathrm{Conceal}_{\mathrm{ck}}(m_\sigma),\tilde{\sigma}\xleftarrow{R}A_2(h,\alpha)\end{array}\right]$$

式中，α 为某个状态信息。有时候，用 $h(m_0)\approx h(m_1)$ 来表示 $h(m_0)$ 与 $h(m_1)$ 在计算上不可区分。

（2）绑定：攻击者 A 即使知道 ck，在计算上也很难找到 b、h 和 g'，其中 $h\neq h'$，使得 (b,h) 和 (b,h') 都是有效的隐藏对（即 $\mathrm{Open}_{\mathrm{ck}}(h,b)\neq\perp$，且 $\mathrm{Open}_{\mathrm{ck}}(h',b)\neq\perp$）。正式地，对任意 PPT 攻击者 A，以下概率最多为 $\mathrm{negl}(k)$：

$$\Pr\left[\begin{array}{l}h\neq h'\wedge\\ m,m'\neq\perp\end{array}:\begin{array}{l}\mathrm{ck}\xleftarrow{R}\mathrm{Setup}(1^k),(b,h,h')\xleftarrow{R}A(\mathrm{ck}),\\ m\leftarrow\mathrm{Open}_{\mathrm{ck}}(h,b),m'\leftarrow\mathrm{Open}_{\mathrm{ck}}(h',b)\end{array}\right]$$

即 A 无法找到一个绑定值 b，可以用两个不同的隐藏值打开①。令 $b\leftarrow m$ 和 $h\leftarrow\Phi$ 便可满足上述定义。事实上，这里的难点在于构造满足 $|b|\ll|m|$ 的隐藏方案（称这种方案为非平凡的）。由于必须令 $|b|+|h|\geqslant|m|$，所以一个好的隐藏方案蕴含了 $|h|\approx|m|$。

后面将看到，对于隐藏的某些应用，两种稍弱的绑定形式就足够了。由于缺乏更好的名称，则它们分别称为松散绑定（relaxed binding）和超松散绑定（super-relaxed binding）。

8.2.3　松散隐藏

考虑松散隐藏方案，其中严格的绑定性质被松散绑定性质所取代，后者是指 A 对随机生成的绑定值 $b(m)$，无法找到一对绑定值碰撞，即使 A 在得知 $[h(m),b(m)]$ 之前可以选择 m。严格地，对任意 PPT 攻击者 A，其运行过程包含两个阶段：A_1 和 A_2，以下概率最多为 $\mathrm{negl}(k)$。

$$\Pr\left[\begin{array}{l}h\neq h'\wedge\\ m'\neq\perp\end{array}:\begin{array}{l}\mathrm{ck}\xleftarrow{R}\mathrm{Setup}(1^k),(m,\alpha)\xleftarrow{R}A_1(\mathrm{ck}),(h,b)\xleftarrow{R}\mathrm{Conceal}_{\mathrm{ck}}(m),\\ h'\xleftarrow{R}A_2(h,b,\alpha),m'\leftarrow\mathrm{Open}_{\mathrm{ck}}(h',b)\end{array}\right]$$

为了说明这种区别的合理性，后面将指出非平凡的（正规的）隐藏等价于无碰撞的散列函数（CRHF），而松散隐藏可以由通用的单向散列函数（universal one-way hash functions，UOWHF）构造。由 Simon 的结论[182]，UOWHF 是比 CRHF 更弱的密码学原型（特别是其可由正规的单向函数构造[147]），这表明，与正规隐藏相比，松散隐藏构成一个较弱的密码学假设。

---

① 应该允许 A 找到 $h\neq h'$，只要 (h,b) 和 (h',b) 无法对不同的消息 $m\neq m'$ 打开。然而，我们发现更严格的定义使用起来将更方便。

8.2.4　超松散隐藏

最后考虑一种更弱的绑定。超松散绑定是指 A 在不知道 b 的实际值时，对随机产生的绑定值 $b=b(m)$ 无法找到绑定值碰撞。严格地讲，对任意 PPT 攻击者 A，其运行过程包含两个阶段：A_1 和 A_2，以下概率最多为 $\text{negl}(k)$。

$$\Pr\left[\begin{matrix} h \neq h' \wedge \\ m' \neq \perp \end{matrix} : \begin{matrix} \text{ck} \xleftarrow{R} \text{Setup}(1^k), (m,\alpha) \xleftarrow{R} A_1(\text{ck}), (h,b) \xleftarrow{R} \text{Coneal}_{\text{ck}}(m), \\ h' \xleftarrow{R} A_2(h,\alpha), m' \leftarrow \text{Open}_{\text{ck}}(h',b) \end{matrix}\right]$$

与前面介绍的隐藏相比，在超松散绑定的隐藏中，A_2 无法看到 b。这说明，可以无条件地得到超松散的隐藏，即甚至不依赖于单向函数（这对正规绑定和松散绑定是必须的）。

8.2.5　隐藏与承诺的比较

表面看来，隐藏方案与承诺方案非常相似。承诺方案也将 m 转化为一对(c, d)，其中 c 是"承诺"而 d 是"解承诺"。但是，在承诺方案中，承诺 c 就是隐藏值也是绑定值，而在隐藏方案中，两者是不同的。这个看起来不太重要的区别却可以导致严重的不同。例如，在不考虑参数环境时，承诺总是暗示着单向函数的存在性，却存在两种平凡的隐藏使 $|b|=|m|$；另外，当 $|b|<|m|$ 时，后面将证明隐藏方案要求 CRHF，而非平凡的承诺方案可由单向函数构造[146]。

毫无疑问，这两种原型具有非常不同的应用和构造。特别是承诺在讨论认证加密的"范畴扩展"应用中不起作用。有趣的是，即使如此，承诺却在认证加密方面有着其他应用。例如，在第 9 章研究的承诺再加密再签名（CtE&S）模式[10]中（还可参见图 9.2），使用承诺方案由正规的签名和加密方案构造"并行的"认证加密。第 6 章讨论了承诺在认证加密方面其他一些更专门的应用。

8.3　隐藏方案的构造

本节给出隐藏方案十分简单和通用的构造，这些构造基于某些"适当"的散列函数类（如后面所述）和任意的对称一次性加密方案。

构造可分为两个阶段，首先，利用一个对称的一次性加密方案来实现隐藏，然后利用散列函数对任意具有隐藏功能的方案增加绑定功能。本节的最后得出结论，在构造中使用的所有条件都不仅是充分的且是必要的。因此构造是紧凑的。

8.3.1　如何实现隐藏

首先阐明如何实现隐藏性质，使得 $|b| \ll |m|$。如前所述，密钥长度为 λ 的对称加密

方案 $\mathrm{SE}=(\mathrm{Enc},\mathrm{Dec})$，由加密算法 Enc 和解密算法 Dec 构成。当然，如果 $\tau \xleftarrow{R} \{0,1\}^{\lambda}$，则要求 $\mathrm{Dec}_{\tau}[\mathrm{Enc}_{\tau}(m)]=m$。在这里要求最平凡和最低限度的一次性安全的概念，如 1.3.4 小节所定义的。对于随机选择的对称密钥 $\tau \in \{0,1\}^{\lambda}$，令 $\mathrm{Enc}_{\tau}(m_0) \approx \mathrm{Enc}_{\tau}(m_1)$ 表示一个 PPT 攻击者在一次性 IND-CPA 环境下，无法区分对 m_0 和 m_1 的加密。

现在，令 $b \leftarrow \tau$，$h \xleftarrow{R} \mathrm{Enc}_{\tau}(m)$，使得 $\mathrm{Open}(b,h) \leftarrow \mathrm{Dec}_{b}(h)$。容易看到这个方案满足隐藏的隐藏性，且如果像上面基于 PRG 的方案那样使用了良好的一次性安全加密，则还要求 $|b| \ll |m|$。

引理 8.1　如果 SE 为一次性 IND-CPA 安全的加密方案，则上述隐藏方案满足隐藏性。此外，该方案是非平凡的当且仅当密钥 τ 比消息 m 短（由文献[98]中的结论，这要求单向函数的存在性）。

8.3.2　如何实现绑定

后面讨论如何利用任意一个无碰撞/通用一次性/几乎通用的 hash 函数类（CRHF/UOWHF/AUHF）来实现普通/松散/超松散的绑定性质。前面在定义 CRHF/UOWHF/AUHF 时使用了压缩函数类 $W=\{H\}$，使得任意计算有限的攻击者都无法以不可忽略的概率找到一对碰撞 $x \neq x'$，使得 $H(x)=H(x')$，其中 H 为在 W 中随机选择的函数。然而，存在如下情况。

（1）在使用 CRHF 时，首先选择函数 H，并令攻击者基于 H 来求 (x,x')；

（2）在使用 UOWHF 时，攻击者在得到 H 之前就选择了 x，然后再基于 H 求 x'；

（3）在使用 AUHF 时，攻击者在得到 H 之前就必须选定 (x,x')。

要指出，对于已知的散列函数类构造，这里只要求 AUHF 可以无条件地构造，UOWHF 的存在性等价于单向函数的存在性[169]，而 CRHF 的存在性似乎要求比单向函数更强的计算假设[182]。现在讨论如何利用这些散列函数类来构造相应的不同绑定。在所有的构造中，假设 Π=(Setup, Conceal, Open)已经实现了隐藏，并令 $W=\{H\}$ 为某个散列函数类，其输入长度等于 Π 中隐藏值 h 的输入长度。在方案中，总是令$|h| \approx |m|$，从而希望 W 的输入长度约等于消息 m 的长度。

1．普通绑定

假设 $W=\{H\}$为 CRHF 类。将给定的“隐藏的”隐藏方案 Π 转化为成熟的隐藏方案 $\Pi'=(\mathrm{Setup}',\mathrm{Conceal}',\mathrm{Open}')$，其中，

（1）$\mathrm{Setup}'(1^k)$：运行 $\mathrm{ck} \xleftarrow{R} \mathrm{Setup}(1^k)$，$H \xleftarrow{R} W$，并输出 $\mathrm{ck}' \leftarrow \langle ck, H\rangle$；

（2）$\mathrm{Conceal}'(m)$：令 $(h,b) \xleftarrow{R} \mathrm{Conceal}(m)$，$h' \leftarrow h, b' \leftarrow b \| H(h)$，并输出 $\langle h', b'\rangle$；

（3）$\mathrm{Open}'(h',b')$：将 b' 分解为 $b \| t$，当 $H(h') \neq t$ 时输出 $\perp$，否则输出 $m \leftarrow \mathrm{Open}(h',b)$。

引理 8.2　如果 Π 满足隐藏性，而 W 为 CRHF，则 Π' 为一个（普通的）隐藏方案。

证明

由 $h'=h$ 可直接得到隐藏性质。对于绑定，如果某个攻击者 A 输出 $b'=b\|t$ 和 $h_0\neq h_1$ 使得 $H(h_0)=H(h_1)=t$，则 A 输出了 W 的一对碰撞 (h_0,h_1)，与 W 的无碰撞性质矛盾。

已经看到，H 的输出长度直接影响着绑定值的长度。在实际构造中，这个输出长度与安全参数成比例，且与输入长度 n 无关。由于在实际的对称加密体制中，密钥长度也是如此，所以可以得到 binder 的长度与安全参数 k 成正比。例如，在使用基于 AES 的加密和基于 SHA1 的 hash 函数时，$|b'|=128+160=288\text{bit}$。

2. 松散绑定

假设 $W=\{H\}$ 为 UOWHF 类，将给定的“隐藏的”隐藏方案 Π 转化为成熟的松散隐藏方案 $\Pi''=(\text{Setup}'',\text{Conceal}'',\text{Open}'')$，其中：

（1）$\text{Setup}''=\text{Setup}$；

（2）$\text{Conceal}''(m)$，选择 $H\leftarrow W$，计算 $(h,b)\xleftarrow{R}\text{Conceal}(m)$，令 $h''\leftarrow h$，$b''\leftarrow b\|H(h)\|H$，并输出 $\langle h'',b''\rangle$；

（3）$\text{Open}''(h'',b'')$，将 b'' 分解为 $b\|t\|H$，当 $H(h'')\neq t$ 时输出 $\perp$，否则输出 $\text{Open}(h'',b)$。

引理 8.3　如果 Π 满足隐藏性质，且 W 为 UOWHF，则 Π'' 为一个松散的隐藏方案。

证明

由 $h''=h$ 可直接得到隐藏性质。对于绑定，假设某个攻击者 A 选择 m_0，得到 $b''=b\|t\|H$ 和 h_0，则当 $H(h_0)=H(h_1)=t$ 时可以成功地输出 $h_1\neq h_0$。因为 $h_0=H(m_0)$ 与 H 在计算上无关，可以直接地将这个 $A=(A_1,A_2)$ 转化为另一个攻击者 $A'=(A_1',A_2')$，能破坏 W 的 UOWHF 安全性。A_1' 利用 A_1 来找到 m_0，计算 $(h_0,b)\xleftarrow{R}\text{Conceal}(m_0)$ 并输出 h_0 作为第一个碰撞消息。在得到随机的 H 之后，A_2' 对输入 $b''\leftarrow b\|H(h_0)\|H$ 和运行 A_2 来生成第二个碰撞消息 $h_1\neq h_0$。

可以发现，这个构造与基于 CRHF 的构造十分相似，除了要对每个调用选择一个新的散列函数并将其附加到绑定值 b'' 上之外。这保证了 H 的选择总是独立于其输入 h，与 UOWHF 定义中的要求相同。理论上，这允许有效的自由隐藏，不同于普通隐藏的是，其可以由单向函数构造（见引理 8.6）。实际中，消息并不是很清晰，一方面，UOWHF 在理论上由单向函数出发所得到的最好构造（或固定长度的 UOWHF），其密钥长度与 $O(k\log|m|)$ 成比例[32, 169, 179]，这是对消息求散列值时使用的安全参数 k 的超线性函数。例如，对长为 1Gb 的消息求散列值时，会需要长度至少为几千字节的绑定值，这并不令人满意。另一方面，更合理的假设是给定的“实用的”散列函数 W 是一个通用的单向函数，而不是无碰撞。例如，Halevi 和 Krawczyk 给出了构造短密钥（如 160 比特）UOWHF 的几种有效方法[94]，其使用的构造模块并不要求是（并且似乎也不是）无碰

方案 SE = (Enc, Dec)，由加密算法 Enc 和解密算法 Dec 构成。当然，如果 $\tau \xleftarrow{R} \{0,1\}^\lambda$，则要求 $\text{Dec}_\tau[\text{Enc}_\tau(m)] = m$。在这里要求最平凡和最低限度的一次性安全的概念，如 1.3.4 小节所定义的。对于随机选择的对称密钥 $\tau \in \{0,1\}^\lambda$，令 $\text{Enc}_\tau(m_0) \approx \text{Enc}_\tau(m_1)$ 表示一个 PPT 攻击者在一次性 IND-CPA 环境下，无法区分对 m_0 和 m_1 的加密。

现在，令 $b \leftarrow \tau$，$h \xleftarrow{R} \text{Enc}_\tau(m)$，使得 $\text{Open}(b,h) \leftarrow \text{Dec}_b(h)$。容易看到这个方案满足隐藏的隐藏性，且如果像上面基于 PRG 的方案那样使用了良好的一次性安全加密，则还要求 $|b| \ll |m|$。

引理 8.1　如果 SE 为一次性 IND-CPA 安全的加密方案，则上述隐藏方案满足隐藏性。此外，该方案是非平凡的当且仅当密钥 τ 比消息 m 短（由文献[98]中的结论，这要求单向函数的存在性）。

8.3.2　如何实现绑定

后面讨论如何利用任意一个无碰撞/通用一次性/几乎通用的 hash 函数类（CRHF/UOWHF/AUHF）来实现普通/松散/超松散的绑定性质。前面在定义 CRHF/UOWHF/AUHF 时使用了压缩函数类 $W = \{H\}$，使得任意计算有限的攻击者都无法以不可忽略的概率找到一对碰撞 $x \neq x'$，使得 $H(x) = H(x')$，其中 H 为在 W 中随机选择的函数。然而，存在如下情况。

（1）在使用 CRHF 时，首先选择函数 H，并令攻击者基于 H 来求 (x, x')；

（2）在使用 UOWHF 时，攻击者在得到 H 之前就选择了 x，然后再基于 H 求 x'；

（3）在使用 AUHF 时，攻击者在得到 H 之前就必须选定 (x, x')。

要指出，对于已知的散列函数类构造，这里只要求 AUHF 可以无条件地构造，UOWHF 的存在性等价于单向函数的存在性[169]，而 CRHF 的存在性似乎要求比单向函数更强的计算假设[182]。现在讨论如何利用这些散列函数类来构造相应的不同绑定。在所有的构造中，假设 Π =(Setup, Conceal, Open)已经实现了隐藏，并令 $W = \{H\}$ 为某个散列函数类，其输入长度等于 Π 中隐藏值 h 的输入长度。在方案中，总是令 $|h| \approx |m|$，从而希望 W 的输入长度约等于消息 m 的长度。

1. 普通绑定

假设 $W = \{H\}$ 为 CRHF 类。将给定的“隐藏的”隐藏方案 Π 转化为成熟的隐藏方案 $\Pi' = (\text{Setup}', \text{Conceal}', \text{Open}')$，其中，

（1）$\text{Setup}'(1^k)$：运行 $\text{ck} \xleftarrow{R} \text{Setup}(1^k)$，$H \xleftarrow{R} W$，并输出 $\text{ck}' \leftarrow \langle ck, H \rangle$；

（2）$\text{Conceal}'(m)$：令 $(h,b) \xleftarrow{R} \text{Conceal}(m)$，$h' \leftarrow h, b' \leftarrow b \| H(h)$，并输出 $\langle h', b' \rangle$；

（3）$\text{Open}'(h',b')$：将 b' 分解为 $b \| t$，当 $H(h') \neq t$ 时输出 $\perp$，否则输出 $m \leftarrow \text{Open}(h', b)$。

引理 8.2　如果 Π 满足隐藏性，而 W 为 CRHF，则 Π' 为一个（普通的）隐藏方案。

证明

由 $h'=h$ 可直接得到隐藏性质。对于绑定，如果某个攻击者 A 输出 $b'=b\|t$ 和 $h_0\neq h_1$ 使得 $H(h_0)=H(h_1)=t$，则 A 输出了 W 的一对碰撞 (h_0,h_1)，与 W 的无碰撞性质矛盾。

已经看到，H 的输出长度直接影响着绑定值的长度。在实际构造中，这个输出长度与安全参数成比例，且与输入长度 n 无关。由于在实际的对称加密体制中，密钥长度也是如此，所以可以得到 binder 的长度与安全参数 k 成正比。例如，在使用基于 AES 的加密和基于 SHA1 的 hash 函数时，$|b'|=128+160=288\text{bit}$。

2. 松散绑定

假设 $W=\{H\}$ 为 UOWHF 类，将给定的"隐藏的"隐藏方案 Π 转化为成熟的松散隐藏方案 $\Pi''=(\text{Setup}'',\text{Conceal}'',\text{Open}'')$，其中：

（1）$\text{Setup}''=\text{Setup}$；

（2）$\text{Conceal}''(m)$，选择 $H\leftarrow W$，计算 $(h,b)\xleftarrow{R}\text{Conceal}(m)$，令 $h''\leftarrow h$，$b''\leftarrow b\|H(h)\|H$，并输出 $\langle h'',b''\rangle$；

（3）$\text{Open}''(h'',b'')$，将 b'' 分解为 $b\|t\|H$，当 $H(h'')\neq t$ 时输出 $\perp$，否则输出 Open (h'',b)。

引理 8.3 如果 Π 满足隐藏性质，且 W 为 UOWHF，则 Π'' 为一个松散的隐藏方案。

证明

由 $h''=h$ 可直接得到隐藏性质。对于绑定，假设某个攻击者 A 选择 m_0，得到 $b''=b\|t\|H$ 和 h_0，则当 $H(h_0)=H(h_1)=t$ 时可以成功地输出 $h_1\neq h_0$。因为 $h_0=H(m_0)$ 与 H 在计算上无关，可以直接地将这个 $A=(A_1,A_2)$ 转化为另一个攻击者 $A'=(A_1',A_2')$，能破坏 W 的 UOWHF 安全性。A_1' 利用 A_1 来找到 m_0，计算 $(h_0,b)\xleftarrow{R}\text{Conceal}(m_0)$ 并输出 h_0 作为第一个碰撞消息。在得到随机的 H 之后，A_2' 对输入 $b''\leftarrow b\|H(h_0)\|H$ 和运行 A_2 来生成第二个碰撞消息 $h_1\neq h_0$。

可以发现，这个构造与基于 CRHF 的构造十分相似，除了要对每个调用选择一个新的散列函数并将其附加到绑定值 b'' 上之外。这保证了 H 的选择总是独立于其输入 h，与 UOWHF 定义中的要求相同。理论上，这允许有效的自由隐藏，不同于普通隐藏的是，其可以由单向函数构造（见引理 8.6）。实际中，消息并不是很清晰，一方面，UOWHF 在理论上由单向函数出发所得到的最好构造（或固定长度的 UOWHF），其密钥长度与 $O(k\log|m|)$ 成比例[32, 169, 179]，这是对消息求散列值时使用的安全参数 k 的超线性函数。例如，对长为 1Gb 的消息求散列值时，会需要长度至少为几千字节的绑定值，这并不令人满意。另一方面，更合理的假设是给定的"实用的"散列函数 W 是一个通用的单向函数，而不是无碰撞。例如，Halevi 和 Krawczyk 给出了构造短密钥（如 160 比特）UOWHF 的几种有效方法[94]，其使用的构造模块并不要求是（并且似乎也不是）无碰

撞的。因此，可以构造一个 UOWHF 类，其输出长度与密钥长度的乘积可以与 CRHF 最合理的输出相比，却依赖一个可证明的较弱假设！

3. 超松散的绑定

在构造超松散的绑定时，使用与上述 Π'' 完全相同的构造，只需要假设 $W=\{H\}$ 是 AUHF 类即可。

引理 8.4　如果 Π 满足隐藏性质，且 W 为 AUHF，则 Π'' 是一个超自由的隐藏方案。

证明

与引理 8.3 的证明相同，除了要求攻击者 A 在攻击超松散绑定时，永远不会得知 H 的值。这是由于其只向 A 提供了 $h''=h$，而这并不包含 H。因此，A 可以在没有关于 H 的任何信息时，有效地生成碰撞对 (h_0,h_1)，这与 H 的 AUHF 安全性矛盾。

已知 AUHF 可以无条件地构造，如经典的多项式插值构造（见 Bernstein[35]中的研究历程），可将 n 比特消息分割成长为 v 的块，将每一块看成 $\mathrm{GF}(2^v)$ 上的 n/v 次多项式 p，再在 $\mathrm{GF}(2^v)$ 上任意一个点 x 对 p 求值(其中点 x 是 H 的密钥)。这种构造可达到 $n/(v2^v)$ 级的绑定安全性①，其密钥和输出长度均为 v。例如，如果消息和隐藏值 h 的长度为 1G 字节，为了达到 2^{-80} 的安全性，只需令 $v=10^6$ 即可。因此，利用这种构造以及基于 AES 的加密，最终输出的绑定值 $b''=t\,\|\,H(h)\,\|\,H$ 的长度为 $128+106+106=340\mathrm{bit}$，这对于 1G 字节的消息来说是合理的，只比基于 SHA1 的构造多了 52 比特（后者还要求 SHA1 的无碰撞性，并且一定不会达到 2^{-80} 的“有条件的”绑定安全性）。

4. 总结

综上所述，本节构造了如下的隐藏方案。对于隐藏值，在所有的方案中令 $h\xleftarrow{R}\mathrm{Enc}_\tau(m)$，其中 Enc 为一次性安全的加密方案(如 $\mathrm{Enc}_\tau(m)=m\oplus \mathrm{G}(\tau)$，其中 G 为 PRG，或任意基于分组密码的语义安全的加密，如 CBC 或 CFB 模式)。在普通绑定中，令 $b\leftarrow t\,\|\,\mathrm{H}(h)$，其中 H 由 CRHF 类中选择，而对于松散/超松散绑定，可以有更弱的假设，令 $b\leftarrow \tau\,\|\,H(h)\,\|\,H$，并假设 H 由 UOWHF/AUHF 中选择。特别地，利用了 CRHF 或 UOWHF 的存在性蕴含着单向函数的存在性，因此，对于一次性安全的对称加密，存在定理 8.1 的结论。

定理 8.1　普通/松散/超松散的隐藏方案的隐藏性质可以建立在单向函数的存在性（暗示了 CRHF 的存在性）上。普通/松散的隐藏方案的绑定性质可以建立在 CRHF/单向函数的存在性假设上，而超松散的隐藏方案的绑定性质不需要任何假设。

在本小节第 5 部分，将看到上述定理在使假设条件最小化时是紧凑的。

① 意思是两个不同消息在随机选择的 H 下具有相同散列值的最大概率为 $\dfrac{n}{v2^v}$。

5. 与 OAEP 的比较

OAEP[30]常用于设计各种基于陷门置换的加密和签名体制。它是指，随机选择一个τ，并令$h \leftarrow G(t) \oplus m$，$b \leftarrow \tau \oplus H(h)$，其中$G$和$H$均为散列函数（在分析时典型地模型化为随机预言）。这种构造与上述隐藏方案的构造十分相似，除了在隐藏方案中令$b \leftarrow \tau \| H(h)$。换言之，此处的构造对于绑定值$b$有更多的"冗余"。然而，这种"冗余"恰能构造安全的隐藏方案。事实上，OAEP 解码时不会输出$\perp$，因为它是关于m和τ的一个置换，因此，OAEP 并无绑定性质。尽管如此，有趣的是在此处的构造中（与 OAEP 极为相似）在分析时并不需要假设G和H为随机预言！

8.3.3 假设的必要性

本小节将证明引理 8.1、引理 8.2 和引理 8.3 中的假设（以及定理 8.1 中的假设）不仅是充分条件，而且是必要条件。首先证明为达到非平凡的隐藏，必须有单向函数，如引理 8.1 所述。

引理 8.5 如果Π是非平凡的（即$|b|<|m|$），并满足正确性和隐藏的隐藏性质，则存在单向函数。

证明

利用 Impagliazzo 和 Luby 的结论[98]，其中表明"非平凡，一次性安全的交互加密"（non-trivial, one-time, NOTE）蕴含着单向函数的存在性。这里的 NOTE 是指通过公共信道P和私有信道S相连的 Alice 和 Bob 间的任意一种交互式协议，且满足：①在协议结束时，Alice 将消息m传送给 Bob；②被动攻击者 Eve 只能得到公共信道P上传输的信息，且无法得到关于m的任何信息（在一般的语义安全意义上）；③在私有信道上传输的消息（Eve 无法获得）总长度远远小于m的长度。

因此，只需证明满足正确性和隐藏性质的非平凡隐藏蕴含了一个 NOTE 方案即可，要证明这一点十分容易。Alice 对输入m运行隐藏方案，得到$(h,b) \xleftarrow{R} \text{Conceal}(m)$，并在私有信道$S$上传送$b$，在公共信道$P$上传送$h$。Bob 可以由$b$和$h$恢复$m$（由隐藏方案的正确性），而$b$的长度小于$m$的长度（由$\Pi$的非平凡性），且由 Eve 观察到的$h$不能揭示关于$m$的任何信息（由隐藏性质）。

下面，证明方案中利用 CRHF/UOWHF 保证普通/松散绑定的必要性。

引理 8.6 令Π=(Setup,Conceal,Open)为一个普通（或松散）的隐藏方案，其中绑定值b的长度小于消息m的长度。利用以下生成过程定义一个压缩函数类W：选择一个随机值r，运行$\text{ck} \xleftarrow{R} \text{Setup}(1^k)$，并输出$\langle \text{ck}, r\rangle$作为随机函数$H \in W$的描述。为了对输入$m$求函数$H$的值，利用随机数$r$运行$(h,b) \xleftarrow{R} \text{Conceal}_{\text{ck}}(m)$，并令$H(m) \leftarrow b$。则$H$为一个 CRHF 函数类（或 UOWHF 类）。

证明

假设 Π 为一个普通隐藏，利用上述定义的 H，求 $m_0 \neq m_1$，使得 $H(m_0)=H(m_1)=b$ 蕴含着 $h_0=h(m_0)$ 和 $h_1=h(m_1)$，使得 $\text{Open}_{ck}(h_0,b)=m_0\neq\perp$，$\text{Open}_{ck}(h_1,b)=m_0\neq\perp$，且 $h_0\neq h_1$（由于 $m_0\neq m_1$）。但是这显然与隐藏方案的绑定性质矛盾。

现在考虑松散隐藏的情形，其中攻击者必须预先选择 m_0。此时任选一个随机的 $H\in W$ 需要选择随机数 r。因此，在计算 $H(m_0)$ 时，可以有效地计算一个随机隐藏 $(h_0,b)\xleftarrow{R}\text{Conceal}_{ck}(m_0)$，并由松散隐藏的定义，将其传给攻击者。证明的剩余部分与强隐藏的情形相同。

8.4　隐藏在认证加密中的应用

本节研究隐藏在认证加密中的应用。认证加密为发送方和接收方提供了一种秘密的认证通信。换句话说，窃听者不能理解传输中的任何信息，而接收方可以确保任意成功传递的消息确实来自发送方，且未被“篡改”。将隐藏用于认证加密的直观思路是简单的。如果 AuthEnc 是一个工作于较短消息（bB）上的认证加密方案，且 $(h,b)\xleftarrow{R}\text{Conceal}(m)$，则可以定义 $\text{AuthEnc}'(m)=\langle\text{AuthEnc}(b),h\rangle$。直观上，由隐藏的隐藏性，“以明文形式”发送隐藏值 h 可以维持保密性，而由绑定性质，对绑定值 b 的认证加密可以支持认证性（所需要的绑定类型取决于具体应用环境，后面详细解释）。

为了形式化地定义这种直观概念，提出上述模式的两种应用。首先，表明利用隐藏，可以由对较短消息的认证加密得出对较长消息的安全认证加密方案，而当使用（超）松散隐藏时，这一事实仍成立。其次，证明这一模式还可得到远程密钥认证加密的一个非常简单且通用的解决方案。这里需要使用普通绑定的全部功能。

要指出的是，这些应用可用于认证加密的对称和公钥加密中（后者由于历史的原因，称为签密[203, 204]）。从可用性的观点来看，长消息的认证加密在公钥环境中更有用，因为签密通常计算代价较大。然而，即使在对称加密环境中，本书的方法也是很快的，可以与任何直接的解决方法如“加密后 MAC”[26]等相比。对于远程密钥环境，隐藏在公钥和对称加密模式中的作用是相等的，且具有同等重要性。实际上，在对称“远程密钥加密”中的作用可能更大，因为目前智能卡非常适合在对称加密操作中应用。事实上，在 Dodis 和 An 的工作[75, 76]之前，关于“远程密钥加密”的工作只集中于对称加密环境。

8.4.1　认证加密的定义

指出公钥环境下认证加密的形式化模型比对称加密环境中更复杂，这主要是由于多用户安全性、“内部攻击”和“身份假冒”（第 2 章和第 3 章）等原因。因此，后面首先给出对称加密环境中的细节，然后简述在公钥环境中的不同之处。

1. 对称加密的定义

对称的认证加密方案包含三个算法：AE = (AuthKeyGen, AuthEnc, AuthDec)。随机的密钥生成算法 AuthKeyGen(1^k)，其中 k 为安全参数，算法输出一个共享秘密密钥 K，还可能输出一个公开参数 pub。当然，pub 可以是秘密密钥的一部分，但是这将增加秘密的不必要的存储量。在以下描述中，所有的算法（包括攻击者的算法）都可以访问 pub，但是为了简洁，可以忽略这一点。随机的认证算法 AuthEnc 输入为密钥 K 和来自消息空间 M 的消息 m，内部生成随机数，并输出密文 θ，记作 $c \xleftarrow{R} \text{AuthEnc}_K(m)$，或者为了简洁，省略密钥 K，记作 $\theta \xleftarrow{R} \text{AuthEnc}(m)$。确定的认证（验证/解密）算法 AuthDec 输入为密钥 K，来自密文空间 C 的密文 θ，输出 $m \in M \cup \{\perp\}$，其中 $\perp$ 表示输入的密文"无效"。记 $m \leftarrow \text{AuthDec}_K(\theta)$ 或 $m \leftarrow \text{AuthDec}(\theta)$（再次省略掉密钥）。要求对任意 $m \in M$，有 $\text{AuthDec}_K[\text{AuthEnc}_K(m)]=m$。

2. 对称加密的安全性

固定发送者 S 和接收者 R，根据标准的安全性概念[26]，对于认证性（即 sUF-CMA）①和保密性（IND-CCA2）②定义攻击模型和攻击者的目标如下。首先定义攻击者 A 的模型。A 可以访问 S 和 R 的功能函数。具体地，A 可以发起对 S 的选择明文攻击，要求 S 生成任意消息 m 的密文，即 A 可以访问认证加密预言机 $\text{AuthEnc}_K(\cdot)$。类似地，还可以发起对 R 的选择密文攻击，给定 R 任意一个密文 c，收到返回的消息 m（其中 m 可能为 $\perp$），即 A 可以访问认证解密预言机 $\text{AuthDec}_K(\cdot)$③。换句话说，在后面所有的定义中，A 均可以访问 $\text{AuthEnc}_K(\cdot)$和 $\text{AuthDec}_K(\cdot)$。

为破坏认证加密方案的 sUF-CMA 安全性，A 必须能生成"有效的"密文 c（即 $\text{AuthDec}_K(c) \neq \perp$），而该密文并不是由之前的认证加密预言机所返回④。注意，在生成 c 时，不要求 A "知道" $m = \text{AuthDec}_K(c)$。称一个方案是 sUF-CMA 安全的，如果任意 PPT 攻击者 A 的成功概率 $\leqslant \text{negl}(k)$⑤。

为破坏认证加密方案的 IND-CCA2 安全性，A 必须首先提出两个消息 m_0 和 m_1。其中之一 m_σ（σ 为随机比特）会被认证加密，并将相应密文 $c^* \xleftarrow{R} \text{AuthEnc}_K(m_\sigma)$ 传给 A。A 的任务是猜测 σ。为了在 CCA2 攻击中成功，只是不允许 A 要求 R 解密挑战密文 c^*。称一个方案是 IND-CCA2 安全的，如果任意 PPT 攻击者 A 的成功概率 $\leqslant 1/2 + \text{negl}(k)$。

注释 8.1 还要指出，IND-CPA 安全性⑥是相同的，除了 A 不能访问认证解密预言

① 意为"选择明文攻击下的强不可伪造"。

② 意为"选择密文攻击下的不可区分性"。

③ 当然，由于 S 和 R 共享同一密钥以及使用相同的算法，不需要允许"另一个"对 R 的选择明文攻击或对 S 的选择密文攻击。

④ 关于 UF-CMA 的一个较弱定义要求 c 对应着一个"新的"未提交给 $\text{AuthEnc}_K(\cdot)$ 的消息 m。

⑤ 注意这个定义并不能抵御所谓的反射（reflection）攻击，即由 S 产生的消息作为 R 输出的有效消息返回给 S。这种攻击可以（而且应该）由更高级的应用来避免。

⑥ 意为"选择明文攻击下的不可区分性"。

机之外。此外，在对称加密环境下，已知 IND-CPA+sUF-CMA 蕴含着 IND-CCA2 安全性[26]。但是由于这种蕴含关系在公钥加密中并不成立，后面将讨论，在对称加密环境中不会采用这种方法。

3. 公钥加密定义

为方便起见，将使用几乎与前面相同的语法，只进行如下的修改。由用户 U 运行的密钥生成算法 AuthKeyGen(1^k)输出 U 的公开的验证/加密密钥 pk_U 和秘密的签名/解密密钥 sk_U。发送方 S 运行随机的认证加密（认证/加密）算法 AuthEnc，输入 S 的秘密密钥 sk_S，接收方 R 的公钥 pk_R，来自消息空间 M 的消息 m，算法生成内部随机数并输出密文 θ，记作 $\theta \xleftarrow{R} \text{AuthEnc}(pk_R, sk_S, m)$ 或简单地记为 $\theta \xleftarrow{R} \text{AuthEnc}(m)$，而 S 和 R 的身份是公开的。确定性的认证解密（验证/解密）算法 AuthDec 输入为 R 的秘密密钥 sk_R，以及 S 的公钥 pk_S，输出 $m \in M \cup \{\perp\}$，其中 $\perp$ 表示输入的密文“无效”，记作 $m \leftarrow \text{AuthDec}(sk_R, pk_S, \theta)$ 或简记为 $m \leftarrow \text{AuthDec}(\theta)$（这里再次省略了 S 和 R 的密钥）。要求对任意的 $m \in M$，有 AuthDec[pk_R,sk_S, AuthEnc(pk_R, sk_S, m)] = m。

4. 公钥加密的安全性

这里对安全性的定义与对称加密情况基本相同，除了由于发送方 S 和接收方 R 有不同的秘密密钥而必须进行修改之外。推荐读者参考第 2 章和第 3 章中的相关讨论，在这里只讨论外部安全性和内部安全性的区别。粗略地讲，在外部安全性环境下，攻击者尝试破坏两个诚实用户 S 和 R 之间通信的保密性或认证性。相反地，在内部安全性环境下，攻击者通过“伪装”成一个有效发送方或接收方来尝试破坏一个诚实用户 U 的保密性或认证性。因此，内部安全性是一个更强的概念，但是在某些应用中可能并不要求。在外部安全性和内部安全性中均考虑一个完全的多用户通信模型（如第 3 章中描述的）。

8.4.2　对长消息的认证加密

设 AE = (AuthKeyGen, AuthEnc, AuthDec)为针对$|b|$比特消息的一个安全的认证加密方案。将构造针对$|m|$比特消息的认证加密方案 $\text{AE}' = (\text{AuthKeyGen}', \text{AuthEnc}', \text{AuthDec}')$，其中$|m| \ll |b|$。从对称加密开始，并推广到公钥加密中。

1. 对称加密环境

使用以下的组合模式来构造。AE′ 的密钥 K 与 AE 中的相同。为了对 m 进行认证加密，首先将其分割为两块(h,b)（这个变换要求是可逆的），并输出 $\text{AuthEnc}'_K(m) = \langle \text{AuthEnc}_K(b), h \rangle$。

问题在于为了使得到的认证加密方案是安全的，变换 $m \mapsto (h,b)$ 需要满足的充分必要条件是什么？根据 Alt[6]所证明的，其中纠正了 Dodis 和 An[75, 76]的断言，这个充分必要条件使上述变换为一个超松散的隐藏。

更严格地，假设 Π =(Setup, Conceal, Open)满足语义要求，但仍不符合隐藏方案的安全性要求。假设 $\mathrm{ck} \xleftarrow{R} \mathrm{Setup}(1^k)$ 生成了 AE′ 的公开参数 pub，AE′ 的定义如前面所述。即 $\mathrm{AuthEnc}'(m)$ 输出 $\langle \mathrm{AuthEnc}(b), h \rangle$，其中 $(h,b) \xleftarrow{R} \mathrm{Conceal}(m)$，而 $\mathrm{AuthDec}'(\theta,h)$ 输出 Open[h,AuthDec(c)]，则有如下结论。

定理 8.2　如果 AE 是安全的，则 AE′ 安全，当且仅当 Π 是一个超松散的隐藏方案。

证明

先证较简单的方向（充分性），证明如果 Π 不满足隐藏的性质，则 AE′ 甚至不是 IND-CPA 安全的，更不用说 IND-CCA2 安全了。事实上，如果某个攻击者 A 可以找到两个消息 m_0 和 m_1，使得 $h(m_0) \not\approx h(m_1)$，则显然有

$$\mathrm{AuthEnc}'(m_0) \equiv \{\mathrm{AuthEnc}[b(m_0)], m(m_0)\}$$
$$\not\approx \{\mathrm{AuthEnc}[b(m_1)], h(m_1)\} \equiv \mathrm{AuthEnc}'(m_1)$$

与 IND-CPA 安全性矛盾。

类似地，如果 Π 不具备超松散绑定性，则 AE′ 不可能是 sUF-CMA 安全的。事实上，假设某个隐藏攻击者 A 可以生成 m 使得当生成 $(h,b) \xleftarrow{R} \mathrm{Conceal}(m)$ 并将 h 发送给 A 之后，A 可以找到（以不可忽略的概率 ε）一个值 $h' \neq h$ 使得 $\mathrm{Open}(h',b) \neq \perp$。利用 A 来构造 AE′ 的伪造者 A'。A' 从 A 处得到 m，并向认证加密预言机询问 $\mathrm{AE}'(m)$，得到结果 (h,θ)，其中，θ 为 b 的一个有效的认证加密，而(h,b)为 m 的随机隐藏对。A' 将 h 发送给 A，并（以概率 ε）得到一个值 $h' \neq h$ 使得 $(h',b) \neq \perp$。但是此时 (h',θ) 是一个不同于 (h,θ) 的有效的认证加密（关于 AE′），这与 AE′ 的 sUF-CMA 安全性矛盾。

另一个（有趣的）方向（即必要性）的严格证明见文献[6]、文献[75]和文献[76]。这里只给出一个非正式的直观讨论。对于 sUF-CMA 安全性，根据 AE 是 sUF-CMA 安全的假设，A 破坏 AE′ 的 sUF-CMA 安全性的唯一方法是“重新利用”由认证加密预言机（与 h 一起）返回的某个旧的密文 $\theta = \mathrm{AuthEnc}(b)$。因为 AE 是语义安全的，$\theta$ 的值不会为 A 提供比仅从 h 中得到的更多关于 b 的信息①。因此，如果 A 对某个 $h' \neq h$，输出了伪造的 (θ,h')，则 A 就有效地破坏了 Π 的超松散绑定性。对 IND-CCA2 安全性的证明也是类似的。首先，上述的 sUF-CMA 安全性蕴含了只需证明 AE′ 的 IND-CPA 安全性[26]。后者则显然可由 AE 的 IND-CPA 安全性以及 Π 的超松散绑定性得出。

2. 公钥加密环境

对上述组合模式进行如下推广。在新的认证加密方案 AE′ 中，用户 U 仍使用与原始认证加密方案 AE 中相同的公钥/私钥对 $(\mathrm{pk_U}, \mathrm{sk_U})$。为了对由 S 到 R 的消息 m 进行认证加密，首先将消息分为两块 (h,b)（这个分割变换应该是可逆的），并输出 AuthEnc′

---

① 这个断言的严格描述有点巧妙，见文献[6]。

$(\mathrm{pk_R},\mathrm{sk_S},m) \xleftarrow{R} \langle \mathrm{AuthEnc}(\mathrm{pk_R},\mathrm{sk_S},b),h\rangle$。与前面一样，需要提问，为了使得到的认证加密方案为安全的，变换 $m \to (h,b)$ 需要满足的充分必要条件是什么？这一问题在外部安全性和内部安全性的情况下答案稍有不同。如 Alt[6]证明的（对文献[75]和文献[76]中的断言稍进行修改），外部/内部安全性的充分必要条件是令上述变换为一个超松散/松散的隐藏。

定理 8.3　如果 AE 是安全的，则 AE′ 是外部/内部安全的，当且仅当 Π 是一个超松散/松散的隐藏方案。

证明

外部安全性的证明与定理 8.2 中对称加密情况基本相同，因为外部的公钥加密安全性与对称加密安全性极为相似。唯一的区别是 IND-CCA2 的安全性不再蕴涵于 sUF-CMA 和 IND-CPA 安全性中，所以必须直接证明。然而，仍可由 AE 的外部安全性和 Π 的超松散绑定性得到证明。事实上，破坏 AE′ 的 IND-CCA2 安全性而仍保持 AE 的 IND-CCA2 安全性的唯一方法是：“重新利用”挑战密文 $\theta^* = \mathrm{AuthEnc}(b^*)$ 和某个隐藏值 $h \neq h^*$，进一步，在没有关于实际绑定值 b^* 的“任何信息”的情况下同样这样做（这是由于 AE 的保密性）。然而，后者与 Π 的超松散绑定性相矛盾。

至于内部安全性，只省略了为什么要求松散绑定，可参考文献[6]、文献[75]和文献[76]中的实际证明，其中回答了松散绑定在将 IND-CCA2 和 sUF-CMA 安全性的证明由外部“提升”到内部过程中实际上是一个充分条件。这是由于在尝试伪造由目标用户 U 向某个接收方 R 发送的密文时，攻击者 A 可以知道 R 的秘密密钥 $\mathrm{sk_R}$。更准确地说，如果 Π 不满足松散绑定性质，则 AE′ 就不是 sUF-CMA 安全的。事实上，假设某个隐藏攻击者 A 可以生成 m 使得当生成 $(h,b) \xleftarrow{R} \mathrm{Conceal}(m)$ 并将 (h,b) 传给 A 时，A 可以（以不可忽略的概率 ε）找到一个值 $h' \neq h$ 使得 $\mathrm{Open}(h',b) \neq \perp$。构造一个（针对用户 U 的）伪造者 A'，利用 A 来攻击 AE′。首先，A' 诚实地为某个接收方 R 生成密钥 $(\mathrm{sk_R},\mathrm{pk_R})$。然后，$A'$ 得到由 A 传来的 m，并向认证加密预言机询问 $\mathrm{AuthEnc}'(\mathrm{pk_R},m)$，得到返回的 (h,θ)，其中 θ 为 b 的一个有效认证加密，且 (h,b) 为关于 m 的随机隐藏对。应用 $\mathrm{sk_R}$ 和 A' 可以由 θ 恢复 b（这是与外部安全的主要区别），将 (h,b) 传给 A，并（以概率 ε）得到返回的 $h' \neq h$，使得 $\mathrm{Open}(h',b) \neq \perp$。但是此时 (h',θ) 为某个由 U 到 R 的有效消息的“新鲜”认证加密（不同于 (h,θ)），这与 AE′ 的 sUF-CMA 安全性矛盾。

幸运的是，Dodis 和 An[75, 76]证明了，确保松散的绑定不仅可以避免上述攻击，而且足以提供内部的隐私和机密性（当然，要求从一个内部安全的认证加密方案 AE 开始）。

8.4.3　远程密钥认证加密

与 8.4.2 小节相似，首先考虑对称加密环境，再简要介绍向公钥加密的扩展。

1．对称加密的语义

一个单轮的远程密钥认证加密（RKAE）方案包含 7 个有效算法：RK=(KeyGen, StartEnc, CardEnc, FinishEnc, StartDec, CardDec, FinishDec)，并包含两个参与方，称为主机和卡片。假设主机是功能强大但不安全的设备（易被攻击者入侵），而卡片是安全的，但计算能力和带宽有限。KeyGen(1^k)为随机的密钥生成算法，其中 k 为安全参数，算法输出秘密密钥 K，还可能输出一个公开参数 pub。在后面的描述中，所有算法（包括攻击者的算法）都可以访问 pub，但是为了简洁省略这种依赖关系。密钥 K 保存在卡片上。认证加密过程分为以下三个步骤。第一步，对输入的 m，主机运行概率算法 StartEnc(m)，得到 (b,α)。其中 b 将传给卡片，因此其长度较短，而 α 表示主机需要记住的状态信息。在这里强调 StartEnc 中不包含任何秘密密钥，可以由任何人运行。第二步，卡片收到 b 后，利用其秘密密钥 K 运行概率算法 CardEnc$_K$(b)。得到的结果（较短的）θ 发送给主机。最后一步，主机运行另一个随机算法 FinishEnc(θ,α)，输出密文 c 作为最终对 m 的认证加密。要求 FinishEnc 中也不包含任何秘密密钥。上述三个算法的串行组合可以得到一个认证加密算法，记作 $\mathrm{AuthEnc}'_K$。

类似地，认证解密过程也可分为三步。第一步，对于输入 c，主机运行确定算法 StartDec(c)，并得到 (u,β)。u 将发送到卡片，因此应该较短，而 β 表示主机需要记住的状态信息。强调 StartDec 中不包含任何秘密密钥，且可由任何人运行。第二步，卡片收到 u 后，利用其秘密密钥 K 运行确定算法 $\mathrm{CardDec}_K(\mu)$。得到的 v（较短）发送给主机。注意 v 可能取值为⊥，表示卡片发现了 u 取值的某种不一致。最后，主机运行另一个随机算法 FinishDec(n,β)，并当 $v\neq\perp$ 时输出明文 m，否则输出⊥。要求 FinishDec 中也不包含任何秘密密钥。上述三个算法的串行组合构成一个认证解密算法，记作 $\mathrm{AuthDec}'_k$。称密文 c 是有效的，如果 $\mathrm{AuthDec}'_K(c)\neq\perp$。

方案的正确性是指对任意 m，有 $\mathrm{AuthDec}'[\mathrm{AuthEnc}'(m)]=m$。

2．RKAE 的安全性

正如所指出的，如果将主机与卡片的功能相结合，则由 RKAE 可以导出一个一般的认证加密方案。因此，在最后，将要求得到的方案 $\mathrm{AE}'=(\mathrm{KeyGen},\mathrm{AuthEnc}',\mathrm{AuthDec}')$ 满足一般认证加密方案的 IND-CCA2 和 sUF-CMA 安全性。当然，这在 RKAE 环境下并非一个充分条件。事实上，这种安全性只允许攻击者对主机和卡片的组合功能进行预言访问。而在 RKAE 环境下，主机无论如何也是不安全的，所以攻击者应该可以预言访问卡片的功能。具体地，将允许攻击者 A' 对卡片算法 CardEnc$_K(\cdot)$和 CardDec$_K(\cdot)$的预言访问。

与普通的认证加密相同，RKAE 的安全性概念也包含保密性和认证性，分别记作 RK-IND-CCA 和 RK-sUF-CMA。

为破坏 RKAE 的 RK-sUF-CMA 安全性，攻击者 A' 在与卡片的交互过程中必须能生成“一个更多的伪造”。即 A' 在调用 t 次 CardEnc$_K(\cdot)$后，能输出 $(t+1)$ 个有效密文 $c_1,\cdots,c_{t+1}$

(其中 t 为 k 的任一多项式)。再次指出，这里并不要求 A' “知道”明文 $m_i = \text{AuthDec}'_K(c_i)$。称方案是 RK-sUF-CMA 是安全的，如果任意 PPT 攻击者 A' 的成功概率 $\leq \text{negl}(k)$。注意，在 RKAE 环境下这是唯一有意义的认证概念。这是由于卡片返回的值 $\theta \xleftarrow{R} \text{CardEnc}_K(b)$ 自身并不具备任何“语义上的”含义。所以要求 A' 生成一个新的“有效”串 θ 毫无意义。另外，A' 在进行 t 次对 CardEnc 的预言调用后，显然能计算出 t 个有效密文 $c_1,\cdots,c_t$，只需对任意消息 $m_1,\cdots,m_t$ 执行诚实的认证加密协议即可。因此，针对“再多一个伪造”的安全性是在 RKAE 环境下希望达到的最宏伟的目标。

为了破坏 RKAE 的 RK-IND-CCA 安全性，A' 首先要生成两个消息 m_0 和 m_1。随机选择其中一个进行认证加密，并将相应密文 $c^* \xleftarrow{R} \text{AuthEnc}_K(m_\sigma)$ 传给 A'（其中 σ 为一个随机比特），而 A' 必须猜测 σ 的值。为了在 CCA2 攻击中成功，对于良好定义的值 u^*，唯一不允许的是 A' 调用卡片认证解密预言 $\text{CardDec}_K(\cdot)$，其中定义 $\text{StartDec}(c^*) = (u^*,\beta^*)$。由于 StartDec 是一个确定算法，因此这个值是唯一确定的。这一限制是为了阻止 A' 平凡地对挑战密文进行认证解密。称一个方案是 RK-IND-CCA 安全的，如果任意 PPT 攻击者 A' 成功的概率 $\leq 1/2 + \text{negl}(k)$。这里简要指出 RK-IND-CPA 安全性的定义是相似的，除了不允许 A' 对卡片认证解密预言机的访问之外。

3. 规范的 RKAE

RKAE 的一种自然的实现方式是在卡片上运行针对较短消息的普通的认证加密/解密算法，而主机应该为卡片由给定的长消息生成较短消息。具体地，在这种情况下，从某个辅助的认证加密方案 AE = (AuthKeyGen, AuthEnc, AuthDec)出发，该方案能处理较“短”的 $|b|$ 比特消息，并要求 CardEnc = AuthEnc 和 CardDec=AuthDec。此外，还要求卡片可以认证解密其在认证加密中产生的同一个 θ。在前面的标记中，$u=\theta$ 以及 $v=b$，其中 $\theta \xleftarrow{R} \text{AuthEnc}_K(b)$。最后，还有一个自然的假设，即主机输出 θ 作为最终（长）密文的一部分。根据所有这些描述，提出后面规范的 RKAE 的定义。

首先，主机运行 StartEnc(m)，这可以方便地重新命名为 ConCeal(m)，并产生 (h,b)，其中 h 将作为最终密文的一部分，而 b“较短”。然后主机将 b 发往卡片并得到返回的 $\theta \xleftarrow{R} \text{AuthEnc}_K(b)$。最后输出 $c=\langle\theta,h\rangle$ 作为对 m 的认证加密结果。类似地，为了认证解密 $c=\langle\theta,h\rangle$，主机将 θ 发往卡片，得到 $b=\text{AuthDec}_K(\theta)$，并输出 FinishDec($h$,$b$)，这可以方便地重新命名为 Open($h,b$)。因此，规范的 RKAE 可以完全用一个“短的”认证加密方案 AE 以及三元组 Π =(Setup, Conceal, Open)来定义（其中 Setup 在密钥生成阶段运行，输出公开密钥 pub）。

要强调的一个问题是为构造安全的规范 RKAE，Conceal 和 Open 需要满足哪种安全性质（假设使用的辅助方案 AE 是安全的）。Dodis 和 An[75, 76]证明了充分必要条件是使用一个安全的（普通的）隐藏方案。指出最终构造的方案 AE′ 恰好是在 8.4.2 小节中讨论的组合方案。然而在 8.4.2 小节的应用中，整个认证加密都是诚实地实现的（特

别是 b 通过运行 Conceal(m)来产生）从而使用（超）松散的隐藏就已足够。这里一个不可信的主机可能会向卡片询问任何 b，所以需要使用完全绑定的隐藏。

定理 8.4 如果 AE 是安全的，且由 AE 和 Π 构造了一个规范的 RK，则 RK 是安全的当且仅当 Π 是一个（普通的）隐藏方案。

证明

对这个结论的证明类似于定理 8.2 的证明，在此省略。需要指出的是为什么需要普通绑定。如果 A 可以提出一个三元组 (b,h,h')，使得 $\mathrm{Open}(h,b)\neq\perp$ 且 $h\neq h'$，则可以构造攻击者 A'，能用后面方法破坏 AE′ 的 RK-sUF-CMA 安全性。A' 向卡片询问，要求对 b 认证加密，得到返回的密文 θ，并输出两个有效密文 $\langle\theta,h\rangle\neq\langle\theta,h'\rangle$。

4. 与现有 RKAE 的比较

简单地把我们的方案与文献[40]和文献[107]中的方案进行比较。首先，这两个方案都可以放在本书的框架中，只需要提取适当的隐藏方案。实际上，从文献[40]的方案中提取出的隐藏方案的本质与本书构造中使用的方案相同，其中 $b\leftarrow\tau\parallel H(h)$，$h\xleftarrow{R}\mathrm{Enc}_\tau(m)$（这里对一次一密的定义稍有不同，但这只是一个很小的差异）。其次，文献[40]的方案中没有使用任意的认证加密作为 b 的取值，而是利用分组密码和伪随机函数构造了一个非常特殊的 b。总而言之，文献[40]中构造的方案相当高效，但是其隐藏和认证加密方案都只集中于一个特殊的 ad hoc 实现。本书的方案的普适性可以提供更多选择，并为 RKAE 的设计提供更好的理解，这是由于本书的一般性描述比文献[40]中的特殊方案更简洁。至于文献[107]中的方案，也可以从中提取“OAEP”类的隐藏，从而也构成本书所提出框架的一种特例。然而，作者的特殊选择使方案很难用某种可证明安全的实现来代替随机预言。另外，本书的“OAEP”类构造（基于一个 RPG 和一个 CRHF）则相当简单，且可以不使用随机预言来证明安全性。

5. 用分组密码代替 AE

至此，考虑了形如$\langle\mathrm{AuthEnc}(b),h\rangle$的方案，其中 AuthEnc 是对短消息的认证加密方案。认证加密正在得到越来越多的关注，特别是在对称密钥的分组密码中。此外，一个安全的分组密码（形式上是一个（强）伪随机置换）“几乎”就是一个安全的认证加密。唯一的区别是分组密码没有提供语义安全性（但是至少提供了单向性）。因此，在对称加密中，很自然会考虑形如 $\mathrm{AuthEnc}'(m)\xleftarrow{R}\langle P_K(b),h\rangle$ 的构造，其中用分组密码 P 来代替“内部”的认证加密 AuthEnc。这在 RKAE 中非常重要，其中上述方案将意味着卡片其实是一个简单的分组密码实现。Dodis 和 An[75, 76]证明了，在这种构造中使用普通的隐藏方案就足够了，而 8.3 节的主要方案也工作于类似情况下！后面假设所有消息都具有固定长度。

具体地，考虑方案中 $h\xleftarrow{R}\mathrm{Enc}_\tau(m)$ 和 $b\leftarrow\tau\parallel H(h)$ 的情况，其中 H 是抗碰撞的散列函数，而 Enc 是一次性安全的。仍假设 H 是抗原像攻击（preimage resistant）的，

即对随机值 r，很难找到原像 $v \in H^{-1}(r)$。注意任意满足 $|H(h)|<|h|-\omega(\log k)$ 的 CRHF 类 $W=\{H\}$ 必须是抗原像攻击的。然而在构造实用的散列函数时，通常也要求能抗原像攻击。最后，假设 Enc 是密钥单向的(key-one-way)，即对任意消息 m，由密文 $\text{Enc}_\tau(m)$ 中很难恢复密钥 τ。这个性质在基于 PRG 的方案 $\text{Enc}_\tau(m) \leftarrow G(\tau) \oplus m$ 中也成立，只要 $|m|=|G|>|\tau|+\omega(\log k)$，且在基于标准分组密码的方案如 CBC 中也成立。于是有以下来自文献[75]和文献[76]中的结论。

定理 8.5　如果 (P,P^{-1}) 是一个强伪随机置换，Enc 为一次性安全且密钥单向的，H 为来自抗原像攻击的 CRHF 类，则由 $\text{AuthEnc}'_K(m)=\langle\theta,h\rangle$，其中 $\theta \leftarrow P_K(\tau \| H(h))$，且 $h \xleftarrow{R} \text{Enc}_\tau(m)$，可得到安全的 RKAE①。

6. 向公钥加密的扩展

扩展（除了用分组密码代替认证加密以外，这在公钥加密中没有意义）的过程是十分直接的。事实上，与 8.4.2 小节中讨论的域扩张不同，在公钥加密中并没有新的技巧，即在由“短”认证加密构造“长”的认证加密时，普通隐藏方案对于保持内部和外部安全性是充分而且必要的。

① 显然，这也意味着存在一种安全的方法，通过对分组密码的单次调用来构造“长的”认证加密。实际上，H 的抗原像攻击性质以及 Enc 的密钥单向性在这里并不需要。

第9章 并行签密

Josef Pieprzyk, David Pointcheval

9.1 引 言

设计签密方案最初的目的是在同时需要加密和签名时提高效率。这两种密码学操作可以串行执行，既可先加密再签名（E*t*S），也可相反，先签名再加密（S*t*E）。如果并行地执行加密和签名（E&S），则可以进一步提高效率。然而更重要的是，这种效率上的提高其实是安全性提高的一种补充，即可以使用相关的较弱的加密和签名方案来得到一个“强”的签密方案。读者可参考第 2 章和第 3 章中关于不同“强度”安全模型的讨论（如外部与内部攻击者，双用户与多用户环境等）。

9.2 并行签密的定义

效率和安全性是密码算法的两个主要要求。在两者间取得折衷对算法的设计者是一个真正的挑战。新的不断增长的网络应用，如远程学习、流媒体、电子商务、电子政务、电子健康（e-health）等，都在很大程度上依赖综合性的协议，而这些协议中明确要求对大量数据进行快速、可靠和安全的传输。

提高密码协议运行速度的方法如下。

（1）设计新的、安全快速的密码算法（这个选择并不是总能生效），因为一旦某个算法成为标准，或已经嵌入协议中，则设计者将在一段时间内一直使用它。

（2）对密码算法进行并行化处理，这一方法可用于单个算法（并行的线程执行）或在协议层（并行执行协议组件）。

保密性和认证性是两个基本的安全目标。在描述签密的动机时已经讨论过，许多应用要求同时达到这两个目标。然而，最初考虑的主要问题是设计好的加密和签名算法，使其串联起来之后能最大限度地节省计算资源。在这里的目标是达到执行认证加密和解密所需时间的下限，或者有

$$\text{time(parallel Encrypt \& Sign)} \approx \max\ \{\text{time(Encrypt), time(Sign)}\}$$

以及有

$$\text{time(parallel Decrypt \& Verify)} \approx \max\ \{\text{time(Decrypt), time(Verify)}\}$$

人们最多期望并行加密和签名所需的时间约等于两个操作中耗时较多的一个所

需的时间（在签密操作中或者为签名，或者为加密，在解签密操作中，或者为验证，或者为解密）。

并行加密和签名方法由 An 等最早引入[10]，见第 2 章中对其结论的详细讨论。这个概念也由 Pieprzyk 和 Pointcheval[160]独立地提出。两个工作都可以看成 Zheng 所提出的签密概念[203，204]的推广。An 等[10]提出了并行签密的安全模型，并提出了一种承诺再加密再签名（C*t*E&S）方案，其中使用了 3 个密码模块：一个承诺方案，一个公钥加密方案以及一个签名方案（第 6 章）。Pieprzyk 和 Pointcheval 给出的解决方案[160]则利用秘密共享高效地实现了承诺部分。他们还说明了如何将加密和签名组合起来，使二者在安全性上互相加强，并可并行执行。

9.3 构造方法概述

并行签密的一种平凡实现是对同一消息直接并行地应用加密和签名操作。当然这种方法并不起作用，因为签名可能会泄露消息（第 2 章）。

一种经典的解决方案是著名的数字信封(图9.1)，其中首先定义了一个秘密的会话密钥。该密钥用公钥加密，并用对称加密方案对消息及其签名并行地加密。如果假设对称加密方案的计算代价可以忽略（有人可能对此持不同看法），则这样就实现了并行的加密和签名。在解签密时，接收方首先解密会话密钥，再提取消息及其签名。只有当所有操作都结束时，才可以验证签名。因此，解密和验证不能并行执行。

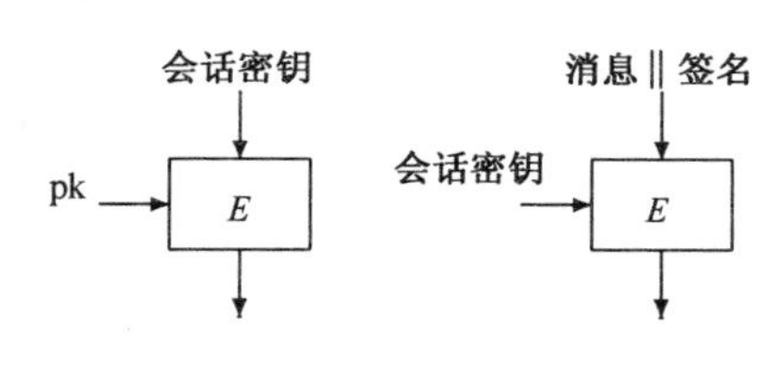

图 9.1 数字信封技术

图 9.2 所示的承诺再加密再签名（C*t*E&S）方案[10]要稍好一些。图中的签密算法首先对消息 m 进行承诺，计算出承诺值 c 以及解承诺（decommitment）值 d（6.4.2 小节）。然后将 d 加密为 e，并对 c 签名，得到 s。解签密算法在对密文 (e,c,s) 解签密时，首先验证 (c,s)，再将 e 解密为 d。承诺 d 最终可以帮助恢复 m（通过揭示 c），然而揭示算法的效率并不能达到要求。

本章提出的两种构造与第 6 章中的方案思路相同。它们应用一个高效的承诺方案（在随机预言机模型下可证明安全[29]），其中允许底层的加密和签名算法有较弱假设。该承诺方案基于一个(2, 2) Shamir 秘密共享方案（图 9.3）。在一个(k, n) Shamir 秘密共享方案中，秘密在 n 个参与方中共享。其中任意 k 个参与方合作可以恢复秘密，而少于 k 个参与方合作则得不到关于秘密的任何信息。(k, n) Shamir 秘密共享方案[176]简单地使用 $(k-1)$ 次多项式的 Lagrange 插值来实现。

如果使用(2, 2)Shamir 秘密共享，则需要一个线性多项式，其系数随机地与消息 m 相关。对于随机串 r，常数项系数为 $(m\|r)$ 而线性系数为 $h(m\|r)$，其中 h 为取值在 $\mathbf{Z}_p$ 上的散列函数。$\mathbf{Z}_p$ 上的多项式在两个点的取值构成两个秘密份额。其中一个加密，

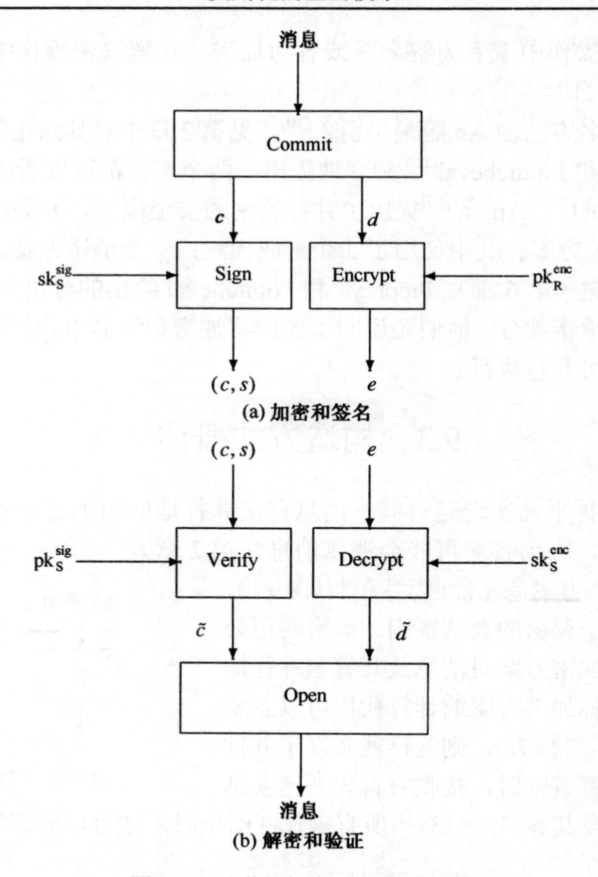

图 9.2　承诺再加密再签名的签密

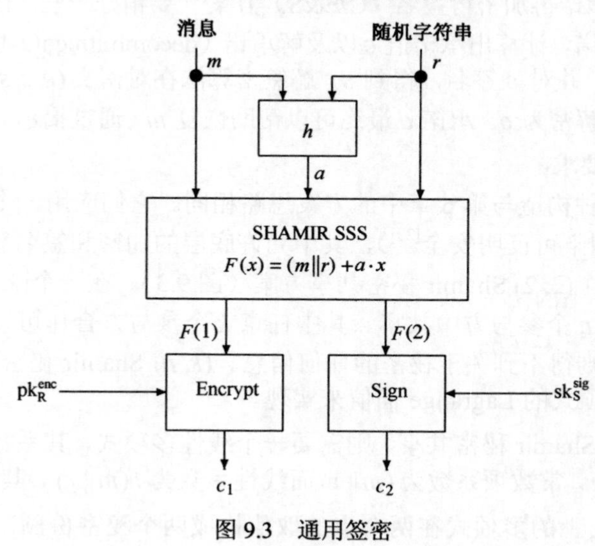

图 9.3　通用签密

另一个认证（以并行方式）。Shamir 秘密共享的完善性保证了从一个份额中得不到关于常数项系数（即共享的秘密）的任何信息（从信息论角度），从而也得不到关于消息 m 的任何信息。

9.4 通用并行签密

9.4.1 方案描述

签密方案使用了以下构造模块：

（1）加密方案 E= (EncKeyGen, Encrypt, Decrypt)；

（2）签名方案 S = (SigKeyGen, Sign, Verify)；

（3）一个大的$(k+1)$ – 比特素数 p， $p \geqslant 2^k$，定义了域$\mathbf{Z}_p$；

（4）散列函数 h: $\mathbf{Z}_p \to \mathbf{Z}_p$；

（5）作为安全参数的两个整数 k_1 和 k_2，使得 $k = k_1 + k_2$。

将使用具有消息恢复的签名方案（1.3.2 小节）。其中验证算法 Verify 输入签名 s 和公钥 $\mathrm{pk}^{\mathrm{sig}}$，输出或者为消息 m，表示对 m 的签名有效，或者为错误符号⊥。

签密方案由以下算法定义。

（1）KeyGen(1^k)：计算 $(\mathrm{sk}^{\mathrm{sig}}, \mathrm{pk}^{\mathrm{sig}}) \xleftarrow{R} \mathrm{KeyGen}_{\mathrm{S}}(1^k) \stackrel{\mathrm{def}}{=} \mathrm{SigKeyGen}(1^k)$ 和 $(\mathrm{sk}^{\mathrm{enc}}, \mathrm{pk}^{\mathrm{enc}}) \xleftarrow{R} \mathrm{KeyGen}_{\mathrm{R}}(1^k) \stackrel{\mathrm{def}}{=} \mathrm{EncKeyGen}(1^k)$。发送方密钥为

$$(\mathrm{sk}_{\mathrm{S}}, \mathrm{pk}_{\mathrm{S}}) \stackrel{\mathrm{def}}{=} (\mathrm{sk}^{\mathrm{sig}}, \mathrm{pk}^{\mathrm{sig}})$$

而接收方密钥为

$$(\mathrm{sk}_{\mathrm{R}}, \mathrm{pk}_{\mathrm{R}}) \stackrel{\mathrm{def}}{=} (\mathrm{sk}^{\mathrm{enc}}, \mathrm{pk}^{\mathrm{enc}})$$

现在考虑两个用户，发送方密钥为$(\mathrm{sk}_{\mathrm{S}}, \mathrm{pk}_{\mathrm{S}})$，接收方密钥为$(\mathrm{sk}_{\mathrm{R}}, \mathrm{pk}_{\mathrm{R}})$。

（2）Signcrypt$(\mathrm{sk}_{\mathrm{S}}, \mathrm{pk}_{\mathrm{R}}, m)$：给定需要加密和签名的消息 $m \in \{0,1\}^{k_1}$。

① 选择随机整数 $r \in \{0,1\}^{k_2}$，计算 $a = h(m \| r) \in \mathbf{Z}_p$，其中 $(m \| r) \in \{0,1\}^k \subseteq \mathbf{Z}_p$。

② 构造 $\mathbf{Z}_p$上(2, 2)Shamir 秘密共享方案的一个实例，多项式为 $F(x) = (m \| r) + ax \bmod p$。定义$\mathbf{Z}_p$上的两个秘密份额 $s_1 \leftarrow F(1)$ 以及 $s_2 \leftarrow F(2)$。

③ 并行地计算 $c_1 \leftarrow \mathrm{Encrypt}(\mathrm{pk}_{\mathrm{R}}, s_1)$ 和 $c_2 \leftarrow \mathrm{Sign}(\mathrm{sk}_{\mathrm{S}}, s_2)$。将密文$(c_1, c_2)$发往接收方 R。

（3）Unsigncrypt$[\mathrm{pk}_{\mathrm{S}}, \mathrm{sk}_{\mathrm{R}}, (c_1, c_2)]$。

① 并行地实现解密和验证签名操作：

$$t_1 \leftarrow \mathrm{Decrypt}(\mathrm{sk}_{\mathrm{R}}, c_1), \quad t_2 \leftarrow \mathrm{Verify}(\mathrm{pk}_{\mathrm{S}}, c_2)$$

注意，除非出错，否则解密和验证算法均返回$\mathbf{Z}_p$上的整数。事实上，如果 Decrypt 算法判定密文为无效时，可能返回⊥。类似地，Verify 可能返回消息（因为签名方案具有消息恢复功能）或当签名无效时返回⊥。至少有一个错误出现时，解密和验证算法 Unsigncrypt 返回⊥并停止。

② 给定两个点$(1,t_1)$和$(2,t_2)$，利用 Lagrange 插值找到以这两个点为解的多项式$\tilde{F}(x)=a_0+a_1 x \bmod p$（即计算$a_0=2t_1-t_2$和$a_1=t_2-t_1$）。

③ 检查是否有$a_1=h(a_0)$或等价地是否有$t_2-t_1=h(2t_1-t_2)$。如果成立，则从a_0中提取m（因为$a_0=(m\|r)$）并返回m，否则，输出⊥。

9.4.2 安全性分析

Pieprzyk 和 Pointcheval 在最初的工作[160]中证明了如下定理。

定理 9.1 如果加密方案是 IND-CCA2 安全的，签名方案是 sUF-RMA 安全的，则上述通用并行签密方案在双用户环境和外部安全模型中是 IND-CCA 和 UF-CMA 安全的。

定理中使用的安全模型较弱，即双用户环境和外部安全模型，而不是 FSO/FUO。但是，如果散列值中包含了 $\mathrm{ID_S}$ 和 $\mathrm{ID_R}$，即$a=h(\mathrm{ID_S}\|\mathrm{ID_R}\|m\|r)$，则也包括了多用户环境和 FSO/FUO 的情形。进一步，在确定性的签名中，甚至可以实现内部安全性。

定理 9.2 如果加密方案是 IND-CCA2 安全的，签名方案是确定的且为 UF-RMA 安全的，则对上述的通用并行签密方案进行如上修改后，在多用户环境和内部安全模型下是 FSO/FUO-IND-CCA2 和 FSO/FUO-UF-CMA 安全的。

更准确地，将证明以下两个结论。

引理 9.1 假设存在一个内部攻击者 A，在多用户环境下能以优势$\mathrm{Adv}_{\mathrm{Signcrypt}}^{\mathrm{UF\text{-}CMA}}(k)$破坏上述通用并行签密方案的 FSO/FUO-UF-CMA 安全性，A 的运行时间界限为 t，且向随机预言机 h 发出最多次q_h询问，向签密预言机发出最多 q_{sc} 次询问。则存在一个攻击者 B，能以优势$\mathrm{Succ}_{\mathrm{Sign}}^{\mathrm{Uf\text{-}RMA}}(k)$破坏签名方案的 UF-RMA 安全性，$B$ 的运行时间界限为$t'\leqslant t+q_{\mathrm{sc}}[\tau+O(1)]$，其中，$\tau$ 表示加密和签名算法的最大运行时间，且 B 向签名预言最多发出 q_{sc} 次询问，其中

$$\mathrm{Adv}_{\mathrm{Signcrypt}}^{\mathrm{UF\text{-}CMA}}(k)\leqslant \mathrm{Succ}_{\mathrm{Sign}}^{\mathrm{Uf\text{-}RMA}}(k)+2q_{\mathrm{sc}}\times\frac{q_h+q_{\mathrm{sc}}}{2^{k_2}}$$

引理 9.2 假设存在一个内部攻击者 A，在多用户环境下能以优势$\mathrm{Adv}_{\mathrm{Signcrypt}}^{\mathrm{IND\text{-}CCA2}}(k)$破坏上述通用并行签密方案的 FSO/FUO-UF-CCA2 安全性，A 的运行时间界限为 t，且向随机预言机 h 发出最多 q_h 次询问，向解签密预言机发出最多 q_{usc} 次询问。则存在攻击者 B，能以优势$\mathrm{Adv}_{\mathrm{Encrypt}}^{\mathrm{IND\text{-}CCA2}}(k)$破坏加密方案的 IND-CCA2 安全性，$B$ 的运行时间界限为t'，向解签密预言机发出 q_{usc} 次询问，其中$t'\leqslant t+q_{\mathrm{usc}}[\tau+O(1)]$，$\tau$ 表示解密和验证签名算法的最大运行时间，且当签名方案为确定算法时，有

$$\mathrm{Adv}_{\mathrm{Signcrypt}}^{\mathrm{IND\text{-}CCA2}}(k) \leqslant 2 \times \mathrm{Adv}_{\mathrm{Encrypt}}^{\mathrm{IND\text{-}CCA2}}(k) + \frac{q_h + q_{\mathrm{usc}}}{2^{k_2-1}}$$

在随机预言模型下证明上述引理。当调用随机预言 h 时，有两种可能性。一种可能是该询问已经发出过，此时应答已被模仿过程定义过，并给出同样的回答。第二种可能是该询问没有发出过，此时给出 $\mathbf{Z}_p$ 中的随机值。当然，在定义随机预言机的应答时，需要注意满足以下条件：

① 应答一定是没有定义过的；

② 应答必须呈均匀分布。

进一步，将对 h 的应答个数记作 q_H。在以下模拟中，显然这个数量的上界为 $(q_h + q_{\mathrm{sc}} + q_{\mathrm{usc}})$。

证明（引理 9.1）

假设在向预言 Signcrypt 发出 q_{sc} 次询问后，攻击者 A 输出一个新密文 (c_1, c_2)，其正确的概率为 $\mathrm{Adv}_{\mathrm{Signcrypt}}^{\mathrm{UF\text{-}CMA}}(k)$。利用该攻击者实现对签名方案 S 的存在性伪造（在随机消息攻击下）。在证明中，考虑多用户的内部安全模型。因此，攻击者知道目标发送方 $\mathrm{ID}_{\mathrm{S}}^*$ 的公钥 pk_{S}，并能利用 sk_{S} 访问签密预言机。首先定义一个仿真器 B，能访问一系列的消息-签名对，这些信息都利用 sk_{S} 和签名预言产生（消息被认为是从 $\mathbf{Z}_p$ 中随机选择的，而非由攻击者选择）。为加密方案提供由攻击者生成的私钥/公钥对$(\mathrm{sk}_{\mathrm{R}}, \mathrm{pk}_{\mathrm{R}})$，为签名方案提供公钥 pk_{S}。对任意接收方 ID_{R}，由 A 向 sk_{S} 下的 Signcrypt 预言机发出的询问 m，可以利用向签名方案发出的一个新的有效的消息-签名对(M, S)来模仿。事实上，定义 M 等于 s_2，而 S 等于 c_2。此时选择随机数 r。由于有

$$s_2 = (m \| r) + 2h(\mathrm{ID}_{\mathrm{S}}^* \| \mathrm{ID}_{\mathrm{R}} \| m \| r) \bmod p = M$$

所以需要在点 $(\mathrm{ID}_{\mathrm{S}}^* \| \mathrm{ID}_{\mathrm{R}} \| m \| r)$ 处定义随机预言（除非已经定义过，此时发生事件 $\mathrm{B_{AD}H}$）。于是得

$$h(\mathrm{ID}_{\mathrm{S}}^* \| \mathrm{ID}_{\mathrm{R}} \| m \| r) \to \frac{M - (m \| r)}{2} \bmod p$$

从而有

$$s_1 \leftarrow (m \| r) + h(\mathrm{ID}_{\mathrm{S}}^* \| \mathrm{ID}_{\mathrm{R}} \| m \| r) = \frac{M + (m \| r)}{2} \bmod p$$

利用接收方 ID_{R} 在加密方案中的公钥，可以对 s_1 加密得到 c_1，则 (c_1, c_2) 构成 m 的一个有效密文。

最后，攻击者 A 返回由 $\mathrm{ID}_{\mathrm{S}}^*$ 到 $\mathrm{ID}_{\mathrm{R}}^*$ 的新消息 m' 的密文 (c_1, c_2)，该密文有效的概率为 $\mathrm{Adv}_{\mathrm{Signcrypt}}^{\mathrm{UF\text{-}CMA}}(k)$。利用签名方案的公钥，可以从 c_2 中提取消息 s_2。由定义，(s_2, c_2) 是签名方案的一个存在性伪造。事实上，只需检查其是否为一个新的签名消息。如果不是一个新的签名消息，则 s_2 已经被预言机 Signcrypt 签过名，此处有

$$s_2 = (m \| r) + 2h(\mathrm{ID}_{\mathrm{S}}^* \| \mathrm{ID}_{\mathrm{R}} \| m \| r) \bmod p$$

注意，在向随机预言 h 发出的询问列表中，s_2 具有唯一的定义，除非能在由模拟给出的 q_{sc} 个值以及攻击者得到的 q_H 个应答（或者为询问的直接应答，或者由模拟过程所暗示）中，找到函数

$$G:(x,y)\mapsto x+2h(\mathrm{ID}_{\mathrm{S}}^{*}\parallel y\parallel x)\bmod p$$

的一个碰撞。由于随机预言 h 的随机性，找到碰撞的概率上界为 $q_{\mathrm{SC}}\cdot q_H/2^k$。

进一步，必须确保从攻击者 A 的角度看，所有过程都像一个真正的攻击。然而，当定义 h 的值时，它可能已被定义过（即事件 $\mathrm{B_{AD}H}$）。由于 r 的随机性，在对预言 Signcrypt 的每次模拟中，这个事件发生的概率小于 $q_H/2^{k_2}$。

最后，B 为签名方案构造一个存在性伪造的概率大于

$$\begin{aligned}\mathrm{Adv}_{\mathrm{Sign}}^{\mathrm{UF\text{-}RMA}}(k)&\geqslant \mathrm{Adv}_{\mathrm{Signcrypt}}^{\mathrm{UF\text{-}CMA}}(k)-q_{sc}\cdot q_H\times\left(\frac{1}{2^{K_2}}+\frac{1}{2^{K}}\right)\\&\geqslant \mathrm{Adv}_{\mathrm{Signcrypt}}^{\mathrm{UF\text{-}RMA}}(k)-2q_{sc}\cdot q_H\times\left(\frac{1}{2^{K_2}}\right)\end{aligned}$$

此外，易知 $q_H\geqslant q_h+q_{sc}$，引理得证。

证明（引理 9.2）

假设攻击者 A 向预言机 Unsigncrypt 发出了 q_{usc} 次询问。A 还选择一对消息 m_0 和 m_1，并收到用 $(\mathrm{sk_S},\mathrm{pk_R})$ 对 m_0 或 m_1 加密的密文 (c_1^*,c_2^*)。将未知的消息记作 m_b，其中 b 为攻击者的待求比特。攻击者输出一个比特 d，其以优势 ε 等于 b，即 $\Pr[d=b]=1/2+\varepsilon$。

本书的工作方案在多用户内部安全模型下进行。攻击者收到目标接收方 $\mathrm{ID}_{\mathrm{R}}^{*}$ 的公钥 $\mathrm{pk_R}$，并能访问 $\mathrm{sk_R}$ 下的解签密预言机。

构造一个模拟器 B，给定加密方案的公钥 $\mathrm{pk_R}$，并能访问解密预言机 Decrypt（在 $\mathrm{sk_R}$ 下）。

由任意发送方 $\mathrm{ID_S}$ 出发，A 所发出的任何对 $\mathrm{sk_R}$ 下的预言机 Unsigncrypt 的调用可以用解密预言机 Decrypt 来模仿。事实上，对于询问 (c_1,c_2)，首先向 Decrypt 发出询问 c_1，并得到 s_1。而利用签名方案的公钥，可以由 c_2 得到 s_2。这足以检查密文 (c_1,c_2) 的有效性并对其解密。在后面将看到这种模仿是否总是可能的。

首先说明如何生成挑战密文。当 B 收到来自 A 的消息对 m_0 和 m_1 时，它随机选择两个随机整数 r_0 和 r_1，为加密方案生成两个新的消息，即

$$M_0\leftarrow(m_0\parallel r_0)+h(\mathrm{ID}_{\mathrm{S}}^{*}\parallel\mathrm{ID}_{\mathrm{R}}^{*}\parallel m_0\parallel r_0)\bmod p$$

$$M_1\leftarrow(m_1\parallel r_1)+h(\mathrm{ID}_{\mathrm{S}}^{*}\parallel\mathrm{ID}_{\mathrm{R}}^{*}\parallel m_1\parallel r_1)\bmod p$$

B 收到 M_b 的密文后，必须在 A 的帮助下猜测 b 的值。为此 B 选择随机比特 b'（希望其等于 b）并定义为

$$s_2^*\leftarrow(m_{b'}\parallel r_{b'})+2h(\mathrm{ID}_{\mathrm{S}}^{*}\parallel\mathrm{ID}_{\mathrm{R}}^{*}\parallel m_{b'}\parallel r_{b'})\bmod p$$

然后利用签名方案的私钥 $\mathrm{sk_S}$ 对 s_2^* 签名，得到 c_2^*。下一步，B 将 (c_1^*,c_2^*) 作为 m_b 的

密文（b 为未知比特）发送出去。最后，攻击者 A 结束攻击，返回一个比特 d 给 B，B 则将其作为最终的猜测。

以上的讨论表明，对 B 向 A 发出的解签密询问的模仿适用于任意 $c_1^* \neq c_1$ 的询问 (c_1, c_2)。而对于询问 (c_1^*, c_2)，上述模仿会终止，因为解密预言是不会对挑战密文 c_1^* 作出应答的，而预言机 Unsigncrypt 当 $c_1 \neq c_1^*$，或 $c_2 \neq c_2^*$，或 $\mathrm{ID_S} \neq \mathrm{ID_S^*}$ 时接受询问。如果 A 提交的解签密询问为 (c_1^*, c_2)，则模拟器 B 返回⊥。事件"B 拒绝一个实际上有效的解签密询问 (c_1^*, C_2)"称为 $\mathrm{B_{AD}D}$，后面将证明这一事件发生的概率可以忽略。

现在讨论模拟器 B 破坏加密方案的 IND-CCA2 安全性的优势，它等于

$$
\begin{aligned}
\mathrm{Adv}_{\mathrm{Encrypt}}^{\mathrm{IND\text{-}CCA2}}(k) &= \Pr[d=b]-\frac{1}{2} \\
&\geqslant \Pr[d=b \wedge \neg \mathrm{B_{AD}D}]-\frac{1}{2} \\
&\geqslant \Pr[d=b \mid \neg \mathrm{B_{AD}D}]-\Pr[\mathrm{B_{AD}D}]-\frac{1}{2} \\
&\geqslant \frac{1}{2}\cdot \Pr[d=b \mid b=b' \wedge \neg \mathrm{B_{AD}D}]+\frac{1}{2}\cdot \Pr[d=b \mid b\neq b' \wedge \neg \mathrm{B_{AD}D}]-\Pr[\mathrm{B_{AD}D}]-\frac{1}{2}
\end{aligned}
$$

现在研究每一项。首先要注意的是，当 $b'=b$ 时，模拟挑战 (c_1^*, c_2^*) 等于一个真正的挑战：

$$
\begin{aligned}
\varepsilon &= \Pr[d=b \mid b'=b]-\frac{1}{2} \\
&\leqslant \Pr[d=b \mid b'=b \wedge \neg \mathrm{B_{AD}D}]+\Pr[\mathrm{B_{AD}D}]-\frac{1}{2}
\end{aligned}
$$

重点讨论不等式中的第二项（当 $b'\neq b$ 时），定义 $\mathrm{A_{SK}H}$ 为攻击者 A 向随机预言 h 询问 $(\mathrm{ID_S^*} \| \mathrm{ID_R^*} \| m_0 \| r_0)$ 或 $(\mathrm{ID_S^*} \| \mathrm{ID_R^*} \| m_1 \| r_1)$ 的事件。其发生的概率为

$$
\begin{aligned}
&\Pr[d=b \mid b'\neq b \wedge \neg \mathrm{B_{AD}D}] \\
&\geqslant \Pr[d=b \mid b'\neq b \wedge \neg \mathrm{B_{AD}D} \wedge \neg \mathrm{A_{SK}H}]\times \Pr[\neg \mathrm{A_{SK}H} \mid b'\neq b \wedge \neg \mathrm{B_{AD}D}]
\end{aligned}
$$

显然，当 $b'\neq b$ 时，攻击者可能得到某些信息（从信息论角度）

$$
\begin{aligned}
M_b &= (m_b \| r_b)+h(\mathrm{ID_S^*} \| \mathrm{ID_R^*} \| m_b \| r_b) \bmod p \\
s_2^* &= (m_{b'} \| r_{b'})+2h(\mathrm{ID_S^*} \| \mathrm{ID_R^*} \| m_{b'} \| r_{b'}) \bmod p
\end{aligned}
$$

然而，当事件 $\mathrm{A_{SK}H}$ 不发生时，散列值很好地隐藏了第一部分，从而 A 得到的应答与 b 无关（为一个随机变量）：

$$
\Pr[d=b \mid b'\neq b \wedge \neg \mathrm{B_{AD}D} \wedge \neg \mathrm{A_{SK}H}]=\frac{1}{2}
$$

另外，在上面提到散列值 $h(\mathrm{ID_S^*} \| \mathrm{ID_R^*} \| m_i \| r_i)$ 很好地隐藏了 $(m_i \| r_i), i=0,1$，因此无法得到关于随机数 r_0 和 r_1 的任何信息。事件 $\mathrm{A_{SK}H}$ 发生的概率小于 $2q_H/2^{k_2}$，从而有

$$\Pr[\neg \mathrm{A_{SK}H} \mid b' \neq b \wedge \neg \mathrm{B_{AD}D}] \geqslant 1 - 2q_H / 2^{k_2}$$

最后研究错误地拒绝解密的概率 $\Pr[\mathrm{B_{AD}D}]$，即 $c_1 = c_1^*$ 但 $c_2 \neq c_2^*$ 或 $\mathrm{ID_S} \neq \mathrm{ID_S^*}$。由于此时可能为一个有效签名，$c_2$ 是某个元素 s_2 的签名，而 c_1 是对 M_b 的加密，满足 $s_2 - M_b = h(\mathrm{ID_S} \| \mathrm{ID_R^*} \| 2M_b - s_2)$。

由于随机预言 h 的作用，寻找一对 $(\mathrm{ID_S}, s_2)$（除了已构造的对 $(\mathrm{ID_S^*}, s_2^*)$ 之外）的概率小于 $q_H / 2^k$。但是由于签名方案是确定的，所以 $c_2 = c_2^*$ 而 $\mathrm{ID_S} = \mathrm{ID_S^*}$，所以这个询问不可能提交给解签密预言机。所以有

$$\Pr[\mathrm{B_{AD}D}] \leqslant \frac{q_H}{2^k}$$

现在将所有的项放在一起，得到

$$\begin{aligned}\mathrm{Adv}_{\mathrm{Encrypt}}^{\mathrm{IND\text{-}CCA2}}(k) &\geqslant \left(\varepsilon - \Pr[\mathrm{B_{AD}D}] + \frac{1}{2}\right) \\ &\quad + \frac{1}{2}\left(\frac{1}{2}\Pr[\neg \mathrm{A_{SK}H} \mid b' \neq b \wedge \neg \mathrm{B_{AD}D}]\right) - \Pr[\mathrm{B_{AD}D}] - \frac{1}{2} \\ &\geqslant \frac{\varepsilon}{2} - \frac{3}{2}\Pr[\mathrm{B_{AD}D}] - \frac{q_H}{2^{k_2+1}} \\ &\geqslant \frac{1}{2}\mathrm{Adv}_{\mathrm{Signcrypt}}^{\mathrm{IND\text{-}CCA2}}(k) - \frac{3 \cdot q_H}{2 \cdot 2^k} - \frac{q_H}{2 \cdot 2^{k_2}}\end{aligned}$$

这就证明了引理，因为 $q_H \leqslant q_h + q_{\mathrm{usc}}$。

从效率的角度看，这种方案在发送方几乎达到了最优，在并行加密和签名之前，只需要计算一次散列值和两次加法。接收方也达到了类似的最优效率。然而对基本方案，即加密方案 E 和签名方案 S 的安全性有较高要求。事实上，要求加密方案满足选择密文攻击下的语义安全性，而签名方案必须能抗存在性伪造。

9.5　最优的并行签密

利用一类 OAEP 技术[30]，可以改进上述方案，减弱基本原语对安全性的要求。新的方案只要求加密方案为确定且单向的，能抗选择明文攻击，这是一个非常弱的安全需求——甚至普通的 RSA 加密方案[165]在 RSA 假设下也能满足。签名方案要求在随机消息攻击下能抗通用伪造（普通 RSA 签名也能达到这样的安全等级）。

9.5.1　方案描述

方案如图 9.4 所示，其构建模块包括以下几个部分。

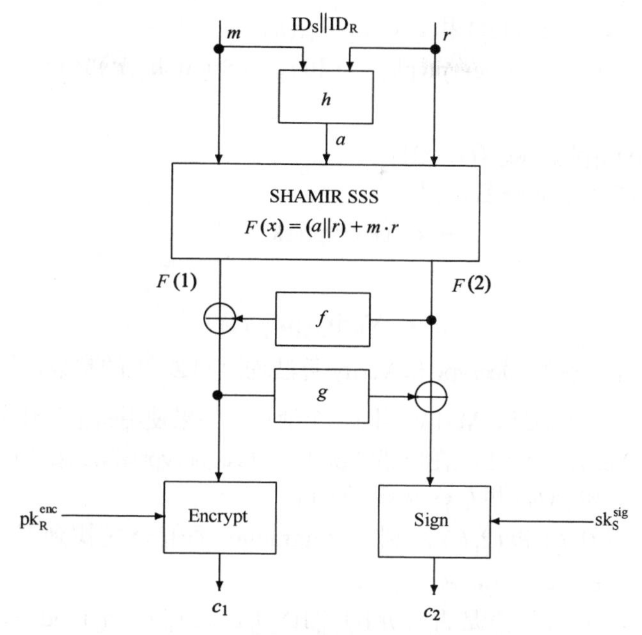

图 9.4 最优签密（加密和签名）

（1）加密方案 $\varepsilon = (\text{EncKeyGen, Encrypt, Decrypt})$。

（2）签名方案 $S = (\text{SingKeyGen, Sign, Verify})$。

（3）一个较大的 k 比特素数 p，定义了域 $\mathbf{Z}_p$， $p \geqslant 2^k$。

（4）作为安全参数的两个整数 k_1 和 k_2，使得 $k = k_1 + k_2$。

（5）散列函数 $f:\{0,1\}^k \to \{0,1\}^k, g:\{0,1\}^k \to \{0,1\}^k$ 及 $h:\{0,1\}^* \to \{0,1\}^{k_2}$。

签密方案方式工作如下。

（1） $\text{KeyGen}(1^k)$： 计算 $(\text{sk}^{\text{sig}}, \text{pk}^{\text{sig}}) \xleftarrow{R} \text{KeyGen}_{\text{S}}(1^k) \overset{\text{def}}{=} \text{SigKeyGen}(1^k)$ 和 $(\text{sk}^{\text{enc}}, \text{pk}^{\text{enc}}) \xleftarrow{R} \text{KeyGen}_{\text{R}}(1^k) \overset{\text{def}}{=} \text{EncKeyGen}(1^k)$。发送方密钥为

$$(\text{sk}_{\text{S}}, \text{pk}_{\text{S}}) \overset{\text{def}}{=} (\text{sk}^{\text{sig}}, \text{pk}^{\text{sig}})$$

而接收方密钥为

$$(\text{sk}_{\text{R}}, \text{pk}_{\text{R}}) \overset{\text{def}}{=} (\text{sk}^{\text{enc}}, \text{pk}^{\text{enc}})$$

现在考虑两个用户，具有密钥 $(\text{sk}_{\text{S}}, \text{pk}_{\text{S}})$ 的发送方以及具有密钥 $(\text{sk}_{\text{R}}, \text{pk}_{\text{R}})$ 的接收方。

（2）$\text{Signcrypt}(\text{sk}_{\text{S}}, \text{pk}_{\text{R}}, m)$：给定要加密和签名的消息 $m \in \mathbf{Z}_p$。

① 选择随机整数 $r \in \{0,1\}^{k_1}$ 并计算 $a = h(\text{ID}_{\text{S}} \| \text{ID}_{\text{R}} \| m \| r)$。

② 构造 $\mathbf{Z}_p$ 上(2, 2)Shamir 秘密共享方案的一个实例，多项式为 $F(x) = (a \| r) + mx \bmod p$。定义两个份额 $s_1 \leftarrow F(1)$ 和 $s_2 \leftarrow F(2)$。

③ 计算变换 $r_1 \leftarrow s_1 \oplus f(s_2)$ 和 $r_2 \leftarrow s_2 \oplus g(r_1)$。

④（并行地）计算 $c_1 \leftarrow \text{Encrypt}(\text{pk}_R, r_1)$ 和 $c_2 \leftarrow \text{Sign}(\text{sk}_S, r_2)$，将密文 (c_1, c_2) 发送到接收方。

（3）Unsigncrypt[pk_S, sk_R, (c_1, c_2)]。

① 并行地解密并验证签名，得

$$u_1 \leftarrow \text{Decrypt}(\text{sk}_R, c_1)$$

和

$$u_2 \leftarrow \text{Verify}(\text{pk}_S, c_2)$$

注意，除非出错，否则 Decrypt 和 Verify 算法均返回 $\mathbf{Z}_p$ 上的整数。如果 Decrypt 判断密文无效，则返回⊥。类似地，Verify 返回一个消息（如果使用带消息恢复的签名方案），如果签名无效，则 Verify 返回⊥。在出错情况下，Unsigncrypt 算法返回⊥并终止。

② 计算 $t_2 \leftarrow u_2 \oplus g(u_1)$ 和 $t_1 \leftarrow u_1 \oplus f(t_2)$。

③ 已知两个点 $(1, t_1)$ 和 $(2, t_2)$，利用 Lagrange 插值公式找到多项式 $\tilde{F}(x) = a_0 + a_1 x \bmod p$，其中，$a_0 = 2t_1 - t_2$，$a_1 = t_2 - t_1$。

④ 从 a_0 中提取 r，并检查是否有 $h(\text{ID}_S \| \text{ID}_R \| a_1 \| r) \| r = a_0 \bmod p$，如果等式成立，将 a_1 作为 m 返回，否则，返回⊥。

9.5.2 安全性分析

以下定理描述了最优并行签密方案的安全性（如在 1.3.2 小节讨论过对签名方案的通用伪造）。

定理 9.3 如果加密方案是确定的且为 OW-CPA 安全的，签名方案是确定的且为 uUF-RMA 安全的，则上述最优并行签密方案在多用户内部安全模型下是 FSO/FUO-IND-CCA2 和 FSO/FUO-UF-CMA 安全的。

更严格地，可以证明以下两个结论。

引理 9.3 考虑内部攻击者 A，在多用户环境下能以优势 $\text{Adv}_{\text{Signcrypt}}^{\text{UF-CMA}}(k)$ 破坏最优并行签密方案的 FSO/FUO-UF-CMA 安全性，A 的运行时间界限为 t，向随机预言 h 发出最多 q_h 次询问，向 g 发出 q_g 次询问以及向签密预言机发出 q_{sc} 次询问。则存在攻击者 B，能以优势破坏签名方案的 uUF-RMA 安全性，其运行时间界限为 $t' \leqslant t + q_{\text{ac}}[\tau + O(1)]$，其中 τ 表示加密和签名方案的最大运行时间，且 B 向签名预言最多发出 $(q_h + q_{\text{sc}})$ 次询问，其中

$$\text{Adv}_{\text{Signcrypt}}^{\text{UF-CMA}}(k) \leqslant (q_h + q_{\text{sc}}) \times \text{Adv}_{\text{Sign}}^{\text{uUf-RMA}}(K) + \frac{(q_g + q_h + q_{\text{sc}})^2 + 2}{2^{k_2}}$$

引理 9.4 考虑内部攻击者 A，在多用户环境下能以优势 $\text{Adv}_{\text{Signcrypt}}^{\text{IDN-CCA2}}(k)$ 破坏上述通用

并行签密方案的 FSO/FUO-IND-CCA2 安全性，A 的运行时间界限为 t，且向随机预言 h 发出最多 q_h 次询问，向解签密预言机发出 q_{usc} 次询问。则存在攻击者 B，以优势 $\mathrm{Adv}_{\mathrm{Encrypt}}^{\mathrm{OW\text{-}CPA}}(k)$ 破坏公钥加密方案的 OW-CPA 安全性，B 的运行时间界限为 $t' \leqslant t + q_{usc}[\tau + O(1)]$，其中 τ 表示解密和验证算法的最大运行时间，且有

$$\mathrm{Adv}_{\mathrm{Signcrypt}}^{\mathrm{IND\text{-}CCA}}(k) \leqslant \mathrm{Adv}_{\mathrm{Encrypt}}^{\mathrm{OW\text{-}CPA}}(k) + \frac{q_h}{2^{k_1}} + \frac{q_{usc}}{2^{k_2}}$$

证明类似引理 9.1 和定理 9.2 的证明。还是利用随机预言模型，函数 f、g 和 h 为随机预言机。向这些预言机发出的询问次数分别为 q_f、q_g 和 q_h。此外，将 f、g 和 h 的应答个数分别记作 q_F、q_G 及 q_H。

证明（引理 9.3）

假设在向预言 Signcrypt 发出 q_{sc} 次询问后，攻击者 A 输出一个新密文 (c_1, c_2)，其有效的概率为 $\mathrm{Adv}_{\mathrm{Signcrypt}}^{\mathrm{UF\text{-}CMA}}(k)$。利用这个攻击者构造一个针对签名方案的通用伪造，能（在已知的随机消息攻击下）对指定的随机消息 μ 生成一个新的签名。由于是在内部安全模型下讨论的，攻击者有一个目标发送者 ID_S^*，且知道其公钥 pk_S。攻击者能用 sk_S 访问签密预言机。现在构造一个模拟器 B，可以访问由签名预言机生成的一系列消息-签名对（假设消息从 $\mathbf{Z}_p$ 中随机选择，而非由攻击者选择）。为 B 提供加密方案中由攻击者生成的目标接收方 ID_R^* 的私钥/公钥对 $(\mathrm{sk}_S, \mathrm{pk}_S)$。注意，一个有效的密文必须满足等式 $h(\mathrm{ID}_S \| \mathrm{ID}_R \| m \| r) = a_0 \bmod p$。因此，不询问 $h(\mathrm{ID}_S^* \| \mathrm{ID}_R^* \| m \| r)$ 而得到（由 ID_S^* 发往 ID_R^* 的）有效密文的概率最多为 2^{-k_2}。询问 $(\mathrm{ID}_S^* \| \mathrm{ID}_R^* \| m \| r)$ 必须以大于 $\mathrm{Adv}_{\mathrm{Signcrypt}}^{\mathrm{UF\text{-}CMA}}(k) - 2^{-k_2}$ 的概率提交给 h。还为 B 提供了签名方案中 ID_S^* 的公钥 pk_S。此外，B 还可访问 q_H 个消息-签名对 (M, S)，其中的消息是随机选择的。B 用以下方式模仿 A（其中向随机预言机发出的任何询问被随机地回答，如果没有特别规定）。在选择了随机索引 $i \in \{1, \cdots, q_H\}$ 并将计数器 j 初始化为 0 后，对 h 预言机的模仿如下。索引 i 恰好指示着在伪造中期望的询问。

（1）对任意一个提交给 h 的新的询问 $(\mathrm{ID}_S^* \| \mathrm{ID}_R \| m \| r)$（由攻击者或签密模拟器如下发出），为计数器 j 的值加 1。如果 $j \neq i$，则从列表中取出一个新的消息-签名对 (M, S)。

（2）随机选择 ρ，定义 $h(\mathrm{ID}_S \| \mathrm{ID}_R \| m \| r) \leftarrow \rho$ 并设置

$$s_1 \leftarrow \rho \| r + m \bmod p, s_2 \leftarrow \rho \| r + 2m \bmod p, r_1 \leftarrow s_1 \oplus f(s_2)$$

（3）最后定义 $g(r_1) \leftarrow s_2 \oplus M$，这是一个随机值，因为 M 是随机分布的。（注意，对于向 h 发出的第 i 个询问，使用指定的消息 μ 而不是 M，并期望利用这个消息进行伪造。）如果 $g(r_1)$ 已经定义过，则这个定义可能会失败。然而，由于 ρ 是一个新鲜的随机选择，因此对每个新鲜的 h 询问，定义失败的概率至多为 $q_G / 2^{k_2}$。

对于向 h 发出的第 i 个询问，只需随机选择输出即可。

换句话说，由 A 向 Signcrypt 预言机发出的任何询问 m 都是可以模拟的，这归功于上

述对 h 的模拟(除了向 h 发出的第 i 个询问以外)。事实上,为了对由 ID_S^* 到 ID_R 的 Signcrypt 询问 m 作出回答，需要选择随机数 r，并利用上述模拟询问 $h(\mathrm{ID}_s^* \| \mathrm{ID}_R \| m \| r)$。除了向 h 发出的第 i 个询问，在 h 模拟中使用的 (M,S) 中的签名 S 实际上是 $r_2=M$ 的一个签名 c_2。而 (c_1,c_2) 是 m 的一个有效密文。如果有一个签密询问对应着第 i 次 h 询问，则延迟，此时停止模拟：由于模拟过程的确定性，这个第 i 次询问将不能用于伪造。

最后，除非上述对 h 的模拟过程在试图分配 $h(\mathrm{ID}_S \| \mathrm{ID}_R \| m \| r) \leftarrow \rho$ 时失败，否则攻击者 A 生成由 ID_S^* 发往 ID_R^* 的新密文 (c_1,c_2)，其有效概率大于 $\mathrm{Adv}_{\mathrm{Signcrypt}}^{\mathrm{UF\text{-}CMA}}(k)$。而发生失败的概率上界为 $q_H q_G/2^{k_2}$。如果对所有消息（消息数量为 q_H）模拟都失败，则整个模拟过程失败。

前面曾指出,如果一个伪造与某个特定的 h 预言询问无关,则伪造成功的概率为 $1/2^{k_2}$。因此，此处的伪造与某个特定 h 询问相关的概率至少为 $\mathrm{Adv}_{\mathrm{Signcrypt}}^{\mathrm{UF\text{-}CMA}}(k)-(q_G q_H+1)/2^{k_2}$。此时这个密文以概率 $1/q_H$ 与向 h 预言的第 i 次询问相关，从而 c_2 是 μ 的一个有效签名，否则终止模拟。此时或者为一个新的签名,或者已经包含在由 Signcrypt 生成的发往 ID'_R 的密文 (c'_1,c'_2) 中。在后面一种情况下，由于 $c_2=c'_2$，这蕴含了 $c_1=c'_1$ 或 $\mathrm{ID}_S^* \neq \mathrm{ID}'_R$。如果 $\mathrm{ID}'_R=\mathrm{ID}_S^*$，则 $c'_1 \neq c_1$，从而由于加密方案的确定性，意味着有 $u_1 \neq u'_1$，所以冗余以最多 $1/2^{k_2}$ 的概率发生。如果 $\mathrm{ID}_R \neq \mathrm{ID}_R^*$，则冗余也以 $1/2^{k_2}$ 的概率发生。

最后，B 为 μ 生成一个新的有效签名的概率大于

$$\mathrm{Adv}_{\mathrm{Sign}}^{\mathrm{uUF\text{-}CMA}}(k) \geqslant \frac{1}{q_H} \times \left(\mathrm{Adv}_{\mathrm{Signcrypt}}^{\mathrm{uUF\text{-}CMA}}(k)-\frac{q_G q_H+2}{2^{k_2}}\right)$$

此外，易知 $q_G=q_g+q_H$，其中 $q_H \leqslant q_h+q_{\mathrm{sc}}$。

证明（引理 9.4）

由于讨论的是多用户内部安全模型下的 FSO/FUO-IND-CCA2 安全性，攻击者已经设定了目标接收方 ID_R^*。攻击者知道接收方的公钥 pk_R，并能用 sk_R 访问 Unsigncrypt 预言。此外，还假设攻击者 A 观察到了向 Unsigncrypt 预言的 q_{usc} 次询问。A 也选择了一对消息 m_0 和 m_1，以及 ID_S 的一对密钥 $(\mathrm{sk}_S,\mathrm{pk}_S)$。其收到对 m_0 或 m_1 用 $(\mathrm{sk}_S,\mathrm{pk}_S)$ 签密的密文 (c_1^*,c_2^*)。将未知的消息记作 m_b，其中 b 为攻击者要猜测的比特。攻击者 A 输出一个比特 d，其与 b 相等的优势为 ε，即 $\Pr[d=b]=1/2+\varepsilon$。后面用 a^* 表示在计算挑战签密中使用的所有内部值。

首先要指出，由于随机预言 f 和 g 的随机性，且 $r_1^* \leftarrow s_1^* \oplus f(s_2^*)$ 和 $r_2^* \leftarrow s_2^* \oplus g(r_1^*)$，为了得到 b 的信息（因此得到加密和签名消息的信息），攻击者必须从密文或明文中得到内部值 s_1^* 和 s_2^* 的某些信息。前面一种情况只有当攻击者向 g 询问 r_1^* 时才发生（否则其没有 s_2^* 或 s_1^* 的信息，从而也得不到多项式 F 的任何信息，因此得不到 r^* 的信息）。将攻击者 A 向 g 询问 r_1^* 的事件记作 $\mathrm{A_{SK}G}$。后一种情况意味着攻击者询问 $h(\mathrm{ID}_S^* \| \mathrm{ID}_R^* \| m_0 \| r^*)$ 或者

$h(\mathrm{ID}_S^* \| \mathrm{ID}_R^* \| m_1 \| r^*)$。将该事件记作 $\mathrm{A_{SK}R}$。所以，$\Pr[d=b|\neg(\mathrm{A_{SK}G} \vee \mathrm{A_{SK}R})]=1/2$，从而有

$$
\begin{aligned}
\varepsilon &= Adv_{\mathrm{Signcrypt}}^{\mathrm{IND\text{-}CCA2}}(k) \\
&= \Pr[d=b]=1/2 \\
&= \Pr[d=b \wedge (\mathrm{A_{SK}G} \vee \mathrm{A_{SK}R})]+\Pr[d=b \wedge \neg(\mathrm{A_{SK}G} \vee \mathrm{A_{SK}R})]-1/2 \\
&= \Pr[d=b|(\mathrm{A_{SK}G} \vee \mathrm{A_{SK}R})]\cdot\Pr[\mathrm{A_{SK}G} \vee \mathrm{A_{SK}R}] \\
&\quad +\Pr[d=b|(\neg(\mathrm{A_{SK}G} \vee \mathrm{A_{SK}R})]\cdot\Pr[\neg(\mathrm{A_{SK}G} \vee \mathrm{A_{SK}R})]-1/2 \\
&\leqslant \Pr[\mathrm{A_{SK}G} \vee \mathrm{A_{SK}R}]+\Pr[\neg(\mathrm{A_{SK}G} \vee \mathrm{A_{SK}R})]/2-1/2 \\
&\leqslant \Pr[\mathrm{A_{SK}G} \vee \mathrm{A_{SK}R}] \\
&\leqslant \Pr[\mathrm{A_{SK}G}]+\Pr[\mathrm{A_{SK}R} \mid \neg \mathrm{A_{SK}G}] \\
&\leqslant \Pr[\mathrm{A_{SK}G}]+\frac{q_h}{2^{k_1}}
\end{aligned}
$$

最后一个不等式是因为如果 $\mathrm{A_{SK}G}$ 不发生，则攻击者得不到 r_1^* 的任何信息，从而 $\mathrm{A_{SK}R}$ 只能通过猜测发生。

如果 $\mathrm{A_{SK}G}$ 发生，则 c_1^* 的明文 r_1^* 必须出现在向 g 的询问中。对于向 g 提出的每个询问，可以运行确定的加密算法，从而找到给定 c_1^* 的明文。所以可以利用攻击者 A 来破坏加密方案（EncKeyGen，Encrypt，Decrypt）的 OW-CPA 安全性。在证明的最后，必须表明可以模拟攻击者 A 能访问的所有预言。为此设计一个模拟器 B，从攻击者 A 处接收到签名方案的私钥/公钥对 $(\mathrm{sk_S},\mathrm{pk_S})$，并为 B 提供加密方案的公钥 $\mathrm{pk_R}$，模拟器 B 的工作方式如下。

（1）为 B 提供一个（随机消息的）密文 c^*，用加密方案解密这个密文，再运行 A。

（2）当 B 从 A 处收到一对明文 m_0 和 m_1 时，令 $c_1^* \leftarrow c^*$，并随机选择 r_2^*，可以利用签名方案的私钥对其签名，得到 c_2^*。再将 (c_1^*,c_2^*) 作为 m_b（对某个比特 b）的密文发送出去。最后，攻击者 A 继续进行攻击，除非事件 $\mathrm{A_{SK}G}$ 发生，否则 A 将无法区分上述对挑战的模拟与真正的模拟，而事件 $\mathrm{A_{SK}G}$ 发生意味着加密方案的 OW-CPA 安全性破坏。

（3）在对 Unsigncrypt 进行模拟之前，首先解释如何处理 h 询问。事实上需要维护一个列表 Λ_h。对任意询问 $h(\mathrm{ID_S} \| \mathrm{ID_R} \| m \| r)$，预测签密：$H=h(\mathrm{ID_S} \| \mathrm{ID_R} \| m \| r)$，$a_0=H \| r$，$t_1=a_0+m \bmod p$，$t_2=a_0+2m \bmod p$，再令 $u_1=t_1 \oplus f(t_2)$，$u_2=t_2 \oplus g(u_1)$。

（4）由 A 向 Unsigncrypt 在 $\mathrm{pk_R}$ 下发出的任何调用可以利用随机预言的询问-应答对来模拟。事实上，对于询问 (c_1,c_2)，首先可以从 c_2 中得到 u_2，这要归功于签名方案的公钥（$u_2=\mathrm{Verify}(\mathrm{pk_S},c_2)$）。然后，从 Λ_h 中查找七元组 (m,r,H,u_1,u_2,t_1,t_2)。再检查是否有一个 u_1 确实可以用 $\mathrm{pk_R}$ 加密成为 c_1，这由加密方案的确定性保证。如果没有找到这样的七元组，则模拟器输出⊥，认为 (c_1,c_2) 是一个错误密文。否则，模拟器将 m 作为明文返回。

对于所有正确构造的密文（向 f 询问 $s_2 = t_2$，向 g 询问 $r_1 = u_2$ 以及向 h 询问 $(\mathrm{ID_S} \| \mathrm{ID_R^*} \| m \| r)$），模拟过程可以得到返回的明文。然而攻击者可能生成一个有效密文而不询问上述模拟中要求的 $h(\mathrm{ID_S} \| \mathrm{ID_R^*} \| m \| r)$。此时，模拟器可能不太完善。

首先，假设没有向 h 询问 $(\mathrm{ID_S} \| \mathrm{ID_R^*} \| m \| r)$ 的情形。

（1）如果 $(\mathrm{ID_S} \| \mathrm{ID_R^*} \| m \| r) \neq (\mathrm{ID_S^*} \| \mathrm{ID_R^*} \| m_b \| r^*)$（即挑战密文中涉及的元组），则 $H \leftarrow h(\mathrm{ID_S} \| \mathrm{ID_R^*} \| m \| r)$ 是完全随机的。$H \| r$ 等于 a_0 的概率小于 2^{-k_2}，所以此时不以 $\perp$ 作为正确应答的概率为 2^{-k_2}。

（2）对于 $(\mathrm{ID_S} \| \mathrm{ID_R^*} \| m \| r) = (\mathrm{ID_S^*} \| \mathrm{ID_R^*} \| m_b \| r^*)$ 的情况，由于生成 r_1 和 r_2 的过程是确定的，$r_1 = r_1^*$ 且 $r_2 = r_2^*$，对于挑战密文也是如此。注意到加密方案和签名方案都是确定的，从而有 $c_1 = c_1^*$ 及 $c_2 = c_2^*$，但这是不可能的。

因此，模拟过程错误地拒绝有效密文的概率小于 2^{-k_2}。

如果所有的解密模拟都是正确的（即事件 $\mathrm{B_{AD}D}$ 不发生），已经看到明文 c_1^*，以及 c^* 以极高的概率出现在向 g 的询问中，而由加密方案的确定性，这可以立即检测到，所以有

$$\Pr[\mathrm{A_{SK}G} | \neg \mathrm{B_{AD}D}] \geqslant \Pr[\mathrm{A_{SK}G}] - \Pr[\mathrm{B_{AD}D}] \geqslant \left(\varepsilon - \frac{q_h}{2^{k_1}}\right) - \frac{q_{\mathrm{usc}}}{2^{k_2}}$$

第Ⅳ部分

签密的扩展

第 10 章 基于身份的签密

Xavier Boyen

10.1 引 言

Shamir[177]提出了基于身份（IB）密码体制的概念，它区别于传统公钥密码中基于复杂目录、证书和撤销列表的体制，是公钥密码体制的特例。

在传统公钥（非对称密钥）密码体制模型中，必须使用一些机制将特定的公钥和相应用户绑定。通常在这些机制中包含一个可信的证书认证机构（CA），CA 主要用来为用户生成证书，作为对用户公钥和他（她）真实姓名相对应的签名。上述系统称为公钥基础设施（PKI），一个恰当的比喻就是给一个电话本加上来自电话认证中心的可信印章。

基于身份的密码体制的不同点在于其可以使用任意字符串作为用户公钥，甚至可以使用用户的真实姓名。正因为如此，在基于身份的系统中可以实现自动目录查询，而不需要代价昂贵的认证和发布公钥的步骤。虽然根据公开信息，任何人都能计算出相应公钥，但是相应私钥只能由一个称为私钥生成中心（PKG）的可信中心生成。PKG 拥有系统主私钥，能计算出基于身份的系统中任意用户的私钥。可以把基于身份密码系统中的 PKG 看成传统 PKI 系统中的 CA。

10.1.1 基于身份密码体制

在 Shamir 最初的设想中，基于身份的密码体制就是为了签名和加密而设计的。虽然利用当时的技术就能设计出基于身份的签名方案，但是很长一段时间以后人们才找到方法实现了基于身份的加密[45, 46]。在以上两种类型的方案中，用户都是亲自或者通过一个安全信道与 PKG 进行交互认证，来获得他们的私钥的。这些密钥将可能以下面的方式使用。

（1）基于身份的签名（IBS），对于签名，用户可以使用他的私钥来生成基于身份的签名：这些签名只可以利用基于身份系统中的公开参数来验证，且签名不需要相应的证书链就能和签名者的姓名直接绑定。

（2）基于身份的加密（IBE），在加密情形下，接收者可以用私钥来解密任意用他的姓名（和基于身份系统中的公开参数）加密的消息：发送者在生成密文时不需要查找接收者的公钥，甚至接收者都不需要知道他的私钥。

注意到在实际的执行中，基于身份的签名和加密中密钥不兼容，很容易进行区分。但是它们进行密钥生成的过程在原理上是一致的。

许多对 Shamir 模型的改进在近几年提出。在密钥生成方面，Boneh 和 Franklin[45, 46]通过对用户姓名增加时效性来对用户密钥进行更频繁的更新，达到减少或者消除用户密钥撤销列表的需求，以此实现对用户密钥操作的灵活性。另一个改进是将基于身份的签名和基于身份的加密组合成一个基于身份的签密[51]，能同时提高性能和安全性。

基于身份的签密（IBSC）：假设在由相同 PKG 管理的一般基于身份的系统中，存在两个通信方 Alice 和 Bob，且他们的姓名唯一。Alice 用她的私钥签密一个消息并发送给接收者 Bob。Bob 利用自己的私钥则可以解密这个密文并验证这个密文是否由 Alice 生成。

基于身份的签密最大的优势在于其可以更好地利用这个功能来同时实现更多附加的安全性能。例如，Bob 可能希望在解密过程中获得对明文的签名而不影响加密部分，这就要求解签密操作能够分成独立的解密和验证算法（称这样的 IBSC 方案为一个两层或可分离的 IBSC 方案）。此外，经常要保证通信的匿名性，也就是说外部用户不能从签密通信中获得通信方的身份信息。

读者在第 5 章中会发现，在基于身份签密方案和特定基于双线性对的非基于身份签密方案之间，安全性质具有很多相似之处。在 10.1.2 小节中将对基于身份密码体制的具体特征进行论述。

10.1.2　优势与劣势分析

基于身份的密码系统在许多方面与相应的 PKI 部分有本质的不同。在把注意力转移到基于身份的签密之前，对基于身份密码中私钥生成的含义进行回顾变得很有必要。通过对 Paterson 和 Price[157]文章的研究，也有助于深入研究基于身份密码的优势和劣势。

1. 布署的简单化

和传统公钥密码体制相比，基于身份密码体制最大的优势在于发送者进行安全通信前不需要事先获得接收者的认证公钥。由于 PKG 可以根据需要随时对丢失的密钥重新生成，因此接收者也不需要在首次通信前生成密钥或者从客户端获取密钥。最终减少了各个实体间的交互次数，同时对密钥的管理也变得更加简单，这在用户方面表现得更加明显。

2. 终止与撤销

基于身份的密码在简化密钥管理的同时，也付出了相应的代价，即密码系统中的妥协和撤销问题变得更加简单与多样。和传统 PKI 中维护的永久密钥与撤销列表不同，在基于身份的密码体制中经常回避明确的撤销操作而生成存活周期较短的临时密钥，来保证在任何妥协行为之后密钥立即自动失效。Boneh 和 Franklin[45, 46]提出对所有静止的身份附加一个基于时间的部分，如从预定时间开始的几个星期内有效。这样如果想移除一个用户，PKG 直接停止继续发布她的私钥就行了。这种采取折中办法生成密钥的方法在基于身份的密码系统中比较常见，但由于传统 PKI 系统中密钥生成和证书操作的复杂度较高，因此其在 PKI 系统中并不实用。

建议把一个基于时间的普通的部分附加到所有的静态的身份上，如从过去某一个确定的时间算起的星期数。为了撤销一个用户，PKG 将简单地停止分发他的新密钥。这种用折中存在的密钥的方法与 IB 系统的实际情况相符，由于 PKE 密钥生成和验证过程更复杂所以与传统的 PKI 不符。除非撤销必须在比任何基于身份的密钥实际允许的使用期限要短的时间内出现，否则折中大小的密钥还是非常实用的，且消除了撤销列表。

撤销列表与基于身份的模型是正交的，同时在需要的时候还可以和基于身份的密码体制进行结合。同时，可以产生的一个优势是在 PKG 层次上对撤销列表进行集中处理，而不是分散到网络用户。这同时对撤销的用户的列表不需要进行公开。

3. 签名的简洁性

由于基于身份的签名在功能上与普通的基于根 CA 的全证书链 PKI 签名相同，所以对签名来说基于身份的密码的优势不那么明显；主要的不同在于，和基于身份的签名相比，证书链占用了更多空间。基于身份签名的一个优点就在于其简洁性。假如能实现在签密文中包括加密部分和一个常规的对明文的基于身份的签名，则这个简洁性同样适用于基于身份的签密。

在基于身份的加密系统已经使用的情况下，基于身份的签名同样非常有用，且它们可以共享密钥和基础设施。因此在基于身份的签密背景下，很自然地去探索对签名和加密功能中相同密钥和基础设施的重用。

4. 信任集中

基于身份的密码的主要缺点来自对 PKG 的高度信任，即至少与传统模型中对 CA 的信任程度一样。事实上，一个不可信的 PKG 能够以系统中任何用户的名义伪造签名，同时能够对任何用户的秘密通信进行解密。它们的不同之处在于，在一个 PKI 系统中 CA 的信任滥用可以被受害方发现，而在基于身份的密码系统中恶意 PKG 的信任滥用被发现的可能性很低。

PKG 权限过高是基于身份的密码系统中唯一的缺点，但是通过利用在文献[45]和文献[46]中描述的门限技术，可以将系统密钥分发给多个独立认证机构授权的 PKG，来部分缓解这一问题。此外，通过建立一个周期性变换公共参数的策略可以减少由 PKG 妥协带来损害的程度，将所有过期的主密钥从系统中永久清除也可以有效限制任意基于身份的密钥发放的间隔。

5. 匹配证明

与基于身份密码相比，公钥基础设施的一个潜在好处是在公钥认证过程中，注册用户需要提交一个它与相应密钥匹配的证明和正确的认证证书，否则其安全性就无法保证。而在基于身份的密钥提取中没有类似的操作，因此可能会在以后产生一些安全问题。

6. 强制密钥托管

采用 PKG 分发密钥带来的一个直接后果就是 PKG 实际上是在执行强制密钥托管。假如系统中的用户都是维护自身利益的个体，那么强制密钥托管在这种情况下并不适用。而在一些其他的应用环境中强制密钥托管的方式则非常有用，如在公司环境下或者任何密钥持有者都是一个大机构中成员的时候：这时 PKG 就变成一个容易管理、很难破坏的密钥托管系统中心，保证了员工在不用提交他们密钥的情况下管理中心可以实现对密文的连续解密。实际上，这在加密中的应用比在签名中更广泛。

10.1.3　从 IBE 到签密

虽然基于身份的密码可以追溯到 1984 年[177]，但也只是基于传统代数中的混合 RSA 群构建了一个 IB 签名方案。直到 2000 年和 2001 年，实用的基于身份加密（IBE）的方案才构造出来。其中，Cocks[64]构造的方案是基于传统混合 RSA 群里的二次剩余问题。

Sakai 等[171]以及 Boneh 和 Franklin[45, 46]基于特定椭圆曲线上的双线性对概念（第 5 章）分别独立提出了构造更高效方案的方法。其中 Boneh 和 Franklin[45, 46]首次给出了严格的 IBE 安全模型并基于定义的安全模型证明了所提方案的安全性。而 Sakai 等[171]的工作则描述为利用 Boneh-Frankllin 系统中生成公钥和私钥的方法来设计出一个密钥交换协议更为合适。它们的区别在于密钥协议中需要通信双方的私钥，即通信双方都需要先在系统中注册。

对的应用最早出现在密码学中，第一次是在对特定椭圆曲线 MOV 攻击[138]的密码分析中，随后是在多方密钥交换协议[109]的密码构造中。同样，虽然 IBS 很早就已经实现，但人们很快认识到对方法同样为构造更加简单和高效的 IBS 系统打开了一扇大门。第一批也是最有影响力的基于对的 IBS 方案包括 Paterson 方案[156]、Hess 方案[96]以及 Cha 和 Cheon 方案[57]。

1. IBE 和 IBS 的结合

通过上述研究，一个自然的问题就是怎样把 IBS 或者认证性和 IBE 结合起来。一个最直接的方法是从任意最基础的 IBE 和 IBS 出发，借助第 2 章中讨论过的类似黑盒子的组合方法，给两种功能分别提供单独的密钥并保证功能的独立性。而这必须建立在一个假设的基础上，即将两种功能的结合不影响基于身份的密码系统的安全性。

然而首个真正的高效 IBSC 系统的构造并不具有一般性。其中包括一个密钥认证协议[59]、一个 IBE 认证方案[127]和两个拥有不同安全特性的基于身份的签密方案[129, 122]。这种组合系统往往比使用黑盒子组合技术的方案更加高效。

2. 不同的基于身份的范例

近几年有多种利用对来实现 IBE 的方法，其中有些相互之间能提供完全不同的特性和应用场景。这里采用文献[52]中的术语。

基于身份的全域散列系统的代表是著名的原始 Boneh-Franklin 方案及其衍生方案。这类方案有许多优点，如原理简单、执行方便。但他们最主要的缺点是不可避免地都要使用随机预言机模型，因此降低了安全性。采用混淆盲化的密码系统是目前数量最多的一类，可以追溯到 Boneh 和 Boyen[41]提出的第一个 IBE 方案（称为 BB1)。这种方法虽然更加复杂，但是更加高效且使用时更加灵活，已扩展到支持并行分层[43]、属性[93]和通配符[3]方面。采用指数逆的密码系统也比较常见，将其最早应用在随机预言机模型下的是 Sakai-Kasahara[170]方案，而在标准模型下则是第二个 Boneh-Boyen[41]方案（简称 BB2)。采用这种方法的方案一般非常高效，但是需要基于更强的复杂性假设，因此衍生较少[52]。Gentry[88]紧凑的 IBE 方案就是属于这一类。

然而在过去五年中，基于身份密码体制中用的最多的是混淆的方法，大多数的 IBSC 方案仍然沿用原始的全域哈希架构（可能是因为其支持非常简洁方便的 IBS 功能)。基于上述原因，在这里讨论的具体 IBSC 方案都是基于 Boneh-Franklin 的全域哈希方法。

10.1.4 IBSC 系统的具体说明

本章研究如何在保证较好安全特性的前提下，采取实用安全的方式把 IBE 和 IBS 整合成一个统一的 IBSC 系统。事实上，对签名和加密使用相同的 IB 基础设施具有很好的实际意义，但是要达到高效的目的还需要采取一定的措施。

到目前为止主要总结了 IBE 和 IBS 的相同点，并详尽阐述了利用共享基础设施的方法来实现双重功能的 IBSC 方案。一方面，一个基于共享基础设施的统一系统应该能够具有更高的效率。另一方面，由于不同系统使用相同参数和密钥往往会产生安全问题，因此必须保证组合后方案的安全性。这里必须考虑的问题可以归纳如下。

（1）在共享基础设施、参数和密钥的情况下，将 IBE 和 IBS 相结合是不是更实用，是不是比使用黑盒子的构建方法更高效？

（2）怎样采用安全的方式完成这种结合？

（3）通过结合能够得到怎样的安全特性？

将从两方面来解决这些问题，首先定义一个严格的 IBSC 安全模型，然后通过对实际方案构造的研究来完善这个安全模型。这里的模型定义和方案构造都是借鉴 Boyen 方案[51]。

1. IBSC 的安全模型

根据文献[51]，定义了一个任何统一的 IBSC 系统都应该满足的五维安全模型。其中最关键的是必须抓住在公钥密码学中能普遍接受的严格安全性定义，对 IBSC 来说包括：在适应性选择密文攻击下的不可区分性和选择明文攻击下对签名的不可伪造性。在这两种情况下都考虑在“内部”攻击者攻击下的情况（第 2 章和第 3 章）。此外，对 IBSC 提出了三个新的安全性需求：密文认证、匿名性和不可链接性。虽然和传统定义有区别，但是在实际应用中非常有必要。上述安全性定义，能够向合法接收者证明密文满足认证性，同时能对窃听者和中间攻击者隐藏发送方与接收方（对非基于身份签密的相关定义详见第 5 章）。

2. 双层可分离 IBSC 设计

建立系统模型后，构建一个相应的双层 IBSC 方案。方案包括一个内部的随机 IBS 部分，然后通过重用内层的随机性，将一个简化的确定性 IBE 嫁接到 IBS，这也是最重要的部分。这样能得到一个比 IBE 和 IBS 简单组合更加简洁的密文。这种双层设计也可将密文与加密分开，从而实现对任何人都可验证的解密消息进行签名。同样，双层设计也非常适合对相同消息的多接收方加密情形，这是因为这种确定接收方的加密头信息可以分成签名部分和发给多个接收者间的大量消息加密。

此外，最近文献[37]提出了一种构建“混合”签密方案简单高效的方法，基于 tag-KEM，即带标签的密钥封装机制来实现（第 7 章）。

10.1.5　基于对的具体 IBSC

为了更加具体化，在本节的最后对 Boyen[51]的 IBSC 构建方法进行研究，方案利用双线性对的性质实现了可分离的签名和加密的结合。文献[52]则是基于 Boneh 和 Franklin 的基于身份全域哈希的方法，并且基于随机预言机模型[29]中的双线性 Diffie-Hellman（BDH）假设[45，46]证明了方案的安全性。选择这个方案是因为它满足 IBSC 最强和最有用的安全性定义。方案的构建基于 Boneh-Franklin IBE[45，46]和 Cha-Cheon IBS[57]，但是取得了比两者简单组合更好的效果。

注意到 Chen 和 Malone-Lee[60]后来提出了一个对 Boyen 方案[51]的变形，方案虽然在效率上有所提高，但是去掉了原方案中的一些安全性质，这也是为什么要关注原方案。近几年同样有许多 IBSC 方案提出[18，122，129，136，145，170]。这些方案中有些甚至比前面提到的两个方案更加高效，但都是以牺牲其中一个或者几个重要安全性质为代价的。

10.2　基于身份的签密模型

一个基于身份的签密方案（IBSC）由四个算法构成：Setup、Extract、Signcrypt 和 Unsigncrypt。在一个签名可分离的（双层）IBSC 中，签密/解签密算法可以表示为相应的子程序：Signcrypt=Encrypt ∘ Sign，Unsigncrypt=Verify ∘ Decrypt。

总体来说，Setup 算法生成随机的公共参数和系统主密钥；Extract 算法根据给定的公开身份串生成相应的用户私钥；Signcrypt 算法根据给定的消息和密钥生成签名，然后根据给定的接收者身份加密签名消息（注意这里加密过程可能需要签名作为输入）；Decrypt 算法利用给定的私钥解密密文；Verify 算法根据一个给定的消息和身份来检查签名的合法性。其中消息是一个任意长度的字符串 $\{0,1\}^*$。

把 Signcrypt 分解成 Sign 和 Encrypt 很实用，即使后者只能在前者的输出之后才能执行。实际上当对高效的多接收方签密进行研究时，也需要基于这样较小的粒度。一个基本的 IBSC 方案的功能函数如下。

（1）Setup(1^k)：输入安全参数 1^k，生成密钥对(msk, mpk)（这里 msk 是一个随机生成的系统主密钥，mpk 是相应的系统公开参数）。

（2）Extract(mpk, msk, ID)：当输入 ID 时，计算私钥 sk（在系统密钥(msk, mpk)下和身份 ID 对应）。

（3）Signcrypt(mpk, $\mathrm{ID_S}$, $\mathrm{ID_R}$, $\mathrm{sk_S}$, m)：可分为如下连续的步骤。

① Sign(mpk, $\mathrm{ID_S}$, $\mathrm{sk_S}$, m)：输入($\mathrm{ID_S}$, $\mathrm{sk_S}$, m)，输出一个签名 s（利用 $\mathrm{sk_S}$ 和 mpk 得到）和一些临时的状态信息 r。

② Encrypt(mpk, $\mathrm{ID_R}$, $\mathrm{sk_S}$, m, s, r): 输入($\mathrm{ID_R}$, $\mathrm{sk_S}$, m, s, r)输出一个匿名的密文 C(包括已用 mpk 签名且需要加密后发送给身份 $\mathrm{ID_R}$ 的消息(m, s))。

（4）Unsigncrypt(mpk, $\mathrm{sk_R}$, $\hat{C}$)：可分为如下连续的步骤。

① Decrypt(mpk, $\mathrm{sk_R}$, $\hat{C}$)：当输入 $(\mathrm{sk_R}, \hat{C})$ 时，输出一个三元组 $(\hat{\mathrm{ID}}_\mathrm{S}, \hat{m}, \hat{s})$（即包括发送方身份和利用 mpk 及私钥 $\mathrm{sk_R}$ 解密得到的消息）。

② Verify $(\mathrm{mpk}, \mathrm{ID_S}, \hat{m}, \hat{s})$：当输入 $(\hat{\mathrm{ID}}_\mathrm{S}, \hat{m}, \hat{s})$ 时，输出⊤来表示“正确”或者⊥来表示“错误”（用来表明 $\hat{s}$ 在参数 mpk 下是否为身份 $\hat{\mathrm{ID}}_\mathrm{S}$ 对消息 $\hat{m}$ 的一个合法签名）。

如前所述，可以把 Signcrypt 部分分成具有单独功能的 Sign 和 Encrypt 的组合，因为它们的目的都是统一的。然而，同样可以坚持把 Unsigncrypt 功能看成 Decrypt 和 Verify 算法的组合。进行分开处理很有必要，这样可以实现在不需要接收方解密密钥的情况下任何第三方都能对明文消息的正确性进行验证。将解签密部分分成两部分可以实现生成一个与接收方没有联系的中间解密消息和签名对，这样任何人都能对其合法性进行验证。当然，如果这两个步骤需要按照固定的步骤执行的话，则把它看成一个单独的 Unsigncrypt 功能。

对其一致性的定义如下。

定义 10.1　生成主密钥和公共参数 $(\mathrm{msk}, \mathrm{mpk}) \xleftarrow{R} \mathrm{Setup}(1^k)$，对任意身份 $\mathrm{ID_S}$ 和 $\mathrm{ID_R}$，生成相应私钥 $\mathrm{sk_S} \xleftarrow{R} \mathrm{Extract}(\mathrm{mpk}, \mathrm{msk}, \mathrm{ID_S})$ 和 $\mathrm{sk_R} \xleftarrow{R} \mathrm{Extract}(\mathrm{mpk}, \mathrm{msk}, \mathrm{ID_R})$，称为满足一致性，即对任意 $m \in \{0,1\}^*$，满足：

$$\left.\begin{array}{l}(s, r) \xleftarrow{R} \mathrm{Sign}(\mathrm{mpk}, \mathrm{IDs}, \mathrm{sk_S}, m) \\ C \xleftarrow{R} \mathrm{Excrypt}(\mathrm{mpk}, \mathrm{ID_R}, \mathrm{sk_S}, m, s, r) \\ (\hat{\mathrm{ID}}_\mathrm{S}, \hat{m}, \hat{s}) \leftarrow \mathrm{Decrypt}(\mathrm{mpk}, \mathrm{sk_R}, \hat{C})\end{array}\right\} \Rightarrow \begin{array}{l}\hat{\mathrm{ID}}_\mathrm{S} = \mathrm{ID_S} \\ \hat{m} = m \\ \mathrm{Verify}(\mathrm{mpk}, \mathrm{ID_S}, \hat{m}, \hat{s}) = \top\end{array}$$

在理解了上下文的基础上，在以后描述中省略参数 mpk 和 msk。

1. 签名和加密的身份角色

为了减少 PKG 生成的密钥数量，重复使用根据用户身份生成相应的私钥，即当用户为签名者时，可以作为签名密钥，当用户为接收者时，可以作为解密密钥。这和单密钥签密的概念一致（第 3 章）。但与双密钥签密相比，这种方法也可能使安全性证明变得更加复杂。此外，在技术角度上也需要禁止同一个用户在同一个密文中同时扮演发送者和接收者的角色，这是非自反性的需求。

如果因为某些原因，在一个满足非自反性的单密钥系统里“给自己签密”的功能很需要，那么每个人都可以通过在签密中用自己的身份给自己发送消息来实现。即对每一个用户附加的“自己的”身份都可以执行。一个不太经济的方法是把一个身份同时作为签名身份和解密身份，这实际上是把单密钥系统降级为一个双密钥系统，而且要付出提取和保存私钥的数量翻倍的代价。

2. 标记规定

在后面的章节中，默认讨论单密钥签密，为了表述更加简洁，根据习惯，用符号“S”代表发送方，“R”代表接收方。

10.3 安全性定义

下面给出身份基签密的一些安全性定义。

1. 基本性质

对于 IBSC 系统，首先给出的安全性定义是机密性和不可否认性（以前称为认证性）。根据第 2 章的分类方法，对两种安全性都考虑最强的攻击者情形，也就是除了被攻击身份的私钥外其他身份的私钥都能获得的内部攻击者情形。

更精确地说，当对消息机密性定义时，假设攻击者可以获得除目标接收者外任何身份的私钥，同时攻击者可以利用随机预言机解密除挑战签密文外的任意合法签密文，这在第 2 章中称为内部选择密文攻击。

当定义签名的不可否认性时，相应的假设伪造者能够获得除了签名者外任何身份的私钥，同时伪造者可以利用随机预言机签名和加密除了挑战消息外的任意消息，这在第 2 章中称为内部选择消息存在性伪造攻击。

2. 次要性质

后面还给出了补充定义，如密文正确性和密文不可链接性等，允许合法接收方秘密确定他确实是特定密文的真正接收方，而不需要向第三方证明。这个性质非常重要，因为消息（和一般生成的可证明签名）不需要表明谁是真正的接收方；只有密文才明确表明是被一个确定身份加密的。将密文的认证性、不可链接性、不可否认性和机密性结合起来并不是没有实际应用价值的，如指出 IBSC 文献中提出的大部分方案都没有同时满足四个特征。其中密文正确性是在 Lynn[127]的认证性 IBE 中提出的，而密文不可链接性则是由 Boyen[51]定义的。

另外一个重要的特性是密文匿名性[51]，就是在没有接收方私钥的情况下，任何第三方都不能得到密文由谁生成，将要发给谁。至于机密性，能够定义抗内部攻击的匿名性，也就是攻击者能够得到发送者的签名密钥，这也是一个应该考虑的问题。这里指出，匿名性只需要保证 IBSC 密码抵抗攻击的安全性；实际上从发送方到接收方的密文传输机制的安全性也同样重要，如对通信网络的通信分析攻击。密文匿名性最近已经成为 IBE 其他方面的一个研究热点，如文献[1]、文献[44]和文献[53]中所述。

3. 省略的性质

IBSC 方案的一些附加性质也提了出来，这些性质大多是多余的或者与前面的性质冲突，所以不进行详细定义。

一个多余的特性就是前向安全性，其在 IBSC 系统中的应用首先由 Libert 和 Quisquater[122]及 Nalla 和 Reddy[145]提出，随后 McCullagh 和 Barreto[136]给出了正式定义。所有这些文章中对前向安全性的定义都是利用 IBSC 的密文恢复明文具有不可行性，即使在知道发送方私钥的情况下也无法恢复明文。由于这个性质从本质上讲是第 2 章中对内部攻击下语义安全的定义，所以这里不对其进行详细介绍。

一个已提出的不兼容的性质就是可转移验证，如 Libert、Quisquater[122]及 McCullagh、Barreto[136]给出的研究。可转移验证要求除了解密出的消息，包括密文本身也能够在不知道明文消息的弱正确性下满足可公开验证。可转移验证性能确保包括第三方在内的任何人能够确定密文的生成者（而不是其内容或者预定的接收者身份）。①

可转移验证的主要缺点是其违背了对保密性的需求，即发送方不得不将自己的身份广播给每一个人，且不可否认，这就和密文的不可链接性发生冲突。因此可转移验证性从安全性角度来说是不需要的，当然只有通过对它的分支进行深入研究才能接受这一观点。

4. IBSC 安全性定义总结

研究的五个 IBSC 安全特性如下。

（1）内部消息的机密性（10.3.1 小节）：即使发送方的密钥泄露，也要保证在任何攻击下通信消息的保密性或者语义安全性，这就是指前向安全性。

（2）内部签名的不可否认性（10.3.2 小节）：保证签名者签名的消息满足普遍的可验证性。即使合法接收方的密钥泄露，签名和签名者的绑定关系仍然不被破坏。同样，不可否认性也指消息的正确性和完整性。

① 注意到在 Zheng[203, 204]中学到的三个一般的签密方法中，“先加密后签名”（EtS）表示可转移验证，“先签名后加密”（StE）对其进行禁止，“加密和签名”（E&S）可以用其他的方法。

（3）密文不可链接性（10.3.3 小节）：即使他/她跟任何有效的签名消息有关，也允许发送方否认给任何接收方生成过密文。换句话说，发送方可以声称她签名过的消息是给另一个接收方的重加密消息。

（4）密文正确性（10.3.4 小节）：只向合法的接收方保证密文和签名消息是由同一个实体产生。这个性质也暗含了密文的完整性，特别是使接收方能确定通信过程自始至终是安全的，没有在中途进行重加密操作。

（5）内部密文匿名性（10.3.5 小节）：对任何没有正确解密密钥的人来说，密文都具有匿名性（隐藏发送方和接收方的身份）。即使发送方的签名密钥泄露，上述性质仍然成立。

这些特征（包括累赘的前向安全）在 Boyen[51]的 IBSC 构建中首先整合在一起。随后，Chen 和 MaloneLee[60]通过牺牲密文不可链接性使方案在计算上更加高效。

10.3.1　消息的机密性

消息在抗自适应选择密文攻击下的机密性定义为下面的挑战者和攻击者游戏。把签名和加密整合成一个具有双重功能的预言机，允许加密能够从签名算法中获得临时随机状态数据 r。攻击者可以访问解密预言机，和一般的解签密预言机仅返回消息不同，这里的解密预言机可以同时返回消息和签名。

（1）系统建立：输入安全参数 k，挑战者运行 Setup 算法，输出公共参数 mpk 并发送给攻击者，将密钥 msk 保密。

（2）第一阶段：攻击者采用适应性的方式向挑战者提出一系列询问（也就是说，一次提出一个询问，但是知道前一次询问的返回结果）。可以进行如下询问。

① 签密询问：攻击者对一个消息和两个不同的身份提出签密询问，返回一个用第一个身份签名、加密给第二个身份的密文。

② 解密询问：攻击者对密文和一个身份提出解密询问，当①解密消息的发送方身份和特定接收者身份不同时；②签名的验证条件 $\text{Verify} = \top$ 成立时，返回发送者身份、解密后的消息和一个合法签名。否则，预言机对特定接收方返回密文无效。

③ 密钥提取询问：攻击者对其选择的任意身份提出密钥生成询问，得到相应的私钥。

（3）选择阶段：攻击者给出两个等长的不同消息 m_0 和 m_1，和要挑战的签名者身份 ID_S 及接收者身份 ID_R，要求攻击者没有对 ID_R 进行过私钥提取询问。

（4）挑战阶段：挑战者选择 $B \xleftarrow{R} \{0,1\}$，计算 $\text{sk}_\text{S} \xleftarrow{R} \text{Extract}(\text{ID}_\text{S})$，$(s,r) \xleftarrow{R} \text{sign}(\text{ID}_\text{S}, \text{sk}_\text{S}, m_b)$，$C^* \xleftarrow{R} \text{Encrypt}(\text{ID}_\text{R}, \text{sk}_\text{S}, m_b, s, r)$，将密文 C^* 返回给攻击者。

（5）第二阶段：攻击者自适应地进行多项式次数的签密、解密和密钥提取询问，要求不能对身份 ID_R 进行私钥提取询问，没有对密文 C^* 进行解密询问。

（6）结果：攻击者返回一个猜测 $\hat{b} \in \{0,1\}$，如果 $\hat{b} = b$ 则攻击者获胜。

这里需要强调的就是，攻击者可以得到签名身份的相应私钥 sk_S。这就是对机密性内部安全的定义，又称前向安全性。

这个游戏与在文献[45]和文献[46]中对 IND-IN-CCA 攻击的定义非常相似，称为 IND-IBSC-CCA 攻击。

定义 10.2 一个基于身份的签密（IBSC）方案称为是抗适应性选择密文内部攻击下语义安全的，或 IND-IBSC-CCA 安全的，如果没有多项式时间内的攻击者能以一个不可忽略的优势赢得以上定义的游戏。也就是说在安全参数 k 下，一个多项式时间内的 IND-IBSC-CCA 攻击者 A 获胜的优势 $\mathrm{Adv}_A(k)=\left|\Pr[\hat{b}=b]-\frac{1}{2}\right|$ 是可忽略的。

在定义模型中，即使 Decrypt 算法没有明确指出，在解密之前也需要对密文的有效性进行验证。这种规定并没有削弱模型的安全性，因为验证函数是公开的且支持更强的安全性结论。同样，规定预言机满足非反射性的需要，如拒绝生成或者解密发送给发送方的密文。

10.3.2 签名的不可否认性

签名的不可否认性一般定义为以下挑战者和攻击者之间的游戏。

（1）系统建立：输入安全参数 k，挑战者运行 Setup 算法，输出公共参数 mpk 并发送给攻击者，把密钥 msk 保密。

（2）询问阶段：攻击者可以自适应地和重复地进行如 10.3.1 小节机密性游戏中一系列相同的询问，也就是签密询问、解密询问和私钥提取询问。

（3）伪造阶段：攻击者返回一个接收方身份 $\mathrm{ID_R}$ 和密文 C。

（4）输出：称攻击者赢得游戏，如果能用 $\mathrm{ID_R}$ 的私钥对密文进行解密，对 $\mathrm{ID_S}\neq\mathrm{ID_R}$，签名消息 $(\mathrm{ID_S},\hat{m},\hat{s})$ 满足 $\mathrm{Verify}(\mathrm{ID_S},\hat{m},\hat{s})=\top$。这里要求（1）没有对 $\mathrm{ID_S}$ 进行过私钥提取询问，（2）没有对 $(\mathrm{ID_S},\hat{m})$ 进行过签密询问，利用接收者 $\mathrm{ID_{R'}}$ 的私钥对密文 C' 能得到伪造签名 $(\mathrm{ID_S},\hat{m},\hat{s})$。

这里的模型和一般的抗选择消息存在性不可伪造攻击[163]定义非常相似，称为 sUF-IBSC-CMA 攻击。

定义 10.3 一个 IBSC 方案称为抗内部选择消息的签名存在性不可伪造攻击，或是 sUF-IBSC-CMA 安全的，如果没有概率多项式时间内的攻击者在上述伪造游戏中具有不可忽略的优势。也就是说，在安全参数 k 下，一个多项式时间内的 sUF-IBSC-CMA 攻击者 A 获胜的优势 $\mathrm{Adv}_A(k)=\Pr[\mathrm{Verify}(\mathrm{mpk},\mathrm{ID_S},\hat{m},\hat{s})]=\top$ 是可忽略的。

在上述定义中，攻击者能够获得伪造消息接收方 $\mathrm{ID_R}$ 的私钥 sk_R，这和正确性中的内部安全性需求（第 2 章和第 3 章）相对应。但有一个重要的不同点：在第 2 章和第 3 章中，对密文仅考虑不可伪造性和不可否认性，这在含有“解签密”函数的签密模型定义中是一个明智的选择。这里对解密和验证步骤进行具体说明，在 sUF-

IBSC-CMA 安全定义中对解密消息和签名考虑不可否认性，同时不影响密文的不可链接性（10.3.3 小节）。

10.3.3 密文不可链接性

密文不可链接性使得即使用接收者 Bob 的私钥对密文解密后含有发送者 Alice 的签名，Alice 也可以对向 Bob 发送过密文进行否认。也就是说，签名只是对明文发送者身份的证明，而不能证明密文是由签名者发送给特定接收方的。

密文不可链接性具有很多适用性，例如，发送者 Alice 可以在一个敌对区域中进行信息隐蔽通信，但是能隐藏任何通信的细节，如特定的渠道、方法、位置或者通信时间，以防在随后的法律调查中对自己的资源造成损害。当与 10.4.4 小节中的多接收方技术相结合时，密文不可链接性也允许密文发送者将密文复制后发给所有接收者，但是没有人可以证明这些复制密文确实由发送方产生。

对这个性质没有给出正式的试验，但一个有说服力的例子就是给定一个 Alice 对明文的签名，任何人都可以利用签名伪造一个发送给自己的签密密文，其效果和由 Alice 签密后发送给他的密文一样。

定义 10.4　一个 IBSC 方案称为具有密文不可链接性，如果存在一个多项式时间算法 EncryptToSelf，当给定一个基于身份签名消息 (ID_S, m, s)，满足 $\text{Verify}(ID_S, m, s) = \top$，和私钥 $d_R \xleftarrow{R} \text{Extract}(ID_R)$，算法能生成一个密文 C，和真正由 ID_S 发往 ID_R 的对消息 (m, s) 的加密密文计算性不可区分。

就像前面提到的，密文不可链接性解释了为什么在 10.3.2 小节定义对（明文）签名的不可伪造性，而不是像第 2 章和第 3 章中讨论的一般签密模型中对密文不可伪造性的定义。事实上，如果密文本身是不可伪造的，那么它就不具有不可链接性。

需要注意的是，密文不可链接性只有在像本节讨论的可分离签密模型中才有意义，在 Malone-Lee[129]、Libert 和 Quisquater[122]使用的 Zheng[203, 204]模型中则不适用。当然，如果部分密文本身需要对明文的正确性进行验证，则只要接收方要求公开签名的有效性，那么密文的不可区分性就丧失了。密文的不可链接性在统一的签密模型中是不能达到的。

10.3.4 密文正确性

在某种意义上，密文正确性是对密文不可链接性的补充。然而，不可链接性要求接收方不能向第三方证明密文的原始发送方，正确性则允许接收方确定密文确实来自 Alice，但是无法向其他人证明。从技术上讲，定义密文正确性是为了使合法接收方能够根据得到的签名消息确定密文的发送方。

密文正确性的一个有效应用就是能使接收方确信在整个传输过程中，密文始终处于加密状态（因为如果在传输过程中密文重加密，则不能通过验证）。特别地，在这个模型中一个正确认证的密文，不会存在中间拦截攻击。对密文的正确性定义游戏如下。

（1）系统建立：输入安全参数 k，挑战者运行 Setup 算法，输出公共参数 mpk 并发送给攻击者，把密钥 msk 保密。

（2）询问阶段：攻击者可以自适应地和重复地进行如 10.3.1 小节机密性游戏中一系列相同的询问，也就是签密询问、解密询问和私钥提取询问。

（3）伪造阶段：攻击者返回一个接收方身份 $\mathrm{ID_R}$ 和密文 C。

（4）输出：称攻击者赢得游戏，如果能用 $\mathrm{ID_R}$ 的私钥对密文进行解密，对 $\mathrm{ID_S}\neq\mathrm{ID_R}$，签名消息 $(\mathrm{ID_S},\hat{m},\hat{s})$ 满足 $\mathrm{Verify}(\mathrm{ID_S},\hat{m},\hat{s})=\top$。这里要求：①没有对 $\mathrm{ID_S}$ 或 $\mathrm{ID_R}$ 进行过私钥提取询问；②密文 C 不是对发送者 $\mathrm{ID_S}$ 到接收者 $\mathrm{ID_R}$ 签密询问的返回结果。

上述定义的安全模型，在密文正确性上考虑的是“外部”安全的情况，而对签名的不可否认性定义中需要签名密文的内部安全性。把上述攻击模型称为 AUTH-IBSC-CMA 攻击。

定义 10.5　一个 IBSC 方案称为具有抗选择消息外部攻击的密文存在不可伪造性，或是 AUTH-IBSC-CMA 安全的，如果没有随机多项式时间的攻击者在前面的游戏中具有一个不可忽略的优势获胜。也就是说，在安全参数 k 下，每一个随机多项式时间的 sUF-IBSC-CMA 攻击者获胜的优势 $\mathrm{Adv}_A(k)=\Pr[\mathrm{Verify}(\mathrm{ID_S},\hat{m},\hat{s})]=\top$是可忽略的。

10.3.5　密文匿名性

密文匿名性是定义的最后一个性质，要求任何多项式时间内的攻击者都不能从密文中获得密文发送者和接收者的任何信息（也就是说，在不知道上述信息的时候，只有特定接收者可以解密密文）。

抗适应性选择密文攻击的密文匿名性定义如下。

（1）系统建立：输入安全参数 k，挑战者运行 Setup 算法，输出公共参数 mpk 并发送给攻击者，把密钥 msk 保密。

（2）第一阶段：攻击者可以适应性地向挑战者提出一系列和 10.3.1 小节相同的询问，即签密询问、解密询问和私钥生成询问。

（3）选择阶段：攻击者给出一个消息 m，要挑战的两个发送者身份 ID_{S_0} 和 ID_{S_1}，和两个接收者身份 ID_{R_0} 和 ID_{R_1}。要求攻击者没有对 ID_{R_0} 或 ID_{R_1} 进行过私钥提取询问。

（4）挑战阶段：挑战者选择两个比特 $b,b'\xleftarrow{R}\{0,1\}$，计算 $\mathrm{sk}\xleftarrow{R}\mathrm{Extract}(\mathrm{ID}_{S_{b'}})$，$(s,r)\xleftarrow{R}\mathrm{Sign}(\mathrm{ID}_{S_{b'}},\mathrm{sk},m)$，$C\xleftarrow{R}\mathrm{Encrypt}(\mathrm{ID}_{S_{b'}},\mathrm{sk}_S,m,s,r)$，将密文 C 返回给攻击者。

（5）第二阶段：攻击者自适应地进行多项式次数的签密、解密和密钥提取询问，要求不能对身份 ID_{R_0} 或 ID_{R_1} 进行私钥提取询问，或利用身份 ID_{R_0} 及 ID_{R_1} 对密文 C 进行解密询问。

（6）返回结果：攻击者返回两个猜测 $\hat{b}',\hat{b}''\in\{0,1\}$，如果 $(\hat{b}',\hat{b}'')\in(b',b'')$ 则攻击者获胜。

这个定义的游戏与对机密性游戏的定义相同，除了攻击者是对身份提出挑战而不是对消息进行挑战。这是内部攻击的情况，称为 ANON-IBSC-CCA 攻击。

定义 10.6　一个基于身份的签密（IBSC）方案称为是抗适应性选择密文内部攻击下密文匿名的，或是 ANON-IBSC-CCA 安全的，如果没有多项式时间内的攻击者能以一个不可忽略的优势赢得以上定义的游戏。也就是说在安全参数 k 下，一个多项式时间内的 ANON-IBSC-CCA 攻击者 A 获胜的优势 $\mathrm{Adv}_A(k)=\left|\Pr[\hat{b}=b]-\frac{1}{4}\right|$ 是可忽略的，其中 $b=(b',b''),\hat{b}=(\hat{b}',\hat{b}'')$。

强调匿名性仅适用于密文，对非接收者有效，与不可否认性（10.3.2 小节）和正确性（10.3.4 小节）一致。为了阐明不可链接性和匿名性的区别，注意到 Lynn[127]的认证 IBE 方案是不可链接的，因为任何密文都可以由它的接收者而不是发送者产生。但是方案不是匿名的，因为发送者的身份必须提前获得才能解密。

在传统的公钥密码中存在和密文匿名性相似的定义（第 5 章）。

10.4　具体的 IBSC 方案

本节构造了两个高效的基于身份的签密方案，都是双层可分离结构，且满足 10.3 节中指出的全部安全性特征。两个方案都用到了 Boneh-Frankin 机制的初始化阶段。

10.4.1　Boneh-Franklin 结构

对基于椭圆曲线上双线性对的身份基 Boneh-Franklin 系统进行简要说明，并将它的初始化和私钥生成阶段用在 IBSC 构建中。

将在 5.2 节中对双线性映射群的概念进行介绍。在本章把双线性对和代数群定义成满足以下定义的抽象数学模型。

令 $\mathbf{G}_1$ 和 $\mathbf{G}_T$ 为 p 阶乘法循环群，用 1 来表示他们的生成元。

定义 10.7　一个双线性对是高效非退化的映射 $e:\mathbf{G}_1'\times\mathbf{G}_1\to\mathbf{G}_T$，对所有 $x,y\in\mathbf{G}_1$ 和 $a,b\in\mathbf{Z}$，有 $e(x^a,y^b)=e(x,y)^{ab}$，群 $\mathbf{G}_1$ 称为双线性映射群，群 $\mathbf{G}_T$ 则为目标群。

定义 10.8　基于上述双线性对的双线性 Diffie-Hellman（BDH）问题定义为：令 g 为群生成元，$a,b,c\xleftarrow{R}\mathbf{Z}_p$，给定 $g,g^a,g^b,g^c\in\mathbf{G}_1$，计算 $e(g,g)^{abc}$。算法 B 解决 BDH 问题的优势被定义为 $\mathrm{Adv}_B(k)=\Pr[B(g,g^a,g^b,g^c)=e(g,g)^{abc}$。

定义 10.9　设 g 是一个多项式时间的随机函数，当输入 1^k，函数返回基于两个 p 阶群 $\mathbf{G}_1$ 和 $\mathbf{G}_T$ 的双线性映射 $e:\mathbf{G}_1\times\mathbf{G}_1\to\mathbf{G}_T$。如果没有概率多项式时间算法 B 能在 k 阶多项式时间内解决 BDH 问题，或者至少具有反转 k 阶多项式的优势，称 BDH 参数生成器 g 满足双线性 Diffie-Hellman 假设。概率空间取决于随机生成的参数 $(\mathbf{G}_1,\mathbf{G}_T,p,e)$、BDH 实例 (g,g^a,g^b,g^c)，以及算法 B 的随机操作。

基于 BDH 参数生成器，Boneh-Franklin 的 IBE 方案分为四种操作：两个操作由 PKG 完成（初始化和密钥提取），两个由用户完成（加密和解密）。后面将用到其中的两个 PKG 算法（定义如下）。

（1）bfSetup：当输入一个安全参数 $k \in N$：从 BDH 参数生成器得到 $(\mathbf{G}_1, \mathbf{G}_T, p, e) \xleftarrow{R} g(1^k)$，随机选择一个生成元 $g \xleftarrow{R} \mathbf{G}_1$ 和一个随机指数 $\mathrm{msk} \xleftarrow{R} \mathbf{Z}_p$，令 $g^{\mathrm{msk}} \in \mathbf{G}_1$，选择一个哈希函数 $H_0 : \{0,1\}^* \to \mathbf{G}_1$。输出公共参数 $(\mathbf{G}_1, \mathbf{G}_T, p, e, g, g^{\mathrm{msk}}, H_0)$ 和主密钥 msk。

（2）bfExtract：输入 $\mathrm{ID} \in \{0,1\}^*$，并把身份哈希成一个公共元素 $i_{\mathrm{ID}} \leftarrow H_0(\mathrm{ID}) \in \mathbf{G}_1$，输出 $d_{\mathrm{ID}} \leftarrow i_{\mathrm{ID}}^{\mathrm{msk}} \in \mathbf{G}_1$ 作为私钥 $\mathrm{sk}_{\mathrm{ID}}$。

10.4.2　全安全的 IBSC 构造

表 10.1 对方案进行了详细介绍。

表 10.1　Boyen[51]提出的基于身份签密方案（IBSC）

<table>
<tr><td colspan="2">Setup
Input：安全参数 $k \in N$
Method：与 bfSetup 一样生成 Boneh-Franklin 结构的参数 $\mathbf{G}_1, \mathbf{G}_T, p, e, g, g^{\mathrm{msk}}$ 和私钥 msk，定义 5 个独立的哈希函数（H_0 和 bfSetup 中相同）：$H_0 : \{0,1\}^* \to \mathbf{G}_1$，$H_1 : \mathbf{G}_1\{0,1\}^* \to \mathbf{Z}_p$，$H_2 : \mathbf{G}_T \to \{0,1\}^{\lceil \log p \rceil}$，$H_3 : \mathbf{G}_T \to \mathbf{Z}_p$，$H_4 : \mathbf{G}_1 \to \{0,1\}^k$
Output：公开的系统参数 $(\mathbf{G}_1, \mathbf{G}_T, p, e, g, g^{\mathrm{msk}}, k, H_1, H_2, H_3, H_4)$ 和相应的系统私钥 $\mathrm{msk} \in \mathbf{Z}_p$
Extract
Input：系统主密钥 msk 和身份串 $\mathrm{ID} \in \{0,1\}^*$
Output：与 bfExtract 一样生成私钥 $d_{\mathrm{ID}} \leftarrow H_0(\mathrm{ID})^{\mathrm{msk}} \in \mathbf{G}_1$</td></tr>
<tr><td>Signcrypt=Sign+Encrypt

Sign
Input：身份 ID_{S} 的私钥 d_{S} 和明文 m
Method：$i_{\mathrm{s}} \leftarrow H_0(\mathrm{ID}_{\mathrm{S}})$（即 $d_{\mathrm{S}} = (i_{\mathrm{S}})^{\mathrm{msk}}$），随机选择 $r \xleftarrow{R} \mathbf{Z}_p$，$j \leftarrow (i_{\mathrm{s}})^r \in \mathbf{G}_1$，$h \leftarrow H_1(j, m) \in \mathbf{Z}_p$，$v \leftarrow (d_{\mathrm{S}})^{r+h} \in \mathbf{G}_1$
Output：签名 (j, v) 和附加数据 $(m, r, \mathrm{ID}_{\mathrm{S}}, i_{\mathrm{S}}, d_{\mathrm{S}})$
Encrypt
Input：接收者身份 ID_{R} 的签名数据 $(m, r, \mathrm{ID}_{\mathrm{S}}, i_{\mathrm{S}}, d_{\mathrm{S}})$
Method：$i_{\mathrm{R}} \leftarrow H_0(\mathrm{ID}_{\mathrm{R}})$，$u \leftarrow e(d_{\mathrm{S}}, i_{\mathrm{R}}) \in \mathbf{G}_T$，$K \leftarrow H_3(u) \in \mathbf{Z}_p$，$x \leftarrow j^k \in \mathbf{G}_1$，$w \leftarrow u^{kr} \in \mathbf{G}_T$，$y \leftarrow H_2(w) \oplus v$，$z \leftarrow \mathrm{Enc}_{H4(v)}(\mathrm{ID}_{\mathrm{S}}, m)$
Output：密文 (x, y, z)</td>
<td>Unsigncrypt=Decrypt+Verify

Decrypt
Input：接收者 ID_{R} 的私钥 d_{R} 和匿名密文 $(\hat{x}, \hat{y}, \hat{z})$
Method：$i_{\mathrm{R}} \leftarrow H_0(\mathrm{ID}_{\mathrm{R}})$，$\hat{w} \leftarrow e(\hat{x}, d_{\mathrm{R}})$，$\hat{v} \leftarrow H_2(\hat{w}) \oplus \hat{y}$，$(\hat{\mathrm{ID}}_{\mathrm{S}}, \hat{m}) \leftarrow \mathrm{Dec}_{H4(\hat{v})}(\hat{z})$，$\hat{i}_{\mathrm{S}} \leftarrow H_0(\hat{\mathrm{ID}}_{\mathrm{S}})$，$\hat{u} \leftarrow e(\hat{i}_{\mathrm{S}}, d_{\mathrm{R}})$，$\hat{k} \leftarrow H_3(\hat{u})$，$\hat{j} \leftarrow \hat{x}^{\hat{k}^{-1}}$
Output：明文 $\hat{m}$，签名 $(\hat{j}, \hat{v})$ 和发送者身份 $\hat{\mathrm{ID}}_{\mathrm{S}}$
Verify
Input：明文 $\hat{m}$，签名 $(\hat{j}, \hat{v})$ 和发送者身份 $\hat{\mathrm{ID}}_{\mathrm{R}}$
Method：$\hat{i}_{\mathrm{S}} \leftarrow H_0(\hat{\mathrm{ID}}_{\mathrm{S}})$，$\hat{h} \leftarrow H_1(\hat{j}, \hat{m})$。验证 $e(g, \hat{v}) \stackrel{?}{=} e[g^{\mathrm{msk}}, (\hat{i}_{\mathrm{S}})^{\hat{h}} \hat{j}]$
Output：如果成立则输出⊤，否则输出⊥</td></tr>
</table>

虽然 Sign 和 Encrypt 算法是分开介绍的，但是后者只能在前者输出结果的基础上运行，一起构成了基于身份签密操作。

同样，解密和验证操作一起组成了解签密操作，但是却可以分开使用。

1. 操作规则

Setup 和 Extract 算法是基于原始的 Boneh-Franklin IBE 系统[45,46]的。Sign 和 Verify 则是基于 Cha 和 Cheon[57]的 IBS 系统。特别是 Encrypt 和 Decrypt 基于 IBS 操作，并重用了其随机性。

简言之，Sign 是一个由发送者对随机数 r 生成的承诺 j、r 的结尾 v 和消息 m 构成的 IBS。Encrypt 则叠加了两层确定性加密。内层使用由基于身份的密钥协议构造的最低授权 IBE 把 j 加密成 x，外层同时确定能用匿名 IBE 加密成相同 x 的值 w，并伪装成依赖于内层生成加密 x。其中大量加密用的都是确定性单密钥的对称密码。

对委托签名和授权加密的指数$\bigstar^r$和$\bigstar^k$，密钥提取$\bigstar^{\text{msk}}$及能决定 w 的双线性对 $e(\bigstar, i_{\text{R}})$ 的研究非常有必要。合法接收方通过执行上述所有操作后（直接的或秘密的），能够获得对 x 的解密能力，这里强调的不是和发送者执行了相同的操作，而是其能输出相同的结果。

2. 一致性和安全性

下面的定理对方案的构造进行了明确规定，这在合法用户执行时尤其重要。

定理 10.1 和表 10.1 中的 IBSC 方案是一致性的。

证明

首先证明对诚实密文的解密是正确的。注意到如果 $(\hat{x},\hat{y},\hat{z})=(x,y,z)$，则有 $\hat{w}=e(i_{\text{S}}^{\text{rk}},i_{\text{R}}^{\text{msk}})=e(i_{\text{S}}^{\text{msk}},i_{\text{R}})^{\text{rk}}=w$ （在 $\mathbf{G}_T$ 中），因此 $\hat{v}=v$， $(\hat{\text{ID}}_{\text{S}},m)=(\text{ID}_{\text{S}},m)$ 。同样 $\hat{u}=e(\hat{i}_{\text{S}},i_{\text{R}})^{\text{msk}}=u$ （在 $\mathbf{G}_T$ 中），因此 $\hat{k}=k$ （在 $\mathbf{Z}_p$ 中）， $\hat{j}=(j^k)^{\hat{k}-1}=j$ （在 $\mathbf{G}_1$ 中）。

然后，将证明解密的消息、签名对能够通过验证测试。即如果 $(\hat{m},\hat{\text{ID}}_{\text{S}},\hat{j},\hat{v})=(m,\text{ID}_{\text{S}},j,v)$，能得到 $e(g,\hat{v})=e(g,i_{\text{S}})^{\text{msk}(r+h)}=e[g^{\text{msk}},(\hat{i}_{\text{S}})^h(\hat{i}_{\text{S}})^r]=e[g^{\text{msk}},(\hat{i}_{\text{S}})^h\hat{j}]$（在 $\mathbf{G}_T$ 中）。

这里没有对 10.3 节中 5 个安全定理进行安全证明，详细证明可参考文献[51]。

定理 10.2 假设 A 是一个多项式时间内的 IND-IBSC-CCA 攻击者，它对随机预言机 H_i 最多进行 q_i 次询问，其中 $i=0,1,2,3,4$ ，攻击者获胜的优势至少为 ε 。那么存在一个多项式时间算法 B 解决双线性 Diffie-Hellman 问题的优势至少为 $\varepsilon/(q_0q_2)$。

定理 10.3 假设 A 是一个 sUF-IBSC-CMA 攻击者，它对随机预言机 H_i 至多进行 q_i 次询问，其中 $i=0,1,2,3,4$ ，对签密预言机至多进行 q_{sc} 次询问。假设对安全参数 k，在至多时间 t 的范围内，攻击者 A 伪造消息成功的概率至少为 $\varepsilon=10(q_{\text{sc}}+1)(q_{\text{sc}}+q_1)/2^k$ ，那么存在一个算法 B 在预定时间内解决双线性 Diffie-Hellman 问题的概率最多为 $120\,686q_0q_1t/\varepsilon$ 。

定理 10.4 存在一个确定性的多项式时间算法 EncryptToSelf，给定一个身份 ID_{S}，一个被 ID_{S} 签名的明文 (m,j,v) 和身份 ID_R 的私钥 d_{R}，算法可以生成一个密文 (x,y,z)，且和利用算法 Encrypt 对明文 (m,j,v) 生成的接收者为 ID_{R} 的密文相同。用私钥 d_{R} 对密文 (x,y,z) 进行解密得到明文 (m,j,v) 的概率为 1。

定理 10.5　假设 A 是一个多项式时间 AUTH-IBSC-CMA 攻击者，它的优势至少为 ε，对随机预言机 H_i 至多进行 q_i 次询问，其中 $i=0,1,2,3,4$。那么存在一个多项式时间算法 B 解决双线性 Diffie-Hellman 问题的优势至少为 $2\varepsilon/[q_0(q_0-1)(q_1q_2+q_3)]$。

定理 10.6　假设 A 是一个多项式时间 ANON-IBSC-CCA 攻击者，它的优势至少为 ε，对随机预言机 H_i 至多进行 q_i 次询问，其中 $i=0,1,2,3,4$。那么存在一个多项式时间算法 B 解决双线性 Diffie-Hellman 问题的优势至少为 $3\varepsilon/[q_0(q_0-1)(q_1q_2+q_2+q_3)]$。

10.4.3　效率与安全性的转换

如果允许将以前方案的部分安全性去除，那么有很多方法对其进行优化。例如，Chen 和 Malone-Lee[60]指出，通过去除在加密和加密函数中明显和不明显的参数，方案效率可以提高 30%，但同时方案失去了不可链接性。

对上述改动进行简要说明如下。

（1）Sign 没有变化。

（2）Encrypt 被简化了，去除了对 $x=j^k$ 的计算而直接输出 j，对 u^r 而不是 u^{kr} 进行哈希运算，消除了输出中的 $(v,\mathrm{ID}_\mathrm{S},m)$。

（3）Decrypt 同样被简化了，通过计算 $\hat{u}^k=e(\hat{j},d_\mathrm{R})$ 来代替 $\hat{w}$，消除了 $(\hat{v},\hat{\mathrm{ID}}_\mathrm{S},\hat{m})$。以前用来恢复 $\hat{j}$ 的第二个对运算则不需要了，因为 $\hat{j}$ 现在已经在密文中给出了。

（4）Verify 没有变动，依然将四元组 $(\hat{m},\hat{j},\hat{v},\hat{\mathrm{ID}}_\mathrm{S})$ 作为输入。

通过这种修改，方案不再具有不可链接性，因为在 Verify 算法中需要“解密的”签名部分 $\hat{j}$ 与“加密的”密文部分 j 相匹配，即在 Encrypt 中已知。

10.4.4　多接收方的签密

经常需要对不同接收方发送对相同消息的签名和加密。这种情况下，尤其是当消息是一个较大的数据文件时，很自然地想到能否对这种巨大的签密操作只进行一次运算，而不同的接收者都能接收到各自的密文，且它们的密文只有一些较小的接收方头文件不同。

在这种方案（及各种改进版本）中，可以很容易实现相同消息 m 对 n 个不同接收者 $\mathrm{ID}_{R_1},\cdots,\mathrm{ID}_{Rn}$ 的签密。其中对 Sign 操作只进行一次操作（生成随机参数 r），然后利用相同的中间变量对不同的接收者执行 Encrypt 操作。

由于对所有的 Encrypt 实例来说消息 m 和随机参数 r 都是不变的，所以很容易发现密文中元素 z 也是不变的。因此多接收方混合密文很容易从应用于每个接收者 R_i 的要求 $(x_i,y_i)\in\mathbf{G}_1\times\mathbf{G}_1$ 得到，同时对所有接收方附加一个要求 $z\in\{0,1\}^*$。这样一个多接收方的密文可以简洁地编码成 $C\leftarrow[(x_1,y_1),\cdots,(x_n,y_n),z]$。由于 z 是密文中唯一和消息长度相关的部分，所以这种编码节省了大量的存储空间。

第 11 章　利用签密技术建立密钥

Alexander W. Dent

11.1　引　　言

公钥密码中最有用的分支可能就是密钥建立。毕竟，当初正是为了解决对称密钥分发的问题促使 Diffie 和 Hellman 提出了公钥密码的概念。密钥建立协议背后最基本的概念是双方（或者更多）要以这样的一种方式交换加密消息：在协议的最后，双方得到了一个共享的密钥，典型的是一个可以在对称密码系统中使用的具有固定长度的二进制串。在这个过程中，一个必要的要求是，除了协议的参与方（也许包括一个或多个可信第三方）以外，其他任何人得不到关于这个共享密钥的任何信息。还要求，当协议成功执行后，参与方都可以确认对方的身份。因此，要求密钥建立协议的基本安全定义满足机密性和实体认证性。

密钥建立总体上可以分为两类：密钥传输协议和密钥协商协议。密钥传输协议是这样一种协议：其中一方随机生成一个共享密钥并安全地传输到另一方。这可以非常简洁高效，但是在一些应用场合，两个参与方中只有一方参与密钥生成的过程可能会是一个缺陷。这个问题在两个互不信任的参与方中尤其突出！然而，在另外一些应用场合，这也可能会成为一种优势。例如，当其中的一方是一个能量较低的设备，不能可靠地参与密钥的生成过程。另一类密钥建立协议是密钥协商协议。这是一类参与方都可以平等地选择最终要建立的密钥的密钥建立协议，并且没有一方可以单独选择密钥值。密钥协商协议显然比密钥传输协议更复杂。

如前所述，一个密钥建立协议通常要求实现机密保护和实体认证。实体认证需要承受更多的检验。一个好的密钥建立协议要求能够确认所有正在执行协议的参与方的身份。这需要两个保证：参与方收到的消息来自一个命名的个体（来源认证），并且参与方收到的消息是刚刚产生的（即时性）。显然，签密方案可以提供机密性保护和来源认证，但是不能暗含即时性。

对机密性保护和实体认证的基本要求可以防止大多数针对密钥建立协议的攻击。如对机密性保护的要求可以防止攻击者得到协议建立的密钥（有时作为会话密钥）的任何信息。即时性要求可以防止攻击者重放一条旧的消息并且另一方重用一个旧的（因此是妥协的）密钥。来源认证要求可以防止攻击者与一方建立一个密钥，但是对方却误认为攻击是另一个参与方。因此设定的这组基本要求可以防止大部分可以设想的攻击。然而，仍有一些具体的攻击需要进一步考虑。最值得注意的是，需要考虑前向秘密性。

对前向秘密性的攻击牵涉到一个攻击者试图攻破两个参与方之间的一个使用过的会话密钥。一个基本要求是即使攻击者设法拥有了两个参与方之间的长期私钥，仍然无法确定在过去的密钥建立协议中建立的会话密钥。因此，会话密钥对未来的攻击仍是安全的，这就是为什么这种安全特性称为前向安全性，虽然这种攻击是针对过去的会话的。这对密钥建立协议是一个有用的性质，但是需要再一次指出，这种性质不是对所有的应用场合都是必须的，而且这种性质可能会使该协议比其他协议在计算上花费更多。

虽然对于密钥建立关于机密性和认证性的基本要求，签密看起来是一个优秀的候选方法，但是相对来说这样的协议较少。基于签密的密钥建立协议有 Zheng 和 Imai[205, 208]，Dent[73]、Kim 和 Youm[116]，Bjørstad 和 Dent[37]，Gorantla[92]等。其中只有 Gorantla[92]等给出了他们密钥建立方案的安全性证明。后面将讨论这些协议（和一个简单的密钥传输协议）并且尝试给出一个 Bjørstad 和 Dent 方案的安全性证明。

密钥建立协议是一种复杂的、精妙的密码原语。不幸的是，仅在本章不能探讨整个领域。Boyd 和 Mathuria 给出了关于设计与分析实体认证以及密钥建立协议的详细介绍。

11.2　密钥建立的形式化安全模型

11.2.1　动机

过去密码学家曾尝试过提出密钥建立的形式化安全模型。为了密钥建立协议的自动检查，Dolev 和 Yao[79]提出了第一个模型，将任何密码操作看成完美的“黑盒”操作，因此并不能保证安全性。另一个安全模型，即 CK 模型，由 Bellare 等[23]以及 Canetti 和 Krawczyk 等[55]提出。这种方法形成了标准，因此设计新的协议变得更容易。然而，这种模型会产生低效的协议，而且对分析现有的协议并不实用。第三个模型就是大家已知的由 Canetti[54]、Canetti 和 Krawczyk[56]提出的通用可组合模型。在这个模型中，安全性证明是通过证明该协议与理想运行的协议无法区分得到的。这提供了一个安全性的强有力的保证，但是涉及的证明比较复杂。Boyd[49]给出了这些不同方法的一个详尽的分析。

选择使用由 Bellare 和 Rogaway[28]提出的，经 Bellare[27]、Choo 等[63]修改的方法。选择这个模型有如下几个原因。首先，相比构造新的协议，该模型更适合检验已有的协议（不像标准化的 CK 模型）。其次，该模型提供了合理的安全保证。虽然该模型没能提供像 Cnaetti 通用可组合模型协议在任何条件下都安全的强有力的保证，但是该模型证明，只要在合理的环境中使用，协议是可以抵抗任意合理的攻击者的。最后，（不像 Canetti 或者 Dolev-Yao 模型）在 Bellare-Rogaway 模型中使用的证明技巧与本书中其他地方使用的证明技巧是相似的。

Bellare-Rogaway 安全模型背后的思想是给予攻击者对合法参与方所使用的通信

网络安全的控制权。攻击者可以任意检验、更改、删除、延迟在网络间发送的消息，也可以注入新的消息，重放旧的消息。为了使攻击者有网络流量可以查看，可以强制网络中的任意一方与网络中的另一方开始运行密钥建立协议，并且所有的参与方必须对他们收到的消息作出正确的回应。攻击者可以泄露一个成功完成的密钥建立协议中建立的会话密钥，也可以攻破参与方从而取得他们的长期私钥。这个模型模拟了攻击者是网络中合法用户的情形，此时攻击者通过贿赂、恐吓或威胁可以得到一个长期的私钥。认为这个模型模拟了攻击者在任意合理模型中的行为。

所以，已经模拟了攻击者与网络进行交互的能力，但是，还没能考虑一个协议是安全的意义是什么。为了对安全性进行建模，攻击者在某个时刻选择一个成功执行的密钥建立协议，即该协议产生了一个共享的密钥，而且攻击者不知道关于该密钥的任何信息。然后攻击者被给予该密钥（概率为 1/2)，或者一个完全随机的密钥（概率为 1/2)。攻击者的任务是猜测该密钥是真实的密钥还是一个随机的密钥。其思想是攻击者无法区分一个真实密钥和一个随机密钥之间的差异，于是，除非攻击者透露，任何用共享密钥来计算的密码操作应该和用随机密钥计算的系统一样，而这个随机密钥与攻击者在密钥建立协议中能看到的任何消息无关。

11.2.2 会话

安全性的形式化模型将会探讨属于一个实体的会话的安全性。因为一个实体会以不同的方式、因不同的目的与另一个实体通信，所以会话的概念是非常重要的。所有的这些通信都称为会话，而且在一个会话中获得的知识无法帮助攻击者确定另一个会话的会话密钥。换句话说，希望模拟这样一种情形，在其中用户使用 HTTPS 和 SFTP 两种协议与服务器进行通信。虽然这两个通信实体没有改变，但仍是两个单独的会话。关于在 HTTPS 会话中加密数据的会话密钥的信息不能帮助攻击者攻破 SFTP 会话。

更精确地说，后面将会使用会话身份 sid 来讨论实体 A 和实体 B 之间的会话。这个会话属于实体 A，用于实体 A 向实体 B 发送和从实体 B 接收消息，而且在双方共享的公开会话完整列表上，这个会话用一个独特的标记 sid。因此，一个完整的通信包括两个会话：会话身份为 sid 的实体 A 与实体 B 共享的会话和会话身份为 sid 的实体 B 与实体 A 共享的会话。然而，因为给予攻击者可以向实体 A 发送声称是来自实体 B 的消息的能力，如果实体 A 与实体 B 共享一个会话身份为 sid 的会话并不意味着实体 B 与实体 A 有一个对应的会话。

更进一步，即使 A 与 B 拥有一个会话身份为 sid 的开放会话，这并不意味着 A 发送给 B 的消息没被篡改，反之亦然。引入“匹双线性对双线性对话”的概念来描述消息在 A 和 B 之间如实地传输的情形。如果双方能够公认参与方的身份和会话的身份，而且相互传送的消息都是对方发送的（而且发送保持正确的顺序），那么称这两个会话是一个“匹双线性对双线性对话”。

可知，一个会话由三个事物唯一确定：①会话所有者的身份（实体 A）；②对应方的身份（实体 B）；③会话身份（sid）。

11.2.3 形式化安全模型

设 A 是任意概率多项式时间攻击者。假设协议中涉及的实体的身份在命名空间 S 中。因此实体 A 的行为将会拥有标记 $\mathrm{ID}_A \in S$。假定标记 ID_A 在所有的实体集合中唯一确定实体 A。攻击者 A 通过下面一系列预言访问通信网络。

（1）Query(ID_A)：这个预言允许攻击者获得关于实体的合法的公开信息，包括他们的公钥值。

（2）Send(ID_A, ID_B, sid, m)：这个预言模拟实体 A 使用会话身份为 sid 的会话向实体 B 发送消息 m 的效果。因此，该预言返回实体 B 对此消息的回应。

在使用这个预言时有一些细节需要注意。首先，攻击者可能会发送一个特殊的消息标志λ。询问 Send(ID_A, ID_B, sid, λ)迫使实体 A 与实体 B 初始化密钥建立协议。如果该密钥建立协议允许会话身份为一个外部的代理，则会话身份为 sid，如果相反，则 sid 应该是一个空的字符串。

其次，如果攻击者发送一条消息 Send(ID_A, ID_B, sid, m)，但是实体 B 与实体 A 并不存在一个身份为 sid 的会话，则预言机按照实体 B 在一个新的密钥建立协议中收到的首条消息的回应方式进行回应。

再次，如果消息 Send(ID_A, ID_B, sid, m)使得实体 B 停止参与一个协议（无论该协议被攻破还是该协议已经结束），则预言机不仅要作出正确的回应，还要通知攻击者该协议已经终止，无论该协议是否成功运行。如果一个参与方已经终止了协议，则再发送消息 Send(ID_A, ID_B, sid, m)不会引起任何回应。

最后值得注意的是，在协议的执行过程中，会话身份不一定要保持不变。因为每一个参与方都要发送消息，为了使参与方问题能确定会话的身份，会话的身份有时可能会发生改变。确实，许多协议都要求在一次协议的执行过程中将会话身份附加在已经发送的消息的后面（同时还有参与方的身份）。

（1）Expire(ID_A, ID_B, sid)：通过指出原始会话身份已经过期，这个消息允许一个会话身份被重新使用。如果攻击者调用预言 Expire(ID_A, ID_B, sid)，则实体 B 认为与实体 A 进行的会话身份为 sid 的协议过程已经被终止。因此，随后所有的 Send(ID_A, ID_B, sid, m)消息将会像开始一个新的协议进程那样进行处理。

（2）Reveal(ID_A, ID_B, sid)：这个预言允许攻击者确定实体 B 与实体 A 在会话身份为 sid 的会话中计算出的密钥。这个预言仅在 B 认为他在与实体 A 进行会话且 B 已经成功终止该协议的情况下使用。该预言返回该会话的会话密钥。

（3）Corrupt(ID_B)：这个预言允许攻击者俘获一个合法的参与方。这个预言是为了模拟为内部攻击和攻击者可以迫使参与方泄露隐私信息的情况。关于攻击者是获得所有的隐私信息还是只是获得参与方长期私钥仍存在争论。但此处只考虑预言返回实体 B 的长期私钥这种简单情况。模拟了这样一种情形：攻击者可以俘获注册中心从而获得私钥或者私钥分发服务，但是攻击者不能俘获密钥建立设备去得到内部状态变量。因此，这个模型中只保证攻击者无法获得这些变量的情况下的安全性。

（4）Test(ID_A, ID_B, sid)：这个预言机只能被询问一次，而且必须保证实体已经成功终止了身份为 sid 的会话，并且实体 B 认为他是与实体 A 进行会话。预言机随机选择一个比特 $b_R \leftarrow \{0,1\}$。如果 $b=0$，则预言机返回该会话的会话密钥。如果 $b=1$，则预言机返回一个与该会话密钥等长的随机产生的密钥。

注意到攻击者只是尝试确定实体 B（在会话身份为 sid 并且已经与实体 A 结束的会话中）拥有的密钥。所以不要求实体 A 已经终止该会话，甚至不要求实体 A 参与同实体 B 进行的身份为会话 sid 的协议过程。

攻击者的目的是猜测在 Test 询问中的 b 值。当然，攻击者有很多方法可以胜任这个任务，例如，攻击者可以使用 Reveal 询问得到正确的会话密钥，或者使用一个 Corrupt 询问得到其中一方的长期私钥然后在被测试的协议中模拟这个参与方。但是，希望排除这些平凡的攻击，首先引入时效性的形式化概念。

定义 11.1（时效性） 在实体 B 认为与实体 A 进行的，并且会话身份为 sid 的协议中，满足以下条件，则认为该协议是有时效的。

（1）实体 B 已经成功终止了协议的执行。

（2）攻击者没有询问输入为(ID_A, ID_B, sid)的 Reveal 预言机，除非攻击者调用了 Expire(ID_A, ID_B, sid)预言机。

（3）攻击者没有询问输入为(ID_B, ID_A, sid)的 Reveal 预言机，除非攻击者调用了 Expire(ID_B, ID_A, sid)预言机。

（4）攻击者没有针对 ID_A 或者 ID_B 询问 Corrupt 预言机。

再次，强调这个定义针对的是实体 B 持有的密钥的状态。不要求 A 已经成功终止了该协议，甚至 A 与 B 在身份为 sid 的会话下执行了该协议（虽然确实要求如果 A 执行了该协议，则攻击者不能对 A 进行 Reveal 询问去获得他的密钥值）。

定义 11.2（密钥建立协议的安全性） 如果概率多项式时间攻击者 A 赢得下面的游戏的概率是可以忽略的，则说一个密钥建立协议是安全的。

（1）给定一个安全级别 k，挑战者生成协议的系统参数 param。

（2）攻击者执行 A 并输入(1^k, param)。攻击者可以询问下面介绍的任意一个随机预言机。攻击者最后输出 b' 作为对 b 的猜测。

如果被测试会话是有效的，并且 $b \neq b'$，则可以认为攻击者赢得了游戏（如攻击者没有对被测试会话中的任一参与方进行 Corrupt 询问，或者在进行 Expire 询问之前没有对被测试会话进行 Reveal 询问）。攻击者的优势定义为

$$\mathrm{Adv}_A(k) = |\Pr[A \text{ wins} - 1/2]| \tag{11.1}$$

11.2.4　实体认证

正如本章的引言中介绍的，大多数密钥建立协议应该为某个参与方提供对其他与他共享密钥的参与方的确认。表面上看，上面介绍的安全模型在密钥建立协议中好像没能模拟对实体认证要求的攻击，毕竟，该模型似乎只关注一个攻击者能否区分一个真实的密钥和一个随机的密钥，这在传统上只是一个与评价机密性保护相关的测试。然而，因为在该模型中定义了时效性，很多类型的实体认证攻击都包括在该模型中。

试想，攻击者针对密钥建立协议来源认证性的攻击。在这样一种攻击下，实体 B 认为他与实体 A 在身份为 sid 的会话中共享了密钥，而实际上，B 只是与实体 A'，在身份为 sid′ 的会话中共享了密钥。假设攻击者进行了询问 $\mathrm{Test}(\mathrm{ID}_A,\mathrm{ID}_B,\mathrm{sid})$，并且收到的回应为 B 建立的密钥或者一个随机的密钥。则攻击者通过询问 $\mathrm{Reveal}(\mathrm{ID}_B,\mathrm{ID}_{A'},\mathrm{sid}')$，很容易就可以确定他收到的是真实密钥还是随机密钥。这个询问与时效性的定义不矛盾，因为在时效性中只是要求攻击者不能询问 $\mathrm{Reveal}(\mathrm{ID}_A,\mathrm{ID}_B,\mathrm{sid})$ 和 $\mathrm{Reveal}(\mathrm{ID}_B,\mathrm{ID}_A,\mathrm{sid})$。因此，询问 $\mathrm{Reveal}(\mathrm{ID}_B,\mathrm{ID}_{A'},\mathrm{sid}')$ 是完全合法的。因此，对来源实体认证的攻击的存在意味着该协议在给定的安全模型中是不安全的。

也可以使用相同的技巧证明攻击者也不可以重放一条旧的消息。假设 B 成功结束了一个与 A 建立密钥的协议，并且其会话身份为 sid。如果重放攻击是可能的，那么攻击者可以进行 $\mathrm{Test}(\mathrm{ID}_A, \mathrm{ID}_B, \mathrm{sid})$询问，然后使用 $\mathrm{Expire}(\mathrm{ID}_A, \mathrm{ID}_B, \mathrm{sid})$询问强制该会话过期。然后攻击者可以使用相同的会话密钥重放这些消息去建立一个新的会话。对这个会话使用询问 $\mathrm{Reveal}(\mathrm{ID}_A, \mathrm{ID}_B, \mathrm{sid})$，则攻击者得到了该被测试会话的正确的密钥值。

11.2.5　前向安全性

前向安全性的思想是即使一方的长期密钥后来被攻破了，会话密钥仍然是安全的。通过允许攻击者在进行 Test 询问后进行 Corrupt 询问，可以容易地在 Bellare-Rogaway 模型中模拟这些攻击。然而，因为要求在攻击游戏中保持会话的时效性的模型明确排除了这种类型的攻击，所以这是有目的地完成的。虽然在密钥建立方案中前向安全是一个有用的性质，许多应用场合不要求前向安全性，而且它会损害效率。评估的基于签密的密钥建立协议都不具备前向安全性。

11.2.6　密钥损害模拟攻击

针对密钥建立协议的另一个有趣的实体认证性攻击是密钥损害模拟攻击。在这个场景中，攻击者攻破一个实体，然后试着将被攻破实体伪装成另一个实体。通过要求一个参与方（可能被攻破）只有在与未被攻破的参与方之间存在匹配会话的情况上才能成功终止与其建立的会话，定义了一种抵抗密钥损害模拟攻击。如果一个签密方案在内部成员间的不可伪造性攻击中是安全的，则大多数基于签密技术的密钥建立协议是能够自动抵抗密钥损害模拟攻击的。

11.2.7 标号

本章中使用下面这些标号，设 A 和 B 分别是希望建立共享密钥的两个参与方，ID_A 和 ID_B 是以公认形式保存的身份的数字化表示。设(sk_A, pk_A)和(sk_B, pk_B)为他们的公私钥对。设 A 和 B 要建立的公共密钥 K_{AB} 的长度为 l_k，其他的临时变量的长度为 l_n。一个由实体 A 生成的临时变量标记为 N_A。

11.3 密 钥 传 输

在一个密钥传输协议中，其中一方产生密钥，然后安全地将这个密钥传送给一个或几个接收方。将一个公钥加密方案和数字签名方案结合起来可以容易地构造一个安全的密钥建立协议，而且在密钥建立的 ISO/IEC 标准中包括几个这样的协议。作为一个例子，考虑一下 ISO/IEC 11770-3 的密钥传输机制 4。

（1）B 产生一个随机数字（临时变量）N_B 并发送给 B。

（2）A 产生一个随机密钥 K_{AB} 并（选择性地）产生一个临时变量 N_A，B 将 ID_B、N_A、N_B、$\mathrm{Encrypt}(\mathrm{pk}_B, \mathrm{ID}_A \| \mathrm{K}_{AB})$ 和 $\mathrm{Sign}[\mathrm{sk}_A, \mathrm{ID}_B \| \mathrm{N}_A \| \mathrm{N}_B \| \mathrm{Encrypt}(\mathrm{pk}_B, \mathrm{ID}_A \| K_{AB})]$ 传送给 B，其中，$\mathrm{Encrypt}_B$ 表示在 B 的公钥下进行加密的公钥加密算法，Sign_A 表示在使用 A 的私钥生成的数字签名。

（3）B 检验消息中是否包含临时变量 N_B 和正确身份 ID_B，并检验签名的有效性（使用 A 的公钥）。如果有效，B 解密密文并检验身份 ID_A 是否包含其中。如果是，B 接受密钥 K_{AB}。否则如果任一检验失败，则 B 拒绝该密钥并终止。

这个协议中的消息流动总结在表 11.1 中。临时变量 N_A 的使用是可选择的，并且与其他协议保持一致性。值得指出的是在第二个消息中发送的 ID_B 和 N_B 是冗余的，可以省略。

表 11.1　ISO/IEC 11770-3 密钥传输机制 4

1．$B \to A: N_B$
2．$A \to B: \mathrm{ID}_B, N_A, N_B, \mathrm{Encrypt}(\mathrm{pk}_B, \mathrm{ID}_A \| K_{AB}), \mathrm{Sign}[\mathrm{sk}_A, \mathrm{ID}_B \| N_A \| N_B \| \mathrm{Encrypt}(\mathrm{pk}_B, \mathrm{ID}_A \| \mathrm{K}_{AB})]$

显而易见，这种 ISO/IEC 11770-3 中加密然后签名的密钥传输机制可以用一个签密算法来替代，表 11.2 中给出了这样一个协议。该协议不仅比原始协议（其中要求分离的加密和签名操作）更高效，而且拥有更高的安全特性。这种更高的安全特性是由以下事实得到的：在原始协议中的签名只能保证 A 知道密文 $\mathrm{Encrypt}_B(\mathrm{ID}_B, K_{AB})$，但是（新协议中的）签密文可以保证 A 知道潜在的 K_{AB}。这在概念上更安全。

表 11.2　应用于签密的 ISO/IEC 11770-3 密钥传输机制 4

$B \to A: N_B$
$A \to B: \mathrm{ID}_B, N_A, N_B, \mathrm{Encrypt}[\mathrm{sk}_A, \mathrm{pk}_B, \mathrm{ID}_A \| \mathrm{ID}_B \| N_A \| N_B \| K_{AB}]$

然而，这些协议在面对非常简单的模拟攻击时是非常脆弱的。攻击者可以简单地通过发送给 A 一个声称来自 B 的消息 N_B 来模拟另一个实体 B。在这种情形下，A 将会生成一个新的密钥 K_{AB} 和可以使 B 恢复该密钥的消息，然后成功终止该协议。攻击者会销毁这些消息，使得 A 认为他与 B 分享了一个密钥，然而 B 完全没有意识到协议的交互。这些攻击都不需要攻破 A 的密钥，利用模拟攻击攻破共享密钥。这些攻击可以通过要求 B 在 A 终止协议之前向 A 证明知道密钥 K_{AB} 来避免。这要求从 A 向 B 发送一条额外的消息。然而值得注意的是，这些攻击都是指向性的，即使 A 的长期密钥被攻破了，攻击者也无法向 B 模拟实体 A。这是由签密方案的不可伪造性决定的。

ISO/IEC 11770-3 标准包括 6 个密钥传输协议方案。其中 4 个使用签名然后加密或者加密然后签名的方法来提供实体认证。认为所有这些签名然后加密或者加密然后签名操作可以用签密操作来代替，而且安全性不会降低，效率会有相当的提高。

11.4 基于 Zheng 的签密方案的密钥建立协议

在原始的 Zheng 的签密方案（3.3 节和 4.3 节）的基础上，Zheng 和 Imai[205, 208] 根据具体的应用情形拓展了这些基本的密钥传输协议。考虑到以下两个因素，这些协议在效率方面进行了改进：首先，如果该协议可以自动识别参与方，则没有必要在消息域中包含身份标识；其次，如果密钥依赖临时变量产生，则没有必要在消息域中包含该临时变量。这些改进都减少了需要加密消息的长度，并因此减少了计算时间。这就得到了表 11.3 和表 11.4 中展示的协议。

表 11.3 Zheng 的 DKTUN（临时应用的直接密钥传输）协议

A		B
$K_{AB} \xleftarrow{R} \{0,1\}^{\ell_k}$	$\xleftarrow{N_B}$	$N_B \xleftarrow{R} \{0,1\}^{\ell_k}$
$k \xleftarrow{R} \mathbf{Z}_p$		
$(k_1, k_2) \leftarrow \text{hash}_1(pk_B^k)$		
$c \leftarrow \text{Enc}_{kl}(K_{AB})$		
$r \leftarrow \text{hash}_2(k_2, K_{AB}, N_B)$		
$s \leftarrow k/(r+\text{sk}_A) \bmod q$	$\xleftarrow{c,r,s}$	$(k_1, k_2) \leftarrow \text{hash}_1[(\text{pk}_A \cdot g^r)^{s\text{sk}} B]$
		$K_{AB} \leftarrow \text{Dec}_{kl}(c)$
		接受 K_{AB} 如果 $\text{hash}_2(k_2, K_{AB}, N_B)=r$

表 11.4 Zheng 的 IKTUN（临时应用的间接密钥传输）协议

A		B
$k \xleftarrow{R} \mathbf{Z}_p$	$\xleftarrow{N_B}$	$N_B \xleftarrow{R} \{0,1\}^{\ell_k}$
$(K_{AB}, k_2) \leftarrow \text{hash}_1(\text{pk}_B^k)$		
$r \leftarrow \text{hash}_2(k_2, K_{AB}, N_B)$		
$s \leftarrow k/(r+\text{sk}_A) \bmod q$	$\xrightarrow{r,s}$	$(K_{AB}, k_2) \leftarrow \text{hash}_1[(\text{pk}_A \cdot g^r)_B^{s\text{sk}}]$
		$K_{AB} \leftarrow \text{Dec}_{\text{k1}}(c)$

注意到在 DKTUNF 协议中，A 对密钥值有绝对的控制；然而在 IKTUN 协议中，A 对密钥只有受限制的控制（设哈希函数是单向的）。在 IKTUN 协议中，A 可能不会直接选择要共享的密钥 K_{AB} 的值，但是可能会重复地选择 k 的值，直到 K_{AB} 是一个有用的形式。平均来说，A 大概需要选择 2^S 个不同的 k 值来确定 K_{AB} 中 s 位比特的信息。这是由 Mitchell 等[142]首先发现的常见的一种折衷。再次，因为攻击者可以模仿 B 给 A 发送的一个临时变量，所以这些协议易受模拟攻击。但是攻击者模拟 A 几乎是不可能的。

基于两个独立运行的 DKTUN 协议，Zheng 和 Imai[205,208]也提出了一个密钥协商协议。该协议在表 11.5 中给出。应该指出，就像其本身那样，DKEUN 不是一个密钥协商协议。因为 B 在选择 K_B 的时候拥有对 K_A 的完整的知识，B 可以通过设定 $K_B = K_{AB} \oplus K_A$ 来自己选择设置共享密钥 K_{AB} 的值。这可以通过将共享密钥 K_{AB} 的值设为 $K_{AB} = \text{hash}'(K_A, K_B)$ 来避免，其中 hash′ 是一个独立的哈希函数，虽然这个协议仍然会受制于上面提到的 Mitchell 等的攻击[142]。这个协议似乎不会受到那些简单协议容易受到的模拟攻击，也不会受到攻破模拟攻击。

表 11.5　Zheng 的 DKEUN（临时应用的直接密钥交换）协议

A		B
$K_A \xleftarrow{R} \{0,1\}^{\ell_k}$	$\xleftarrow{N_B}$	$N_B \xleftarrow{R} \{0,1\}^{\ell_k}$
$k \xleftarrow{R} \mathbf{Z}_p$		
$(k_1, k_2) \leftarrow \text{hash}_1(\text{pk}_B^k)$		
$c \leftarrow \text{Enc}_{k1}(K_A)$		
$r \leftarrow \text{hash}_2(k_2, K_A, N_B)$		
$s \leftarrow k/(r + \text{sk}_A) \bmod q$	$\xrightarrow{c,r,s}$	$(k_1, k_2) \leftarrow \text{hash}_1[(\text{pk}_A \cdot g^r)^{s \cdot \text{sk}_B}]$
		$K_A \leftarrow \text{Dec}_{k1}(c)$
		如果 $\text{hash}_2(k_2, K_A, N_B) = r$ 接受 K_A
		$K_B \xleftarrow{R} \{0,1\}^{\ell_k}$
		$k' \xleftarrow{R} \mathbf{Z}_p$
		$(k_1', k_2') \leftarrow \text{hash}_1(\text{pk}_A^{k'})$
		$c' \leftarrow \text{Enc}_{k'1}(K_B)$
		$r' \leftarrow \text{hash}_2(k_2, K_B, K_A)$
		$s' \leftarrow k'/(r' + \text{sk}_B) \bmod p$
$(k', k_2') \leftarrow \text{hash}_1[(\text{pk}_B \cdot g^{r'})^{s \cdot \text{sk}_A}]$	$\xleftarrow{c',r',s'}$	$K_{AB} \leftarrow K_A \oplus K_B$
$K_B \leftarrow \text{Dec}_{k'1}(c')$		
接受 K_B 如果 $\text{hash}_2(k_2', K_B, K_A) = r'$		
$K_{AB} \leftarrow K_A \oplus K_B$		

Kim 和 Youm[116]提出了一个类似的、但是简化的协议。该协议在表 11.6 中给出。不像 Zheng 的 DKEUN，该协议易受模拟攻击。该攻击要求攻击者从一次合法的协议

执行中得到第一个消息(c,r,s)，然后重放这条消息。这使得B在没有同伴的情况下成功终止协议。从概念的角度来看，秘密值k_1用来实现两个独立的目的也使人忧虑：它用来作为 $\text{hash}_2(\text{ID}_A, \text{ID}_B, k_1)$盲化因子的随机种子，同时用来选择一个哈希函数来计算检验值$\delta \leftarrow \text{hash}_4(k_1,\sigma)$。

表 11.6　Kim 和 Youm 的 SAKE 协议

A		B
$k \xleftarrow{R} \mathbf{Z}_p$		
$(k_1,k_2) \leftarrow \text{hash}_1(\text{pk}_B^k)$		
$c \leftarrow \text{hash}_2(\text{ID}_A,\text{ID}_B,k_1)\cdot g^k$		
$r \leftarrow \text{hash}_3(k_2,c)$		
$s \leftarrow k/(r+\text{sk}_A) \bmod q$	$\xrightarrow{c,r,s}$	$(k_1,k_2) \leftarrow \text{hash}_1[(\text{pk}_A\cdot g^r)^{s\cdot \text{sk}_B}]$
		如果 $\text{hash}_3(k_2,c)=r$ 则接受 c
		$k' \xleftarrow{R} q$
		$\mu \leftarrow g^{k'}$
		$\sigma \leftarrow (c/\text{hash}_2(\text{ID}_A,\text{ID}_B,k_1))^{k'}$
		$\delta \leftarrow \text{hash}_3(k_1,\sigma)$
$\sigma \leftarrow \mu^k$	$\xleftarrow{c',r',s'}$	$K_{AB} \leftarrow \text{hash}_4(\sigma)$
如果 $\text{hash}_3(k_1,\sigma)=\delta$ 则接受 σ		
$K_{AB} \leftarrow \text{hash}_4(\sigma)$		

11.5　基于签密密钥封装机制的密钥协商协议

利用一个非对称密钥封装机制（KEM）和一个对称数据封装机制（DEM）来实现公钥加密的思想首先由 Cramer 和 Shoup[68]提出。因为 KEM 允许一个用户安全地生成并传输对称密钥给另一个用户，则 KEMs 为密钥建立协议提供一个好的基底是一个很吸引人的想法；然而，KEMs 和密钥建立协议通常基于相同的技术，KEM 只要求密钥以一种保密的方式传输。KEM 不提供任何实体认证或时效性保证。

11.5.1　基于签密 KEMs 的密钥协商协议

Dent[73]提出签密 KEMs 是构建密钥建立协议的一个更合适的选择。一个签密 KEM（不考虑外部安全，见第 7 章）可以提供机密性和来源认证。通过使用基于一个临时变量计算的 MAC 值来保证时效性，Dent[73]提出了一个简单的协议（1.3.5 小节）。该协议在表 11.7 中给出。注意到，该协议正像本章的许多其他协议一样易受到对A的简单模拟攻击。在这个攻击中，尽管B没有与之进行匹配会话，但A也会被赋予一个恶意生成的临时变量N_B，然后在成功输出(C, tag)后成功终止协议。更有趣的是，因为 Dent

提出的协议只要求使用一个外部安全的签密 KEM，该协议不能保证针对向 B 模拟实体 A 的攻破模拟攻击的安全性。这个攻击利用了一个外部安全的签密 KEM，允许一个获得了接收方私钥的攻击者伪造一个合法的封装。在这个协议中，通过伪造签密文 C 和 MAC 值 tag，可以对 B 发起攻击。

表 11.7　利用一个签密 KEM 的密钥建立

A		B
$(K_{AB}, C) \xleftarrow{R} \text{Encap}(\text{sk}_A, \text{pk}_B)$	$\xleftarrow{N_B}$	$N_B \xleftarrow{R} (0,1)^{\ell_k}$
$\tau = (N_B, \text{sid})$		
$\text{tag} \leftarrow \text{MAC}_{KAB}(N_B)$	$\xrightarrow{C,\text{tag}}$	$K_{AB} \leftarrow \text{Decap}(\text{pk}_A, \text{sk}_B, C)$
		如果 $\text{MAC}_{KAB}(N_B) = \text{tag}$ 则接受 K_{AB}

注意到该协议中允许使用该密钥建立协议的外部应用程序选择会话身份 sid，协议无论如何也不会选择或者更改会话身份。这对本章中描述的几乎所有的密钥建立协议都是成立的，唯一的例外是下面讨论的 Gorantla 协议。

Gorantla 等[92]证明了关于一传密钥协商协议的一系列有趣的结果（如只包括从 A 到 B 的单条消息传递的协议）。首先证明任意安全的一传密钥协商协议都能提供一个外部安全的签密 KEM（7.3 节），并利用这个结果基于 HMQV 协议给出一个新的外部安全的签密 KEM。其次，证明任意外部安全的签密 KEM 可以用作一个一传密钥协商协议。其构造在表 11.8 中给出。

表 11.8　利用一个签密 KEM 的密钥建立

A		B
$(K_{AB}, C) \xleftarrow{R} \text{Encap}(\text{sk}_A, \text{pk}_B)$	$\xrightarrow{C}$	$K_{AB} \leftarrow \text{Decap}(\text{pk}_A, \text{sk}_B, C)$

定理 11.1　如果一个签密 KEM 是外部安全的，那么 Gorantla 等的密钥建立协议在一个安全模型中是安全的，在该安全模型中，攻击者不能进行 Expire 询问，而且会话身份定义为密文 C。

更加正式地，如果存在一个以优势 $\text{Adv}_A^{\text{KEP}}(k)$ 攻击密钥建立协议的攻击者可以对 Query 预言机最多进行 q_{query} 次询问，可以对 Send 预言机进行 q_{send} 次询问，那么存在一个攻击者 B 以优势 $\text{Adv}_B^{\text{LoR}}(k)$ 对签密 KEM 的 LoR 安全性进行攻击，存在一个攻击者 B' 以优势 $\text{Adv}_{B'}^{\text{IND}}(k)$ 对签密 KEM 的外部 FEO/FUO-IND-CCA2 安全性进行攻击，而且有

$$\text{Adv}_A^{\text{KEP}} \leqslant \frac{1}{q_{\text{query}}^2}\text{Adv}_B^{\text{LoR}}(k) + \frac{1}{q_{\text{query}}^2 q_{\text{send}}}\text{Adv}_{B'}^{\text{IND}}(k) \tag{11.2}$$

最初，因为 Gorantla 协议不提供时效性保证，所以其似乎是不安全的。当然从 A 向 B 重放密文是可能的。通过在安全性模型中的一个技术细节，安全证明是可能的：将密文定义为会话身份，并且攻击者没有终止会话的能力。这两者组合起来意味着攻

击者不能向 B 再次提交密文 C，因为这涉及向一个已结束的会话发送一个新的消息（以 C 为会话身份）。因此，重放攻击被禁止了。在密码学中广泛使用将会话身份定义为协议中发送的所有消息的联结的技巧来避免重放攻击。然而，在实践中，密钥建立协议的一部分，这种转化要求实体 B 记住所有发送给自己的有效的密文 C，并且拒绝任意重用旧消息的尝试。这可能需要大量的存储空间，而且会大量增加协议的处理时间。因此，这种方法对于通用的安全应用不可能是实用的。

最后，注意到 Gorantla 协议的结果比引理 11.1 中的证明更强。实际上作者使用了一个比左或右安全更弱的不可伪造概念来证明引理（见 7.3.2 小节中的关于不可伪造性的讨论），在其中如果攻击者可以生成一个有效的不是由 A 生成的从 A 到 B 的对密文 C 的封装，则攻击者赢得了该游戏。这个概念暗含在左或右安全性中并比它更弱。

11.5.2 基于签密 Tag-KEMs 的密钥协商协议

Bjørstad 和 Dent[37]扩展了使用签密 KEMs 构造密钥协商协议的思想并给出了一个通用协议，其中临时变量与通过签密 Tag-KEMs 计算共享密钥的过程直接相关。Bjørstad 和 Dent 提出的协议按照如下方式运行。

（1）B 生成一个既定长度的临时变量 $N_B \xleftarrow{R} \{0,1\}^{l_n}$，然后将 N_B 发送给 A。

（2）A 计算 $(K_{AB},\omega) \xleftarrow{R} \mathrm{Sym}(\mathrm{sk}_A,\mathrm{pk}_B)$ 和 $C \xleftarrow{R} \mathrm{Encap}(\omega,\tau)$，其中 τ 是一个由 $\tau=(N_B,\mathrm{sid})$ 得到的一个标签。A 接受 K_{AB} 作为共享密钥，并将 C 发送给 B。

（3）B 利用标签 $\tau=(N_B,\mathrm{sid})$ 计算 $K_{AB} \leftarrow \mathrm{Decap}(\mathrm{pk}_A,\mathrm{sk}_B,C,\tau)$，如果 $K_{AB} \neq \perp$ 则接受其为共享密钥。

该协议总结见表 11.9。

表 11.9　利用一个签密 tag-KEM 的密钥建立

A		B
$(K_{AB},\omega) \xleftarrow{R} \mathrm{Encap}(\mathrm{sk}_A,\mathrm{pk}_B)$	$\xleftarrow{N_B}$	$N_B \xleftarrow{R} \{0,1\}^{\ell_k}$
$\tau=(N_B,\mathrm{sid})$		
$C \xleftarrow{R} \mathrm{Encap}(\omega,\tau)$	$\xrightarrow{C}$	$\tau=(N_B,\mathrm{sid})$
		$K_{AB} \leftarrow \mathrm{Decap}(\mathrm{pk}_A,\mathrm{sk}_B,C,\tau)$

因为签密 Tag-KEMs 是一个比签密更简单的机制，所以期望该协议能够提供一个更简洁灵活的密钥建立协议的方法。在直接用来提供认证加密的情形中，签密 Tag-KEMs 有特殊的用途。

注意到该协议对于上面讨论的攻击者可以向 A 模拟实体 B 的简单模拟攻击仍然是脆弱的。对于攻击者向 B 模拟 A 的密钥攻破模拟攻击或简单模拟攻击，该协议好像是安全的。更进一步，11.2.3 小节中定义安全模型中，该协议是可以证明安全的。其形式化证明在 11.5.3 小节中，但是证明过程基本分为三步。

（1）证明攻击者不可能找到两个合法的会话具有相同的临时变量或者提前猜到在

某个具体会话中应用的临时变量。这两个情形都会导致对方案的简单的攻击，而且可以通过使得 l_n 足够长以致于可能的临时变量的数量远超过可能的会话的数量来防止这些攻击。

（2）证明如果实体 B 成功终止了一个会话，那么肯定存在一个拥有相同会话密钥的来自实体 A 的匹配会话。因为实体 B 只有在收到一个对标签 $\tau=(N_B,\text{sid})$ 的有效封装后才会终止，而且 B 产生的每个临时变量都是不同的，任意使得 B 成功终止的封装要么来自一个匹配会话，要么就是伪造的。因为在实践中伪造一个封装是不可能的，推断该封装来自一个匹配会话。

（3）证明攻击者对 Test 会话中的真实和随机密钥的区分实际上是在判断该密钥是随机的或者是在对 C 解封装后得到的。因为签密 tag-KEM 是 IND-CCA2 安全的，这是不可能的。因此该密钥建立协议是安全的。

有趣的是，如果使用本章给出的基于 Zheng 的签密 tag-KEM 方案来实例化 Bjørstad 和 Dent 的密钥建立协议，得到的协议（表 11.10）与 11.4 节中讨论的、由 Zheng 和 Imai[205, 208] 给出的 IKTUN 协议非常类似。

表 11.10　利用 zheng 的签密 tag-KEM 的密钥建立

A		B
$k \xleftarrow{R} \mathbf{Z}_q$	$\xleftarrow{N_B}$	$N_B \xleftarrow{R} \{0,1\}^{\ell_k}$
$k_1 \leftarrow \text{pk}_B^k$		
$r \leftarrow \text{hash}_1(\text{N}_B \parallel \text{sid} \parallel \text{pk}_A \parallel \text{pk}_B \parallel k_1)$		
$s \leftarrow k/(r+\text{sk}_A)$		
$K_{AB} \leftarrow \text{hash}_2(k_1)$	$\xrightarrow{r,s}$	$k_1 \leftarrow (\text{pk}_A \cdot g^r)^{s \cdot sk_B}$
		如果 $\text{hash}_1(N_B \parallel \text{sid} \parallel \text{pk}_A \parallel \text{pk}_B \parallel k_1)=r$ 则接受 k_1
		$K_{AB} \leftarrow \text{hash}_2(k_1)$

11.5.3　Bjørstad-Dent 协议的安全性证明

本节将介绍 Bjørstad-Dent 密钥建立协议的形式化安全证明。该安全性证明比较复杂，可以在首次阅读本章时略过。

定理 11.2　设（Setup, KeyGen$_\text{S}$, KeyGen$_\text{R}$, Sym, Encap, Decap）为一个签密 tag-KEM 方案，设 A 是一个可以最多可以进行 q_{query} 次 Query 预言机询问，q_{send} 次 Send 预言机询问，对使用上述签密 tag-KEM 方案的密钥建立协议的攻击者，其优势定义为 $\text{Adv}_A^{\text{KEP}}(k)$。

则存在一个攻击者 B 可以以优势 $\text{Adv}_B^{\text{forge}}(k)$ 攻击签密 tag-KEM 方案的不可伪造性，并存在一个攻击者 B' 在多用户模型中以优势 $\text{Adv}_{B'}^{\text{SCTK}}(k)$ 攻击签密 tag-KEM 方案的 IND-CCA2 安全性，而且有

$$\text{Adv}_{B'}^{\text{SCTK}}(k)+\frac{1}{q_{\text{send}}}\text{Adv}_B^{\text{forge}}(k) \geqslant \frac{1}{q_{\text{send}}q_{\text{query}}^2}\left\{\text{Adv}_A^{\text{KEP}}(k)-\frac{q_{\text{send}}^2}{2^{l_n-1}}\right\} \qquad (11.3)$$

证明

设 A 是针对该密钥建立协议的任意概率多项式时间攻击者。由定义知，A 在 11.2.3 小节中给出的安全模型中可以以优势 $\mathrm{Adv}_A^{\mathrm{KEP}}(k)$ 攻破该密钥建立协议。证明过程分为两个阶段。首先，修改模型使 A 是在一系列相继的步骤中运行的，并且在新模型中可以推断出 A 运行的每一步优势的下限。其次，证明在修改模型中 A 的优势都直接与另一个攻击者 B' 攻破签密 tag-KEM 的 IND-CCA2 安全性的优势相关。因此，可以得出结论，只要该签密 tag-KEM 是安全的，那么该密钥建立协议就是安全的。

后面将使用游戏跳跃中的基本技巧来证明这个结果[34, 180]。提出 A 在其中进行游戏的一系列安全模型。设 W_i 是 A 赢得游戏 i 的概率，设 Adv_i 为 A 在游戏 i 的优势。

游戏 1：这是一个正常的密钥建立协议的安全定义。因此，$\mathrm{Adv}_1 = \mathrm{Adv}_A^{\mathrm{KEP}}(k)$。

游戏 2：在这个游戏中只是稍微修改决定 A 是否赢得该游戏的方式。修改游戏使得如果攻击者 A 促使实体 B 开始输出相同临时变量的会话（使用 $\mathrm{Send}(\mathrm{ID}_A, \mathrm{ID}_B, \mathrm{sid}, \lambda)$ 命令），则攻击者自动地认为输掉了该游戏。特别地，这意味着在测试会话中必须使用一个与先前在其他会话中使用过的不同的临时变量①。

设 E 表示此类事件的发生，则 $\Pr[E] \leqslant q_{\mathrm{send}}^2 / 2^{l_n}$。同时，除非 E 发生，游戏 1 和游戏 2 是相同的。下面是一个游戏跳跃理论中已确定的引理。

引理 11.1　设 A、B 和 E 是在同一个概率空间中的事件且 $A \wedge \neg E = B \wedge \neg E$，那么 $\Pr[A] - \Pr[B] \leqslant \Pr[E]$。

因此，有 $\Pr[W_1] - \Pr[W_2] \leqslant \Pr[E]$，而且有

$$\mathrm{Adv}_2 \geqslant \mathrm{Adv}_1 - q_{\mathrm{send}}^2 / 2^{l_n} \tag{11.4}$$

游戏 3：已经阻止了因为 B 两次输出相同的临时变量而使攻击者成功攻击的可能。必须证明攻击者事先猜出一个临时变量也是不可能的，因为这也会导致一种攻击②。因此声明如果攻击者与实体 B 开始了一个会话（使用 $\mathrm{Send}(\mathrm{ID}_A, \mathrm{ID}_B, \mathrm{sid}, \lambda)$ 询问），而且该会话输出的临时变量在之前与实体 A 开始会话（使用 $\mathrm{Send}(\mathrm{ID}_B, \mathrm{ID}_A, \mathrm{sid}, N)$ 询问）时已经输入过，则攻击者立即输掉了该游戏。设 E 表示此类事件发生，并记 $\Pr[E] \leqslant q_{\mathrm{send}}^2 / 2^{l_n}$。因此，由引理 11.1，有

---

① 注意到如果攻击者可以设置两个拥有相同临时变量的会话，那么这个攻击者可以攻破这个方案。攻击者在 A 和 B 之间使用单个会话身份 sid 开始一系列新的会话。如果 B 输出的临时变量是有效的（如与之前的所有临时变量都不同），然后攻击者可以将这个临时变量传送给 B，B 会输出一个封装。然后攻击者揭露出该会话密钥；记录该临时变量，封装和密钥；终止 A 和 B 的会话。如果输出的临时变量不是有效的，则攻击者从他的记录中找到拥有相同的临时变量的相应的封装，然后当作 A 的回应发送给 B。攻击者进行这个测试会话；然而，攻击者从先前的 Reveal 询问中已经知道了这个会话密钥。

② 在这个攻击中，A 生成 $q_{\mathrm{send}}/2$ 不同的临时变量，并利用每个临时变量在 Send 预言机中询问实体 A，保存相关的封装 C，A 利用 Reveal 预言机得到每一个会话的密钥，然后终止该会话。每一个密钥用合适的封装和临时变量存储起来。A 然后与实体 B 开始 $q_{\mathrm{send}}/2$ 不同的会话。如果实体输出一个与在第一阶段生成的都不同的临时变量，则攻击者终止会话。如果 B 输出一个与攻击者在第一阶段生成的相同的临时变量，则攻击者使用合适的封装来回应，称为测试会话。因为攻击者已经知道了与该封装相关的密钥，攻击者可以轻易地赢得这个游戏。

$$\mathrm{Adv}_3 \geqslant \mathrm{Adv}_2 - q_{\mathrm{send}}^2 / 2^{l_n}$$

游戏 4：现在尝试猜测将会在测试会话中扮演 A 和 B 的身份。因为命名空间 S 过于庞大，所以不能直接猜测这些实体的名字，进而选择对询问预言机的哪些询问是关于这些实体的（注意到假设攻击者总是对他想要在测试会话中使用的身份向 Query 预言机进行询问）。如果猜测不正确，该游戏立即终止并且攻击者声称以 1/2 的概率赢得了该游戏（即没有优势）。

为了猜测 A 和 B 的身份，该游戏随机选择 $i_A, i_B \in \{1, 2, \cdots, q_{\mathrm{query}}\}$，其中，$q_{\mathrm{query}}$ 是攻击者 A 对 Query 预言机进行询问次数的最大值。定义 A^* 是在第 i_A 次询问中询问的实体，B^* 是在第 i_B 次询问中询问的实体。如果攻击者在测试会话中没有选择 A^* 扮演 A，B^* 扮演 B，那么该游戏马上终止，攻击者选择一个随机值 $b' \xleftarrow{R} \{0,1\}$ 作为对 b 的猜测。因此，在这个情形下，A 赢得该游戏的概率为 1/2。

注意到该游戏猜对 A^* 和 B^* 的概率为 $1/q_{\mathrm{query}}^2$，并且该事件的发生与 A 的行为是独立的（包括 A 是否赢得游戏 3）。设 E 表示该事件，则有

$$\mathrm{Adv}_4 = |\Pr[W_4] - 1/2| \tag{11.5}$$

$$= |\Pr[W_4 \mid E]\Pr[E] + \Pr[W_4 \mid \neg E]\Pr[\neg E] - 1/2| \tag{11.6}$$

$$= |\Pr[W_4 \mid E]\Pr[E] + \Pr[\neg E]/2 - 1/2| \tag{11.7}$$

$$= |\Pr[W_4 \mid E]\Pr[E] + \Pr[E]/2| \tag{11.8}$$

$$= |\Pr[W_3 \mid E]\Pr[E] + \Pr[\neg E]/2| \tag{11.9}$$

$$= |\Pr[W_3]\Pr[E] + \Pr[E]/2| \tag{11.10}$$

$$= |\Pr[E]\Pr[W_3] - 1/2| \tag{11.11}$$

$$= \Pr[E]\mathrm{Adv}_3 \tag{11.12}$$

$$= \mathrm{Adv}_3 / q_{\mathrm{query}}^2 \tag{11.13}$$

式(11.9)源于以下事实：游戏 3 和游戏 4 在事件 E 发生的情况下是相同的。式(11.10)源于以下事实：W_3 和 E 是相互独立的。因此 $\mathrm{Adv}_4 = \mathrm{Adv}_3 / q_{\mathrm{query}}^2$。

游戏 5：下面考虑测试会话。因为测试会话的所有者必须成功终止，则有两种可能。

（1）A^* 是测试会话的拥有者，即攻击者使用 $\mathrm{Test}(\mathrm{ID}_{B^*}, \mathrm{ID}_{A^*}, \mathrm{sid}^*)$ 询问定义一个测试会话，在这种情形下，A^* 将会收到一个临时变量 N^*，输出一个封装 C^* 并且成功终止。在这种情形下不能确定 A^* 收到的临时变量与 B^* 发送的临时变量相同，也不能确定 B^* 是否为这个会话输出了一个临时变量。

（2）B^* 是测试会话的拥有者，即攻击者使用 $\mathrm{Test}(\mathrm{ID}_{A^*}, \mathrm{ID}_{B^*}, \mathrm{sid}^*)$ 询问定义一个测

试会话，在这种情形下，B^* 首先生成一个临时变量 $N_{B^*}^*$（与这个游戏中使用的其他临时变量都不相同），收到一个封装 C^*，成功地从 C^* 中恢复一个密钥，并且成功终止。

现在关心的是第二种情形。声明如果封装 C^* 不是由实体 A^* 利用临时变量 $N_{B^*}^*$ 和会话身份 sid* 生成的，那么 B^* 成功终止的可能性是非常小的。换句话说，除非 A^* 持有一个匹配会话，否则 B^* 不可能终止这个测试会话。这是因为，如果这些条件不成立，则 C^* 是一个伪造的封装，而且知道，因为签密 tag-KEM 的安全性，这种伪造在实际中是不可能的。

设 E 是这样一种事件，B^* 成功终止一个测试会话，但是 A^* 并没有一个与之匹配的会话。如果 E 发生，则游戏终止并设定 A 输掉了游戏。如果 E 没有发生，则游戏正常继续。因此，$W_5 \wedge \neg E = W_4 \neg E$。由引理 11.1，有

$$\Pr[W_5] - \Pr[W_4] \leqslant \Pr[E]$$

并且可以推出 $\mathrm{Adv}_5 \geqslant \mathrm{Adv}_4 - \Pr[E]$。它仍然受到 $\Pr[E]$的约束。需要注意收下几点。首先，这个临时变量在测试会话开始之前没有被 B^* 输出过（由于在游戏 1 中的限制）并且，在 B^* 输出该临时变量之前，它不能作为 A^* 的输入（由于在游戏 2 中的限制）。因此，因为没有一个匹配会话，A^* 在作出 Test 询问之前的任何时间点都不可能计算出利用 $\tau^* = (N_{B^*}^*, \mathrm{sid}^*)$ 才能计算的封装 C^*。

现在要描述攻击者 B 对签密 tag-KEM 的不可伪造的攻击。已知，在一个签密 tag-KEM 中，一个实体有两个密钥对。一个完整的发送密钥对 $(\mathrm{sk}_A^S, \mathrm{pk}_A^S) \xleftarrow{R} \mathrm{KeyGen_S(param)}$ 用来对实体 A 发送消息，另一个接收密钥对 $(\mathrm{sk}_A^R, \mathrm{pk}_A^R) \xleftarrow{R} \mathrm{KeyGen_R(param)}$ 用来对实体 A 接收消息。在不可伪造性的安全模型中，B 以全局参数 param 和 pk_*^S 作为输入。

B 按照如下方式运行。首先，它随机生成整数 $i_A, i_B \xleftarrow{R} \{1, 2, \cdots, q_{\mathrm{query}}\}$。设 pk_*^S 是 A^* 的发送公钥。B 以(param, 1^k)为输入运行攻击者 A。在这个执行过程中，A 可以访问以下预言机（B 为 A 模拟的）。

（1）Query(ID_A)：如果这不是对预言机的第 i_A 次询问，然后预言机生成密钥对 $(\mathrm{sk}_A^S, \mathrm{pk}_A^S) \xleftarrow{R} \mathrm{KeyGen_S(param)}$ 和 $(\mathrm{sk}_A^R, \mathrm{pk}_A^R) \xleftarrow{R} \mathrm{KeyGen_R(param)}$，并返回公钥 $(\mathrm{pk}_A^S, \mathrm{pk}_A^R)$。私钥保存后面使用。

如果这是对预言机的第 i_A 次询问，预言机设定 $\mathrm{pk}_A^S \leftarrow \mathrm{pk}_*^S$（挑战公钥），计算接收密钥 $(\mathrm{sk}_A^R, \mathrm{pk}_A^R) \xleftarrow{R} \mathrm{KeyGen_R(param)}$，并且返回公钥 $(\mathrm{pk}_A^S, \mathrm{pk}_A^R)$。接收私钥保存以后使用。

（2）$\mathrm{Send}(\mathrm{ID}_A, \mathrm{ID}_B, \mathrm{sid}, m)$：如果这次询问不满足 $B = A^*$（如攻击者 B 没有被要求模拟 A^* 的输出），那么攻击者 B 可以使用它知道的私钥回答任意询问。

如果 $B = A^*$ 并且询问是关于协议中的第一条或第三条消息（如在该询问中 A^* 会模拟协议中的 B），那么攻击者 B 以使用其已知的 A^* 的私钥回答任意询问。

如果 $B = A^*$ 并且询问与协议中第二条消息相关（如在该询问中 A^* 会模拟协议中的 A），那么攻击者 B 可以计算 A^* 通过使用灵活的封装预言机才得出的回应。

注意到在所有的这些情况中，如果一个会话成功终止，那么就可以计算该会话的会话密钥。这些密钥存储以备后用。

（1）Expire(ID_A, ID_B, sid)：本预言强制一个会话终止。B 只是对会话终止做一个注记，并且像一个新的会话一样对 Send 询问进行回答。

（2）Reveal(ID_A, ID_B, sid)：该预言对一个成功终止的会话的密钥进行回答（测试会话除外）。因为在每个成功终止的协议中都会计算各方拥有的密钥，这可以很容易完成。因此，只是返回这个会话密钥值。

（3）Corrupt(ID_A)：如果 $A \neq A^*$，那么 B 可以为 A 返回在 Query 询问中生成的私钥。如果 $A = A^*$，那么 B 肯定猜错了 A^* 的身份（如 A^* 不会在测试会话中模拟 A），并且 B 将会终止模拟并输出⊥。

（4）Test(ID_A, ID_B, sid)：如果攻击者 A 对于任意 A^* 不模拟 A，B^* 不模拟 B 的会话进行询问，那么 B 终止模拟并且输出⊥。

如果测试会话是针对 A^*，那么 B 终止并且输出⊥。

如果测试会话是针对 B^*，而且封装 C^* 是 B^* 收到的，并且不是来自 A^* 的会话的，那么 B 终止模拟并且输出一个 C^* 作为伪造。

否则 B 终止模拟并且输出⊥。

注意到 B 成功模拟了 A 在游戏 4 和游戏 5 中可以访问的所有预言（直到 A 作出一个 Test 询问）。注意到如果事件 E 发生（如测试会话是针对 B^*，并且涉及到 A^* 在一个匹配会话中还没有输出的封装 C^*），那么 B 输出 C^* 作为一个伪造。因为 A^* 不能输出利用标签 τ^* 才能输出的封装的 C^*，知道封装 C^* 不可能是由签密 tag-KEM 的封装预言机返回的。因此，如果 E 发生，那么 C^* 是一个有效的伪造，这意味着

$$\Pr[E] \leqslant \mathrm{Adv}_B^{\mathrm{forge}}(k)$$

并且 $\mathrm{Adv}_5 \geqslant \mathrm{Adv}_4 - \mathrm{Adv}_B^{\mathrm{forge}}(k)$。

游戏 6：现在有一个非常强的位置。已知该游戏已经猜出测试会话中 A^* 和 B^* 的身份。更进一步，无论该测试会话是指向 A^* 还是指向 B^*，在测试会话中使用的封装 C^* 就是 A^* 输出的封装。在本游戏中，将要尝试猜出 A^* 的哪个会话与测试会话相对应。如下面的情况。

（1）如果该测试会话是针对 A^*，那么尝试猜测该会话。

（2）如果该测试会话是针对 B^*，那么尝试 A^* 拥有的与测试会话相对应的匹配会话。

随机选择一个值 $j \xleftarrow{R} \{1,2,\cdots,q_{\mathrm{send}}\}$。该值将会以 $1/q_{\mathrm{send}}$ 的概率正确地确认该测试会话，并且该会话被确认的事件与 A 的任何行为都是独立的。因此，与游戏 4 中的参数相同，有

$$\mathrm{Adv}_6 = \mathrm{Adv}_5 / q_{\mathrm{send}}$$

归约：现在需要将攻击者 A 在游戏 6 中的优势与攻击者 B' 对签密 tag-KEM 的 IND-CCA2 的攻击相联系起来（第 7 章）。签密 tag-KEM 是在 IND-CCA2 模型下是安

全的假设将推出该密钥建立协议是安全的。该证明与游戏 5 中给出的证明是相似的。

回忆在多用户签密 tag-KEM 签密的 IND-CCA2 模型中，该游戏选择一个公钥 $\mathrm{pk}_*^{\mathrm{R}}$ 用来计算挑战封装。攻击者 B' 以全局变量信息 param 和接收者的公钥 $\mathrm{pk}_*^{\mathrm{R}}$ 作为输入。

该算法 B' 以接收者的公钥 $\mathrm{pk}_*^{\mathrm{R}}$ 和全局变量信息 param 作为系统的输入。B' 随机选择 $i_A, i_B \xleftarrow{R} \{1,2,\cdots,q_{\text{query}}\}$ 和 $j \xleftarrow{R} \{1,2,\cdots,q_{\text{send}}\}$，并且，以 param 为输入运行攻击者 A。B' 按照以下方式回答 A 对预言的询问。

（1）Query(ID_B)：如果这不是对预言机的第 i_B 次询问，则预言机生成密钥对 $(\mathrm{sk}_B^{\mathrm{S}},\mathrm{pk}_B^{\mathrm{S}}) \xleftarrow{R} \mathrm{KeyGen}_{\mathrm{S}}(\mathrm{param})$ 和 $(\mathrm{sk}_B^{\mathrm{R}},\mathrm{pk}_B^{\mathrm{R}}) \xleftarrow{R} \mathrm{KeyGen}_{\mathrm{S}}(\mathrm{param})$，并返回公钥（$\mathrm{pk}_B^{\mathrm{S}},\mathrm{pk}_B^{\mathrm{R}}$）。私钥保存后面使用。

如果这是对预言机的第 i_{B} 次询问，预言机设定 $\mathrm{pk}_{B^*}^{\mathrm{R}} = \mathrm{pk}_*^{\mathrm{R}}$（挑战公钥），计算接收密钥$(\mathrm{sk}_{B^*}^{\mathrm{S}},\mathrm{pk}_{B^*}^{\mathrm{S}}) \xleftarrow{R} \mathrm{KeyGen}_{\mathrm{S}}(\mathrm{param})$，并且返回公钥$(\mathrm{pk}_{B^*}^{\mathrm{S}},\mathrm{pk}_{B^*}^{\mathrm{R}})$。接收私钥保存以后使用。

（2）Send(ID_A, ID_B, sid, m)：如果这次询问与第 j 次会话不相关，并且实体 B^* 在会话中不是模拟 B，那么这个预言的回应可以 A 和 B 的私钥信息很容易计算出来。如果这次询问与第 j 次会话不相关，并且实体 B^* 在会话中模拟 B，那么对消息 Send(ID_A,ID_{B^*},sid,m) 的回应可以使用灵活的解封装进行计算。注意到对在游戏 1 中由 B^* 输出的临时变量的限制意味着 B' 将永远不会对 (C^*,τ^*) 进行非法的解封装询问。

更进一步，注意到任意成功终止的会话，测试会话除外，上述回应将会导致 B' 计算出正确的共享的密钥 K_{AB}。这个密钥存储以备后用。

（3）Expire(ID_A, ID_B, sid)：本预言强制一个会话终止。B 只是对会话终止做一个注记，并且像一个新的会话一样对 Send(ID_A, ID_B, sid)询问进行回答。

（4）Reveal(ID_A, ID_B, sid)：该预言对一个成功终止的会话的密钥进行回答（测试会话除外）。注意到，除非在测试会话中，这个密钥将会被成功计算并存储作为先前 Send 询问的结果。因此，B' 返回这个存储的密钥值。如果 A 对测试会话进行 Reveal 询问，那么必须已经猜错测试会话，并且 B' 终止模拟并且输出一个随机比特 $b' \xleftarrow{R} \{0,1\}$。

（5）Corrupt(ID_A)：如果 $B \neq B^*$，那么 B' 从它先前生成的密钥列表中返回私钥值（$\mathrm{sk}_B^{\mathrm{S}},\mathrm{sk}_B^{\mathrm{R}}$）。如果 $B = B^*$，那么肯定猜错了 B^* 的身份，所以 B' 将会终止模拟并输一个随机比特 $b' \xleftarrow{R} \{0,1\}$。

（6）Test(ID_A, ID_B, sid)：如果这个询问是针对除与第 j 次会话相对应会话外的任意其他会话的（如果这次测试询问是针对 A^* 的，那么该会话应该是第 j 次会话，如果该测试询问针对 B^*，那么该会话就是第 j 次会话的匹配会话），那么就猜错测试会话，并且 B' 通过输出对 b 的一个随机猜测 $b' \xleftarrow{R} \{0,1\}$ 作为终止。则 B' 返回 K^*（从第 j 次会话中获得的挑战密钥）给 A。

A 最终终止，并输出对 b 的猜测 b'。这时，B' 也输出比特 b' 并终止。

B' 精确模拟了在游戏 6 中 A 可以访问的预言机。进而，如果 A 成功赢得了游戏 6，那么 B' 赢得 IND-CCA2 的签密 tag-KEM 游戏。因此有

$$\mathrm{Adv}_{B'}^{\mathrm{SCTK}}(k) \geqslant \mathrm{Adv}_6$$

并且有

$$\mathrm{Adv}_{B'}^{\mathrm{SCTK}}(k) + \frac{1}{q_{\mathrm{send}}}\mathrm{Adv}_{B}^{\mathrm{forge}}(k) \geqslant \frac{1}{q_{\mathrm{send}}q_{\mathrm{query}}^2}\left\{\mathrm{Adv}_{A}^{\mathrm{KEP}}(k) - \frac{q_{\mathrm{send}}^2}{2^{l_n-1}}\right\}$$

因此，该定理成立。

值得指出的是，用一个更高级的证明来提高这个归约的效率是可能的。特别地，认为这个归约可以提高为

$$\mathrm{Adv}_{B'}^{\mathrm{SCTK}}(k) \geqslant \frac{1}{q_{\mathrm{send}}q_{\mathrm{query}}^2}\left\{\mathrm{Adv}_{A}^{\mathrm{KEP}}(k) - \frac{q_{\mathrm{send}}^2}{2^{l_n}}\right\} - \frac{1}{q_{\mathrm{send}}}\mathrm{Adv}_{B}^{\mathrm{forge}}(k)$$

11.6　基于时间戳的密钥建立协议

本章主要关注利用临时变量保证时效性的密钥建立协议。然而，时效性可以通过其他方式来保证。另一个常用的保证时效性的方法是使用时间戳。时间戳只是记录消息生成的时间和日期的一组数据。任意收到该消息的实体可以通过检验附加在消息后面的时间和日期来验证它的时效性。显然，它是在完整性受到保护的形式中传输的，否则可能会被攻击者修改（这会导致包括重放攻击在内的许多威胁）。

在时间戳可以用来提供时效性保证之前，有很多实际的问题需要解决。其中一个主要的问题就是发送者和接收者必须安全地同步时钟。更进一步，即使两个实体已经精确地同步了时钟，由于从一个实体向另一个实体传送消息需要花费时间，在这两个实体间传送的任意消息会包含一个短暂的延迟时间戳。因此，双方必须协商一个窗口（间隔），在其中他们接受一个时间戳是有效的，而且必须有一种机制防止在该时间间隔内的重放攻击（典型地，这种机制就是记录在该时间间隔内接收的所有消息，但是这可能需要大量的内存资源）。

然而，基于时间戳的密钥建立协议的确有一个优势：在协议的交换中需要发送更少的消息。这是因为双方在开始协议执行的主要部分前不需要交换临时变量。使用 TS_A 表示实体 A 生成的时间戳。表 11.11 与表 11.12 表示在 11.4 节介绍的 zheng 和 Imai 的密钥建立协议的时间戳版本。仍然不知道这些协议是否是最优的：例如，在 IKTUTS 中要求的 TS_A 必须加密是不必要的，因为这可能会轻易地被攻击者猜测。表 11.13 表示在 11.5 节介绍的 zheng 和 Imai 的密钥建立协议的时间戳版本。

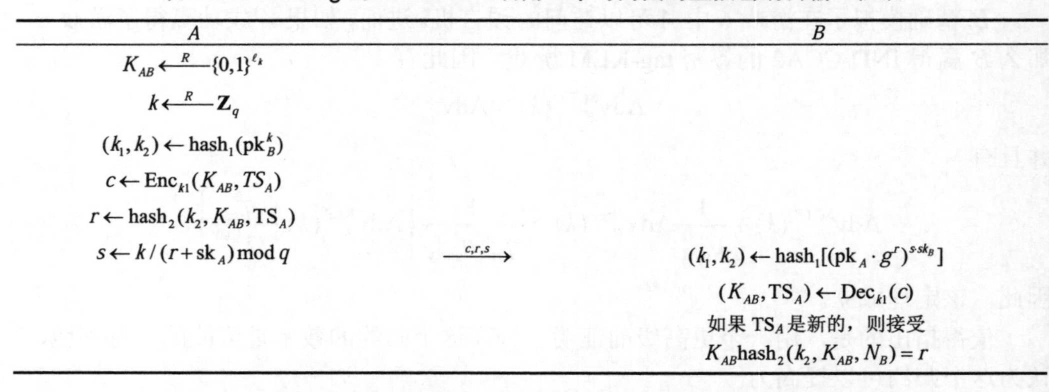

表 11.11　Zheng 的 DKTUTS（利用一个时间戳的直接密钥传输）协议

A		B
$K_{AB} \xleftarrow{R} \{0,1\}^{\ell_k}$		
$k \xleftarrow{R} \mathbf{Z}_q$		
$(k_1, k_2) \leftarrow \text{hash}_1(\text{pk}_B^k)$		
$c \leftarrow \text{Enc}_{k1}(K_{AB}, TS_A)$		
$r \leftarrow \text{hash}_2(k_2, K_{AB}, \text{TS}_A)$		
$s \leftarrow k/(r + \text{sk}_A) \bmod q$	$\xrightarrow{c,r,s}$	$(k_1, k_2) \leftarrow \text{hash}_1[(\text{pk}_A \cdot g^r)^{s \cdot sk_B}]$
		$(K_{AB}, \text{TS}_A) \leftarrow \text{Dec}_{k1}(c)$
		如果 TS_A 是新的，则接受
		$K_{AB}\text{hash}_2(k_2, K_{AB}, N_B) = r$

表 11.12　Zheng 的 IKTUTS（利用一个时间戳的间接密钥传输）协议

A		B
$k \xleftarrow{R} \mathbf{Z}_q$		
$(k_1, k_2) \leftarrow \text{hash}_1(\text{pk}_B^k)$		
$c \leftarrow \text{Enc}_{k1}(\text{TS}_A)$		
$r \leftarrow \text{hash}_2(k_2, \text{TS}_A)$		
$s \leftarrow k/(r + \text{sk}_A) \bmod q$		
$K_{AB} \leftarrow \text{hash}_3(k_1, k_2, \text{TS}_A)$	$\xrightarrow{c,r,s}$	$(k_1, k_2) \leftarrow \text{hash}_1[(\text{pk}_A \cdot g^r)^{s \cdot sk_B}]$
		$\text{TS}_A \leftarrow \text{Dec}_{k1}(c)$
		$K_{AB} \leftarrow \text{hash}_3(k_1, k_2, \text{TS}_A)$
		如果 TS_A 是新的则接受 $\text{hash}_2(k_2, \text{TS}_A) = r$

表 11.13　利用一个签密 tag-KEM 和时间戳的密钥建立

A		B
$(K_{AB}, \omega) \xleftarrow{R} \text{Sym}(\text{sk}_A, \text{pk}_B)$		
$\tau = (\text{TS}_A, \text{sid})$		
$C \xleftarrow{R} \text{Encap}(\omega, \tau)$	$\xrightarrow{\text{TS}_A, C}$	$\tau = (\text{TS}_A, \text{sid})$
		$\text{K}_{AB} \leftarrow \text{Decap}(\text{pk}_A, \text{sk}_B, \tau)$
		如果 TS_A 是新的，则接受 K_{AB}

第 12 章　签密的应用

Yang Cui，Goichiro Hanaoka

传统的公钥密码协议在提供安全功能时通常是分开的，即一种密码协议达到一种安全要求，而签密则可以克服这一缺点，大幅提高密码协议的效率。可以看到，在要求数据保密性、完整性和可认证性的应用场合，与传统的公钥加密与数字签名的简单组合相比，应用签密的安全协议通常表现出更好的性能。当前可以找到的签密应用有很多，尤其在下面的应用场景下签密有更好的效率。

（1）收发双方依靠公钥加密和数字签名来保证通信的安全;

（2）只有接收方需要验证发送方的身份。

在下面的几个小节，讨论几种签密应用的效率。

12.1　签密应用的领域

如第 11 章讨论的一样，从密码学的角度来看，签密可以高效地提供一种通用的保证数据机密性和可认证性的信道，在底层的信道中，签密不仅用来在两个通信实体之间建立一个安全共享的会话密钥，还用来保证以高于加密与数字签名的简单组合的效率来实现通信。

双方共享的密钥使得可能会有无限的应用得到实现，在这些应用中，首先可以想到以下三种：

（1）安全可认证密钥的生成;

（2）安全组播;

（3）认证密钥恢复。

此外，考虑从移动自组网（MANET）到异步传输网（ATM）等网络环境的多样性，在这些网络环境中，计算资源和通信带宽受限，签密刚好可以在此情形下提供更好的解决方案。ATM 网通常作为广域网等高速网络体系结构，它的一个特点就是其数据信元大小固定（48B 有效负载和 5B 头）。对于如此小的数据量，在一个数据包中想要嵌入传统密钥协商协议的数据是不可能的，而签密的方法能得到更加简短的密文，可以用来解决这一问题。同样，对于移动自组网，移动终端就是典型的缺少能源供给且计算能力有限的设备，如果在计算上将公钥加密和签名分开进行，这些终端设备将会很快耗尽电量。签密则为移动自组网提供了一种可节省能源的安全方案。

现在已经有很多基于签密的安全协议，并且应用在前面提到的各类环境当中，包括：

（1）安全 ATM 网；

（2）移动自组网中的安全路由；

（3）安全语音 IP（VoIP）解决方案；

（4）防火墙的加密邮件验证；

（5）安全代理消息传输；

（6）移动网格的网络服务。

除了上面提到的应用，在电子商务中签密也有很多的应用，且可以更好地发挥签密的安全性能。从应用角度，电子商务中的很多方面都可以利用签密来构造更加高效的安全方案，例如：

（1）电子付款；

（2）电子征税系统；

（3）智能卡可认证交易。

在考虑这些应用时，如何提高签密在应用（取代传统保密性完整性机制）时的效率，并减少消息传输代价将是特别关注的问题。

12.2　签密应用的例子

本节挑选了几个具体的方案（对应前面的几个应用场合），并且阐明了应用签密时性能提升的细节。特别地，研究了后面几种签密应用。

互联网中的安全组播[134]、认证密钥恢复[151]、安全 ATM 网[208]、移动自组网中的安全路由[154]、防火墙中的加密邮件认证[86]和安全性增强的电子商务交易协议[95]。后面对签密在语音 IP 网络系统（VoIP）的应用进行简要介绍。本节也不可避免地忽略了其他一些应用，包括安全联网和路由[87, 115]、安全消息传输[85]、移动网格的网络服务[155]和电子基金转账（EFT）[175]。这些技术的细节可参考相关资料。

12.2.1　互联网中的安全组播

组播是一种重要的网络寻址方式，可以一次向一组目标发送寻址信息，不同于向网络中所有成员发送信息的广播，组播只向一组选定的目标发送信息，在一个开放的网络中，如 Internet，组播的安全服务经常是从为选定的目标用户发放（分配）会话密钥开始的。

在文献[134]中，Matsuura 等提出了一种用签密构造的组播密钥分配协议，协议的目标是得到一个安全且可认证的密钥分发服务，使服务可扩展且尽量紧凑。

传统的因特网组管理协议（IGMP）用于在本地路由器（用于转发和路由数据包）与其子网中的一组用户之间组播数据包。另外，对于一个松散分布的网络，最易扩展的工具通常是利用共享树的方式，如 PIM-SM 协议[106]和 CBT（基于核心的树）[104]，而后者更易扩展且在路由表中有更少的条目。

Matsuura 等利用 CBT 路由协议[104]和多个密钥分配中心（MKDCs）构造了一个可扩展路由方案，多个密钥分配中心要比单个可信的密钥分配中心更加实用且灵活。利用签密减少了 CBT 协议中的通信代价和计算延时。

（可信的）密钥分发中心 KDC 将合法密钥发放给网络中的合法用户，但是网络的安全不能或不应该完全依赖单个的可信密钥分发中心，因此组密钥分发中心（GKDC）提出来作为互联网中实际的密钥分发解决方案，而这就需要每一个本地组中的密钥分发中心都有自己的公私签名密钥。CBT 协议可以看成一个使用 GKDC 的路由协议，当合法用户想要获得其他组的服务时，需要加入那个新的组，并且在得到服务前要获得一个新的密钥。

在传统 CBT 路由协议中，公钥加密和签名通常同时使用以分别确保数据包的保密性和发送方的身份可验证，更准确地讲，在处理加入请求时，主机通常先使用一个公钥加密方案来计算对应下一个 GKDC 的公钥的密文，然后主机当前从属的 GKDC 处获得相应签名。在目标 GKDC 和发送方之间可能存在一些中间 GKDC（路由器），因此，加入请求会发往其相邻的 GKDC，接着再送往下一跳，直至送达。相应地，在加入请求确认步骤内，目的 GKDC 验证主机身份后，将密钥材料签名并用其相邻 GKDC 的公钥加密，相邻 GKDC 收到后完成解密和验证，再重加密并传往下一跳，最终返回目标主机。在这个重复加解密和签名的过程中，签密可以用来替代分开的加密和签名，这样可以节省通信带宽和计算时间。为什么呢？后面将会进行论证。

1. 性能比较

最流行的公钥加密和签名算法是 RSA 和 ElGamal，安全性依赖大数分解和离散对数假设，相应地，签密与基础密码算法的比较就是以这些方案为例。

用 RSA、ElGamal、SC_E 和 SC_R 来代指如下方案。

（1）RSA：该方案由 RSA 签名[91]和标准 RSA 加密构成（为了简化分析，只考虑教科书式的RSA加密；安全性更好的RSA算法加密方案的性能要低于教科书式的RSA方案）。

（2）ElGamal：该方案由短的 ElGamal 签名 DSS[149]和教科书式 ElGamal 加密方案构成。

（3）SC_R：RSA 签名加 Zheng 最初的签密方案[203]。

（4）SC_E：短的 ElGamal 签名加 Zheng 的签密方案。

前面提到的几个方法都可以用在修正的基于 CBT 的协议中，注意到在文献[134]中提出的修正的 CBT 路由协议中，成员加入的请求和确认过程需要加密后签名（对加密后签名与签名后加密的不同讨论参见第 3 章），在路由协议中需要一个独立的签名过程，这就是为什么上述方法都包含一个独立签名方案的原因。

2. 计算代价

RSA 和 ElGamal 算法的计算代价主要考虑模指数运算和模乘运算，对于 RSA 加

密体制中的公共模数 n，用$|n|$来表示 n 的二进制长度，在解密和签名过程中主要的开销包括两个常用的模指数运算：

（1）一个用于解密，包括一个用小的公共指数的加密（需要相对较小的计算代价）；

（2）一个用于签名生成，包括一个小指数的签名验证（需要相对较小的计算代价）。

这些操作如用先乘方后相乘的方法来实现，通常需要 $1.5|n|$次模乘运算。用中国剩余定理来计算可以最大程度地提高 RSA 算法的实现效率，则前述的计算代价可以减少到 $1.5|n|/4=0.375|n|$次模乘运算[66, 203]，而这正是基于 RSA 的协议的主要计算代价。

对于 ElGamal，则需要：

（1）签名生成需要 1 次模指数运算；

（2）签名验证需要 1 次模指数运算；

（3）加密需要 2 次模指数运算；

（4）解密需要 1 次模指数运算。

对于 ElGamal，其指数运算同样可以用以下数量的模乘运算来表示：$1.5|q|$、$1.75|q|$、$3|q|$和 $1.5|q|$[134]，在这里 q 代表 ElGamal 算法中使用的子群的阶。

另外，签密的计算代价可以下面的方式来估算：

（1）签密时的 1 次模指数运算；

（2）解签密时的 2 次模指数运算。

它们分别会带来 $1.5|q|$和 $1.75|q|$次的模乘运算。

为了达到相同的安全级别，n 和 q 分别设为 1536 与 176（参考文献[121]中对于 RSA 和椭圆曲线密码的密钥大小的更精确的分析）。文献[134]中的试验表明，当主机和目标之间的距离为两跳时，假设 ElGamal 分发密钥的代价为 1，那么 SC-C 需消耗 0.87，RSA 为 0.80，SC_R 为 0.745。显然，以 SC_R 实现的协议从计算角度来看更加高效。

3. 通信代价

由表 12.1 可以看出，应用签密的协议在通信带宽上的开销更少，尤其是基于 CBT 的路由协议中的请求确认过程中，值得注意的是 SC_E 协议的通信开销最小。

表 12.1 通过 SC_E 的通信与 RSA、ElGamal 和 SC_R 的比较[134]

	Join 的请求进程/%	Join 的确认进程/%
与 RSA 比较	17.2	15.0
与 ElGamal 比较	100.0	39.7
与 SC_R 比较	17.2	22.5

12.2.2 认证密钥恢复

密钥恢复系统中存在一个第三方，称为“数据恢复代理”，它可以在不得到收发双方支持的情况下独立从密文中恢复出明文。在文献[70]和文献[195]中讨论了很多密钥恢复系统。

一个典型的密钥恢复系统如图12.1所示，其中发送方发出密文和与之绑定的数据恢复域（DRF）。在DRF中，用来加密消息的会话密钥经由密钥恢复代理KRA的公钥加密后保存下来，并且只有KRA在不接触密文时可以解密此会话密钥。DRA可以向KRA请求解密出加密的会话密钥，从而可以恢复出加密的消息。注意到只有在成功验证了DRA的身份和请求后，并且DRA不能独自解密消息的情况下，KRA请求才能从DRF中恢复出会话密钥，这就提供了一种与收发双方无关的解密消息的方式。

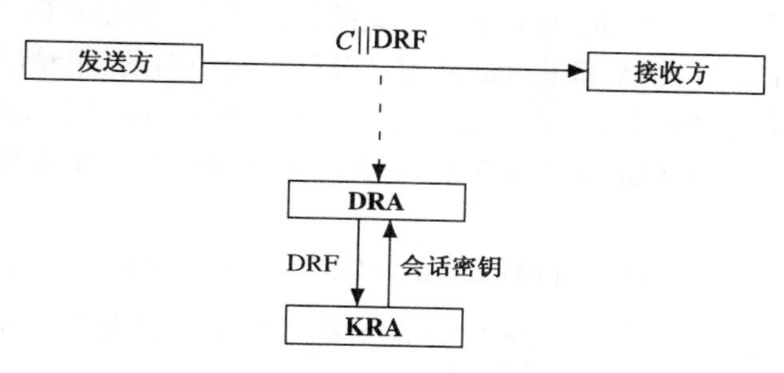

图12.1 密钥恢复系统

上述方式的成功依赖DRF正确性的保证，也就是说，如果发送方的DRF是假的，那么密钥恢复系统就一定是失败的。对于一个典型密钥恢复系统，若DRF没有得到授权（认证），那么就代表不满足条件。因为恶意实体可能伪造假的DRF，为了解决这一问题，授权的DRF可以用来确保数据的完整性和认证性，并且可以作为不可抵赖证据证明发送方确实发送过相应的DRF。与传统方案相比，签密可以以相对较小的开销来构造DRF以确保消息的认证性和保密性。但是，这并不能完美解决问题，因为发送方依然可以发送假的DRF，如果签密方案有公开验证属性，所有通信参与方都可以检查与DRF相对应的正确发送方是否参与了通信，并且KRA可以追踪恶意发送方使之不能参与进密钥恢复协议当中。

1. 计算代价

表12.2中列出了几种以不同方式实现的密钥恢复系统的计算代价。可以看出，在同时保证保密性和认证性的情况下，签密是效率最高的实现方式。

表12.2 密钥恢复系统的计算代价比较[151]

	类　型	计算成本 EXP+MUL+DIV+HASH
RSA 加密	加密	1+0+0+0
ElGamal 加密	加密	2+0+0+0
RSA 签名后加密	签名+加密	2+0+0+1
Schnorr 签名+ElGamal 加密	签名+加密	3+1+0+1
SCS1[203, 204]	签密	1+0+1+2

更准确地说，与RSA的签名再加密相比，Zheng的签密方案SCS1[203, 204]节省了1次

模指运算，与“Schnorr 签名+ElGamal 加密”相比节省了 2 次模指数运算（3.3 节和 4.3 节）。这直接节省了大量计算资源，因为模指数运算是考虑计算代价时主要的指标。接下来考虑 1024 位的 RSA，模数为 n，大素数 p 和 q，满足 $q\mid p-1$，选出阶为 $q \bmod p$ 的子群的生成元，并设定 $|p|=1024$，$|q|=160$。

在表 12.2 中，EXP 代表指数运算的次数，MUL 代表数乘运算的次数，DIV 代表除运算的次数，HASH 代表哈希运算的次数。为了与基于 RSA 和 ElGamal 的方案比较，在表中仍然列出了 RSA 与 ElGamal 加密方案的计算开销。因指数的大小不同，直接以指数运算的数量来衡量 RSA 和 ElGamal 的计算代价是不对的，更精确的方法是衡量得到结果需要的乘法运算的次数。与 12.2.1 小节中的分析相同，1 次 RSA 模指数运算的数量级为 $0.375|n|$，而 ElGamal 为 $1.5|q|$。因此，基于签密的方案需要的最小开销和节省的计算开销为

$$(0.375|n|-1.5|q|)/0.375|n|\approx 37.5\%$$

式中，$|n|=1024$，$|q|=160$。另外，与“Schnorr 签名+ElGamal 加密”相比，两次指数运算的减少使计算代价的节省比率可以达到 66.7%。

2. 通信开销

表 12.3 比较了以常用安全参数实现的不同方案的计算开销，$|n|=|p|=1024$，$|q|=160$，对应密钥的哈希函数满足 $|\mathrm{KeyHash}(\cdot)|=128$，会话密钥为 $|k_{\mathrm{session}}|=128$。

表 12.3 密钥恢复系统的通信代价比较[151]

	类 型	主要计算量
RSA 加密	加密	$\|n\|$
ElGamal 加密	加密	$\|p\|+\|k_{\mathrm{session}}\|$
RSA 签名后加密	签名+加密	$\|n\|+\|n\|$
Schnorr 签名+ElGamal 加密	签名+加密	$\|\mathrm{hash}(\cdot)\|+\|q\|+\|p\|+\|k_{\mathrm{session}}\|$
SCS1[203, 204]	签密	$\|\mathrm{KeyHash}(\cdot)\|+\|q\|+\|k_{\mathrm{session}}\|$

Zheng 的签密方案[203, 204]SCS1 有很小的消息开销，更准确地说，与基于 RSA 的 KRS 不同，签密节省的带宽比率为

$$\frac{|n|-(|\mathrm{KeyHash}(\cdot)+|q|+|k_{\mathrm{session}}|)}{|n|}\approx 59.4\%$$

12.2.3 安全 ATM 网

ATM 是一种包交换协议，其数据编码为固定的大小，包括 384 比特有效负载和 40 比特的头信息，ATM 协议工作在 OSI[212]模型中的第 2 层，即数据链路层，数据链路层从物理层得到服务并向上层提供服务，ATM 不同于其他协议（IP 协议），其有着固定大小的数据包，广泛应用在广域网和 ADSL 网中。

ATM 设计用于高传输速率低延时的网络中，用来传播实时视频等。其简洁且固定

的数据信元有助于减少传输时延，对 ATM 信元大小的特殊要求使数据保密性和认证性面临很大挑战，特别是对于传统公钥密码。值得注意的是，一些加密方式如 ElGamal 在 $GF(2^{160})$上的椭圆曲线上实现时，开销可以压缩到 161 比特。然而在 ATM 网中并不好用。因为剩余的 384－161＝223 比特不够传输一个密钥及其签名。更进一步讲，若考虑到更高的安全性，如 IND-CCA2（1.3.3 小节中讨论过），那么就需要更多的密文头信息，因此，椭圆曲线密码不能为 ATM 网提供合适的保密性和认证性解决方案。

虽然可以将密钥数据加密并签名后分成几个信元来传输，但会造成很大的时延，这对于高速的网络应用是不可接受的。

签密技术则可以以其短小的数据包来为 ATM 协议提供密钥生成服务。11.4 节中讲到了 Zheng 和 Imai[205, 208]提出的带时间戳的密钥生成协议。假设 r 和 s 分别为 80 比特和 160 比特，相应的时间戳长度则为 32 比特，表 12.3 中的直接构造可以加密 64 比特密钥，因为密文的大小为 336 比特，但是 128 比特的会话密钥会生成 400 比特的密文，这超出了 ATM 信元的大小。在表 12.4 中的间接构造可以用来加密 128 比特的密钥，密钥为 368 比特，可以轻松地用 384 比特的 ATM 信元有效负载来传输。

表 12.4　ISMANET、ARAN 和 SRP 的比较[154]

方案	ISMANET	ARAN	SRP
密钥分发	公钥（基于身份的签密）	公钥（RSA）	公钥（ECC）
密钥管理	分发	集中	集中
中间节点认证	是	否	否
证明	不需要	需要	需要
高层通信	低	高	低
计算代价	低	高	高
计算和通信中的代价	≈代价（签密）	（签名）代价+（加密代价）	≈代价（加密）

12.2.4　移动自组网中的安全路由

移动自组网广泛应用于军事和应急通信网中，移动自组网中的设备互联没有固定拓扑，典型地，它是一个小型便携式设备通过无线通信连接的集合，一般认为这些设备仅有有限的能源和计算资源，这些限制从一定程度上导致了当前缺少应用于移动自组网的高效安全路由协议。移动自组网中的安全路由协议必须尽量简洁以适应其有限的带宽，并且同时还要适应其动态的拓扑结构，其有限的计算能力和移动设备的低能源特性也制约着大计算量密码算法的直接应用。

要解决以上问题，提高密码方案的效率至关重要，在众多移动自组网安全路由协议中基于身份的签密路由协议 ISMANET[154]，与那些基于传统加密签名的方案相比，有着很好的性能。

Shamir[177]于 1984 年提出基于身份的密码，基于身份的签密是 Malone-Lee 提出的[129, 122, 51]，并且在第 10 章中已经讨论过。与传统签密方案不同，它并不需要证书，一个显著的优势是接收者可以在收到发送方发送来的数据后再请求私钥，这些特性对于动态移动自组网环境来说非常有用。

图 12.2 表示了 ISMANET 协议的流程，包括身份基加密技术和签密机制，前者避免了公钥证书的需求，后者减少了计算量与通信代价，协议设计参考了 AODV 路由协议[158]。

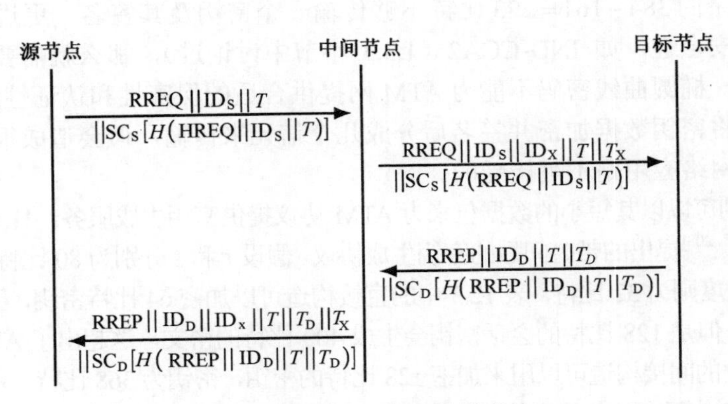

图 12.2　路由请求与应答协议

基本的 AODV 协议分为两部分：路由请求和路由应答，用以确定目标在网络中的单播路由。文献[154]中将基于身份的签密应用到 AODV 协议中，并对其进行了稍微的修改。发送方首先向邻居节点广播 RREQ 包，并带上自己的身份 ID_S 和密钥数据 T。中间节点验证数据包若有效则继续向目标传送。当目标节点收到数据包后，若 ID_S 被验证，则回复 RREP 数据包以确定通信双方的单播路由。RREQ 包中包含路由信息，如源地址、广播 ID、目标地址等，RREP 包中包含目标地址、源地址，以及用来确定单播路由的跳数计数器。

如图 12.2 所示，签密部分为数据包提供认证，协议使用基于身份的签密方案（由 Liberty 和 Quisquater 提出[122]）。$SC_S[\cdot]$和 $SC_D[\cdot]$分别是发送方和目标方所采用的基于身份的签密方案。用户的公钥是用己方身份（ID）以哈希方式计算得来的。因此，对于难以建立可信中心的移动自组网，这样可以非常方便地从其对应的身份来计算公钥，另外，私钥的生成可以提前或推迟。

如文献[122]中生成密文一样来生成 T，加上文献[154]中的分布式密钥生成过程，以陷门的方式防止密钥泄漏。

当中间节点验证签密数据包时，临时变量 T_X 以相同方式生成并载入到数据包中，相对地，目标方在验证 T 和 T_X 后才回复，不同的是目标方按单一路由的相反方向传播数据包，其中包含对中间节点的授权信息。

1. 基于身份的签密路由协议的性能

与移动自组网中两个传统安全路由协议（ARAN 和 SRP）相比，基于身份的签密方案在计算代价和通信开销两方面都有优势。ARAN 和 SRP 对于 Ad hoc 网是安全的路由协议，两者分别基于 RSA 和 ECC。表 12.4 表明 ISMANET 是三个方案中性能最好的，仿真的性能细节是由 Park 和 Lee 给出的[154]。

12.2.5　防火墙加密和认证邮件

防火墙的应用非常广泛，可以按照特定的规则过滤网络中的数据流，对于隔离来自外部网络的恶意入侵尤其有效。防火墙可以在 OSI[212]网络模型中的多个层发挥作用，包括数据链路层、网络层和应用层。在数据链路层中，防火墙可以根据特定的帧结构来过滤数据流；在网络层中，防火墙的过滤规则可以更加复杂，如按照包地址、端口地址或包头信息；在应用层中，其过滤规则可以由终端用户来具体定义。

签密可以为用户的发送消息提供机密性和完整性保护，但是当收发双方传递的消息要通过防火墙时，就可能出现错误。因为防火墙无法确定签密后的消息内容并验证消息的合法性。为解决这一问题，就需要提供公开验证属性的签密方案（4.3.3 小节），这样防火墙就可以检查消息的合法性而不用解密消息。

防火墙只是通信路由中的中间节点，因此在不获得接收方的支持下完成消息验证是十分重要的，Gamage 等[86]提出了一系列可公开验证的签密方案，Bao 和 Deng 等也提出了一个可公开验证的签密方案[15]，但此方案并不能保证机密性。

1. 应用签密的开销优势

从计算量的角度，Gamage 等的签密方案（4.3.3 小节）需要 4 次模指数运算，但 Zheng 的原始签密方案（4.3.1 小节）只需要 3 次，后者不能应用到防火墙中来验证加密后的消息。表 12.5 表明 Gamage 等的方案与 DSA 签名方案加 ElGamal 加密的计算代价（共需要 6 次模指数运算）相比，可以节省 39%的计算量。括号中的数值可以利用一种将两个模指数运算的乘积减少到 1.17 次模指数运算的运算工具[139:618]来计算。

表 12.5　在 DSA[86]基础上改进的签密方案在防火墙上节省的计算代价

运行方式	节省代价
带消息恢复的签密	5/6(4.17/5.17) 17(19%)
只带验证的签密	4/6(3.17/5.17) 33(39%)

因此，可以得到 Gamage 等的方案大约需要与 Zheng 签密方案相同的计算量。

12.2.6　安全 VoIP 中的签密应用

VoIP 是一种在使用包交换技术的 IP 网络中传输声音数据和实时图像的系统。因其节省开销的特点，近来这些系统得到了广泛关注。与公共交换电话网不同，在 IP 网络中传输声音可以使长途电话价格更加低廉，并且可以提供种类更多的服务，比较著名的有微软的 Windows NetMeeting 和苹果公司的 Macintosh iChat。

然而，VoIP 在具有上述优点的同时，也存在一系列的安全问题。这也制约了美国市场上 VoIP 的发展，据一个称为 In-Stat 的公司近来的调查表明，这些安全问题包括：

（1）法律问题；

（2）因其对于丢包的低容忍，系统架构中为安全预留的空间较少；

（3）与公共交换电话网 PSTN 不同，Internet 复杂的网络结构需要使用新的技术来保证 VoIP 系统的安全性。

在传统的 PSTN 中，截获会话即隐含着要对电话线路进行物理访问，与之不同，VoIP 系统中存在很多可被入侵者攻破的脆弱点，此外，VoIP 对于传输的延时非常敏感，这就使安全的实现更加困难。一般来说，不超过 150ms 延时的声音质量是可以接受的。声音的编码需要 1～30ms 而数据在北美区域的传输时间最长约消耗 100ms，留给安全相关操作的时间大约为 20～50ms[150:19]。同时，在 VoIP 系统中的数据负载是很小的，约为 10～50B，这就制约了 TLS 和 IPsec 等安全技术的应用，并且，在 VoIP 严苛的应用环境中，当前的技术并不能提供与 PSTN 网络中相同的物理安全。

从前面的讨论可以看出，VoIP 系统中复杂的安全问题需要一个安全且高效的解决方案。因为 VoIP 是基于 IP 网络实现的，所以其安全问题最后都可以归到 Internet 的安全问题，如组播、防火墙，甚至无线网中的安全问题。前面的几节中已经表明了在这些场合使用签密可以提高性能。

对于 VoIP 系统中的认证密钥分发问题，已经提出在安全实时协议（SRTP）[150:17]中使用公钥加密或 Diffie-Hellman 密钥交换协议。但是，根据前面的讨论，签密更加适合，它可以以更小的计算和通信代价实现机密性和认证性保护。

H323 是一组应用于包交换网络的音视频通信协议[103, 105]，为国际电信联盟（ITU）广泛采用。H323 包含一系列与媒体控制相关的协议，其中，H235 v2 提供安全解决方案。在 H235 v2 协议中，在双方初始的握手过程中使用混合的安全方案为其生成认证密钥[150:32]，认证密钥的建立过程中使用 Diffie-Hellman 密钥交换协议和 RSA 签名，使用基于签密的密钥建立协议可以大幅节省系统的带宽消耗以提高效率。

最后，在带宽受限的 VoIP 网中，其 10～50B 大小的负载非常不利于同时使用公钥加密和数字签名，如 12.2.3 小节中讨论的在传输 384 比特有效负载的 ATM 网中一样，签密可以很好地应用。并且，正如前述小节的扩展讨论一样，通信开销可以在应用签密时大幅减少。

12.2.7　电子支付中签密的应用

电子支付协议中的机密性和不可抵赖性非常重要，而签密则天生就适合此协议。主要关注使用签密的特性来改进安全电子交易协议 SET[132, 133]。

1. SET 协议概述

SET 协议的交易模型包含三部分：持卡客户、商家和支付网关。持卡客户 C 首先发起与商家 M 之间的交易。商家授权交易。支付网关相当于现有金融网络的接口，通过此接口发卡机构可以连接到每次精确地授权和每一次交易。在 SET 协议中有 32 种不同的消息[132, 133]，如图 12.3 所示，在这些消息中最重要的是以下 6 种交易中使用最频繁的消息：PInitReq、PInitRes、PReq、PRes、AuthReq 和 AuthRes，其他消息主要用于协议的管理，如证书的生成、取消消息注册、错误处理等，因此这些消息使用次数要远远小于前述的 6 种消息类型，这就表示，要提高 SET 协议的效率，关键在于对这 6 种消息优化。

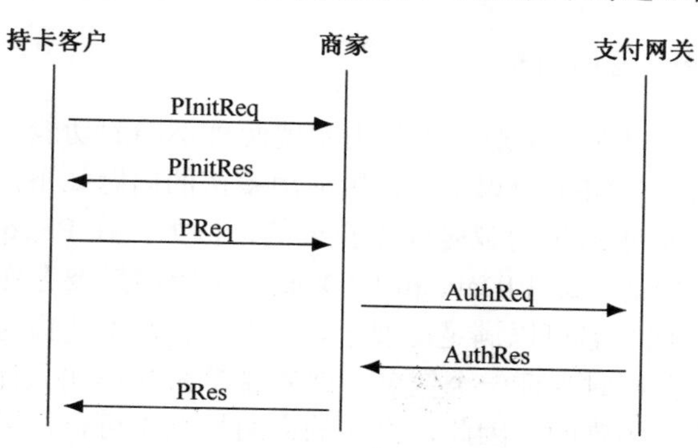

图 12.3　SET 协议主要的消息流

接下来讨论这 6 种重要消息的具体功能，一些常用符号如表 12.6 所示，为简化讨论，额外的信息如请求和应答都以新的符号表示。

表 12.6　符号

Encrypt(m,pk)	用一个加密共钥 pk 加密 m
$\mathrm{Enc}_K(m)$	用对称加密密钥 K 加密 m
Sign(m,sk)	用一个签名密钥 sk 签名 m
$H(t)$	t 的哈希
$\mathrm{sk}_C^{\mathrm{sig}}$	Cardholder 的签名私钥
$\mathrm{pk}_P^{\mathrm{enc}}$	支付通道的加密共钥

SET 协议以交易初始化开始（PInitReq 和 PInitRes），然后按照表 12.7 中的规则执行交易请求（PReq），在 PReq 中，对应不同实体的 PI 和 OI 是特定的，但却使用相同的密码协议进行封装，他们共享同一个签名，称为对偶签名[132, 133]，这可以被参与通信的实体验证，其结构如表 12.7 所示。

表 12.7　PReq 消息结构

消　息	消 息 因 素
PReq	{PI,OI}
PI	{Encrypt[(K,PANData,nonce), $\mathrm{pk}_P^{\mathrm{enc}}$],Enc_K[PI-OILink,H(PANData,nonce)],Dual signature}
OI	{OIData,H(PIData)}
PANData	主要数据的数量计算
PIData	得到的指令数据
OIData	信息数据指令
PI-OILink	{PIData(except PANData),H(OIData)}
双重签名	Sign[H(H(PIData),H(OIData)), $\mathrm{sk}_C^{\mathrm{sig}}$]

收到 PReq 请求后，商家对其验证（特别是验证对偶签名），若合法，则产生一个授权请求（AuthReq），并发送给支付网关 P，收到 AuthReq 后，支付网关验证其合法性。若通过，则发送授权应答 AuthRes 给商家。最后，以商家产生的交易应答 Pres 结束协议进程。

2. *应用签密时要注意的问题*

众所周知，签密可以在一个逻辑步骤内实现两种不同的功能，但在实现对偶安全系统时经常遇到问题。在 SET 协议中，直接应用签密的问题如下：签密不提供消息之间的联系，尽管此功能对 SET 协议是非常重要的，例如，在 PReq 请求中，支付和订单之间的关系就需要保证，即 PIData 和 OIData 在加密前后要存在必要的联系。在传统的 SET 协议中，对偶签名可以满足此要求，然而，签密不能像对偶签名那样使参与通信的商家和支付网关同时验证一个签名，或者说签密在不加大计算复杂度的情况下要实现这一功能是非常困难的。因此，直接的应用显然不可行，需要对签密进行一些改进，使之可以提供消息之间在加密前后都存在必要的关系，称基于签密的 SET 协议为 LITESET。①

3. *传统 SET 协议与基于签密的 SET 协议的比较*

在 GDH 假设和离散对数问题的 Gap 版本[152]的假设下，Zheng 的签密方案[203, 204]，证明是抗选择密文攻击和选择消息攻击安全的[12, 13]（4.3.1 小节）。此方案用在 LITESET 协议中，以使其安全性可以达到与传统的基于 RSA-OAEP 和 RSA-PSS 的 SET 协议的安全性相同。后面比较了基于 RSA 的 SET 协议与 LITESET 协议（以基于离散对数问题的签密构造而来），分析结果可以很容易地扩展到椭圆曲线版本的 SET 协议与 LITESET 协议。

如 12.2.1 小节中提到的，计算代价主要考虑加密和签名过程中的模指数运算，因此，与模指数运算等价的模乘运算的次数可以看成计算复杂度的衡量标准。估算模乘运算的次数时使用“平方和相乘”的方法和“联立求多次指数运算”的方法，例如，y^r 以模乘来估算为 $1.5|q|$，因为 $(y_0 \cdot y_1^{r_0})^{r_1}$ 相当于 $7/4 \cdot |q|$，此处 y、y_0 和 y_1 都是有限域 GF(p)上阶为 q 的子群中的元素，而 r、r_0 和 r_1 则是 Z_q 中的元素。在传统 SET 协议中，使用 1024 比特的 RSA 算法，为了达到相同的安全性，LITESET 协议中的参数选择为 $|q|=160$，$|p|=1024$[203, 204]。表 12.8 中列出了 6 种消息需要的必要计算代价，其中列出的数据均为等价的模乘运算。注意到对几种不同的消息的计算复杂度可以节省大约 30%，尽管难以量化，但签密减少了证书的验证是不争的事实，这又是其一大优势。

---

① 虽然 SET 不再受 VISA 和 Mastercard 的支持，但这个增强了性能的协议 LITESET 提供了概念的证明和对未来电子支付的一个可能性选择。

表 12.8　主要消息生成的计算代价

消　息	设　置	LITE 设置[95]	节省/%
PInitReq	—	—	—
PInitRes	384	240	37.5
PReq	401	480	−19.7
AuthReq	401	240	40.1
AuthRes	802	480	40.1
PRes	384	240	37.5
合计	2372	1680	29.2

4. 消息开销

由签名和加密产生的消息扩展当作消息开销。表 12.9 中列出了 6 种不同消息对应的消息开销，容易看出消息开销节省的比例可以达到 60%。

表 12.9　主要消息的消息开销

消　息	传统方案/bit	本方案[95]/bit	节省/%
PInitReq	—	—	—
PInitRes	1 024	320	68.7
PReq	2 008	720	64.1
AuthReq	4 056	640	84.2
AuthRes	4 256	480	88.7
PRes	1 024	320	68.7
合计	12 368	2 480	79.9

参考文献

[1] M. Abdalla,M. Bellare, D. Catalano, E. Kiltz, T. Kohno, T. Lange, J.Malone-Lee, G. Neven, P. Paillier, and H. Shi. Searchable encryption revisited: Consistency properties, relation to anonymous IBE, and extensions. Journal of Cryptology, 21(3):350–391, 2008.

[2] M. Abdalla, M. Bellare, and P. Rogaway. The oracle Diffie-Hellman assumptions and an analysis of DHIES. In D. Naccache, editor, Progress in Cryptology – CT-RSA 2001, volume 2020 of Lecture Notes in Computer Science, pages 143–158. Springer, 2001.

[3] M. Abdalla, D. Catalano, A. W. Dent, J. Malone-Lee, G. Neven, and N. P. Smart. Identitybased encryption gone wild. In M. Bugliesi, B. Preneel, V. Sassone, and I. Wegener, editors, Automata, Languages and Programming – ICALP 2006 (Part II), volume 4052 of Lecture Notes in Computer Science, pages 300–311. Springer, 2006.

[4] M. Abe, R. Gennaro, and K. Karosawa. Tag-KEM/DEM: A new framework for hybrid encryption. Journal of Cryptology, 21(1):97–130, 2008.

[5] M. Abe, R. Gennaro, K. Karosawa, and V. Shoup. Tag-KEM/DEM: A new framework for hybrid encryption and a new analysis of Kurosawa–Desmedt KEM. In R. Cramer, editor, Advance in Cryptology – Eurocrypt 2005, volume 3494 of Lecture Notes in Computer Science, pages 128–146. Springer, 2005.

[6] S. Alt. Authenticated hybrid encryption for multiple recipients. Available from http://eprint.iacr.org/2006/029, 2006.

[7] J. H. An. Authenticated encryption in the public-key setting: Security notions and analyses. Available from http://eprint.iacr.org/2001/079, 2001.

[8] J. H. An and M. Bellare. Constructing VIL-MACs from FIL-MACs: Message authentication under weakened assumptions. In M. Wiener, editor, Advances in Cryptology – Crypto '99, volume 1666 of Lecture Notes in Computer Science, pages 252–269. Springer, 1999.

[9] J. H. An and M. Bellare. Does encryption with redundancy provide authenticity? In B. Pfitzmann, editor, Advances in Cryptology – Eurocrypt 2001, volume 2045 of Lecture Notes in Computer Science, pages 512–528. Springer, 2001.

[10] J. H. An, Y. Dodis, and T. Rabin. On the security of joint signatures and encryption. In L. Knudsen, editor, Advances in Cryptology – Eurocrypt 2002, volume 2332 of Lecture Notes in Computer Science, pages 83–107. Springer, 2002.

[11] J. Baek, B. Lee, and K. Kim. Secure length-saving ElGamal encryption under the computational Diffie-Hellman assumption. In E. Dawson, A. Clark, and C. Boyd, editors, Proceedings of the 5th

Australasian Conference on Information Security and Privacy (ACISP 2000), volume 1841 of Lecture Notes in Computer Science, pages 49–58. Springer, 2000.

[12] J. Baek, R. Steinfeld, and Y. Zheng. Formal proofs for the security of signcryption. In D. Naccache and P. Paillier, editors, Public Key Cryptography (PKC 2002), volume 2274 of Lecture Notes in Computer Science, pages 80–98. Springer, 2002.

[13] J. Baek, R. Steinfeld, and Y. Zheng. Formal proofs for the security of signcryption. Journal of Cryptology, 20(2):203–235, 2007.

[14] J. Baek and Y. Zheng. Simple and efficient threshold cryptosystem from the gap Diffie- Hellman group. In Proceedings of the IEEE Global Telecommunications Conference – GLOBECOM 2003, volume 3 of pages 1491–1495. IEEE Communications Society, 2003.

[15] F. Bao and R. H. Dong. A signcryption scheme with signature directly verifiable by public key. In H. Imai and Y. Zheng, editors, Public Key Cryptography – PKC '98, volume 1431 of Lecture Notes in Computer Science, pages 55–59. Springer, 1998.

[16] M. Barbosa and P. Farshim. Certificateless signcryption. In Proceedings of the 2008 ACM Symposium on Information, Computer and Communications Security – ASIA CCS 2008, pages 369–372. ACM Press, 2008.

[17] P. S. L. M. Barreto, H. Y. Kim, B. Lynn, and M. Scott. Efficient algorithms for pairing-based cryptosystems. In M. Yung, editor, Advances in Cryptology – Crypto 2002, volume 2442 of Lecture Notes in Computer Science, pages 354–368. Springer, 2002.

[18] P. S. L. M. Barreto, B. Libert, N. McCullagh, and J.-J. Quisquater. Efficient and provablysecure identity-based signatures and signcryption from bilinear maps. In B. Roy, editor, Advances in Cryptology – Asiacrypt 2005, volume 3788 of Lecture Notes in Computer Science, pages 515–532. Springer, 2005.

[19] P. S. L. M. Barreto, B. Lynn, and M. Scott. On the selection of pairing-friendly groups. In M. Matsui and R. Zuccherato, editors, Selected Areas in Cryptography – SAC 2003, volume 3006 of Lecture Notes in Computer Science, pages 17–25. Springer, 2003.

[20] P. S. L. M. Barreto and N. McCullagh. Pairing-friendly elliptic curves of prime order. In B. Preneel and S. Tavares, editors, Selected Areas in Cryptography – SAC 2005, volume 3897 of Lecture Notes in Computer Science, pages 319–331. Springer, 2005.

[21] M. Bellare, A. Boldyreva, A. Desai, and D. Pointcheval. Key-privacy in public-key encryption. In C. Boyd, editor, Advances in Cryptology – Asiacrypt 2001, volume 2248 of Lecture Notes in Computer Science, pages 566–582. Springer, 2001.

[22] M. Bellare, A. Boldyreva, and S. Micali. Public-key encryption in a multi-user setting: Security proofs and improvements. In B. Preneel, editor, Advances in Cryptology – Eurocrypt 2000, volume 1807 of Lecture Notes in Computer Science, pages 259–274. Springer, 2000.

[23] M. Bellare, R. Canetti, and H. Kraczyk. A modular approach to the design and analysis of authentication and key exchange protocols. In Proceedings of the 30th Symposium on the Theory of Computing – STOC 1998, pages 419–428. ACM Press, 1998.

[24] M. Bellare, R. Canetti, and H. Krawczyk. Keying hash functions for message authentication. In N. Koblitz, editor, Advances in Cryptology – Crypto '96, volume 1109 of Lecture Notes in Computer Science, pages 1–15. Springer, 1996.

[25] M. Bellare, J. Killian, and P. Rogaway. The security of the cipher block chaining message authentication code. Journal of Computer and System Sciences, 61(3):362–399, 2000.

[26] M. Bellare and C. Namprempre. Authenticated encryption: Relations among notions and analysis of the generic composition paradigm. In T. Okamoto, editor, Advances in Cryptology – Asiacrypt 2000, volume 1976 of Lecture Notes in Computer Science, pages 531–545. Springer, 2000.

[27] M. Bellare, D. Pointcheval, and P. Rogaway. Authenticated key exchange secure against dictionary attacks. In B. Preneel, editor, Advances in Cryptology – Eurocrypt 2000, volume 1807 of Lecture Notes in Computer Science, pages 139–155. Springer, 2000.

[28] M. Bellare and P. Rogaway. Entity authentication and key distribution. In D. R. Stinson, editor, Advances in Cryptology – Crypto '93, volume 773 of Lecture Notes in Computer Science, pages 232–249. Springer, 1993.

[29] M. Bellare and P. Rogaway. Random oracles are practical: A paradigm for designing efficient protocols. In Proceedings of the 1st ACM Conference on Computer and Communications Security, pages 62–73. ACM Press, 1993.

[30] M. Bellare and P. Rogaway. Optimal asymmetric encryption. In A. De Santis, editor, Advances in Cryptology – Eurocrypt '94, volume 950 of Lecture Notes in Computer Science, pages 92–111. Springer, 1994.

[31] M. Bellare and P. Rogaway. The exact security of digital signatures—how to sign with RSA and Rabin. In U. Maurer, editor, Advances in Cryptology – Eurocrypt '96, volume 1070 of Lecture Notes in Computer Science, pages 399–416. Springer, 1996.

[32] M. Bellare and P. Rogaway. Collision-resistant hashing: Towardsmaking UOWHFs practical. In B. S. Kaliski Jr., editor, Advances in Cryptology – Crypto '97, volume 1294 of Lecture Notes in Computer Science, pages 470–484. Springer, 1997.

[33] M. Bellare and P. Rogaway. Encode-then-encipher encryption: How to exploit nonces or redundancy in plaintexts for efficient cryptography. In T. Okamoto, editor, Advances in Cryptology – Asiacrypt 2000, volume 1976 of Lecture Notes in Computer Science, pages 317–330. Springer, 2000.

[34] M. Bellare and P. Rogaway. The security of triple encryption and a framework for code-based game-playing proofs. In S. Vaudenay, editor, Advances in Cryptology – Eurocrypt 2006, volume 4004 of Lecture Notes in Computer Science, pages 409–426. Springer, 2006.

[35] D. J. Bernstein. The Poly1305-AES message-authentication code. In H. Gilbert and H. Handschuh, editors, Fast Software Encryption – FSE 2005, volume 3557 of Lecture Notes in Computer Science, pages 32–49. Springer, 2005.

[36] T. E. Bjørstad. Provable security of signcryption. Master's thesis, Norwegian University of Technology and Science, 2005. Available from http://www.ii.uib.no/$\sim$tor/pdf/msc_thesis.pdf.

[37] T. E. Bjørstad and A. W. Dent. Building better signcryption schemes with tag-KEMs. In M. Yung, Y. Dodis, A. Kiayas, and T. Malkin, editors, Public Key Cryptography – PKC 2006, volume 3958 of Lecture Notes in Computer Science, pages 491–507. Springer, 2006.

[38] J. Black, S. Halevi, H. Krawczyk, T. Krovetz, and P. Rogaway. UMAC: Fast and secure message authentication. In M. Wiener, editor, Advances in Cryptology – Crypto '99, volume 1666 of Lecture Notes in Computer Science, pages 216–233. Springer, 1999.

[39] M. Blaze. High-bandwidth encryption with low-bandwidth smartcards. In D. Gollmann, editor, Fast Software Encryption – FSE '96, volume 1039 of Lecture Notes in Computer Science, pages 33–40. Springer, 1996.

[40] M. Blaze, J. Feigenbaum, and M. Naor. A formal treatment of remotely keyed encryption. In K. Nyberg, editor, Advances in Cryptology – Eurocrypt '98, volume 1403 of Lecture Notes in Computer Science, pages 251–265. Springer, 1998.

[41] D. Boneh and X. Boyen. Efficient selective-ID secure identity based encryption without random oracles. In C. Cachin and J. Camenisch, editors, Advances in Cryptology – Eurocrypt 2004, volume 3027 of Lecture Notes in Computer Science, pages 223–238. Springer, 2004.

[42] D. Boneh and X. Boyen. Short signatures without random oracles. In C. Cachin and J. Camenisch, editors, Advances in Cryptology – Eurocrypt 2004, volume 3027 of Lecture Notes in Computer Science, pages 56–73. Springer, 2004.

[43] D. Boneh, X. Boyen, and E.-J. Goh. Hierarchical identity based encryption with constant size ciphertext. In R. Cramer, editor, Advance in Cryptology – Eurocrypt 2005, volume 3494 of Lecture Notes in Computer Science, pages 440–456. Springer, 2005.

[44] D. Boneh, G. Di Crescenzo, R. Ostrovsky, and G. Persiano. Public key encryption with keyword search. In C. Cachin and J. Camenisch, editors, Advances in Cryptology – Eurocrypt 2004, volume 3027 of Lecture Notes in Computer Science, pages 506–522. Springer, 2004.

[45] D. Boneh and M. Franklin. Identity-based encryption from the Weil pairing. In J. Kilian, editor, Advances in Cryptology – Crypto 2001, volume 2139 of Lecture Notes in Computer Science, pages 213–229. Springer, 2001.

[46] D. Boneh and M. Franklin. Identity-based encryption from the Weil pairing. SIAM Journal on Computing, 32(2):586–615, 2003.

[47] D. Boneh, B. Lynn, and H. Shacham. Short signatures from the Weil pairing. In C. Boyd, editor, Advances in Cryptology – Asiacrypt 2001, volume 2248 of Lecture Notes in Computer Science, pages 514–532. Springer, 2001.

[48] D. Boneh, B. Lynn, and H. Shacham. Short signatures from the Weil pairing. Journal of Cryptology, 17(4):297–319, 2004.

[49] C. Boyd. Design of secure key establishment protocols: Successes, failures and prospects. In A. Canteaut and K. Viswanathan, editors, Progress in Cryptology – Indocrypt 2004, volume 3348 of

Lecture Notes in Computer Science, pages 1–13. Springer, 2004.

[50] C. Boyd and A. Mathuria. Protocols for Authentication and Key Establishment. Springer, 2003.

[51] X. Boyen. Multipurpose identity-based signcryption: A Swiss army knife for identity-based cryptography). In D. Boneh, editor, Advances in Cryptology – Crypto 2003, volume 2729 of Lecture Notes in Computer Science, pages 383–399. Springer, 2003.

[52] X. Boyen. General ad hoc encryption from exponent inversion IBE. In M. Naor, editor, Advances in Cryptology – Eurocrypt 2007, volume 4515 of Lecture Notes in Computer Science, pages 394–411. Springer, 2007.

[53] X. Boyen and B. Waters. Anonymous hierarchical identity-based encryption (without random oracles). In C. Dwork, editor, Advances in Cryptology – Crypto 2006, volume 4117 of Lecture Notes in Computer Science, pages 290–307. Springer, 2006.

[54] R. Canetti. Universally composable security: A new paradigm for cryptographic protocols. In Proceedings of the 42nd Symposium on Foundations of Computer Science – FOCS 2001, pages 136–145. IEEE Computer Society, 2001.

[55] R. Canetti and H. Krawczyk. Analysis of key-exchange protocols and their uses for building secure channels. In B. Pfitzmann, editor, Advances in Cryptology – Eurocrypt 2001, volume 2045 of Lecture Notes in Computer Science, pages 453–474. Springer, 2001.

[56] R. Canetti and H. Krawcyzk. Universally composable notions of key exchange and secure channels. In L. Knudsen, editor, Advances in Cryptology – Eurocrypt 2002, volume 2332 of Lecture Notes in Computer Science, pages 337–351. Springer, 2002.

[57] J. C. Cha and J. H. Cheon. An identity-based signature from gap Diffie-Hellman groups. In Y. G. Desmedt, editor, Public Key Cryptography – PKC 2003, volume 2567 of Lecture Notes in Computer Science, pages 18–30. Springer, 2003.

[58] D. Chaum and H. van Antwerpen. Undeniable signatures. In G. Brassard, editor, Advances in Cryptology – Crypto '89, volume 435 of Lecture Notes in Computer Science, pages 212–216. Springer, 1989.

[59] L. Chen and C. Kudla. Identity based authenticated key agreement protocols from pairings. In Proceedings of the 16th IEEE Computer Security Foundations Workshop – CSFW 2003, pages 219–233. IEEE Computer Society, 2003.

[60] L. Chen and J. Malone-Lee. Improved identity-based signcryption. In S. Vaudenay, editor, Public Key Cryptography – PKC 2005, volume 3386 of Lecture Notes in Computer Science, pages 362–379. Springer, 2005.

[61] J. H. Cheon. Security analysis of the strong Diffie-Hellman problem. In S. Vaudenay, editor, Advances in Cryptology – Eurocrypt 2006, volume 4004 of Lecture Notes in Computer Science, pages 1–11. Springer, 2006.

[62] B. Chevallier-Mames. An efficient CDH-based signature scheme with a tight security reduction. In V. Shoup, editor, Advances in Cryptology – Crypto 2005, volume 3621 of Lecture Notes in Computer

Science, pages 511–526. Springer, 2005.

[63] K.-K. R. Choo, C. Boyd, and Y. Hitchcock. Examining indistinguishability-based proof models for key establishment protocols. In B. Roy, editor, Advances in Cryptology – Asiacrypt 2005, volume 3788 of Lecture Notes in Computer Science, pages 585–604. Springer, 2005.

[64] C. Cocks. An identity based encryption scheme based on quadratic residues. In B. Honary, editor, Cryptography and Coding – Proceedings of the 8th IMA International Conference, volume 2260 of Lecture Notes in Computer Science, pages 360–363. Springer, 2001.

[65] D. Coppersmith. Evaluating logarithms in GF(2n). In Proceedings of the 16th Annual ACM Symposium on Theory of Computing – STOC 1984, pages 201–207. ACM Press, 1984.

[66] D. Coppersmith. Finding a small root of a univariate modular equation. In U. Maurer, editor, Advances in Cryptology – Eurocrypt 1996, volume 1070 of Lecture Notes in Computer Science, pages 155–165. Springer, 1996.

[67] J.-S. Coron, M. Joye, D. Naccache, and P. Paillier. Universal padding schemes for RSA. In M. Yung, editor, Advances in Cryptology – Crypto 2002, volume 2442 of Lecture Notes in Computer Science, pages 226–241. Springer, 2002.

[68] R. Cramer and V. Shoup. Design and analysis of practical public-key encryption schemes secure against adaptive chosen ciphertext attack. SIAM Journal on Computing, 33(1): 167–226, 2004.

[69] I. B. Damgård. Collision free hash functions and public key signature schemes. In D. Chaum and W. L. Price, editors, Advances in Cryptology – Eurocrypt '87, volume 304 of Lecture Notes in Computer Science, pages 203–216. Springer, 1987.

[70] D. E. Denning and D. K. Branstad. A taxonomy for key escrow encryption systems. Communications of the ACM, 39(3):34–40, 1996.

[71] A. W. Dent. Hybrid cryptography. Available from http://eprint.iacr.org/2004/210/,2004.

[72] A. W. Dent. Hybrid signcryption schemes with insider security (extended abstract). In C. Boyd and J. Gonzalez, editors, Proceedings of the 10th Australasian Conference in Information Security and Privacy – ACISP 2005, volume 3574 of Lecture Notes in Computer Science, pages 253–266. Springer, 2005.

[73] A. W. Dent. Hybrid signcryption schemes with outsider security (extended abstract). In J. Zhou and J. Lopez, editors, Proceedings of the 8th International Conference on Information Security – ISC 2005, volume 3650 of Lecture Notes in Computer Science, pages 203–217. Springer, 2005.

[74] W. Diffie and M. E. Hellman. New directions in cryptography. IEEE Transactions on Information Theory, 22(6):644–654, 1976.

[75] Y. Dodis and J. H. An. Concealment and its application to authenticated encryption. In E. Biham, editor, Advances in Cryptology – Eurocrypt 2003, volume 2656 of Lecture Notes in Computer Science, pages 312–329. Springer, 2003.

[76] Y. Dodis and J. H. An. Concealment and its application to authenticated encryption. Full version. Available from http://people.csail.mit.edu/~ dodis/academic.html, 2003.

[77] Y. Dodis, M. J. Freedman, S. Jarecki, and S.Walfish. Optimal signcryption from any trapdoor permutation. Available from http://eprint.iacr.org/2004/020, 2004.

[78] Y. Dodis, M. J. Freedmen, S. Jarecki, and S. Walfish. Versatile padding schemes for joint signature and encryption. In Proceedings of the 11th ACM Conference on Computer and Communications Security – ACM CCS 2004, pages 344–353. ACM Press, 2004.

[79] D. Dolev and A. Yao. On the security of public-key protocols. IEEE Transactions on Information Theory, 29(2):198–208, 1983.

[80] S. Duan, Z. Cao, and R. Lu. Robust ID-based threshold signcryption scheme from pairings. In Proceedings of the 3rd International Conference on Information Security, volume 85 of ACM International Conference Proceeding Series, pages 33–37. ACM Press, 2004.

[81] T. ElGamal. A public key cryptosystem and a signature scheme based on discrete logarithms. In G. R. Blakley and D. Chaum, editors, Advances in Cryptology – Crypto '84, volume 196 of Lecture Notes in Computer Science, pages 10–18. Springer, 1984.

[82] G. Frey and H.-G. Rück. A remark concerning m-divisibility and the discrete logarithm in the divisor class group of curves. Mathematics of Computation, 62(206):865–874, 1994.

[83] E. Fujisaki and T. Okamoto. How to enhance the security of public-key encryption at minimal cost. In H. Imai and Y. Zheng, editors, Public Key Cryptography, volume 1560 of Lecture Notes in Computer Science, pages 53–68. Springer, 1999.

[84] E. Fujisaki and T. Okamoto. Secure integration of asymmetric and symmetric encryption schemes. In M.Wiener, editor, Advances in Cryptology – Crypto '99, volume 1666 of Lecture Notes in Computer Science, pages 535–554. Springer, 1999.

[85] C. Gamage, J. Leiwo, and Y. Zheng. An efficient scheme for secure message transmission using proxy-signcryption. In Proceedings of the 22nd Australasian Computer Science Conference – ACSC '99, pages 420–431. Australian Computer Science, Springer, New York, 1999.

[86] C. Gamage, J. Leiwo, and Y. Zheng. Encrypted message authentication by firewalls. In H. Imai and Y. Zheng, editors, Public Key Cryptography – PKC '99, volume 1560 of Lecture Notes in Computer Science, pages 69–81. Springer, 1999.

[87] C. Gamage and Y. Zheng. Secure high speed networking with ABT and signcryption. Unpublished manuscript, 1997.

[88] C. Gentry. Practical identity-based encryption without random oracles. In S. Vaudenay, editor, Advances in Cryptology – Eurocrypt 2006, volume 4004 of Lecture Notes in Computer Science, pages 445–464. Springer, 2006.

[89] M. Girault, G. Poupard, and J. Stern. On the fly authentication and signature schemes based on groups of unknown order. Journal of Cryptology, 19(4):463–487, 2006.

[90] S. Goldwasser and S. Micali. Probabilistic encryption. Journal of Computer Systems Science, 38(2):270–299, 1984.

[91] S. Goldwasser, S. Micali, and R. Rivest. A digital signature scheme secure against adaptive chosen-message attacks. SIAM Journal on Computing, 12(2):281–308, April 1988.

[92] M. C. Gorantla, C. Boyd, and J.M. González Nieto. On the connection between signcryption and one-pass key establishment. In S. D. Galbraith, editor, Cryptography and Coding – Proceedings of the 11th IMA International Conference, volume 4887 of Lecture Notes in Computer Science, pages 277–301. Springer, 2007.

[93] V. Goyal, O. Pandey, A. Sahai, and Brent Waters. Attribute-based encryption for finegrained access control of encrypted data. In R. N. Wright, S. De Capitani di Vimercati, and V. Shmatikov, editors, Proceedings of the 13th ACM Conference on Computer and Communications Security – ACM CCS 2006, pages 89–98. ACM Press, 2006.

[94] S. Halevi and H. Krawczyk. Strengthening digital signatures via randomized hashing. In C. Dwork, editor, Advances in Cryptology – Crypto 2006, volume 4117 of Lecture Notes in Computer Science, pages 41–59. Springer, 2006.

[95] G. Hanaoka, Y. Zheng, and H. Imai. Improving the Secure Electronic Transaction protocol by using signcryption. IEICE Transactions on Fundamentals of Electronics, Communications and Computer Sciences, E84-A(8):2042–2051, 2001.

[96] F. Hess. Exponent group signature schemes and efficient identity based signature schemes based on pairings. Available from http://eprint.iacr.org/2002/012, 2002.

[97] H. Imai and S. Hirakawa. A new multilevel coding method using error-correcting codes. IEEE Transactions on Information Theory, 23(3):371–377, 1977.

[98] R. Impagliazzo and M. Luby. One-way functions are essential for complexity based cryptography. In Proceedings of the 30th Symposium on Foundations of Computer Science – FOCS ’89, pages 230–235. IEEE Computer Society, 1989.

[99] In-Stat. US Businesses Lag In Securing VoIP, 2008. Available from http://www.instat.com/.

[100] International Organization for Standardization. ISO/IEC 11770–3, Information technology—Security techniques — Key management — Part 3: Mechanisms using asymmetric techniques, 1999.

[101] International Organization for Standardization. ISO/IEC 18033–2, Information technology—Security techniques — Encryption algorithms — Part 2: Asymmetric Ciphers, 2006.

[102] International Organization for Standardization. ISO/IEC WD 29150, IT security techniques — Signcryption, 2008.

[103] International Telecommunication Union. ITU-T H323 — Infrastructure of audiovisual services – Systems terminal equipment for audiovisual services — Packet-based multimedia communications systems, 2006.

[104] Internet Engineering Task Force. RFC 2189: Core Based Trees (CBT version 2) Multicast Routing – Protocol Specification, 1997.

[105] Internet Engineering Task Force. RFC 3376: Internet Group Management Protocol, Version 3, 2002.

[106] Internet Engineering Task Force. RFC 4601: Protocol Independent Multicast – Sparse Mode (PIM-SM): Protocol Specification (Revised), 2006.

[107] M. Jakobsson, J. P. Stern, and M. Yung. Scramble all, encrypt small. In L. Knudsen, editor, Fast Software Encryption – FSE '99, volume 1636 of Lecture Notes in Computer Science, pages 95–111. Springer, 1999.

[108] I. R. Jeong, H. Y. Jeong, H. S. Rhee, D. H. Lee, and J. I. Lim. Provably secure encrypt-then-sign composition in hybrid signcryption. In P. J. Lee and C. H. Lim, editors, Information Security and Cryptology – ICISC 2002, volume 2587 of Lecture Notes in Computer Science, pages 16–34. Springer, 2002.

[109] A. Joux. A one round protocol for tripartite Diffie-Hellman. InW. Bosma, editor, Algorithmic Number Theory – ANTS IV, volume 1838 of Lecture Notes in Computer Science, pages 385– 393. Springer, 2000.

[110] A. Joux, G. Martinet, and F. Valette. Blockwise-adaptive attackers: Revisiting the (in)security of some provably secure encryption models: CBC, GEM, IACBC. In M. Yung, editor, Advances in Cryptology – Crypto 2002, volume 2442 of Lecture Notes in Computer Science, pages 17–30. Springer, 2002.

[111] A. Joux and K. Nguyen. Separating decision Diffie-Hellman from computational DiffieHellman in cryptographic groups. Journal of Cryptology, 16(4):239–248, 2003.

[112] C. S. Jutla. Encryption modes with almost free message integrity. In B. Pfitzmann, editor, Advances in Cryptology – Eurocrypt 2001, volume 2045 of Lecture Notes in Computer Science, pages 529–544. Springer, 2001.

[113] J. Katz and N. Wang. Efficiency improvements for signature schemes with tight security reductions. In Proceedings of the 10th ACM conference on Computer and Communications Security – ACM CCS 2003, pages 155–164. ACM Press, 2003.

[114] J. Katz and M. Yung. Unforgeable encryption and chosen ciphertext secure modes of operation. In B. Schneier, editor, Fast Software Encryption – FSE 2000, volume 1978 of Lecture Notes in Computer Science, pages 284–299. Springer, 2000.

[115] E. Kim, K. Nahrstedt, L. Xiao, and K. Park. Identity-based registry for secure interdomain routing. In Proceedings of the 2006 ACM Symposium on Information, Computer and Communications Security – ASIA CCS 2006, pages 321–331. ACM Press, 2006.

[116] R.-H. Kim and H.-Y. Youm. Secure authenticated key exchange protocol based on EC using signcryption scheme. In IEEE International Conference on Hybrid Information Technology – ICHIT '06, volume 2, pages 74–79. IEEE Computer Society, 2006.

[117] H. Krawczyk. The order of encryption and authentication for protecting communications (or: How secure is SSL?). In J. Kilian, editor, Advances in Cryptology – Crypto 2001, volume 2139 of Lecture Notes in Computer Science, pages 310–331. Springer, 2001.

[118] H. Krawczyk. HMQV: A high-performance secure Diffie-Hellman protocol. In V. Shoup, editor,

Advances in Cryptology – Crypto 2005, volume 3621 of Lecture Notes in Computer Science, pages 546–566. Springer, 2005.

[119] H. Krawczyk and T. Rabin. Chameleon signatures. In Proceedings of the Network and Distributed Systems Symposium – NDSS 2000, pages 143–154. 2000.

[120] A. K. Lenstra. Key lengths. In H. Bidgoli, editor, Handbook of Information Security. Wiley, 2005.

[121] A. K. Lenstra and E. R. Verheul. Selecting cryptographic key sizes. Journal of Cryptology, 14(4):255–293, 2001.

[122] B. Libert and J.-J. Quisquater. New identity based signcryption schemes from pairings. In Proceedings of the IEEE Information Theory Workshop, pages 155–158. IEEE Information Theory Society, 2003.

[123] B. Libert and J.-J. Quisquater. Efficient signcryption with key privacy from gap diffie-hellman groups. In F. Bao, R. Deng, and J. Zhou, editors, Public Key Cryptography – PKC 2004, volume 2947 of Lecture Notes in Computer Science, pages 187–200. Springer, 2004.

[124] B. Libert and J.-J. Quisquater. Improved signcryption from q-Diffie-Hellman problems. In C. Blundo and S. Cimato, editors, Security in Communication Networks – SCN 2004, volume 3352 of Lecture Notes in Computer Science, pages 220–234. Springer, 2004.

[125] S. Lucks. On the security of remotely keyed encryption. In E. Biham, editor, Fast Software Encryption – FSE '97, volume 1267 of Lecture Notes in Computer Science, pages 219–229. Springer, 1997.

[126] S. Lucks. Accelerated remotely keyed encryption. In L. Knudsen, editor, Fast Software Encryption – FSE '99, volume 1636 of Lecture Notes in Computer Science, pages 112–123. Springer, 1999.

[127] B. Lynn. Authenticated identity-based encryption. Available from http://eprint.iacr.org/2002/072, 2002.

[128] C. Ma. Efficient short signcryption scheme with public verifiability. In H. Lipmaa, M. Yung, and D. Lin, editors, Information Security and Cryptology – Inscrypt 2006, volume 4318 of Lecture Notes in Computer Science, pages 118–129. Springer, 2006.

[129] J. Malone-Lee. Identity-based signcryption. Available from http://eprint.iacr.org/2002/098, 2002.

[130] J. Malone-Lee. Signcryption with non-interactive non-repudiation. Designs, Codes and Cryptography, 37(1):81–109, 2005.

[131] J. Malone-Lee and W. Mao. Two birds one stone: Signcryption using RSA. In M. Joye, editor, Topics in Cryptology – CT-RSA 2003, volume 2612 of Lecture Notes in Computer Science, pages 211–225. Springer, 2003.

[132] Mastercard and Visa. Secure Electronic Transaction Specification – Book 1: Business Description, 1997.

[133] Mastercard and Visa. Secure Electronic Transaction Specification – Book 2: Programmer's Guide, 1997.

[134] K. Matsuura, Y. Zheng, and H. Imai. Compact and flexible resolution of CBT multicast key-distribution. In Y. Masunaga, T. Katayama, and M. Tsukamoto, editors, Worldwide Computing and Its Applications – WWCA '98, volume 1368 of Lecture Notes in Computer Science, pages 190–205. Springer, 1998.

[135] A. May. Computing the RSA secret key is deterministic polynomial time equivalent to factoring. In

M. Franklin, editor, Advances in Cryptology – Crypto 2004, volume 3152 of Lecture Notes in Computer Science, pages 213–219. Springer, 2004.

[136] N. McCullagh and P. S. L. M. Barreto. Efficient and forward-secure identity-based signcryption. Available from http://eprint.iacr.org/2004/117, 2004.

[137] N. McCullagh and P. S. L. M. Barreto. A new two-party identity-based authenticated key agreement. In A. Menezes, editor, Topics in Cryptology – CT-RSA 2005, volume 3376 of Lecture Notes in Computer Science, pages 262–274. Springer, 2005.

[138] A. J. Menezes, T. Okamoto, and S. A. Vanstone. Reducing elliptic curve logarithms to logarithms in a finite field. IEEE Transactions on Information Theory, 39(5):1639–1646, 1993.

[139] A. J. Menezes, P. C. van Oorschot, and S. A. Vanstone. Handbook of Applied Cryptography. CRC Press, 1997.

[140] V. S. Miller. Short programs for functions on curves. Unpublished manuscript, 1986.

[141] V. S. Miller. TheWeil pairing, and its efficient calculation. Journal of Cryptology, 17(4):235–262, 2004.

[142] C. J. Mitchell, M. Ward, and P. Wilson. Key control in key agreement protocols. Electronics Letters, 34:980–981, 1998.

[143] S. Mitsunari, R. Sakai, and M. Kasahara. A new traitor tracing. IEICE Transactions on Fundamentals of Electronics, Communications and Computer Sciences, E85–A(2):481–484,2002.

[144] A. Miyaji, M. Nakabayashi, and S. Takano. New explicit conditions of elliptic curve traces for FR-reduction. IEICE Transactions on Fundamentals of Electronics, Communications and Computer Sciences, E84–A(4):1234–1243, 2001.

[145] D. Nalla and K. C. Reddy. Signcryption scheme for identity-based cryptosystems. Available from http://eprint.iacr.org/2003/066, 2003.

[146] M. Naor. Bit commitment using pseudorandomness. Journal of Cryptology, 4(2):151–158, 1991.

[147] M. Naor and M. Yung. Universal one-way hash functions and their cryptographic applications. In Proceedings of the 21st Symposium on the Theory of Computing – STOC 1989, pages 33–43. ACM Press, 1989.

[148] M. Naor and M. Yung. Public-key cryptosystems provably secure against chosen ciphertext attacks. In Proceedings of the 22nd Symposium on the Theory of Computing – STOC 1990, pages 427–437. ACM Press, 1990.

[149] National Institute of Standards and Technology (NIST). NIST FIPS PUB 186-3 – Digital Signature Standard (DSS), 2009. Available from http://csrc.nist.gov/publications/PubsFIPS.html.

[150] National Institute of Standards and Technology (NIST). NIST SP800-58: Security Considerations for Voice over IP Systems, 2005. Available from http://csrc.nist.gov/publications/PubsSPs.html.

[151] T. Nishioka, K. Matsuura, Y. Zheng, and H. Imai. A proposal for authenticated key recovery system. In Proceedings of the 1997 JointWorkshop on Information Security and Cryptology – JW-ISC '97, pages 189–196. 1997.

[152] T. Okamoto and D. Pointcheval. The gap problems: A new class of problems for the security of cryptographic schemes. In K. Kim, editor, Public Key Cryptography – PKC 2001, volume 1992 of Lecture Notes in Computer Science, pages 104–118. Springer, 2001.

[153] P. Papadimitratos and Z. J. Haas. Secure routing for mobile ad hoc networks. In Proceedings of the SCS Communication Networks and Distributed Systems Modeling and Simulation Conference – CNDS 2002, 2002.

[154] B.-N. Park and W. Lee. ISMANET: A secure routing protocol using identity-based signcryption scheme for mobile ad-hoc networks. IEICE Transactions on Communications, E88-B(6):2548–2556, 2005.

[155] N. Park, K. Moon, K. Chung, D. Won, and Y. Zheng. A security acceleration using XML signcryption scheme in mobile grid web services. In D. Lowe and M. Gaedke, editors, Proceedings of the 5th International Conference on Web Engineering – ICWE 2005, volume 3579 of Lecture Notes in Computer Science, pages 191–196. Springer, 2005.

[156] K. G. Paterson. ID-based signatures from pairings on elliptic curves. Electronics Letters, 38(18):1025–1026, 2002.

[157] K. G. Paterson and G. Price. A comparison between traditional public key infrastructures and identity-based cryptography. Information Security Technical Review, 8(3):57–72, 2003.

[158] C. E. Perkins and E. M. Royer. Ad-hoc on-demand distance vector routing. In Proceedings of the 2nd IEEE Workshop on Mobile Computing Systems and Applications – WMCSA '99, pages 90–100. IEEE Computer Society, 1999.

[159] H. Petersen and M. Michels. Cryptanalysis and improvement of signcryption schemes. IEE Proceedings: Computers and Digital Techniques, 145:149–151, 1998.

[160] J. Pieprzyk and D. Pointcheval. Parallel authentication and public-key encryption. In R. Safavi-Naini and J. Seberry, editors, Proceedings of the 8th Australasian Conference on Information Security and Privacy – ACISP 2003, volume 2727 of Lecture Notes in Computer Science, pages 387–401. Springer, 2003.

[161] D. Pointcheval. Chosen-ciphertext security for any one-way cryptosystem. In H. Imai and Y. Zheng, editors, Public Key Cryptography – PKC 2000, volume 1751 of Lecture Notes in Computer Science, pages 129–146. Springer, 2000.

[162]D. Pointcheval. The composite discrete logarithm and secure authentication. In H. Imai and Y. Zheng, editors, Public Key Cryptography – PKC 2000, volume 1751 of Lecture Notes in Computer Science, pages 113–128. Springer, 2000.

[163] D. Pointcheval and J. Stern. Security arguments for digital signatures and blind signatures. Journal of Cryptology, 13(3):361–396, 2000.

[164] C. Rackoff and D. R. Simon. Non-interactive proof of knowledge and chosen ciphertext attack. In J. Feigenbaum, editor, Advances in Cryptology – Crypto '91, volume 576 of Lecture Notes in Computer Science, pages 433–444. Springer, 1991.

[165] R. L. Rivest, A. Shamir, and L. Adleman. A method for obtaining digital signatures and public-key

cryptosystems. Communications of the ACM, 21(2):120–126, 1978.

[166] R. L. Rivest and R. B. Silverman. Are 'strong' primes needed for RSA? Available from http://eprint.iacr.org/2001/007, 1999.

[167] P. Rogaway. Authenticated-encryption with associated-data. In Proceedings of the 9th ACM Conference on Computer and Communications Security – ACM CCS 2002, pages 98–107.ACM Press, 2002.

[168] P. Rogaway, M. Bellare, J. Black, and T. Krovetz. OCB: A block-ciphermode of operation for efficient authenticated encryption. In Proceedings of the 8th ACM Conference on Computer and Communications Security – ACM CCS 2001, pages 196–205. ACM Press, 2001.

[169] J. Rompel. One-way functions are necessary and sufficient for secure signatures. In Proceedings of the 22nd Symposium on the Theory of Computing – STOC 1990, pages 387 – 394. ACM Press, 1990.

[170] R. Sakai and M. Kasahara. ID-based cryptosystems with pairing on elliptic curve. Available from http://eprint.iacr.org/2003/054, 2003.

[171] R. Sakai, K. Ohgishi, and M. Kasahara. Cryptosystems based on pairings. In Proceedings of the Symposium on Cryptography and Information Security – SCIS 2000. 2000.

[172] K. Sanzgiri, B. Dahill, B. N. Levine, C. Shields, and E. M. Belding-Royer. A secure routing protocol for ad hoc networks. In Proceedings of the 10th IEEE International Conference on Network Protocols – ICNP 2002, pages 78–87. IEEE Computer Society, 2002.

[173] C. P. Schnorr. Efficient signature generation for smart cards. In G. Brassard, editor, Advances in Cryptology – Crypto '89, volume 435 of Lecture Notes in Computer Science, pages 239– 252. Springer, 1989.

[174] M. Scott. Computing the Tate pairing. In A. Menezes, editor, Topics in Cryptology – CT-RSA 2005, volume 3376 of Lecture Notes in Computer Science, pages 293–304. Springer, 2005.

[175]M. Seo and K. Kim. Electronic Funds Transfer protocol using domain-verifiable signcryption scheme. In J.-S. Song, editor, Information Security and Cryptography – ICISC '99, volume 1787 of Lecture Notes in Computer Science, pages 269–277. Springer, 1999.

[176] A. Shamir. How to share a secret. Communications of the ACM, 22(11):612–613, 1979.

[177] A. Shamir. Identity-based cryptosystems and signature schemes. In G. R. Blakley and D. Chaum, editors, Advances in Cryptology – Crypto '84, volume 196 of Lecture Notes in Computer Science, pages 47–53. Springer, 1984.

[178] J.-B. Shin, K. Lee, and K. Shim. New DSA-verifiable signcryption schemes. In P. J. Lee and C. H. Lim, editors, Information Security and Cryptology – ICISC 2002, volume 2587 of Lecture Notes in Computer Science, pages 35–47. Springer, 2002.

[179] V. Shoup. A composition theorem for universal one-way hash functions. In B. Preneel, editor, Advances in Cryptology – Eurocrypt 2000, volume 1807 of Lecture Notes in Computer Science, pages 445–452. Springer, 2000.

[180] V. Shoup. Sequences of games: A tool for taming complexity in security proofs. Available from http://eprint.

iacr.org/2004/332/, 2004.

[181] V. Shoup and R. Gennaro. Securing threshold cryptosystems against chosen ciphertext attack. In K. Nyberg, editor, Advances in Cryptology – Eurocrypt 98, volume 1403 of Lecture Notes in Computer Science, pages 1–16. Springer, 1998.

[182] D. R. Simon. Finding collisions on a one-way street: Can secure hash functions be based on general assumptions? In K. Nyberg, editor, Advances in Cryptology – Eurocrypt '98, volume 1403 of Lecture Notes in Computer Science, pages 334–345. Springer, 1998.

[183] N. P. Smart and F. Vercauteren. On computable isomorphisms in efficient asymmetric pairing-based systems. Discrete Applied Mathematics, 155(4):538–547, 2007.

[184] R. Steinfeld and Y. Zheng. A signcryption scheme based on integer factorization. In J. Pieprzyk, E. Okamoto, and J. Seberry, editors, Information Security Workshop (ISW 2000), volume 1975 of Lecture Notes in Computer Science, pages 308–322. Springer, 2000.

[185] D. R. Stinson. Universal hashing and authentication codes. Designs, Codes and Cryptography, 4(4):369–380, 1994.

[186] C.-H. Tan. On the security of signcryption scheme with key privacy. IEICE Transactions on Fundamentals of Electronics, Communications and Computer Sciences, E88–A(4):1093– 1095, 2005.

[187] C.-H. Tan. Analysis of improved signcryption scheme with key privacy. Information Processing Letters, 99(4):135–138, 2006.

[188] C.-H. Tan. Security analysis of signcryption scheme from q-Diffie-Hellman problems. IEICE Transactions on Fundamentals of Electronics, Communications and Computer Sciences, E89–A(1):206–208, 2006.

[189] C.-H. Tan. Forgery of provable secure short signcryption scheme. IEICE Transactions on Fundamentals of Electronics, Communications and Computer Sciences, E90–A(9):1879– 1880, 2007.

[190] G. Ungerboeck. Channel coding with multilevel/phase signals. IEEE Transactions on Information Theory, 28(1):55–66, 1982.

[191] G. Ungerboeck. Trellis-coded modulation with redundant signal sets – Part I: Introduction. IEEE Communications Magazine, 25(2):5–11, 1987.

[192] G. Ungerboeck. Trellis-coded modulation with redundant signal sets – Part II: State of the art. IEEE Communications Magazine, 25(2):12–21, 1987.

[193] G. Ungerboeck and I. Csajka. On improving data-link performance by increasing the channel alphabet and introducing sequence coding. In Proceedings of the 1976 International Symposium on Information Theory. 1976.

[194] E. R. Verheul. Evidence that XTR is more secure than supersingular elliptic curve cryptosystems. In B. Pfitzmann, editor, Advances in Cryptology – Eurocrypt 2001, volume 2045 of Lecture Notes in Computer Science, pages 195–210. Springer, 2001.

[195] S. T. Walker, S. B. Lipner, C. M. Ellison, and D. M. Balenson. Commercial key recovery. Communications of the ACM, 399(3):41–47, 1996.

[196] G. Wang, F. Bao, C. Ma, and K. Chen. Efficient authenticated encryption schemes with public verifiability. In Proceedings of the 60th IEEE Vehicular Technology Conference – VTC 2004, volume 5, pages 3258–3261. IEEE Vehicular Technology Society, 2004.

[197] K. Yamaguchi and H. Imai. A study on Imai-Hirakawa trellis-coded modulation schemes. In T. Mora, editor, Proceedings of Applied Algebra, Algebraic Algorithms and Error-Correcting Codes – AAECC-6, volume 357 of Lecture Notes in Computer Science, pages 443–453. Springer, 1988.

[198] G. Yang, D. S. Wong, and X. Deng. Analysis and improvement of a signcryption scheme with key privacy. In J. Zhou and J. Lopez, editors, Proceedings of the 8th International Conference on Information Security (ISC 2005), volume 3650 of Lecture Notes in Computer Science, pages 218–232. Springer, 2005.

[199] T. H. Yeun and V. K. Wei. Fast and proven secure blind identity-based signcryption from pairings. In A. Menezes, editor, Topics in Cryptology – CT-RSA 2005, volume 3376 of Lecture Notes in Computer Science, pages 305–322. Springer, 2005.

[200] M. Yoshida and T. Fujiwara. On the security of tag-KEM for signcryption. Electronic Notes in Theoretical Computer Science, 171(1):83–91, 2007.

[201] D. H. Yum and P. J. Lee. New signcryption schemes based on KCDSA. In K. Kim, editor, Information Security and Cryptology – ICISC 2001, volume 2288 of Lecture Notes in Computer Science, pages 305–317. Springer, 2001.

[202] F. Zhang, R. Safavi-Naini, and W. Susilo. An efficient signature scheme from bilinear pairings and its applications. In F. Bao, R. Deng, and J. Zhou, editors, Public Key Cryptography – PKC 2004, volume 2947 of Lecture Notes in Computer Science, pages 277–290. Springer, 2004.

[203] Y. Zheng. Digital signcryption or how to achieve cost(signature & encryption) _ cost (signature) + cost(encryption). In B. S. Kaliski Jr., editor, Advances in Cryptology –Crypto '97, volume 1294 of Lecture Notes in Computer Science, pages 165–179. Springer,1997.

[204] Y. Zheng. Digital signcryption or how to achieve cost(signature & encryption) _ cost (signature) + cost(encryption). Full version. Available from http://www.sis.uncc.edu/~yzheng/papers/, 1997.

[205] Y. Zheng. Shortened digital signature, signcryption, and compact and unforgeable key agreement schemes. Submission to the IEEE P1363a Standardisation Body, 1998.

[206] Y. Zheng. Identification, signature and signcryption using high order residues modulo an RSA composite. In K. Kim, editor, Public Key Cryptography – PKC 2001, volume 1992 of Lecture Notes in Computer Science, pages 48–63. Springer, 2001.

[207] Y. Zheng. Message encryption and authentication methods (signcryption). Australia Patent Serial Number 721497, lodged on October 25, 1996, granted on May 10, 2000; US Patent 6,396,928, granted on May 28, 2002.

[208] Y. Zheng and H. Imai. Compact and unforgeable key establishment over an ATM network. In Proceedings of the 17th Joint Conference of the IEEE Computer and Communications Societies –

INFOCOM '98, volume 2, pages 411–418. IEEE Communications Society, 1998.

[209] Y. Zheng and H. Imai. How to construct efficient signcryption schemes on elliptic curves. Information Processing Letters, 68(5):227–233, 1998.

[210] Y. Zheng and J. Seberry. Practical approaches to attaining security against adaptively chosen ciphertext attacks (extended abstract). In E. F. Brickell, editor, Advances in Cryptology – Crypto '92, volume 740 of Lecture Notes in Computer Science, pages 292–304. Springer, 1992.

[211] Y. Zheng and J. Seberry. Immunizing public key cryptosystems against chosen ciphertext attacks. IEEE Journal on Selected Areas in Communications, 11(5):715–724, 1993.

[212] H. Zimmermann. OSI reference model – The ISO model of architecture for open systems interconnection. IEEE Transactions on Communications, 28(4):425–432, 1980.

跋

在我的理解看来，签密与其说是一种技术，倒不如说是一种理念，是在一个系统内如何实现加密与签名的功能，或者如何实现复合的保密性与认证性的理念。上海交通大学曹珍富教授给本书所定的中文译名《实用化的签密技术》，恰如其分地概括了签密的精髓和要义。从这种意义上讲，郑玉良教授所发明的签密是有一定哲学意义的，是关于密码学方法论创新的一个非常好的示例。签密是一种需求驱动的技术，早期的研究主要是设计实用的“器”，而后来的研究必然要深究其“道”，这也是从感性认识到理性认识的渐进过程。正是这种对“器”与“道”持续地探寻促进了签密的“形”不断创新发展。我想，这不只是签密研究所遵循的方法论，也应该是其他许多密码学研究主题共同的规律。

我从2003年开始接触签密，以此完成了硕士论文，又以此完成了博士论文，在此基础上获得了陕西省自然科学基础研究计划项目、国家自然科学基金青年科学基金项目的资助，并且曾在西安电子科技大学胡予濮教授的启发下提出一种能将签名和加密功能单独实现的特殊签密——“广义签密”。2010年在西安，我有幸见到了仰慕已久的郑玉良教授，聆听他讲述了如何发明签密，并如何一步步付诸实践的历程，他和蔼、坦诚的大家风范给我留下了深刻印象，他对签密的执着和坚持给我们后辈树立了学习的榜样。他对“广义签密”的想法颇感兴趣，也提到他编著了一本关于签密的著作*Practical Signcryption*。

研究签密多年，我曾有过编写一部关于签密的专著的想法，但总感觉自己尚未入门，何谈著作。而当看到*Practical Signcryption*后，我更打消了自己再编著的念头，反而萌生了将其译成中文的想法。2011年，我的关于签密的研究课题有幸得到国家自然科学基金青年项目的资助，于是我决定在课题执行期内一定要完成*Practical Signcryption*的中文译本。后与科学出版社达成了出版意向，才使这项工作得以实施。郑玉良教授对翻译工作很感兴趣，欣然提笔为中文译本作序，并提供了原书的插图等重要资料，而且亲自纠正了一些不准确的名词。有更多的中国学者了解签密、研究签密是郑玉良教授的心愿。如果中文译本的出版能够为签密在中国的发展作出一点贡献，也算我们做了一件有意义的事情。

在此要感谢参与资料整理和校对工作的研究生白寅城、卢万谊、杜卫东、岳泽轮、陈飞、刘明烨，他们为之付出了辛苦努力。最后感谢国家自然科学基金委员会，以及国家自然科学基金项目“面向安全群体通信的新型签密及应用研究”(61103231)和“身份类加密体制的双线性对主线与格主线类比研究”(61272492)给予的经费支持。本书的翻译是一项艰苦的工作，尤其是对大量公式、符号和专业术语的处理，疏漏和不妥之处在所难免，望同行学者指正和包容。

韩益亮
2014年11月
于西安